基础科学研究前沿格局的知识图谱解析

侯剑华　李旭彦　著

科学出版社
北京

内 容 简 介

本书以数学、物理学、化学、天文学、地球科学、生物学六个学科作为基础科学的研究对象，首先分析我国基础科学研究的投入、产出及研究力量布局等基本情况，在科睿唯安的Web of Science数据检索平台，检索每个基础科学门类中的基础学科或交叉学科的期刊文献数据，使用文献信息可视化工具 CiteSpace 软件系统对各基础学科领域的文献进行共被引、作者合作等分析，绘制基础学科研究的知识图谱；其次探测各基础学科领域的研究前沿问题、科学合作、代表性学者和学术团体等；最后揭示我国基础学科研究的基本现状，分析我国基础学科研究中存在的问题和不足，提出提升我国基础科学研究能力的对策建议。

本书可供科技管理的政府相关部门、科研人员和高等院校科技管理、技术创新管理、信息管理等相关专业的师生参考。

图书在版编目（CIP）数据

基础科学研究前沿格局的知识图谱解析 / 侯剑华，李旭彦著．—北京：科学出版社，2019.9

ISBN 978-7-03-059667-3

Ⅰ．①基…　Ⅱ．①侯…　②李…　Ⅲ．①基础研究－图解　Ⅳ．①G30-64

中国版本图书馆 CIP 数据核字（2018）第 273206 号

责任编辑：郝　悦 / 责任校对：贾娜娜
责任印制：张　伟 / 封面设计：无极书装

科学出版社出版
北京东黄城根北街16号
邮政编码：100717
http：//www.sciencep.com

北京虎彩文化传播有限公司印刷
科学出版社发行　各地新华书店经销

*

2019年9月第　一　版　开本：720×1000　B5
2019年9月第一次印刷　印张：21 1/2
字数：430 000

定价：172.00 元

（如有印装质量问题，我社负责调换）

本书由大连市人民政府资助出版
The published book is sponsored
by the Dalian Municipal Government

前 言

基础研究是科学之本、技术之源，是提升原始创新能力的根本途径，是无可替代的“源头供给”。2016 年 5 月 30 日，全国科技创新大会、两院院士大会、中国科学技术协会（简称中国科协）第九次全国代表大会在北京召开。习近平总书记发表重要讲话，指出我国科技创新的三大方向，“面向世界科技前沿、面向经济主战场、面向国家重大需求，加快各领域科技创新，掌握全球科技竞争先机”①。当前，新一轮科技革命蓄势待发，物质结构、宇宙演化、生命起源、意识本质等一些重大科学问题的原创性突破正在开辟新前沿、新方向，我国必须重视基础科学研究，加速基础研究的赶超引领，在基础研究的重要领域与世界发达国家实现并跑和领跑。然而，我国当前的技术自主创新能力和原始创新能力不强，影响了创新驱动发展国家战略的实施，作为技术创新发展的供给侧，基础科学研究在我国当前科学技术快速发展的阶段日益显现出重要作用。基础科学的发展水平直接反映了一个国家的科学实力和知识基础，对科技竞争力的提高有着至关重要的影响。

加强基础科学研究，提升基础科学水平是提高我国原始创新能力、积累智力资本的重要途径，是我国跻身世界科技强国的必要条件，是我国建设创新型国家的根本动力和源泉。进入 21 世纪，新一轮科技革命以更加迅猛的态势在全球范围内引发了剧烈的产业革命，经济与科技的结合日益紧密，由基础研究成果到产业开发的周期明显缩短，在一些领域，基础研究与科学技术几乎同步发展。掌握了基础研究的前沿，就意味着掌握了重要的科技竞争主动权。因此，进一步完善基础学科布局，培育和支持新兴交叉学科，在若干基础科学前沿领域实现重点突破，解决一批国家经济社会发展中的关键科学问题，建设一支高水平的基础研究队伍，追踪国际基础科学研究的前沿及其演化趋势已经成为我国当前亟待解决的重要课题。

1. 创新研究范式的变革

在技术创新活动中，科学的重要性日益突显。全球创新范式正在从“基于技术的创新”（technology-based innovation，TBI）逐步走向“基于科学的创新”（science-based innovation，SBI）。根据创新过程中是否包含新的科学知识，可以将技术创新活动划分为“基于科学的创新”和“基于技术的创新”，“基于科学的创新”是以基础研究

① 引自《为建设科技强国而奋斗——在全国科技创新大会、两院院士大会、中国科协第九次全国代表大会上的讲话》，人民出版社，2016 年。

为主的原始创新，而“基于技术的创新”是以应用研究与开发研究为主的集成创新和引进、消化、吸收与再创新（图 0.1）。改革开放以来，我国在实现技术追赶和创新过程中，集成创新和引进、消化、吸收与再创新一直是新兴技术获取的主要途径，基础研究原始创新不够。缺乏原始创新导致技术供给侧源动力不足，已经严重阻碍我国传统产业结构转型升级和战略性新兴产业的创新发展。要从根本上改变这种局面必须从新兴技术形成的基础研究根源寻求突破。因此，我国提升原始创新能力，亟须实现从以“基于技术的创新”为主体模式，转变成“基于科学的创新”和“基于技术的创新”双轮驱动的发展模式，增强“基于科学的创新”能力是我国新兴技术获取和可持续发展的重要途径，是推动供给侧结构性改革的必由之路和破冰之举，将成为我国“十三五”期间发展战略性新兴产业，实现创新驱动发展战略的重要保障。

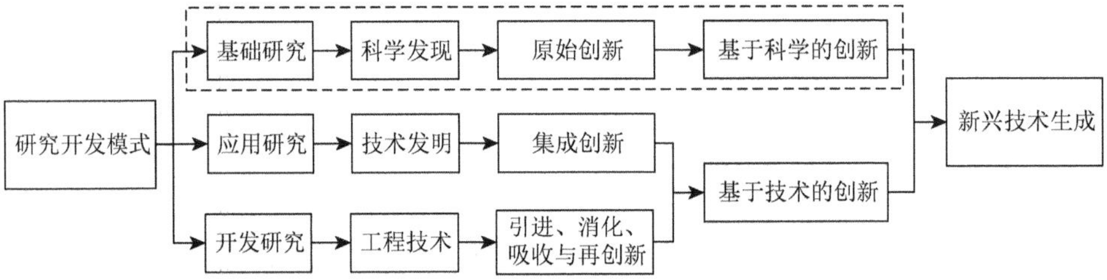

图 0.1　新兴技术生成的主导模式

受熊彼特创新研究范式的影响，特别是技术后发国家在加快实现技术赶超和技术突破的思想导向下，与“基于技术的创新”相关的各种理论研究逐渐得到发展和完善。然而，在全球化技术竞争和产业链培育的背景下，经典的技术创新理论不能完全解释创新实践中的各种问题和现象。随着原始创新在创新活动中的地位日益突显，科学也逐渐从技术创新研究中剥离出来，不仅作为创新研究的一个要素，而且成为驱动新兴技术生成的重要变量。创新研究范式正在由“基于技术的创新”走向“基于科学的创新”。“基于科学的创新”研究是突破技术创新理论研究“瓶颈”的重要途径，也是拓展和丰富技术创新理论研究的重要组成部分。

创新研究范式的转换更加凸显了基础研究的重要地位。基础研究是创新的供给侧，创新是创新驱动的供给侧，而创新驱动是经济社会发展的供给侧。如果基础研究繁荣发展，就有可能引发可产生链式反应的科学突破，可延续甚至突破经济新常态。近年来，我国基础研究成果产出在国际上的影响力逐年提升，基础研究的学术产出占比已由 20 年前的不到 3%上升到 2015 年的 18%左右。我国开始进入一个颠覆性创新、源头创新逐渐涌现的时期，基础研究对我国实施创新驱动发展战略将发挥重要作用。

2. 从基础研究到创新驱动

基础研究的深度和广度，决定了一个国家的原始创新活力。党的十九大报告明确提出“加快建设创新型国家。创新是引领发展的第一动力，是建设现代化经济体系的战略支撑。要瞄准世界科技前沿，强化基础研究，实现前瞻性基础研究、引领性原创成果重大突破。加强应用基础研究，拓展实施国家重大科技项目，突出关键共性技术、前沿引领技术、现代工程技术、颠覆性技术创新，为建设科技强国、质量强国、航天强国、网络强国、交通强国、数字中国、智慧社会提供有力支撑”[①]。这是从我国发展实际和基本国情出发做出的科学、正确的战略决策，也是当前和未来一段时期我国经济社会发展的核心战略。我国经济发展已经进入新常态，实施创新驱动发展战略，是更好地引领我国经济发展新常态、加快转变经济发展方式、破解经济发展深层次矛盾和问题，保持我国经济持续、健康发展的必然选择。基础研究是创新驱动发展的供给侧，基础研究的供给结构和供给能力直接关系到创新驱动发展的水平与动力，因此，基础研究能力是创新驱动发展的力量源泉，是提升我国原始创新水平和技术自主创新能力的重要前提。

从科学技术发展史来看，历次工业革命的爆发都以技术革命为前提，而技术革命的到来又都以重大科学的突破为导火索。17 世纪，牛顿综合了哥白尼、伽利略、开普勒等科学家的研究成果，建立了以系统的实验方法得到完整的物理因果关系的理性思维体系，创立了一套完整的经典物理学理论，为以蒸汽机、机械为主的技术革命奠定了坚实的科学理论基础，进而引发了第一次工业革命，开启了人类社会现代化历程。19 世纪，麦克斯韦通过总结大量实验获得了电磁学定律，完成了统一电学和磁学的麦克斯韦方程，建立了经典场论，进一步拓展了人们的物质观，继而引发了一场电气化技术革命，促进了电气工程和整个无线电通信事业的大发展。20 世纪初期，以相对论和量子论为代表的物理学的革命性发展，促进了人类崭新的时空观、运动观和物质观的形成，极大地深化了人类对自然界从微观、宏观到宇宙观，各个尺度层次上的基本规律的认识，使整个科学体系发生了质的飞跃，引发了第三次科技革命，继而涌现了半导体技术、核技术、激光技术、信息技术等。物理学和生物学结合，发现了脱氧核糖核酸（deoxyribonucleic acid，DNA），奠定了现代生物技术的基础[②]。一些国家抓住科学技术革命的难得机遇，实现了经济实力、科技实力、国防实力等的迅速增强，综合国力快速提升。近代以后，由于国内外各种因素，我国屡次与科学技术革命失之交臂。中华人民共和国成立以来，特别是改革开放以来，我国科学技术发展取得了举世瞩目的伟大成

① 引自 2012 年第 22 期《求是》中的文章《坚定不移沿着中国特色社会主义道路前进　为全面建成小康社会而奋斗——在中国共产党第十八次全国代表大会上的报告》。

② 陈佳洱. 基础科学研究对建设创新型国家具有重要意义[J]. 科技导报，2007，(10)：1.

就，科学技术整体能力持续提升，一些重要领域跻身世界先进行列，某些前沿方向开始进入并行、领跑的阶段，正处于从量的积累向质的飞跃、从点的突破向系统能力提升的重要时期。强化基础科学研究，提升原始创新能力是我国当前实施创新驱动发展战略的必由之路，努力提高基础科学的研究水平不仅为创新驱动发展提供重要的理论支撑和方法论，不断推动技术进步和经济发展，也是培育创新型、复合型专业技术人才的重要前提。

（1）基础研究为创新驱动提供理论支撑。创新驱动的实质是科学技术的创新发展。一方面，基础研究通过技术中介作用于生产实践，推进生产力的发展。由基础研究建立起来的科学知识体系是技术发展的理论来源，纵观历史上重大的技术发明和创新都以重大的科学突破为前提，基础研究是技术创新发展的理论支撑。另一方面，基础研究可以通过科学的创新直接作用于生产实践，即“基于科学的创新”显示出由科学发现驱动创新的线性模式。青霉素和晶体管的发明就是典型的“基于科学的创新”的案例①。科学发现和突破直接为创新提供理论支撑。

（2）基础研究是经济发展的先导。基础研究是科学之本、技术之源，是提升原始创新能力的根本途径和主阵地。基础研究是不断产生新知识、取得科学突破的主要手段，新技术、新工艺、新流程、新产品都是建立在新知识基础上的，都必须从新知识的储备中提取理论基础，因此，基础研究取得重大突破是产生原始创新的主要路径和主阵地，也是推动经济可持续发展、提升核心竞争力的动力源。基础科学知识已经成为生产力发展的核心要素，随着原始创新在推动生产力发展和经济增长中的地位日益突显，科学也逐渐从技术创新研究中剥离出来，成为生产力发展的重要变量，在推动经济增长过程中发挥重要的先导和基础作用。基础研究水平的提升不断优化产业结构和经济发展方式。创新驱动是经济社会发展的供给侧，基础研究就是创新驱动的供给侧。基础研究的不断进步不仅提升生产力发展水平，并且通过提升技术效率和原始创新能力不断优化产业结构，改变传统的经济发展方式。

（3）基础研究为创新驱动提供人才保障。创新驱动发展的核心是人才的创新，培育和聚集创新型人才是基础研究的重要职能之一。基础研究为创新驱动发展提供创新人才保障可以体现在三个方面：一是培养和造就各领域专门的研究队伍，其既可以成为本国科学研究和技术创新的中坚力量，也可以成为引进国外新知识和新技术的桥梁；二是基础研究的教育和人才培养，可以培育较高水准的科学技术研究的后备力量，为基础研究持续创新发展做好人才储备和培养接班人；三是基础研究和科学普及，不断提升全民族的智力水平和科学文化素质，为“万众创新”培植深厚的创新文化土壤，营造良好的创新驱动发展的科学氛围。

---

① 林苞，雷家骕. 基于科学的创新模式与动态——对青霉素和晶体管案例的重新分析[J]. 科学学研究，2013，(10)：1459-1464.

目　录

第 1 章　基础研究与基础科学

基础研究是指以创造新知识、新理论和发现新规律为目的的科学研究活动。由基础研究获得的科学成果所组成的知识体系就是基础科学。基础研究是技术创新的源泉，也是创新驱动发展的供给侧。基础科学对我国提升原始创新能力，加快推进国家创新体系建设具有重要的现实意义。本章主要通过梳理基础研究与基础科学相关的基本概念，介绍基础科学、应用科学与工程科学之间的关系以及基础科学研究的分类、特点及其重要作用等内容。

1.1　基础研究与科学知识体系

基础研究的不断发展建立起了基础科学知识体系，并且推动了整个科学知识体系的分化和交叉融合发展。对于庞杂的科学技术系统，按照科学研究活动和开发活动的差别，可以将研究开发活动区分为基础研究、应用研究和开发研究三种类型。按照科学知识体系的学科层次，可以将自然科学知识体系划分为基础科学、应用科学和工程科学三个层面。

1.1.1　基础研究、应用研究和开发研究

基础研究是对新知识、新理论、新原理的探索，其成果不但能扩大科学理论的研究领域，提高应用研究的技术水平，而且对于应用科学、工程科学和生产的发展具有不可估量的作用。应用研究是把基础研究发现的新知识、新理论用于特定目标的研究。它是基础研究与开发研究之间的桥梁。开发研究又称技术开发，是把应用研究的成果直接应用于生产实践的开发活动。

1945 年 7 月，美国科学研究与发展局 V. 布什在向罗斯福总统提交的《科学：永无止境的前沿》的研究报告中写道："基础研究并不考虑实用的目的，它产生的是普遍的知识和对自然及其规律的理解。这种普遍的知识提供了解答大量重要实用问题的方法，但是它不能给出任何一个问题的完全具体的答案。提供这种圆满答案是应用研究的职责。"[①]随着时代的发展，基础研究和应用研究的划分越来越具有相对性。以往人们公认的传统的基础科学（如物理学和数学），今天也具有相当

---

① 布什 V. 科学：永无止境的前沿[M]. 张炜，等，译. 北京：中国科学院政策研究室，1985.

复杂的结构（如物理学有理论物理学、实验物理学和应用物理学之分，数学有理论数学与应用数学之分）。此外，今天视为基础研究或应用研究的学科分支或课题，随时间的推移也将不断发生变化。

应用研究主要是指为获得新知识而进行的创造性研究，然而这种研究主要针对某个具体的实际目标和目的。它要根据基础研究的一般原理，针对某种具体的应用目标进一步研究技术理论问题，深入考察某一类事物的特殊规律，从而为开发研究提供比基础研究更为具体的指导性的理论和方法。应用研究成果的本质特征是技术原理及其发明。具体形式可以是学术论文、实验报告，也可以是原理性的试验装置和模型等。

开发研究是指利用从科学研究和（或）实际经验中所获得的现有知识，生产新材料、新产品、新装置、新流程和新方法，或对现有的材料、产品、装置、流程、方法进行本质性改进的系统工作。开发研究的目的不是探求新知识，而是把应用研究的成果发展成为可实际应用的技术产品。它是联系科学与生产的桥梁和纽带。

综上，从基础研究、应用研究和开发研究三者的内涵来看，基础研究没有特定的应用目的或目标。主要表现在进行研究时对其成果的实际应用前景并不很清楚，或者虽然确知其应用前景但并不知道达到应用目标的具体方法和技术途径。应用研究的特定应用目的不外乎两类：一是发展基础研究成果，确定其可能用途；二是为达到具体的、预定的目标确定应采取的新的方法和途径。应用研究虽然也是为了获得科学技术知识，但是这种新知识是在开辟新的应用途径的基础上获得的，是对现有知识的扩展，为解决实际问题提供科学依据，对应用具有直接影响。基础研究获取的知识必须经过应用研究才能发展为实际运用的形式。开发研究是为一定的工程技术实践而开展的技术开发活动，一般有具体明确的目标，计划性强，费用投入一般较大，是一项系统工程，需要各方面协调配合，注重组织和集体的作用。三者的主要区别如表 1.1 所示。

表 1.1 基础研究、应用研究和开发研究的比较

类别	基础研究	应用研究	开发研究
内涵	基础研究是指为了获得有关各种现象和能够观察到的事实的基本原理的新知识，不以任何专门或具体的应用和使用为目的，而进行的实验性和理论性工作	应用研究指为获得新知识而进行的创造性研究，然而这种研究主要是针对某个具体的实际目标和目的	开发研究是指利用从科学研究和（或）实际经验中所获得的现有知识，开发新材料、新产品、新装置、新流程和新方法，或对现有的材料、产品、装置、流程、方法进行本质性改进的系统工作
案例	法拉第发现电磁感应原理（发电原理）；麦克斯韦提出电磁波理论	西门子制成励磁电机，可以发电，尚不能应用；赫兹发现电磁波，制成电磁波发生装置，使无线电通信成为可能	爱迪生制成电机，建成电厂，建立电力技术体系，迎来电世界；波波夫与马可尼进行无线电通信获得成功，实现跨越大洋的无线电通信，迎来电信时代

续表

类别	基础研究	应用研究	开发研究
原理原则	没有实际要求；没有时间限制；不急于评价；关键是带头人水平；多数情况下费用没有固定限制；一般没有保密性	有目标、计划；有时间限制，有弹性；适当时候做出评价；选题和组织工作起重要作用；费用较多，控制较松；有一定保密性	有具体明确目标，计划性强；有严格时间控制；完成后立即评价；需各方面协调配合，更需注重组织和集体的作用；费用投入一般较大，控制较严；有很强的保密性
结果形式	学术论文、学术专著等	学术论文、专利、原理模型等	专利设计、图纸、论证报告、技术专有、试产品等

1.1.2　科学知识体系

随着科学技术的不断深入发展，科学研究的疆域也不断扩展，科学沿着分化和综合的态势不断演化，科学知识已经形成了一个庞大的科学知识系统。一大批新兴学科不断涌现，基于科学知识分化发展的迅猛态势，这些新兴学科大多具有交叉性、边缘性、横断性和综合性等特征。大量交叉学科和学科群的出现使得科学知识体系的结构日益复杂。为了研究方便，使用学科、知识领域等科学知识体系的下位概念对科学知识系统进行描述。信息、知识、科学、学科、知识领域等相关概念的范畴可以由图 1.1 进行抽象概括。

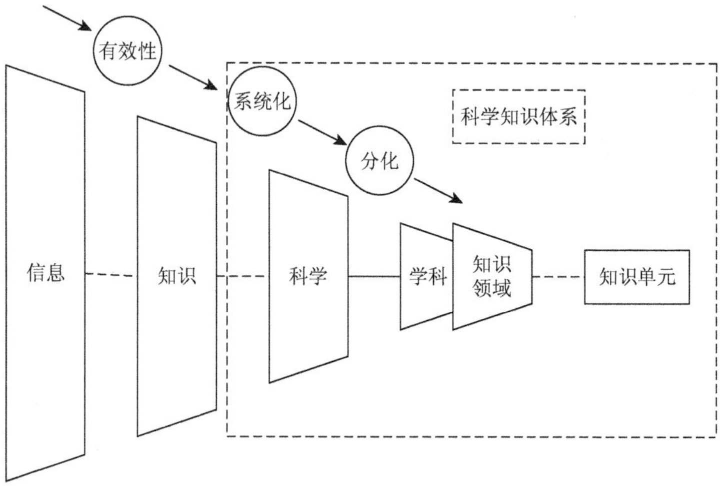

图 1.1　信息-知识-科学-学科-知识领域概念域关系图

信息、知识、科学三者的概念范畴属于逐层缩小的被包含关系。知识是信息范畴中有效的、有用的部分，科学则是知识范畴中系统化的部分。科学知识不断演化，在学科或知识领域之间的交叉融合、分化发展的共同作用下，形成了日趋庞杂的科学知识体系。在这样的复杂知识系统中，学科和知识领域是处于科学的下位、知识单元（概念、定义、定理、定律等）的上位的概念，是科学知识体系层级中的具体单位。

关于科学知识结构或者科学知识体系的研究，学者已经进行了广泛、深入的探讨。其中，20 世纪 70～80 年代，钱学森、于光远都对科学知识体系的分类进行过深入的研究。钱学森早在 1979 年就提出一个包含六个部分的科学技术体系，即马克思主义哲学、社会科学、自然科学、数学、技术科学、工程技术。随后的研究中，钱学森对该分类进行了多次补充，到 20 世纪 90 年代建立了“1+11”的科学部类结构①。对于包含数千门学科的复杂的科学知识体系，为了更清晰地表达其层级结构，王续琨曾将科学知识体系划分为五层级子系统的层级结构。其中，科学知识体系（system of scientific knowledge）的第一层级子系统，称为科学部类（scientific section）；科学知识体系的第二层级子系统，称为学科门类（discipline sub-section）；科学知识体系的第三层级子系统是学科群组（discipline group）；科学知识体系的第四层级子系统是学科系组（discipline sub-group）；科学知识体系的第五层级子系统是基元学科（primary discipline）。当然这里需要指出的是，作为科学知识体系第五层级子系统的基元学科并不是学科序列的尽头，仍然属于过渡环节。伴随着科学研究工作的逐步深入，有些基元学科已经形成次层级分支学科（子学科），甚至有了次次层级学科（孙学科）。另外，这些基元学科在发展演化过程中，仍然不断与其他基元学科、学科系组、学科群组之间交叉融合、分化发展，形成新的学科层级，这也是科学知识体系演化的系统特性。

一般认为，对科学知识体系或者科学知识结构的研究通常指对科学知识体系的第一层级划分，即相关科学部类的划分。科学知识体系中不同学科或领域的研究范畴是存在层级关系的，从整体科学知识体系到科学部类、学科门类、学科群组、学科系组、基元学科及其多层次分支学科，构成了科学学科体系层级序列。除了一些惯用称谓，如学科部类的“社会科学”“自然科学”，沿用经典的“自然辩证法”“科学社会主义”等学科，人们通常将科学知识体系的各层级分支学科不加区分地称为“××学”，如第二层级子系统中的经济学、社会学、语言学、化学等学科门类，第三层级子系统中的人口学、家庭学等学科群组，以及第四、第五层级子系统中的相对应学科系组和基元学科都有类似的现象。这种不加层级区分的大学科套装小学科的做法，容易造成学科研究范畴的模糊不清，因此不同层级使用不同的称谓，可以避免“学科嵌套，难辨大小”所带来的各种麻烦甚至混乱。

---

① 王续琨. 交叉科学结构论[M]. 大连：大连理工大学出版社，2003.

1.1.3　基础科学、应用科学与工程科学

现代自然科学在承继近代自然科学 400 多年遗产的基础上，又经历了 1 个世纪突飞猛进的发展，至今已成为包含 3000～4000 门分支学科、边缘分支学科的庞大知识体系。根据学科研究对象与生产实践相联系的密切程度，中国科学学第一人钱学森在《论技术科学》《关于建立和发展马克思主义的科学学的问题》等论文中，率先提出和阐明“基础科学—技术科学—工程技术”三个层次及其相互关系。科学层次、研究类型以及高等学校的课程设置之间的关系如表 1.2 所示。

表 1.2　科学层次、研究类型与课程设置之间的关系

研究类型	科学层次	课程设置
基础研究	基础科学	基础课
应用研究	应用科学	专业基础课
开发研究	工程科学	专业课

资料来源：刘则渊，陈悦. 现代科学技术与发展导论[M]. 2 版. 大连：大连理工大学出版社，2011.

鉴于其他科学部类也可以区分为基础科学、应用科学、工程科学，可以将自然科学中的基础科学、应用科学、工程科学称为自然基础科学、自然应用科学、自然工程科学。社会科学也可以相应地划分为社会基础科学、社会应用科学、社会工程科学。

基础科学与生产实践的联系最疏远，而工程科学与生产实践的联系最直接、最密切。自然科学三个层次之间，不存在截然分明的界限。有些学科是介于层次之间的边缘学科，如半导体物理学、农业化学等。基础科学的任务，是研究自然界物质运动的基本规律，探索未知世界。基础科学对应于研究类型中的基础研究。应用科学的任务是指明基础科学的应用前景，或者阐明技术中带有普遍性的理论问题。应用科学是基础科学与工程科学的中介，对应于研究类型中的应用研究。工程科学的任务，是综合运用基础科学、应用科学理论，研究改造自然界的具体过程。工程科学对应于研究类型中的开发研究。工程科学是人们改造自然界各种实践经验的总结，经验形态的知识、操作性的知识比较多。工程科学可以采用与技术相类似的方法进行分类。

1.2　基础科学的特点与分类

科学知识体系在纵向上可以分为基础科学、应用科学和工程科学三个层次。从科学知识体系的横向上来看，主要包括自然科学、社会科学、交叉科学、思维

科学等学科类别。其中，以自然（社会）现象和物质（社会）运动形式为研究对象，探索自然界（人类社会）发展规律的基础科学，既包括自然基础科学，也包括社会基础科学。然而通常人们所说的基础科学往往专门指自然科学领域的基础科学，这主要是因为自然科学的发展先于社会科学，有“先入为主”之利，于是就约定俗成、习以为常地用基础科学来指代自然基础科学。

1.2.1 基础科学的特点

自然基础科学是以自然现象和物质运动形式为研究对象，探索自然界发展规律的科学类别，主要包括物理学、化学、生物学、天文学、地球科学等学科门类及其分支学科、边缘学科。数学作为一门独立的学科，由于其概念和定理通常并不基于人们对实际的观测和实践而产生，数学并不属于自然科学的范畴，但数学作为自然科学的“语言”，对整个自然科学乃至科学知识体系的发展演化起到重要的方法论支撑作用，特别是自然科学的基础分析方法和手段。因此，参照管理惯例，本书将数学科学研究归入基础科学研究的范畴。从自然基础科学的研究对象和学科属性等方面来看，自然基础科学主要包括以下四个方面的特点。

（1）基础理论性。基础科学研究是对物质运动最本质规律的反映，与其他科学相比，理论性较强，具有抽象性、概括性的特点，是由概念、定理、定律组成的严密的理论体系。

（2）间接作用性。基础科学一般不直接作用于生产力，通常由基础理论知识创生技术，技术再直接作用于生产。因此，基础科学与生产实践的关系比较间接，需通过一系列中间环节才能转化为物质生产力。

（3）研究的独立性和长期性。基础科学研究通常由个人或其带领的学术团队进行攻关，实现科学理论的突破，研究相对具有独立性、长期性、艰苦性和连续性。

（4）知识的共享性。基础科学研究目的是推动人类认识自然和社会现象或运行规律，研究成果属于人类的共同知识财富，一般具有非保密性，公开发表，成为全人类共同的精神财富。

1.2.2 基础科学的分类

按照基础科学的分类管理，本书所研究的基础科学包括数学、物理学、化学、天文学、地球科学、生物学等学科门类。近代以来，科学技术发展速度日益加快，科学知识体系也不断扩展，在原有学科领域的基础上，学科内部不断分化融合、交叉渗透，学科之间的边界日益模糊，交叉学科、新兴学科不断涌现，已经形成了如物理化学、化学物理学、生物物理学、生物化学、地球化学、地球生物学等交叉学科和边缘科学。这一方面明显拓展了自然基础科学研究的对象和范畴，另一方面不断推动自然基础科学的学科领域向纵深方向发展，形成了庞大的基础科学知识体系。自然基础科学的各门类又形成了不同的分支学科和知识领域。

数学主要包括代数学、分析学、几何学、统计学、拓扑学、应用数学、计算数学等。

物理学主要包括粒子物理学、凝聚态物理学、光学、广义相对论、场论、量子力学、统计力学等。

天文学与天体物理学主要包括宇宙学和宇宙起源学、天星学、射电天文学、太阳系学等。

地球科学和空间科学主要包括大气物理学、大地测量学、水文学、海洋学、土地学、空间科学等。

化学主要包括分析化学、无机化学、有机化学、物理化学、结构化学、高分子化学等。

生物学主要包括植物学、动物学、自然人类学、生物化学、分子生物学、生态学、遗传学等。

本书由于篇幅的限制，为了尽可能展现当前国际自然基础科学研究的前沿领域，以自然基础科学各学科门类中的交叉性较强、较为前沿的学科知识领域为例，通过绘制基础学科各门类中前沿交叉学科的科学知识图谱，展现自然基础科学研究的前沿问题、科学合作以及主流学术团体和代表人物等基本情况，进而揭示当前国际自然基础科学研究的现状，为我国自然基础科学研究提供参考借鉴，同时为制定基础科学研究政策提供决策参考，为我国实施创新驱动发展战略提供理论基础支撑。

1.3 基础科学研究的重要作用

基础研究是提升我国原始创新能力和科学技术长远发展能力的重要基础，是我国当前实施创新驱动发展战略的重要源泉，必须依据国家重大战略需求和世界科学技术发展趋势，超前部署基础科学研究领域，使基础科学研究真正成为国家创新体系的重要组成部分，新兴技术涌现的重要支撑，成为推动创新人才培养的重要途径。

1. 基础科学研究是实施创新驱动发展战略的重要源泉

基础科学研究是创新驱动发展的供给侧。按照习惯用法，基础科学通常是自然科学基础研究领域中前沿性、理论性和创新性的研究成果。这些成果直接为技术创新提供理论支撑，是自主技术创新的重要来源和关键支撑，也是原始创新驱动的重要源泉。实施创新驱动发展战略，就是通过基础科学研究的渗透作用和引领作用，将前沿性和创新性理论成果直接融入生产力发展的各要素中，提高科学技术在生产力功能中所占的比例，提高社会整体生产力水平。

促进基础科学研究与经济社会发展需求紧密结合能够为创新驱动发展提供源头供给。根据创新活动中是否包含新的科学知识，可以将创新活动分为两类：一类是以基础科学研究为主的原始创新活动；另一类是以应用研究和开发研究为主的集成创新和引进、消化、吸收与再创新。以提供新知识、新理论为核心的基础科学研究为创新活动提供原始创新动力，是一种可持续性的创新动力来源。因此，面向国家重大需求、面向国民经济主战场，针对事关国计民生、产业核心竞争力的重大战略任务，凝练现代农业、人口健康、资源环境和生态保护、产业转型升级、节能环保和新能源、新型城镇化等领域的关键基础科学问题，可以为产业技术创新和新兴产业发展提供直接的动力来源，为我国实施创新驱动发展战略提供源头供给。

2. 基础科学研究是国家创新体系的重要组成部分

党的十九大报告中明确指出，“加快建设创新型国家。创新是引领发展的第一动力，是建设现代化经济体系的战略支撑。要瞄准世界科技前沿，强化基础研究，实现前瞻性基础研究、引领性原创成果重大突破”[①]。基础科学研究已经成为国家创新体系建设的重要组成部分。首先，推动高等院校、科研院所和企业等全面参与国家创新体系建设，进一步优化基础学科布局，分类整合优势基础科学资源，发挥战略优势，集中攻克全局性、战略性和引领性的基础科学前沿研究问题，为国家创新体系建设提供知识基础支撑。其次，通过加强基础科学研究，带动基础科学研究平台建设和科技资源建设。特别是进一步推动大科学工程建设和国家实验室建设，吸引高水平创新人才投入基础科学研究，助力国家创新体系建设。通过优化基础科学研究力量布局，协调基础科技资源的再分配，为创新型国家建设提供物质保障。最后，通过优化基础科学研究环境，为国家创新体系建设提供组织保障。特别是优化高等院校和科研院所的基础科学研究环境，充分发挥学科和人才优势，凝练主攻方向，聚焦重大科学问题和战略技术问题开展基础科学、前沿理论、创新性理论等研究，以基础性的突破带动全局性的创新，为国家创新体系建设提供重要的组织保障和创新氛围。

3. 基础科学研究是新兴技术涌现的重要支撑

新兴技术是战略性新兴产业发展的重要支撑，是推动传统产业转型升级的重要手段。新兴技术的涌现主要源于科学基础理论的突破和重大科学发现。一旦有基础科学研究的重大突破，相应地就有技术变革，基础科学研究为技术创新活动提供动力来源。

---

① 引自 2017 年 10 月 28 日《人民日报》中的文章：《决胜全面建成小康社会　夺取新时代中国特色社会主义伟大胜利——在中国共产党第十九次全国代表大会上的报告》。

首先，基础科学研究成果为新兴技术涌现提供理论支撑。基础科学研究主要是探索宇宙和自然界运行的一般规律，为新兴技术的生成提供直接的认识基础。基础科学研究不断揭示事物运动的规律，为新兴技术的涌现指明了方向和突破口，指引技术的创新和新兴技术的生成。

其次，基础科学研究为技术创新活动提供动力来源。技术的引进、消化、再吸收的创新过程是以新技术、新应用为手段的创新活动。然而从基础科学研究到新兴技术生成的过程遵循从基础研究到科学发现，进而拓展技术科学知识体系，最终引发工程技术的变革，实现新兴技术涌现的系列变化过程。由于基础科学为技术创新过程提供了直接的理论指导，经过这一过程完成的技术创新活动是原创程度最高、引领性最强的创新活动，为技术创新提供最强劲的动力来源。

最后，基础科学研究是推动产业共性技术形成的重要力量。产业的创新和变革通常以产业共性技术的创新为先导，而产业共性技术创新源于基础科学研究与新兴技术的共同作用。只有基础科学支撑的技术创新才具备成为产业共性技术的条件，才能推动产业共性技术的形成。

4. 基础科学研究是创新人才培养的重要途径

基础科学研究是以自由探索为目标的科学研究过程，回归科学研究的根本要求和科学精神的本质，这正是创新型人才培养的根本途径。以自由探索为目的的基础科学研究不仅为创新人才培养提供重要的基础知识，更为重要的是营造了创新型人才成长需要的宽松学术环境和严谨科学精神。在对研究生的培养方面，基础科学研究将重大基础研究、重大科研攻关方向、重大工程领域、重大社会问题研究同研究生的学习和科研结合起来，提高研究生的原始创新能力。对于科研人员，基础研究以自由探索的研究主题为导向，营造鼓励创新的学术氛围，为培养科技创新前沿的领军人才提供重要保障。

1.4 本章小结

本章是全书的基本概念的界定部分，主要介绍了基础研究与基础科学的基本概念，以及基础研究对我国提升原始技术创新能力、实施创新驱动发展战略的重要意义。在阐释基础研究和创新驱动的关系的基础上，梳理了基础科学与科学知识体系，以及基础研究、应用研究和开发研究等基本概念及其内涵，分析了与基础研究、应用研究和开发研究相对应的基础科学、应用科学和工程科学之间的关系。最后对基础科学的特点、分类及其重要作用进行了阐述，为后续绘制和分析基础科学各门类分支领域的研究前沿、科学合作等知识图谱奠定研究的基础。

第 2 章　中国基础科学研究概况

基础科学研究是科学技术进步和创新发展的源泉，我国一直以来高度重视基础科学研究在科学技术进步和经济发展中的重要作用。中华人民共和国成立以来，基础科学研究有了较全面的发展，建立了大量基础科学研究机构，初步形成了基础科学研究体系，制定科学技术发展规划，为我国科学技术现代化发展奠定了基础。改革开放以后，我国的基础科学研究进入了一个蓬勃发展的新时期。20 世纪 70 年代后期到 90 年代初期，邓小平同志坚持“实现四个现代化，科学技术是关键，基础是教育”的核心思想。1995 年 5 月 6 日颁布《中共中央、国务院关于加速科学技术进步的决定》，提出了实施科教兴国的战略。自 1978 年开始，我国先后制定了《1978—1985 年全国科学技术发展规划纲要》《1986—2000 年全国科学技术发展规划纲要》《国家中长期科学和技术发展规划纲要（2006—2020 年）》等文件，为加快我国基础研究提供了重要保障。特别是近年来，高温超导、中微子物理、量子反常霍尔效应、纳米科技、干细胞研究、肿瘤早期诊断标志物、人类基因组测序等基础研究取得重大突破，有力地提升了原始创新能力和生产力发展水平。

2.1　基础科学的研究分布

基础科学的研究分布情况主要体现在中国基础科学的学科分布方面，其中基础科学领域的国家重点学科设立和建设情况可以体现中国基础科学研究力量的核心布局。国家重点学科是国家根据发展战略与重大需求，择优确定并重点建设的培养创新人才、开展科学研究的重要基地，在高等教育学科体系中居于核心和引领地位。重点学科建设对于带动中国高等教育整体水平全面提高，提升人才培养质量、科技创新水平和社会服务能力，满足经济建设和社会发展对高层次创新人才的需求，提供高层次人才和智力支撑，提高国家创新能力，建设创新型国家具有重要的意义。

2.1.1　基础科学的研究力量布局

中国基础研究正处于创新发展的新阶段，总体上面临“六期叠加”①的严峻形

---

①“六期叠加”形势即全球新科技革命和产业变革的历史交汇期、中国经济和产业提质增效升级的全面转型期、国家发展跨越中等收入陷阱的战略突围期、创新型国家建设的关键决胜期、科技体制和创新体系的深度调整期、基础研究从量变到质变的重要跃升期。

势，基础研究作为原始创新的驱动力，对中国整体科研实力的提升有着显著影响。自《国家中长期科学和技术发展规划纲要（2006—2020 年）》实施以来，中国基础研究的整体水平、综合实力和国际影响力不断提高。但是由于中国基础科学的研究基础相对薄弱，仍落后于发达国家，特别是基础研究力量的分布极不均衡，区域之间、学科之间的发展水平差距较大。

面对当前基础研究发展的形势与需求，促进学科布局的进一步优化和加强基础学科分布的进一步研究，不仅对中国学科体系的建设有一定帮助，也能够更好地促进基础研究的发展。通过对学科分布情况的分析，透视基础科学在学科研究力量上的布局，努力实现学科布局上的优化，使科研力量和基础条件建设进一步加强，促进科研产出持续规模化发展，努力实现整体科研实力和原始创新能力的显著提高，进一步提升中国基础研究的国际影响力。

根据“2012 年全国高校学科评估结果”，统计出中国基础学科一级学科的分布情况（表 2.1）。中国高校的学科分布并不均衡，学科自身发展状况等因素导致中国基础学科的分布存在差异。各个学科的数量分布存在较大区别，有超过百所的高校设有数学一级学科，次之是生物学，有超过 80 所的高校设有物理学和化学，地球科学只有超过 30 所的高校设立，天文学仅有 5 所高校设立。另外，单个学科数量的地域划分也有各自的特征，设有数学学科的高校最多的省份是江苏，江苏设有数学学科的高校数量和整个东北地区设有数学学科的高校数量相当，而只比江苏少一所的湖北，其设有数学学科高校的数量也能够和西北地区以及西南地区数量持平，而整个华南地区设有数学学科的高校数量却只有湖北的 1/2。设有生物学科的高校最多的则是辽宁，是唯一生物学科高校数量超过个位数的省份，不仅比西南地区、西北地区都要多，而且是整个华南地区数量的 3 倍。各省区市设有物理学和化学的高校数量差异较小，而各高校设立的本来就不多的地球科学与天文学，其地域数量差异更小。

表 2.1　六大基础学科一级学科分布情况　（单位：所）

项目		数学	生物学	物理学	化学	地球科学	天文学
合计		102	100	87	82	33	5
华东地区	126	36	29	23	27	9	2
江苏	33	11	7	5	6	3	1
上海	26	8	5	5	6	2	
浙江	27	8	7	6	5	1	
山东	19	5	4	5	4	1	
安徽	12	2	4	2	3		1
福建	8	2	2		2	2	
江西	1				1		
东北地区	55	11	16	12	13	3	

续表

项目		数学	生物学	物理学	化学	地球科学	天文学
辽宁	32	7	12	5	7	1	
吉林	14	2	2	5	4	1	
黑龙江	9	2	2	2	2	1	
华中地区	54	16	14	12	9	3	
湖北	33	10	9	7	5	2	
湖南	11	4	2	3	2		
河南	10	2	3	2	2	1	
华北地区	71	13	18	17	16	5	2
北京	37	7	9	8	8	3	2
内蒙古	8	2	2	2	1	1	
山西	12	2	2	4	3	1	
河北	7	1	3	1	2		
天津	7	1	2	2	2		
西南地区	40	10	10	10	6	4	
四川	20	4	5	5	4	2	
重庆	9	4	1	3		1	
云南	10	2	3	2	2	1	
西藏	1		1				
华南地区	20	5	4	3	4	3	1
广东	15	3	3	2	3	3	1
广西	4	1	1	1	1		
海南	1	1					
西北地区	41	10	9	9	7	6	
陕西	20	5	4	5	4	2	
甘肃	14	3	3	3	2	3	
宁夏	4	1	1		1	1	
新疆	3	1	1	1			
中国人民解放军国防科技大学	2	1		1			

资料来源：中国学位与研究生教育信息网（学位网）“2012年全国高校学科评估结果”。该评估结果并无贵州、青海及港澳台高校的相关数据，因此本表不再列出

注：数学一级学科中，全国具有一级博士学位授权的高校共67所，本次有47所参评；还有部分具有二级博士学位授权和硕士学位授权的高校参加了评估；参评高校共计102所。生物学一级学科中，全国具有一级博士学位授权的高校共77所，本次有53所参评；还有部分具有二级博士学位授权和硕士学位授权的高校参加了评估；参评高校共计100所。物理学一级学科中，全国具有一级博士学位授权的高校共55所，本次有42所参评；还有部分具有二级博士学位授权和硕士学位授权的高校参加了评估；参评高校共计87所。化学一级学科中，全国具有一级博士学位授权的高校共64所，本次有51所参评；还有部分具有二级博士学位授权和硕士学位授权的高校参加了评估；参评高校共计82所。地球科学一级学科中，全国具有一级博士学位授权的高校共21所，本次有18所参评；还有部分具有二级博士学位授权和硕士学位授权的高校参加了评估；参评高校共计33所。天文学一级学科中，全国具有一级博士学位授权的高校共3所，本次有3所参评；还有部分具有二级博士学位授权和硕士学位授权的高校参加了评估；参评高校共计5所。中国人民解放军国防科技大学单列统计

中国学科数量分布不均衡，地区分布也不均衡。华东地区在学科总数的分布上占据绝对优势，不仅拥有完整的六个学科分布，而且是唯一学科总数过百的地区，各个学科在华东地区的分布也是最多的，从省份上来看，数学学科分布最多的是江苏，单个省份的学科数量和东北地区持平，除华中地区的湖北，紧随其后的就是上海和浙江。学科在地区分布上数量次之的是华北地区，但是与华东地区的数量差异仍相当于一个东北地区或华中地区。华北地区在各个学科数量分布上占据明显优势的是北京，虽然北京没有一个学科数量是最多的，但是它拥有完整的六个学科分布，并且为数不多的三个拥有完整六个学科分布的高校中，北京就有两所高校，分别是北京大学和北京师范大学，另外一所是江苏的南京大学。而学科总数分布最少的是华南地区，学科分布数量只有西北地区或西南地区的 1/2，而其中广东的高校数量就占华南地区总数的 3/4。可以看出在每个地区学科数量的分布中，一般是一个或几个省区市学科总数占据绝对优势，许多省区市虽然有各个学科的分布，但是数量极少。

学科的分布无论在数量上还是在地区上，都存在较为明显的差异，总的来说两方面都没有实现均衡发展。但是从另外一种角度看，虽然一些偏远地区的学科资源匮乏，但是如新疆或者西藏等在一定意义上实现了基础学科由“0”到“1”的突破，而且各个学科都有自己的发展规律和学科特点，单以数量反映学科发展状况和学科布局状况是片面的，在推动学科均衡发展的基础上，要把握基础学科发展趋势，尊重基础学科发展规律，深入贯彻学科均衡协调可持续发展基本思路。

基础研究近年来持续快速发展，基础研究水平也大幅提升，在学科布局趋于优化的同时，中国在基础科学研究的人才队伍、科研基地和条件保障能力建设上也逐渐加强，一批研究院所成为有重要国际影响的科研机构，一些研究型大学也跻身世界一流大学行列。在当前基础研究发展的新形势下，中国基础科学和基础研究在人才队伍与科研机构的建设上依旧有进步的空间，关注高校科技的创新能力，推动高校和科研机构全面参与国家创新体系中，发挥学科、人才优势，以基础性突破带动全局发展创新，关注人才队伍建设和科研机构建设，充分发挥基础研究和基础科学的创新带动作用，增强为创新发展提供源头供给的能力。表 2.2 为高校研发机构与人员学科分布情况。

表 2.2　高校基础学科的研发机构与人员分布

项目	机构/所					人员/人		
	合计	本校独办	校际联合	合办（国内企业）	合办（国外企业）	合计	科技与研发人员	培养研究生
合计	1 171	1 004	57	105	5	78 979	17 369	61 610
生物学	454	377	33	41	3	25 536	6 083	19 453

续表

项目	机构/所					人员/人		
	合计	本校独办	校际联合	合办（国内企业）	合办（国外企业）	合计	科技与研发人员	培养研究生
化学	299	257	6	35	1	19 629	4 326	15 303
地球科学	208	177	9	21	1	17 155	3 561	13 594
物理学	164	148	8	8	0	13 845	2 720	11 125
数学	41	40	1	0	0	2 605	615	1 990
天文学	5	5	0	0	0	209	64	145

资料来源：《2015 年高等学校科技统计资料汇编》

根据《2015 年高等学校科技统计资料汇编》，分析研发机构和人员的学科分布情况。各个学科的科研机构分布并不均衡，各基础学科的一级学科科研机构数量存在较大差异。首先是学科机构总数差异较大，生物学的科研机构数量最多，占到六个学科科研机构总数的 38.77%，只有五所科研机构的天文学最少。学科科研机构的数量差异之大，不仅在于最多的学科与最少的学科数量悬殊，就连名次相差无几的学科，科研机构的数量差异也在百所以上或接近百所。值得一提的是，在学科数量分布上占据第一位的数学，在科研机构的总数分布上只占六个学科科研机构总数的 3.50%。

学科所在的机构数量的不均衡同样体现在设立性质不同的科研机构上。每个学科机构数量最多的都是本校独办，占比达到各个学科机构总数的 80%以上，本身机构数量并不多的数学占比达到了 97.56%，而本校独办的科研机构在天文学上更是实现了包揽。此外，与国内企业合办的科研机构，数量以生物学和化学居多，其他学科较少，数学和天文学则没有一所企业合作性质的科研机构。校际联合和与国外企业合办的科研机构数量在各个学科上都不占优势，这两种性质的科研机构总数在化学、物理学、数学和天文学上更是不及十所。但是无论是学科的机构总数还是不同设立性质的机构数量，生物学都是最多的。

从学科的人员分布来看，人员总数最多的是生物学，最少的依旧是天文学，各个学科人员总数差异情况与机构数量差异情况几乎吻合，彼此之间的数量差异依然巨大，名次接近的学科人员数量相差也至少两千人。无论是科研人员还是培养的研究生，在数量上都悬殊，天文学的人员总数还不到生物学人员总数的 1%，数学的人员总数也只有生物学人员总数的 10%左右。

中国的基础学科分布以及机构、人员分布都有各自的差异特征，但总的来看，分布并不均衡，数量上的差异反映出中国的学科体系建设要在当前基础研究的新形势下实现进一步优化，但是各个学科的发展应视自身情况而定，在稳步发展的前提下努力实现突破。

中国基础学科的一级学科在地域和数量上都没有实现均衡发展，各学科在机构上的分布差异也较大，人员分布的差异情况与机构差异情况几乎吻合，学科之间的数量悬殊。总的来说，中国基础学科体系的建设还需要更长远的发展，结合当前形势与发展情况，在学科布局上进一步实现优化，尊重学科发展规律，努力使各学科达到均衡发展，在人才队伍和科研队伍的建设上，克服当前存在的问题，充分发挥人才和科研机构的作用，助力当前基础研究的发展，努力发挥基础研究的创新带动作用，增强基础研究的原始创新能力。

2.1.2　基础科学的重点学科布局

截止到 2017 年底，中国已经开展了三次基础科学国家重点学科的评选工作。第一次评选开展于 1986～1987 年，国家教育委员会根据 1985 年 5 月 27 日颁布的《中共中央关于教育体制改革的决定》相关内容于 1987 年 8 月 12 日发布了《国家教育委员会关于做好评选高等学校重点学科申报工作的通知》，决定开展首次基础科学国家重点学科评选工作。此次评选中，一共评定国家重点学科 416 个。第二次评选在 2001～2002 年开展，根据《教育部关于开展高等学校重点学科评选工作的通知》规定，开展的第二次评选工作旨在继续强化基础学科建设，提高我国创新人才的培养能力，进而在我国逐步形成布局合理、各具优势、特色的重点学科体系。此次共评选出了 964 个高等学校重点学科。第三次评选活动在 2006 年展开，根据建设创新型国家的战略部署，调整国家重点学科结构。此次评选活动调整的重点是在按照二级学科设置的基础上，增设一级学科国家重点学科。一级学科国家重点学科的建设突出综合优势和整体水平，促进学科交叉、融合和新兴学科的生长。此次共评选出 286 个一级学科、677 个二级学科、217 个国家重点培育学科。根据第三次国家重点学科评选结果，分别对一、二级国家重点学科以及国家重点培育学科的基本情况进行分析，整体上展现我国基础科学重点学科的分布状况。

数学国家重点学科包含一、二级国家重点学科以及国家重点培育学科共 24 个。其中一级数学学科 11 个，二级基础数学学科 5 个。在一级数学学科中，最具优势的学科单位主要有复旦大学、浙江大学、北京大学。其中，复旦大学数学学科在以苏步青、陈建功等老一辈数学家为代表，以及各中青年科研工作者的共同努力下已经建成了具有相当国际影响力以及显著国内地位的数学研究和人才培养基地。1952 年前，复旦大学设有数理系，院系调整后正式建立数学系。2007 年，复旦大学数学学科成为一级国家重点学科。在 2002 年、2007 年、2012 年的全国一级学科整体水平评估中综合排名均第二。从学术界通用的基本科学指标数据库（Essential Science Indicators，ESI）指标，复旦数学属于前 1%学科。在基础数学的若干重要前沿领域取得国际领先的成果。先后获国家自然科学奖 10 项，其中二等奖 4 项；国家科学技术进步奖一等奖 1 项，二等奖 2 项；省部级一等奖 23 项。

与复旦大学数学专业相同的是，浙江大学数学学科也是由陈建功与苏步青创建的。师资队伍力量雄厚，教授 25 人，副教授 26 人，长江学者奖励计划特聘教授 2 人，浙江大学“光彪”讲座教授 1 人，还有多位著名的兼职教授（丘成桐、王元、石钟慈等）及名誉教授（陈省身、谷超豪、胡和生等）。该学科每年在研的国家级项目 20 多项、省部级项目近 20 项。特别是在函数论、微分几何、微分方程、计算复杂性理论、概率极限理论等方面的研究具有特色和优势，在国内外有较大影响。曾经获得过全国科学大会奖、国家自然科学奖三等奖以及多次获得省部级奖。

1913 年秋，北京大学数学门的招生是中国现代高等数学教育的开端。经过一系列的院系调整于 1995 年成立了北京大学数学科学学院，学院拥有一支实力雄厚的师资队伍，其中包括中国科学院院士 6 名，发展中国家科学院院士 3 名，国家级教学名师 3 名，长江学者奖励计划特聘教授和长江学者奖励计划讲座教授 11 名，国家杰出青年科学基金获得者 15 名，同时该院在生源上可谓首屈一指，几乎所有获得国际数学奥林匹克竞赛金牌的中国学生都选择北京大学数学科学学院继续深造。数学系作为创立最早的院系旨在培养高水平的数学人才，院系的研究方向有代数学、拓扑学、动力系统、微分几何、函数论、微分方程、数学物理等，培养出的人才在国内、国际相关领域都有一定的影响力。

基础数学二级学科中除了北京大学、复旦大学，北京师范大学学科建设也在该领域处于顶尖地位。北京师范大学数学系成立于 1922 年，其前身为 1915 年创建的北京高等师范学校数理部，1983 年成立数学与数学教育研究所，2004 年成立数学科学学院。作为中国第二个大学数学系，该院基础数学学科于 1981 年获得博士学位授权，1996 年被评为国家重点学科，专任教师 77 人，其中教授 34 人，副教授 25 人。特别地，有中国科学院院士 2 人，发展中国家科学院院士 1 人，长江学者奖励计划特聘教授 6 人，长江学者奖励计划讲座教授 1 人，国家级教学名师 1 人，在基础数学研究领域取得了大量成果，对中国基础数学研究作出了重要贡献。

生物学国家重点学科包括生物学一级学科，植物学、动物学、生理学、水生生物学、微生物学、神经生物学等多个分支二级重点学科。其中一级重点学科生物学最具优势的单位有清华大学、北京大学、复旦大学等几所高校。清华大学生物系正式成立于 1926 年，由植物学家钱崇澍任系主任。1930 年建成生物学馆，并正式成立理科研究所生物学部，公开招收研究生。1952 年全国院系调整后，清华大学生物系并入其他院校，生命学科在清华园曾一度处于空白状态。历经 32 年的空白期，清华大学于 1984 年重建生物系，并更名为生物科学与技术系。2009 年，清华大学生命科学学院正式成立，简称生命学院。生命学院是国家理科基础科学研究和教学人才培养基地、国家生命科学与技术人才培养基地、现代生命科学实验教学中心，也是首批国家级生物学实验教学示范中心。学院拥有生物学一级学科及海洋生物学二级学科博士学位授权，2012 年，在教育部学位与研究生教育发展中心组织的全国高校博士学科点的评估中，本学科点位列生物学一级学科第一名。生命学院师资力量雄厚，学院共有专职教师 90 人，其中教研系列人员 67 人，包括中国科学院院士 4 人、“千人计划” 6 人、“青年千人计划” 14 人、国家级教学名师 1 人、长江学者奖励计划特聘教授 12 人、国家杰出青年科学基金获得者 20 人、国家 973 计划①首席科学家 5 人、国家重大科学研究计划首席科学家 8 人，以及清华大学“百人计划”教授 9 人，拥有生物膜与膜生物工程国家重点实验室和抗肿瘤蛋白质药物国家工程实验室两个国家重点实验室。2008 年以来，清华大学生命学院以第一作者单位在生命科学高水平学术杂志上发表论文 29 篇，其中 2014 年发表 3 篇。在国际生物学研究领域有着重要的影响。

北京大学生命科学学院起源于 1925 年成立的北京大学生物学系，是中国高等院校中最早建立的生物学系之一，于 1993 年成立了北京大学生命科学学院。该学院由陈桢、李汝祺等一批著名学者为奠基人，他们培养的谈家桢、吴阶平、赵以炳、沈同、陈阅增、林昌善等生物学界、医学界的杰出学者，形成了一支中国现代生物学教育和科研的专家队伍，对中国生物学的发展产生了深远影响。该院拥有非常雄厚的师资力量，在 169 名教职工中包括院士 5 名、“千人计划” 6 名、“青年千人计划” 10 名、长江学者奖励计划特聘教授 11 名、国家 973 计划及国家重大科学研究计划首席科学家 10 名、国家级教学名师 1 名、全国模范教师 1 名、国家杰出青年科学基金获得者 17 名。同时该院还拥有膜生物学国家重点实验室和蛋白质与植物基因研究国家重点实验室，对学院的科学研究活动起着重要的支持作用。学院研究成果丰硕，在 2013～2014 年 Quacquarelli Symonds（QS）世界大学生命科学专业排名中，该学院位列第 37 名，成为唯一进入世界前 50 的中国大学生物院系。

复旦大学生命科学学院由中国遗传学奠基人谈家桢创立于 1986 年，是中国最早在大学中成立的生命科学学院，其前身为 1926 年成立的复旦大学生物学系，首任院长为谈家桢。该学院由系、重点实验室和研究所（中心）三个平行的组织结构组成。其中生物学一级学科下设遗传学、发育生物学、生物物理学、植物学、微生物学、生物化学和分子生物学等 9 个二级学科博士学位授权点。学院大力引进人才，有中国科学院院士 2 人（其中双聘院士 1 人）、“千人计划” 5 人、国务院学位委员会委员 1 人、长江学者奖励计划特聘教授（含讲座教授）9 人、国家杰出青年科学基金获得者 7 人、国家 973 计划首席科学家 5 人、复旦大学特聘教授（含讲座教授）10 人。拥有遗

① 国家 973 计划指国家重点基础研究发展计划。

传工程国家重点实验室、生物多样性与生态工程教育部重点实验室、现代人类学教育部重点实验室三个国家和教育部重点实验室，并以此为依托，取得了丰硕的科研成果。该院作为负责人获得国家 863 计划[①]16 项，973 计划 7 项，新药创制专项 5 项，传染病重大专项 4 项，转基因重大专项 5 项，国家重大科学研究计划 8 项；国家自然科学基金面上项目 101 项，重大项目 6 项，杰出青年科学基金 3 项；其他省部级以上科研项目 372 项。获得新药证书及临床批件 10 余项，获得国家自然科学奖二等奖 1 项，其他国家、省部级以上奖励 50 余项，发表《科学引文索引》（*Science Citation Index*，SCI）论文约 1300 余篇，其中 30 篇发表在 *New England Journal of Medicine*、*Nature*、*Science*、*JCI* 和 *Herpetology* 等影响因子大于 10 的重要杂志。

地质学是地球科学领域的重要学科分支。地质学国家重点学科包含一、二级国家重点学科及国家重点培育学科共 4 个，分别为地质学一级国家重点学科，地球化学、地质构造学二级国家重点学科以及矿物学、岩石学、矿床学国家重点培育学科。其中中国地质大学地球科学学院作为国家理科基础科学研究和教学人才培养基地、教育部“211 工程”建设的重点学科所在地，在相关地质研究领域处于领先地位。现有古生物学与地层学、矿物学岩石学矿床学、地球化学三个国家级重点学科。该院师资力量雄厚，有中国科学院院士 5 人、俄罗斯自然科学院外籍院士 1 人、博士生导师 38 人。地球科学学院的地质学科作为优势学科，在国内外具有一定的影响，并在地球物质科学、地球表层科学和地球动力学三大学科群的研究领域取得了明显的优势，在相关领域涌现出了一大批高质量的成果，同时在国际上具有一定的影响力。

天文学与天体物理学国家重点学科包括天文学一级国家重点学科和天体物理学二级国家重点学科。南京大学、北京大学在这两个学科研究领域处于领先地位，并建有一、二级国家重点学科。南京大学天文与空间科学学院起源于 1952 年的南京大学天文学系，作为目前全国高校中历史最悠久、培养人才最多的天文学专业院系，南京大学天文系在 2011 年正式改名为南京大学天文与空间科学学院，该院目前拥有为教学科研服务的中心实验室、太阳塔实验室、现代天文与天体物理教育部重点实验室和南京大学深空探测实验室等 4 个实验室。学院师资力量雄厚，有教学科研人员 30 余人，其中中国科学院院士 4 人，博士生导师 16 人，教授 16 人，副教授 5 人，讲师 7 人，获得博士学位的青年学者 23 人。在南京大学“211 工程”“985 工程”的重点支持下，正努力建设成为一个具有国际影响力的天文学教学和科研中心。

与南京大学天文与空间科学学院相比，北京大学物理学院天文学系成立较晚。其前身是北京大学和中国科学院于 1998 年在北京大学共同组建的北京天体物理

---

① 国家 863 计划指国家高技术研究发展计划。

中心。于 2000 年 6 月将天体物理专业正式扩展为天文学系，2001 年底天体物理学被评为国家重点学科。2006 年，北京大学与美国 Kavli 基金会正式签署合同在北京大学建立科维理天文与天体物理研究所（Kavli Institute for Astronomy and Astrophysics，KIAA-PKU），并于 2008 年正式运行。北京大学天文学系有全职教师 9 名，其中教授 5 名（包括长江学者 1 名和国家杰出青年科学基金获得者 3 名），“百人计划”研究员 2 名，副教授 2 名，均为博士生导师，另有博士后 7 名，在高能天体物理、离子天体物理等一系列领域有着一定的成就。

物理化学国家重点学科是化学一级国家重点学科下属的一个二级国家重点学科。北京师范大学、福州大学、山东大学分别拥有 1 个物理化学国家重点学科。北京师范大学物理化学国家重点学科隶属于北京师范大学化学学院理论和物理化学研究所。于 1982 年设立二级学科博士学位授权点，成为中国物理化学研究力量的重要组成部分。福州大学化学学院物理化学学科是由卢嘉锡院士在 1958 年亲自创办的，拥有化肥催化剂国家工程研究中心、国家环境光催化工程技术研究中心、国家理科基础科学研究与人才培养基地、化学学科博士后科研流动站、省物理化学重点学科、省固体材料化学重点（开放）实验室。其主要研究方向包括工业催化、化学结构、固体量子化学与分子设计、功能新材料。初步建设成为国内先进、国际上有一定影响力的教学和科研中心，总体学术水平已居国内先进水平，某些研究方向和研究成果达到国际先进水平；形成了以催化理论与结构化学为基础的，理论与应用紧密结合的鲜明研究特色。山东大学物理化学国家重点学科隶属于山东大学泰山学堂，其主要研究方向为表面电化学、腐蚀电化学与材料保护、化学电源与能量转化、电化学合成、化学反应动力学及应用、分子设计与分子识别、生物物理化学，作为三个物理化学国家重点学科之一，近年来对中国物理化学研究领域具有一定的影响力。

凝聚态物理国家重点学科是物理学一级国家重点学科下属的一个二级国家重点学科。上海交通大学、吉林大学、山东大学等八所重点高校设立了凝聚态物理二级国家重点学科。上海交通大学凝聚态物理学科是国务院学位委员会批准的首批（1981 年）有权授予博士学位的学科点之一。20 世纪 80 年代初建立凝聚态物理博士学位授权点，80 年代中期建立凝聚态物理研究所。于 2001 年申报国家重点学科成功，并在 2007 年通过考核评估。2009 年人工结构及量子调控实验室成为教育部重点实验室。上海交通大学设有超导与材料物理实验室、计算凝聚态物理实验室、凝聚态光谱与光电子物理实验室、超导和其他功能晶体生长实验室、高温超导带材实验室、表面和界面物理实验室、太阳能研究所、软凝聚态实验室。凝聚态物理研究所是上海交通大学物理与天文学院最大的研究所之一，先后承担国家级、省部级项目共 130 余项，其中科技部国家 863 计划重点项目 4 项，科技部国家 973 计划项目 4 项，国家自然科学基金重点项目 2 项，2008～2012 年共发表论文近 400 篇，

在 *Science*、*Nature*（包括子刊）、*Physical Review Letters* 等国际顶尖刊物上发表学术论文 8 篇，在 *Journal of the American Chemical Society*、*Advanced Materials*、*Nano Letters*、*Applied Physics Letters*、*Physical Review* 等国际一流学术刊物上发表学术论文 150 余篇，成为中国凝聚态物理的重要研究力量。

吉林大学凝聚态物理学科是 1986 年批准的国家重点学科。该学科 1989 年建立超硬材料国家重点实验室，1995 年通过验收并对外开放，1998 年通过教育部预评估。1993 年建立国家物理基础科学研究与教学人才培养基地。1995 年列入“211 工程”项目重点建设学科，1998 年成为首批物理学一级学科博士学位授权单位。该学科目前已经形成高压物理、超硬材料与高压相功能材料，薄膜物理，高压极端条件下的稀土固体物理学，稀土永磁化合物与材料磁性，非周期局域固体结构等 5 个各具特色、相对稳定的研究方向，取得了一系列重要研究成果。

综上所述，中国重点学科建设有以下特点。第一，部分国家重点学科的前身即中国在相关领域研究与教育的开端。例如，北京大学数学国家重点学科的前身就是 1913 年开始招生的北京大学数学门，北京大学数学门的招生也标志着中国近代高等数学教育的开端。与此类似的北京师范大学数学学科的前身也可以追溯到 1915 年创建的北京高等师范学校数理部。作为某个研究教育领域开端的国家重点学科的前身在该研究领域有着长期积累，熟悉该研究领域相关研究历程与现状，这对于重点学科的建设起到了重要的基础作用。第二，除了具有悠久的发展历史，国家重点学科的设立在一定程度上也由专家学者研究力量分布所决定。例如，北京大学生物学基础学科的前身是 1925 年成立的北京大学生物学系，是中国高等院校中最早建立的生物学系之一。除此之外该学科的建立过程中也汇聚了大批中国在该领域的顶尖研究人才。从最早的陈桢、李继侗、胡经甫等早期留学国外的著名学者创立北京大学生物学系，到谈家桢、赵以炳、沈同、林昌善等生物学界的杰出学者，形成了一支中国现代生物学教育和科研的专家队伍。正是这群专家学者对中国生物学研究教育领域长期以来坚持不懈的研究，奠定了中国生物学研究教育的基础，同时对北京大学生物学国家重点学科的设立起到了至关重要的作用。第三，部分国家重点学科的设立还基于所在地特定的基础条件或者地理环境。例如，南京大学天文学基础学科的建设就在一定程度上基于中国科学院紫金山天文台和中国科学院国家天文台南京天文光学技术研究所的支持。对于已经形成较为完善的科研教育体系的领域（如生物学等领域），重点学科的设立促进该领域研究的继续深化；而对于一些较为新兴的研究领域（如天文学领域），重点学科的设立则在立足于现有基础上推进该领域的建设。因此以“建设创新型国家的战略部署，调整国家重点学科结构”为目标的第三次国家重点学科的建设在第二次的基础上，加强了各大高校的特色和优势，并努力在重点方向上取得突破。

根据教育部全国高等学校学科排行榜，统计出了六大基础科学的国家重点学科分布情况（图 2.1）。其中，数学学科的排名中，排名前 20 的高校中，原“985 工程”“211 工程”大学占据了 18 所，非“985 工程”“211 工程”的大学占据 2 所。物理学学科的排名中，排名前 20 的高校中，原“985 工程”“211 工程”大学占据了 18 所，“211 工程”大学占据 1 所，非“985 工程”“211 工程”的大学占据 1 所。化学学科的排名中，排名前 20 的高校中，原“985 工程”“211 工程”大学占据了 17 所，“211 工程”大学占据了 3 所。天文学学科的排名中，排名前 5 的高校中，原“985 工程”“211 工程”大学占据了 4 所，“211 工程”大学占据 1 所。地质学学科的排名中，排名前 16 的高校中，原“985 工程”“211 工程”大学占据 7 所，“211 工程”大学占据 7 所，非“985 工程”“211 工程”的大学占据 2 所。生物学学科的排名中，排名前 20 的高校中，原“985 工程”“211 工程”大学占据 17 所，“211 工程”大学占据 3 所。

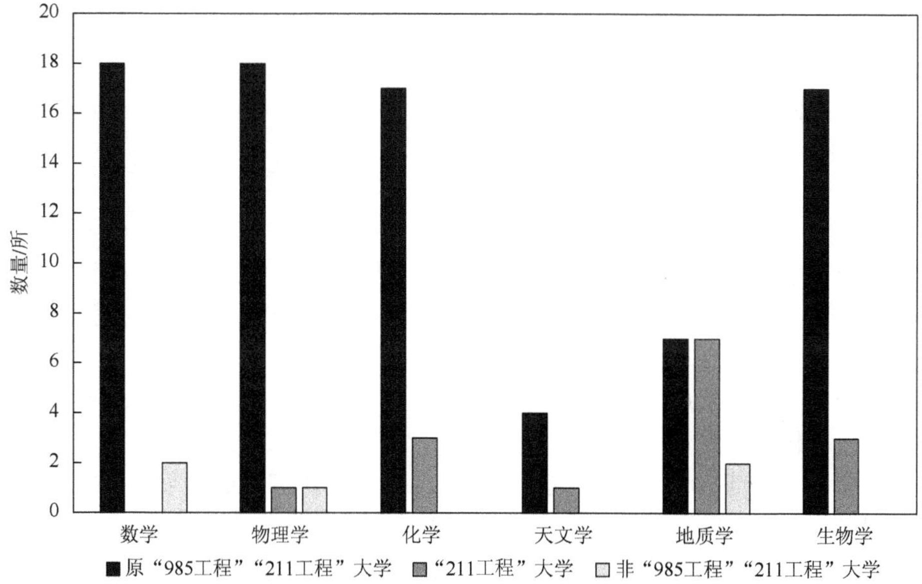

图 2.1　基础科学重点学科的高校分布

2.1.3　基础科学研究的资助体系

当前，中国正处在由科技大国向科技强国迈进的重要时期，加大基础科学研究投入是提升我国科研创新能力的重要支撑，近年来，高校、企业对基础科学研究的资金投入日益加大，各类针对基础科学研究的基金资助渠道日趋完善，对基础科学研究的支撑和保障作用日益明显，初步形成了“自上而下，三位一体”的资助体系（图 2.2），确立了中央财政研究资金为主，地方、院校企业研究资金为辅的资助政策。总体来说，资助体系可以分为国家、地方、校企资助等三个资助层面。

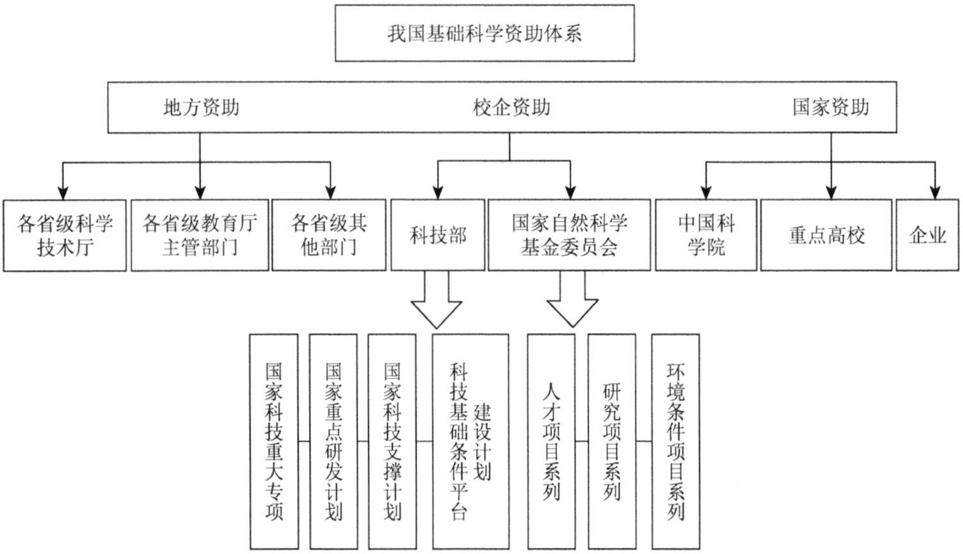

图 2.2　基础科学研究资助体系

从国家层面来说，中央财政拨款一直是我国基础科学研究资助体系的主体部分，由科技部和国家自然科学基金委员会等相关部门制订科技发展规划与引导类政策，交由国务院审批后，再组织实施。不同部门对基础科学资助方面都制订了一系列科技资助计划，例如，国家自然科学基金委员会负责的国家自然科学基金，科技部负责组织制订的国家 863 计划、国家科技支撑计划、国家科技攻关计划等。自 2016 年 2 月起，国家 973 计划、国家 863 计划、国家科技支撑计划等已经统一整合成国家重点研发计划，并且在《“十三五”国家科技创新规划》中与国家自然科学基金、国家科技重大专项、技术创新引导专项、基地和人才专项统称为“五大专项”，初步形成了以“五大专项”为核心的国家层面对基础科学研究资助体系。其中，国家自然科学基金是我国基础科学研究资助体系的主体部分。

20 世纪 80 年代初，中国科学院 89 位院士（学部委员）致函党中央、国务院建议设立国家自然科学基金（National Natural Science Foundation of China，NSFC）。随后，国务院于 1986 年 2 月 14 日批准成立国家自然科学基金委员会。经过 30 多年的发展，国家自然科学基金已经成为我国基础科学研究的最主要的资助来源。国家自然科学基金坚持支持基础研究，逐渐形成和发展了由研究项目、人才项目和环境条件项目三大系列组成的资助格局。从国家自然科学基金资助经费统计情况（表 2.3）可知，国家自然科学基金研究项目的资金投入比例最大。按照资助类别划分，研究项目可细分为面上项目、重点项目、重大项目、重大研究计划项目；人才项目分为青年科学基金项目、地区科学基金项目、优秀青年科学基金项目、国家杰出青年科学基金项目、海外及港澳青年学者合作研究基金项目、创新研究群体科学基金项目；环境条件项目可分为联合基金项目、国家重大科研仪器研制专项、应急管理项目、数学天元基金项目等。面上项目是自然科学基金资助体系中的主要部分。重点项目是国家自然科学基金资助体系中的另一个重要层次，主要结合国家需求支持科技工作者，紧跟世界科学前沿，我国近年来对重点项目的资助金额稳步提升。

表 2.3　2015～2017 年国家自然科学基金资助经费统计表

年份	重点项目/亿元	面上项目/亿元	青年科学基金项目/亿元	地区科学基金项目/亿元
2015	17.86	102.41	31.95	10.96
2016	17.15	101.75	31.17	10.91
2017	19.87	106.86	40.03	10.95

从地方对基础研究资助体系来看，地方对于基础科学的资助主要由各省级科学研究院、科学技术研究所和科学技术厅来负责，目前来看，地方对于基础科学研究资助最重要的途径便是省级自然科学基金。在国家自然科学基金的影响下，全国 31 个省区市①全部设有省级科学基金。其中，大部分为自然科学基金，四川、贵州、西藏和山西则分别为青年科技基金、科学基础基金、中青年自然科学基金和自然科学基础研究计划。从省级自然科学基金资助的宗旨上看，其目标是要实现原始创新和基础应用，且多数地区以基础应用为主。省级自然科学基金的资助体系有如下三个特点：①多数省级自然科学基金包含项目、人才两大板块；②部分地区增设利于创新主体互动交流的子项目；③通过联合资助方式进行多方融资。对 2007～2009 年 27 个省区市的资助格局统计分析如下，从资助金额上看，沿海地区有 6 个省市年度资助经费超过 3000 万元，由高到低依次为江苏、浙江、广东、北京、上海、山东。除山东外，其他地区年度资助经费均在 4000 万元以上；全国有 12 个省区市年度资助经费在 1000 万～3000 万元，由高到低依次为广西、湖北、云南、陕西、福建、重庆、黑龙江、湖南、河北、安徽、内蒙古、贵州；中西部地区有 7 个省区年度资助经费低于 1000 万元，由高到低依次为四川、山西、新疆、甘肃、河南、青海、海南等。整体来看，各省区市对基础科学研究的投入差异较大，发展极不均衡。

① 本书研究不涉及香港、澳门、台湾。

从校企层面上看，从事基础研究、前沿技术研究和社会公益研究的科研机构、企业与高等院校也是我国基础科学资助研究的重要力量。从研究与开发（research and development，R&D）经费投入可以反映出基础科学研究的资助投入情况。根据科技部发布的《我国高等学校 R&D 活动统计分析》和《规模以上工业企业 R&D 活动统计分析》两份报告，对 2013～2015 年我国高校和工业企业 R&D 活动情况进行统计分析（表 2.4）。

表 2.4　2013～2015 年我国高等学校和规模以上工业企业 R&D 活动统计表

年份	高等学校 R&D 经费				企业 R&D 经费	
	经费合计/亿元	占全国 R&D 经费比例	基础研究经费/亿元	占全国基础研究经费比例	经费合计/亿元	R&D 经费投入强度
2013	856.7	7.20%	307.6	55.40%	8 318.4	0.80%
2014	898.1	6.90%	328.6	53.60%	9 254.3	0.84%
2015	998.6	7.00%	391.0	54.60%	10 013.9	0.90%

资料来源：《高等学校科技统计资料汇编》

从表 2.4 中可以看出，2014 年，高等学校 R&D 经费比上年增加 41.4 亿元，增长 4.8%，全国 R&D 经费中，高等学校 R&D 经费所占比例比上年下降 0.3 个百分点。2015 年，高等学校的 R&D 经费比上年增加 100.5 亿元，增长 11.2%，比上年有较明显增长，全国 R&D 经费中，高等学校 R&D 经费所占比例比上年增长 0.1 个百分点。总体来说，我国高等学校 R&D 经费持续增长，但占比有所下降。2014 年，我国企业 R&D 经费比上年增长 11.3%；企业 R&D 经费投入强度（企业 R&D 经费与主营业务收入的比值）比上年提高了 0.04 个百分点。从行业分布看，2014 年，有 18 个行业的企业 R&D 经费超过了 100 亿元，并且排名表现出较强的稳定性。2015 年，我国企业 R&D 经费比上年增长 8.2%；企业 R&D 经费投入强度比上年提高了 0.06 个百分点。从行业分布看，2015 年，有 20 个行业的企业 R&D 经费超过了 100 亿元，与上年相比，排名基本保持稳定。从这两年的数据上看，高校对于基础科学研究的投入越来越大，国家对企业基础研究资助投入越来越重视，高校和企业已经成为基础科学资助体系中的重要力量。

当前，我国基础科学已经初步形成了一定规模资助体系。从中央、地方各级政府、企业和高校对于基础学科的资金投入情况来看，足以说明国家以及社会各界对于基础科学资助的重视，充分激励从事基础研究者的积极性，有效地增强了基础研究的活力。然而，从整体上来看，我国现行的科技资源分配制度和科技评价体系对我国基础科学研究的快速发展产生了不利的影响。首先，国家资助体系存在将基础科学研究向应用研究和技术开发的倾斜。其次，自下而上的申报和自上而下的审批制度在一定程度上抑制了基础科学发展的积极性，使得基础科学的研究效率下降。

再次，我国基础科学研究经费投入力度不断增大，对科研成果产出起到积极作用，但是研究成果的转化效率不高。经费投入逐年增加，但分配结构并不合理，出现“马太效应”，即整体投入很大，但是资金分配过于集中于“著名科学家”，青年科学家分配到的资金过少，加之我国长期以来科技评价体系不完善，导致科技成果转化渠道不畅，意识不强。与国外一些科技强国相比，我国基础科学研究能力、规模等方面还存在较大的差距，对基础科学政策的研究也未引起人们足够的重视。

2.2　基础科学研究的投入情况

基础科学研究水平是一个国家科技创新力和核心竞争力的标志与重要保障，是支撑国家科学技术可持续发展的根本力量，因此，世界各国特别是西方发达国家均十分重视基础科学研究的发展，并在相关基础科学研究投入了大量的人力、物力资源。我国的基础研究起步较晚，相比发达国家的研究投入也不足。但近年来，我国基础研究活动的发展比较迅速，基础研究经费的投入也不断增强。世界各国纷纷重视基础研究经费的投入问题，但政策却不尽相同，我国基础研究经费投入结构主要包括基础研究经费的来源、基础研究经费的投入强度和基础研究经费的使用结构等方面。其中，基础研究经费的来源主要由中央财政经费投入、地方政府财政投入和企业研究经费投入等组成。基础研究经费的投入强度一般通过研究经费投入总量占国内生产总值（gross domestic product，GDP）的比值来表示。基础研究经费主要的使用部门包括大学、政府的科研机构、企业以及一些非营利机构等，使用的途径一般为人才、项目、环境条件投入等。

《中国科技统计年鉴》的数据显示：2013 年世界主要代表性国家 R&D 经费占 GDP 的百分比均超过 1%（图 2.3），其中韩国以超过 4%（实际 4.15%）领先于世界其他国家。紧随其后的日本也接近 3.5%。西方主要发达国家如美国、德国、法国等国的 R&D 经费占 GDP 的比例均在 2%～3%。以中国为首的金砖国家的科研投入占比均不超过 2%，以中国的 1.99%为最高，印度的 0.91%为最低。除以上国家外，从图中还可以发现以瑞典、新加坡为代表体量较小的国家，在科学研究中的投入也是巨大的，其中瑞典占比 3.30%，新加坡占比 2.00%。从我国 R&D 经费投入占 GDP 的份额的发展趋势来看（图 2.4），1995～2014 年，我国 R&D 经费占 GDP 的比例翻了接近两番，从 1995 年的 0.57%增加到 2014 年的 2.50%，且增长势头保持稳定。同时伴随着国民经济的高速发展，GDP 的不断提高，我国 R&D 经费的投入也在迅速增加。这为我国基础科学研究体系的构建、过程的推动以及成果的取得提供了强有力的物质保障。在我国 R&D 经费不断高速增长的良好势头下，以下将分别从经费的投入结构、经费的投入强度以及经费的产出情况三个方面进一步分析我国基础科学研究经费的投入状况。

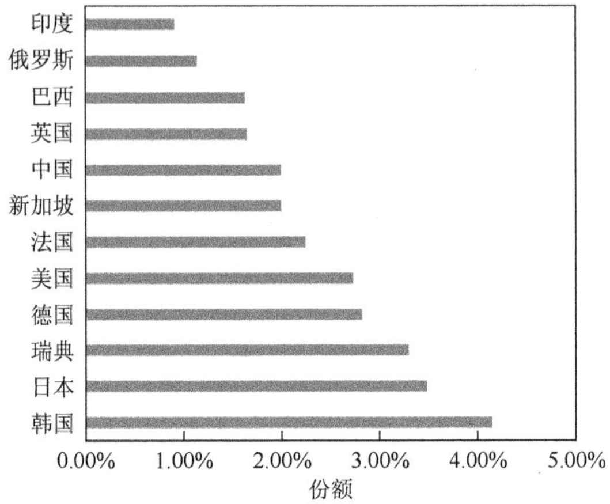

图 2.3　2013 年主要代表性国家 R&D 经费占 GDP 的份额

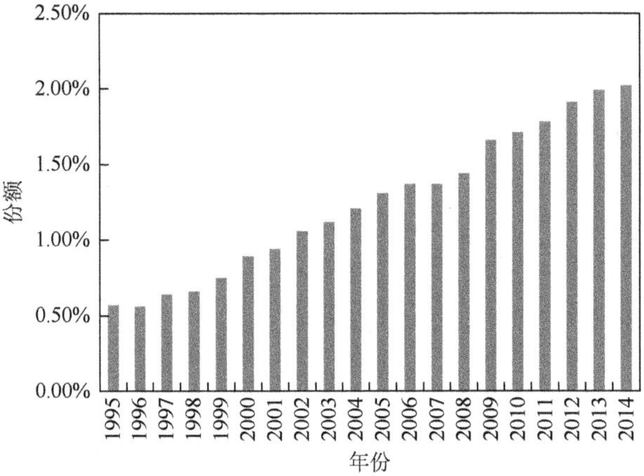

图 2.4　我国 R&D 经费占 GDP 的份额（1995～2014 年）

2.2.1　基础科学研究的投入结构

现阶段我国科研经费投入主要分为两大部分：一是 R&D 经费支出情况；二是财政科学技术支出情况。其中 R&D 经费支出又分为内部支出与外部支出，财政科学技术支出则分为若干科技计划及基金项目等。

1. R&D 经费支出情况

以 2016 年《中国科技统计年鉴》提供的数据为例。2015 年全年全国 R&D 经费支出 14 169.9 亿元，比上年增加 1154.3 亿元，增长 8.9%。R&D 经费投入强度为 2.07%，比上年提高 0.05 个百分点。按 R&D 人员（全时工作量）计算的人均经费支出为 37.7 万元，比上年增加 2.6 万元。其中 R&D 经费内部支出 14 169.88 亿元，外部支出 719.37 亿元。两者具体比例如图 2.5 所示。

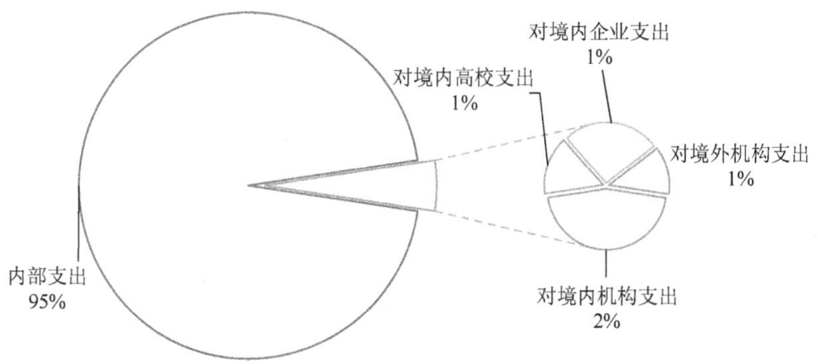

图2.5　2015年我国R&D经费内外部支出情况

由图2.5可见内部支出约占总支出的95%，是国家科技发展的重要支撑。与此相对的R&D经费外部支出则少很多，仅占总支出的5%。其中，外部支出又可分为对境内高校支出、对境内企业支出、对境内机构支出与对境外机构支出，经费整体规模小且分配较为简单。但作为国家科技发展重要支撑的R&D经费内部支出则要复杂许多。

以活动类型看（图2.6），2015年，全国基础研究经费支出716.1亿元，比上年增长16.7%；应用研究经费支出1528.7亿元，增长9.3%；开发研究经费支出11 925.1亿元，增长8.4%。基础研究、应用研究和开发研究经费支出所占比例分别为5%、11%和84%。

以活动主体看（图2.7），2015年，各类企业经费支出10 881.3亿元，比上年增长8.2%；政府所属研究机构经费支出2136.5亿元，增长10.9%；高等学校经费支出998.6亿元，增长11.2%。企业、政府所属研究机构、高等学校经费支出所占比例分别为77%、15%和7%。

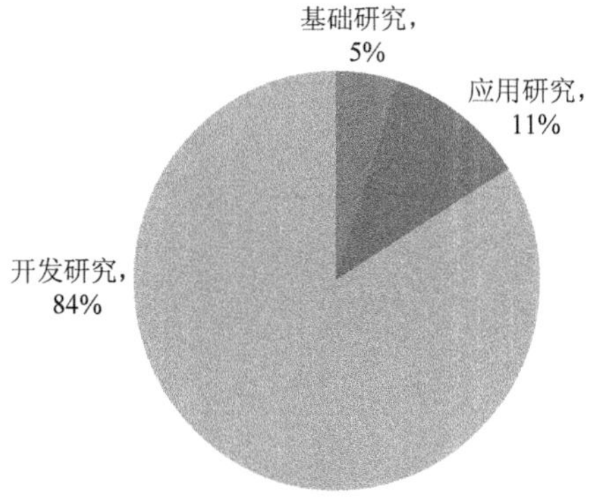

图2.6　活动类型及比例

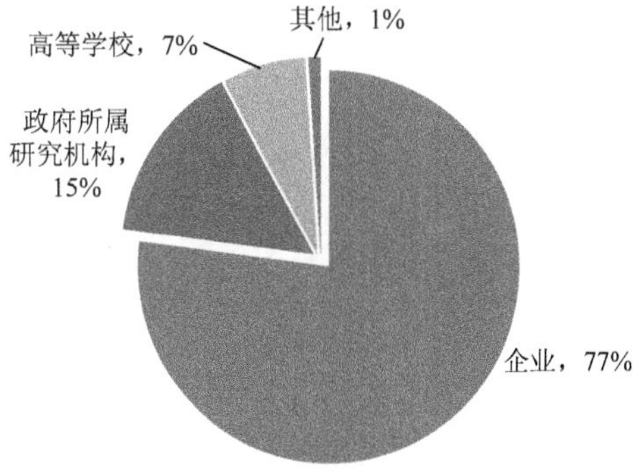

图2.7　活动主体及比例

以地区来看（表2.5），R&D经费支出超过千亿元的省市有5个，分别为江苏（占12.7%）、广东（占12.7%）、山东（占10.1%）、北京（占9.8%）和浙江（占

7.1%)。R&D 经费投入强度超过全国平均水平的省市有 9 个，分别为北京、上海、天津、江苏、广东、浙江、山东、陕西和安徽。从整体地域的角度来看，全国四个主要地域发展较为不均衡，具体情况如图 2.8 所示。

表 2.5　2015 年各地区 R&D 经费支出情况

地区	R&D 经费支出/万元	R&D 经费投入强度	地区	R&D 经费支出/万元	R&D 经费投入强度
北京	13 840 231	6.01%	湖北	5 617 415	1.90%
天津	5 101 839	3.08%	湖南	4 126 692	1.43%
河北	3 508 708	1.18%	广东	17 981 679	2.47%
山西	1 325 268	1.04%	广西	1 059 124	0.63%
内蒙古	1 360 617	0.76%	海南	169 685	0.46%
辽宁	3 633 971	1.27%	重庆	2 470 012	1.57%
吉林	1 414 089	1.01%	四川	5 028 761	1.67%
黑龙江	1 576 677	1.05%	贵州	623 196	0.59%
上海	9 361 439	3.73%	云南	1 093 570	0.80%
江苏	18 012 271	2.57%	西藏	31 242	0.30%
浙江	10 111 792	2.36%	陕西	3 931 727	2.18%
安徽	4 317 511	1.96%	甘肃	827 203	1.22%
福建	3 929 298	1.51%	青海	115 843	0.48%
江西	1 731 820	1.04%	宁夏	254 842	0.88%
山东	14 271 890	2.27%	新疆	520 010	0.56%
河南	4 350 430	1.18%			

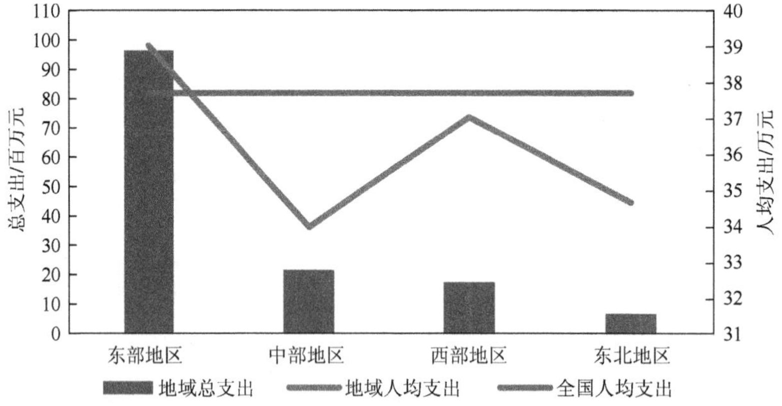

图 2.8　地域人均及总 R&D 经费支出统计图

由图2.8可以发现，东部地区的地域总支出超过其他三个地域的总和，实际占全国总体的68%，并且其人均经费支出为39.02万元，超过全国平均水平的37.70万元。中部、西部以及东北地区的总支出依次降低，但人均支出却出现西部地区最高（37.02万元）、东北地区次之（34.64万元）、中部地区最低（33.96万元）的现象。可见东部地区是我国科研支出的重要地区，全国5个支出超过千亿元的省市均在东部地区。中部地区、西部地区以及东北地区则存在一定程度的人员流失现象，其中以东北地区最为严重，其科研总支出处于全国四大地区最低位置，且与前三个地域存在着较大的差距。

2. 财政科学技术支出情况

2015年，国家财政科学技术支出7005.8亿元，占国家科学技术总支出的1/3，也是支撑我国科技发展不可或缺的重要部分。财政科学技术支出占当年国家财政支出的比例为3.98%。其中，中央财政科学技术支出3012.1亿元，增长3.9%，占财政科学技术支出的比例为43.0%；地方财政科学技术支出3993.7亿元，增长12.3%，占比为57.0%。

2.2.2 基础科学研究的投入强度

基础研究经费投入强度作为辅助指标在衡量国家对于科学技术产业投入情况中起到相当重要的作用。本节分别从R&D经费投入强度和财政科学技术支出强度两个方面分析我国对基础研究的投入强度。

1. R&D经费投入强度

据2016年《中国科技统计年鉴》提供的数据，我国R&D经费从2008年的4616.02亿元增加到2015年的14 169.88亿元，年平均增长率17.38%。其具体增长情况如图2.9所示。

由图2.9可见，我国R&D经费增长速度较快且保持稳定。根据全社会R&D经费投入与GDP之比计算出的R&D经费投入强度也如图2.9所示：由2008年的1.44%增加到2015年的2.07%并于2014年首次突破2%达到2.02%，其年平均增长率为5.32%，但逐年增长率存在一定的波动。两者的高速增长均说明我国在R&D经费的整体方向上投入巨大且保持稳定，说明我国在基础研究方面的投入强度不断提升。在R&D经费高速增长的情况下，通过基础研究经费/R&D经费指标（GEBR/GERD指标，即基础研究经费投入占总R&D经费内部支出的百分比），来衡量国家在基础研究领域的投入情况，对指导国家科学事业发展和政策制定具有重要意义。根据2016年《中国科技统计年鉴》给出的数据制成GEBR/GERD指标折线图（图2.10）。

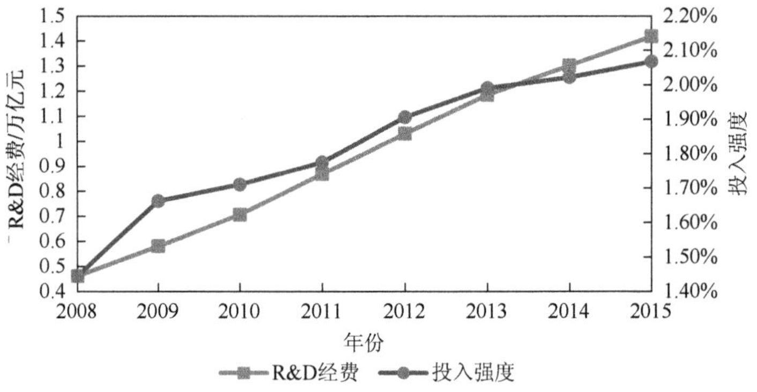

图 2.9　我国 R&D 经费投入情况（2008～2015 年）

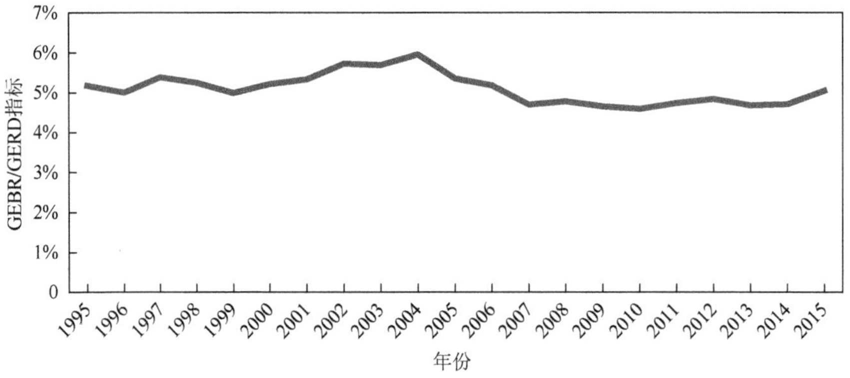

图 2.10　GEBR/GERD 指标折线图（1995～2015 年）

从图 2.10 可以看出，虽然基础研究经费投入和 R&D 经费内部支出一直随着时间有着明显的提高，但是 GEBR/GERD 指标却一直在 5%上下浮动，浮动幅度并不明显并在 2004 年达到最高（接近 6%），之后有所下滑，但 2013 年以后开始逐步回升。说明基础科学研究在我国整体科学研究中的地位保持稳定，有利于我国整体科学研究的稳步发展。

2. 财政科学技术支出强度

国家财政科学技术支出作为我国科学研究支出的重要组成部分，其支出总量及支出强度对我国科学研究的发展也起到重要的作用。其中通过统计逐年国家财政科学技术支出总量以及国家财政科学技术支出占总财政支出之比可在一定程度表征我国财政科学技术支出强度。根据 2016 年《中国科技统计年鉴》提供的数据制成 1995～2015 年我国财政科学技术支出及其占财政总支出之比的折线图如图 2.11 所示。

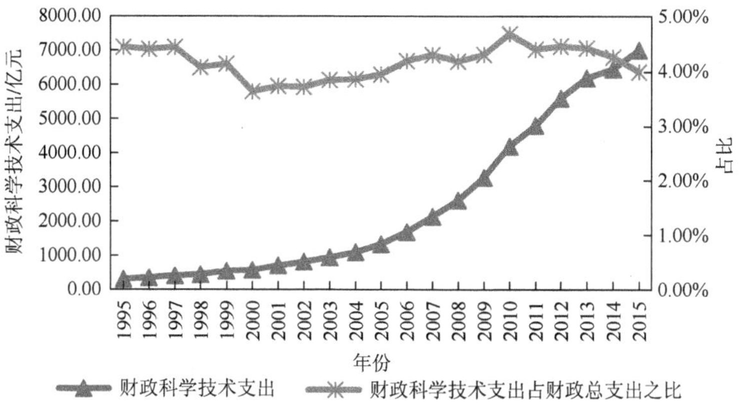

图 2.11　我国财政科学技术支出及其占财政总支出之比折线图（1995～2015 年）

由图 2.11 可见，我国财政科学技术支出于 1995～2015 年整体呈上升趋势，由 1995 年的 302.36 亿元增长到 2015 年的 7005.80 亿元，年平均增长率为 15.37%（1995～2004 年）、18.05%（2005～2015 年）、17.02%（1995～2015 年），整体增长趋势很快且增长率有加速上升趋势。相较于财政科学技术支出的飞速增长，财政科学技术支出占财政总支出的比值并未发生较大变化，21 年间均在 4.00%左右浮动。

2.3　基础科学研究的产出情况

在不断增长的基础科研经费投入的拉动下，尤其是投入强度和资助结构的不断优化，使得我国基础科学研究成果的产出数量和质量不断提升，研究成果的影响力水平也不断提高。基于科研产出对基础科研活动进行测度，是评估国家基础科学研究发展水平的视角之一。其中，科学论文是基础科学研究产出的主要形式，也是通过科学计量分析方法进行基础科学研究评价的主要依据。

2.3.1　基础科学研究国际学术论文产出

近年来，我国基础科学的国际论文发表数量和质量不断提升。基础科学六个学科在 Web of Science（WoS）数据库中收录的论文数量整体上增长较快。美国汤森路透集团发布的 Web of Science 数据库收录了全世界各学科领域的重要科技期刊，可以较为全面地反映科研产出的概况。

根据 Web of Science 数据库中的期刊引证报告（Journal Citation Reports，JCR）学科分类，选取物理学（physics）、化学（chemistry）、数学（mathematics）、天文学（astronomy）、地质学（geology）、生物学（biology）六个基础学科，在每个学科中选取代表性分支领域，对中国的基础科学研究的产出进行统计分析，并与世界主要发达国家进行比较，揭示 2007～2017 年中国基础科学研究产出的整体发展态势。其中，凝聚态物理学（condensed matter physics）是当前基础物理学的主要研究领域，也是当前基础物理学领域的研究热点。基础化学选择传统的化学四大分支学科之一的无机化学（inorganic chemistry）。天文学选取天体物理学（astrophysics），它是天文学的一个主要分支，也是物理学的分支学科，具有较强的交叉学科特性。基础生物学领域选择生物信息学（bioinformatics），其作为生命科学和信息科学交叉形成的一门新兴学科，近年来在生命科学和计算机科学迅猛发展的拉动下得到了快速的发展。在选定的每个研究领域中，选取该领域学术期刊按五年影响因子排名的前十本期刊作为分析的样本期刊，同时选取文献类型为"article"，国家地区为"PRC"进行分析，文献的时间范围为 2007～2017 年。文献数据的具体信息如表 2.6 所示。

表 2.6　我国 2007～2017 年论文产出总量概况及国家自然科学基金资助情况

基础学科研究领域	凝聚态物理学	无机化学	生物信息学	基础数学	地质学	天体物理学
论文数量/篇	8622	8514	918	749	1034	4125
国家自然科学基金资助的论文总数/篇	5711	5814	389	319	604	2265
国家自然科学基金资助的论文所占比例	66.24%	68.29%	42.37%	42.59%	58.41%	54.91%

从各学科领域的论文发表的总量上来看，凝聚态物理学和无机化学论文产出的总量较多，2007～2017 年凝聚态物理学的论文总量为 8622 篇，无机化学的论文总量为 8514 篇，两个领域的论文总量相当。其他 4 个学科领域的论文数量相对平稳，凝聚态物理学的论文产出总量是生物信息学、基础数学、地质学、天体物理学 4 个领域论文产出总量的 1.26 倍。天体物理学论文总量为 4125 篇，论文数量位列 6 个学科领域第三。地质学、生物信息学、基础数学的论文产出数量较少，分别为 1034 篇、918 篇、749 篇。由于学科的特殊性，基础数学的论文产出数量最少，然而与国际其他国家相比，2007～2017 年来我国基础数学论文的产出数量仍列第二位。

另外，从这些论文产出的基金资助的情况来看，国家自然科学基金资助的论文所占比例最高。其中，在凝聚态物理学领域占 66.24%，无机化学领域占 68.29%，地质学领域占 58.41%，天体物理学领域占 54.91%，基础数学领域占 42.59%，生物信息学领域占 42.37%，可见国家自然科学基金对我国基础研究领域的支持力度较大，论文产出的平均资助比例达到了 55.47%。结合各个领域论文产出的数量和国家自然科学基金的资助情况来看，凝聚态物理学和无机化学两个领域的论文产出数量较高，均超过 8000 篇，国家自然科学基金对这两个领域的资助比例均超过

65%；地质学和天体物理学两个领域的论文数均超过 1000 篇，国家自然科学基金对这两个领域的资助比例也均超过 50%；生物信息学和基础数学两个领域的论文数量均少于 1000 篇，国家自然科学基金的资助比例均为 42%左右。可见基金支持比例与论文产出数量大致上呈正相关。

为进一步分析各学科领域产出文献的逐年变化趋势，展现我国基础科学国际学术论文的产出情况，统计每年各学科领域国际论文的具体数量绘制成折线图。由于六大学科论文产出的数量悬殊，为了更好地反映增长趋势，采用了双比例尺折线图（图 2.12）。

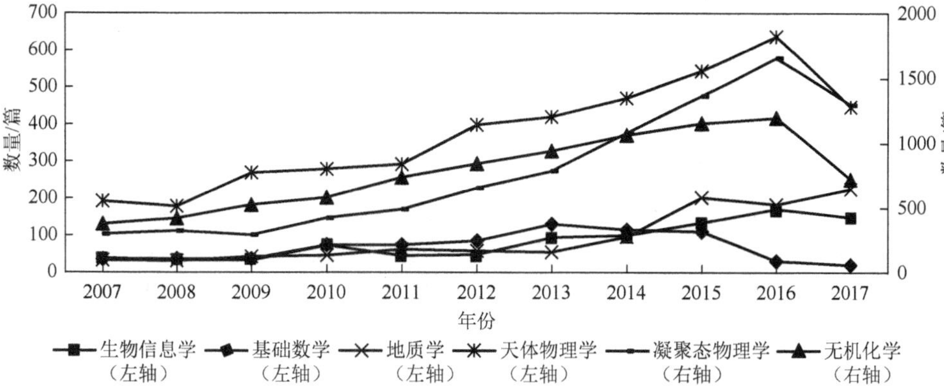

图 2.12 我国基础科学代表性领域的国际论文产出统计图（2007～2017 年）

从我国基础学科领域的国际论文产出的逐年分布情况来看，六个基础学科领域的国际论文发表数量整体上呈逐年上升态势。其中，生物信息学、天体物理学、凝聚态物理学、无机化学 4 个领域 2007～2016 年基本上都是曲折增长，凝聚态物理学除了在 2009 年有小幅度的减少，其余年份均保持了较快的增长速度，且在 2013 年后急剧增长，2013 年的增速达 26%。无机化学 2007～2016 年均稳步增长，其平均增长速率维持在 20%。同时，这两个领域也是国家自然科学基金资助力度最大的。天体物理学在经历 2008 年和 2011 年两个折点后增长较快。基础数学产出论文数量在 2013 年达到顶峰，之后呈下降的趋势。地质学 2007～2014 年的增长速度均较为平稳，但在 2015 年达到了增长率最大值（110%），当年共产出文献 202 篇。生物信息学论文数量在 2011～2012 年呈现一个产出低谷的状态，但 2013 年之后，增长较为快速。

整体来看，我国基础科学各领域研究的国际论文产出近年来均呈现较快的增长态势。为了进一步展现我国基础科学领域在国际上的研究地位和发展状况，使用同样的检索方式，将我国基础科学领域的国际论文产出情况与美国进行比较分析（表 2.7），以揭示我国基础科学各领域研究产出的基本情况。

表 2.7　中美两国基础科学各领域的论文产出情况比较（2007～2017 年）

学科领域（论文总数/篇）	美国			中国		
	论文数量/篇	论文产出排名	论文产出占总量的比例	论文数量/篇	论文产出排名	论文产出占总量的比例
凝聚态物理学（37 558）	15 776	1	42.00%	8 949	2	23.83%
基础数学（5 581）	2 440	1	43.72%	786	2	14.08%
无机化学（53 977）	12 933	1	23.96%	9 180	2	17.01%
地质学（9 635）	3 748	1	38.90%	1 090	4	11.31%
天体物理学（48 280）	32 650	1	67.63%	4 404	7	9.12%
生物信息学（21 358）	11 168	1	52.29%	965	8	4.52%

美国在基础学科各领域的论文产出数量排名均第一，论文总数所占比例较大。中国在凝聚态物理学、基础数学、无机化学三个领域论文数量均排在世界第二位。其中，凝聚态物理学的论文占比达到 23.83%，在国际上占有重要的地位。无机化学和基础数学论文则占比 17.01%和 14.08%，同样在国际相关领域研究中占据重要的地位。中国在地质学领域排在世界第四位，占比 11.31%；在天体物理学领域排在世界第七位，占比 9.12%；在生物信息学领域排在世界第八位，占比为 4.52%。

综上，我国的凝聚态物理学和无机化学的国际论文产出总数是六大基础学科中最多的。同时，从世界排名来看，这两个学科领域的产出均处于第二位，说明我国的物理学和化学基础学科在国际研究中占有重要地位。虽然我国基础数学的论文数量比较少，但是纵观全世界的基础数学的论文总数，中国的基础数学论文总量仍然排在第二位，说明我国基础数学在国际基础数学研究中的重要地位。天体物理学的论文数量较多，有 4404 篇，但是世界排名第七，并且和美国的数量差距最大，说明天体物理学的论文数量虽然在六个学科中较多，但是从世界的范围来看，天体物理学的基础研究仍存在较大差距。地质学和生物信息学领域无论从论文数量还是世界排名上来看，都较其他四个领域相对薄弱。值得注意的是，美国在凝聚态物理学、基础数学、无机化学、地质学、天体物理学、生物信息学中都是数量最多的国家，在无机化学，中国的论文数量和美国的论文数量较为接近，所占比例也未拉开较大差距。中国在无机化学领域的基础研究中已经实现与发达国家的并跑甚至领跑。

2.3.2　基础科学研究国内学术论文产出

近年来，我国基础科学研究不仅在国际论文产出方面呈现快速增长的态势，在国内论文的产出方面也呈现出加快增长的发展趋势。在中国期刊全文数据库

（CJFD）中，对数学、物理学、化学、天文学、自然地理学和测绘学、生物学六个基础学科中的代表性分支领域的产出论文进行检索。统计 2007～2016 年的六个基础学科分支领域的论文产出总量、产出机构以及论文的基金资助等情况，展现我国基础科学研究在国内论文产出的整体发展态势。

针对基础科学研究的对象范畴，在数据库收录的基础科学各学科中选取基础研究分支领域，对这些领域的论文产出数量进行统计分析（表 2.8）。

表 2.8　国内基础科学研究各分支领域及其论文产出数量

基础学科	分支领域	论文产出量/篇	论文总量/篇
数学	数学分析	81 828	142 500
	几何、拓扑	9 513	
	代数、数论、组合理论	52 268	
物理学	理论物理学	20 657	46 924
	等离子体物理学	5 588	
	分子物理学、原子物理学	7 890	
	原子核物理学、高能物理学	13 178	
化学	无机化学	34 602	262 029
	有机化学	56 110	
	分析化学	94 464	
	物理化学（理论化学）、化学物理学	88 803	
天文学	太阳系	4 977	12 919
	空间天文学	820	
	天体物理学	3 698	
	天体力学（理论天文学）	339	
	射电天文学（无线电天文学）	242	
	恒星天文学、星系天文学、宇宙学	3 148	
自然地理学和测绘学	土壤学	10 131	21 070
	地貌学	3 789	
	区域自然地理学	3 282	
	一般理论与方法	4 011	
生物学	细胞学	12 340	77 636
	遗传学	15 110	
	生物化学	22 907	
	分子生物学及遗传工程	34 261	

注：由于同一篇论文在不同分支领域可能会重复统计，学科分支领域的论文总量要多于论文产出量

因为学科性质的不同，学科分支领域的选取存在一定的主观性，所以代表各基础学科分支领域的论文产出数量差距较大。整体上看，论文产出数量最多的化学学科分支领域是天文学分支领域的 20.28 倍。在同一学科的不同分支领域中，论文的产出数量也存在较大差距。例如，天文学学科中的太阳系分支领域的论文产出数量是射电天文学分支领域的 20.57 倍；射电天文学论文产出占整个天文学分支领域论文产出的 1.87%。生物学分支领域的论文产出中，分子生物学及遗传工程的论文产出数量最多，占到产出总量的 44.13%。在自然地理学和测绘学的分支领域中，除去土壤学这一分支领域，地貌学、区域自然地理学和一般理论与方法三个领域分别占全部领域论文产出总量的 17.98%、15.58%、19.04%，比例比较平衡。在数学分支领域的论文产出中，数学分析这一分支领域的论文产出数量占到数学领域论文产出总量的 57.42%，是所有学科某一分支领域论文产出数量占本学科领域分支论文产出总量最高的。

为进一步展现我国基础科学各研究领域在国内论文产出的逐年变化情况，分别逐年统计各学科领域国内产出论文数量，从整体上展现各领域产出论文的发展态势（图 2.13）。

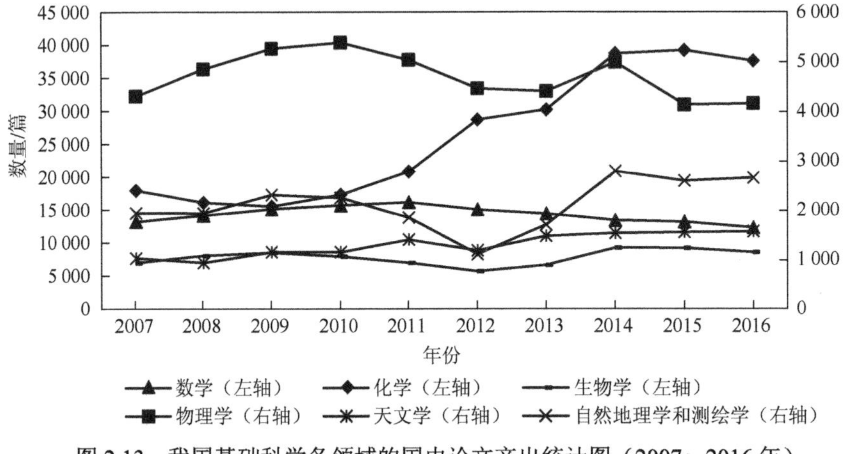

图 2.13　我国基础科学各领域的国内论文产出统计图（2007～2016 年）

我国基础科学研究各领域的国内论文产出数量 2007～2016 年整体上都保持了增长的态势，但不同的学科领域论文数量变化的幅度差异较大。其中，化学学科的论文产出数量整体上保持逐年高速增长的态势，特别是在 2012 年的论文产出增长率达到了 37.98%。自然地理学和测绘学自 2012 年以后增长幅度较大，得到了快速发展。作为基础学科的物理学，一直保持了较高的论文产出数量，并逐年稳步增加。值得注意的是，基础科学各领域的产出论文数量在 2012 年出现了较大的变化，自然地理学和测绘学、生物学的论文数量出现明显的下降。其中，自然地理学和测绘学的论文产出增长率为–40.11%，生物学的论文产出增长率为–18.32%。数学和天文学领域整体上的变化幅度较小，论文产出数量较为稳定。

虽然近年来我国基础科学研究的论文产出总量上基本保持了稳定的增长态势，但由于我国基础科学研究力量的分布不均衡，基础科学研究论文产出的分布也不均衡。分别统计不同学科领域的论文产出机构与基金资助（表 2.9），进一步展现国内基础科学研究论文产出的分布情况。

表 2.9　基础科学各领域的国内论文产出机构与基金资助情况（2007～2016 年）

基础学科	分支领域	机构	论文数量/篇	基金资助	论文数量/篇
数学	代数、数论、组合理论；几何、拓扑；数学分析	陕西师范大学	1 857	国家自然科学基金	40 675
		西北师范大学	1 445	高等学校博士学科点专项科研基金	2 380
		西北大学	1 338	山东省自然科学基金	1 420
		大连理工大学	1 278	浙江省自然科学基金	1 269
		华东师范大学	1 268	国家 973 计划	1 231
		吉林大学	1 226	广东省自然科学基金	1 227
		山东大学	1 221	福建省自然科学基金	1 212
		郑州大学	1 109	陕西省教育厅基金	1 097
		西南大学	1 048	陕西省自然科学基金	1 090
		曲阜师范大学	1 042	江西省自然科学基金	1 021
物理学	理论物理学；等离子体物理学；分子物理学；原子物理学；原子核物理学；高能物理学	中国科学技术大学	1 510	国家自然科学基金	15 548
		中国科学院高能物理研究所	1 095	国家 973 计划	1 554
		清华大学	1 047	高等学校博士学科点专项科研基金	1 040
		大连理工大学	838	国家 863 计划	510
		北京大学	738	中国科学院知识创新工程基金	418
		中国科学院近代物理研究所	709	中国博士后科学基金	345
		四川大学	702	河北省自然科学基金	296
		吉林大学	670	山东省自然科学基金	278
		兰州大学	618	浙江省自然科学基金	277
		中国科学院研究生院	610	跨世纪优秀人才培养计划	275

续表

基础学科	分支领域	机构	论文数量/篇	基金资助	论文数量/篇
化学	无机化学；有机化学；分析化学；物理化学（理论化学）；化学物理学	吉林大学	4 282	国家自然科学基金	61 904
		浙江大学	3 551	国家 973 计划	6 419
		大连理工大学	3 220	国家 863 计划	3 657
		天津大学	2 914	高等学校博士学科点专项科研基金	3 018
		北京化工大学	2 905	国家科技支撑计划	2 660
		华东理工大学	2 753	跨世纪优秀人才培养计划	1 751
		郑州大学	2 622	浙江省自然科学基金	1 607
		四川大学	2 457	山东省自然科学基金	1 591
		华南理工大学	2 440	江苏省自然科学基金	1 509
		南开大学	2 388	广东省自然科学基金	1 372
天文学	天体力学（理论天文学）；空间天文学；天体物理学；太阳系；恒星天文学、星系天文学、宇宙学；射电天文学（无线电天文学）	中国科学院国家天文台	747	国家自然科学基金	3 328
		中国科学院研究生院①	383	国家 973 计划	600
		中国科学院紫金山天文台	375	国家 863 计划	233
		南京大学	351	中国科学院知识创新工程基金	136
		中国科学院云南天文台	326	云南省自然科学基金	96
		中国科学院上海天文台	302	高等学校博士学科点专项科研基金	77
		中国科学技术大学	255	中国博士后科学基金	58
		北京大学	247	山东省自然科学基金	48
		北京师范大学	220	江苏省自然科学基金	28
		中国科学院高能物理研究所	187	国家留学基金	28
自然地理学和测绘学	一般理论与方法；地貌学；区域自然地理学；土壤学	北京林业大学	568	国家自然科学基金	4 906
		西北农林科技大学	416	国家科技支撑计划	1 270
		东北林业大学	415	国家 973 计划	836
		中国科学院研究生院	400	中国科学院知识创新工程基金	426
		中国科学院地理科学与资源研究所	397	国家 863 计划	217
		兰州大学	359	高等学校博士学科点专项科研基金	193
		四川农业大学	348	中国科学院“西部之光”基金	163

① 中国科学院研究生院于 2012 年正式更名为中国科学院大学。

续表

基础学科	分支领域	机构	论文数量/篇	基金资助	论文数量/篇
自然地理学和测绘学	一般理论与方法；地貌学；区域自然地理学；土壤学	内蒙古农业大学	323	中国地质调查局地质调查项目经费	136
		福建师范大学	251	国家科技攻关计划	132
		中国科学院寒区旱区环境与工程研究所	250	科技基础性专项工作计划	121
生物学	细胞学；遗传学；生物化学；分子生物学及遗传工程	吉林大学	1 461	国家自然科学基金	19 512
		浙江大学	1 158	国家 863 计划	3 387
		西北农林科技大学	1 006	国家 973 计划	3 183
		复旦大学	953	高等学校博士学科点专项科研基金	1 062
		北京大学	868	国家科技支撑计划	774
		江南大学	839	广东省自然科学基金	589
		上海交通大学	807	跨世纪优秀人才培养计划	535
		清华大学	769	江西省自然科学基金	490
		山东大学	747	中国博士后科学基金	490
		华中农业大学	729	浙江省自然科学基金	421

从基础科学各领域国内论文产出的机构分布情况来看，吉林大学在数学、物理学、化学和生物学的分支上均有论文产出，并且化学和生物学领域的论文产出在十个机构中均位列第一，吉林大学的数学分支论文产出占前十位机构论文产出总量的 9.55%，物理学分支论文产出占前十位机构论文产出总量的 7.85%，化学分支论文产出占前十位机构论文产出总量的 14.50%，生物学分支论文产出占前十位机构论文产出总量的 15.65%，展现了吉林大学在我国基础科学研究中的重要地位。大连理工大学在数学、物理学、化学的三个学科分支有论文产出，数学分支论文产出占前十位机构论文产出总量的 9.96%，物理学分支的论文产出占前十位机构论文产出总量的 9.82%，化学分支论文产出占前十位机构论文产出总量的 10.90%。郑州大学在数学和化学两个学科的分支上有论文产出，数学分支的论文产出占前十位机构论文产出总量的 8.64%，化学分支的论文产出占前十位机构论文产出总量的 8.88%。而数学和物理学的论文产出第一分别是陕西师范大学和中国科学技术大学，论文产出分别占前十位机构论文产出总量的 14.47%和 17.69%。对于天文学、自然地理学和测绘学、生物学的分支，北京大学在天文学和生物学都有论文产出，西北农林科技大学在自然地理学和测绘学及生物学中也有很高的论文产出。天文学领域的论文产出大多在天文台或研究所，大学只占到前十位机

构论文产出总量的 42.91%。而自然地理学和测绘学分支的论文产出大多在农业大学和林业大学，研究所的论文产出占前十位机构论文产出总量的 17.36%。生物学分支在北京产出最多，占到前十位机构论文产出总量的 17.53%。

另外，从这些论文产出的基金资助的情况来看，对这六个基础学科领域的资助中，国家自然科学基金对各领域的资助比例均是最大的（表 2.10）。其中，数学领域的国家自然科学基金资助占基金资助总量的 77.30%，物理学领域的国家自然科学基金资助占基金资助总量的 75.69%，化学领域的国家自然科学基金资助占基金资助总量的 72.41%，天文学领域的国家自然科学基金资助占基金资助总量的 71.85%，自然地理学和测绘学领域的国家自然科学基金资助占基金资助总量的 58.40%，生物学领域的国家自然科学基金资助占基金资助总量的 64.09%。其次，教育部高等学校博士点专项科研基金和国家 973 计划对这六个基础学科的领域相比较而言也都有较大的资助，特别是国家 973 计划对六个基础学科分支领域的资助大都排在前列。

表 2.10　2007～2016 年六大基础学科领域受基金资助情况表

基金资助类别	数学	物理学	化学	天文学	自然地理学和测绘学	生物学
国家自然科学基金	77.30%	75.69%	72.41%	71.85%	58.40%	64.09%
国家 973 计划	2.34%	7.57%	7.51%	12.95%	9.95%	10.46%
教育部高等学校博士点专项科研基金	4.52%	5.06%	3.53%	1.66%	2.30%	3.49%

从上述三个方面的数据来看，2007～2016 年国内基础科学研究分支领域的论文产出总量大，但同一学科的不同领域分支论文产出数量的差距大；2014～2016 年统计的每年论文产出数量大体相等；机构的论文产出主要集中在重点大学和研究所等；基金资助的来源主要为国家自然科学基金等，地方性的基金资助只占很小的一部分。

2.3.3　基础科学的学术论文影响力

我国发表的国际学术论文总数已经位列世界第二，基础科学研究领域的国际学术论文的总量优势表现得更为明显。与此同时，基础科学研究产出的学术论文在国内外的影响力也不断提升。本节分别统计国际及国内学术论文的总被引频次、篇均被引频次和 H 指数等指标，展现我国基础科学研究学术论文的影响力。

在基础研究国际论文的影响力方面，同样使用前面检索的文献数据，在 Web of Science 数据库统计了我国发表的基础科学研究论文的影响力指标数据（表 2.11），从整体上揭示我国基础科学研究的国际学术论文的影响力。

表 2.11　2007～2017 年我国六个领域的论文的总被引频次、篇均被引频次和 H 指数信息表

指标	天体物理学	生物信息学	地质学	基础数学	凝聚态物理学	无机化学
论文产出总量/篇	4 125	918	1 034	749	8 607	8 493
总被引频次	65 692	15 723	15 323	5 007	443 117	168 054
篇均被引频次	15.93	17.13	14.82	6.68	51.48	19.79
H 指数	85	58	58	32	257	112

整体上来看，我国基础科学国际论文产出总量与总被引频次、篇均被引频次之间呈现出正相关关系，但不同学科领域之间仍存在较大的差异。从发文总量看，凝聚态物理学和无机化学两个领域的论文产出总量最高，均为 8000 余篇，但从被引量来看，凝聚态物理学总被引频次最高，达到 443 117 次，而无机化学的总被引频次为 168 054 次，同时，两个领域的篇均被引频次的差距也较大，凝聚态物理学的篇均被引频次为 51.48 次，无机化学的篇均被引频次为 19.79 次。此外，天体物理学、生物信息学、地质学三个领域的论文产出总量、总被引频次和篇均被引频次之间的比例关系相近。基础数学的论文产出总量和总被引频次在六个学科中最低，篇均被引频次也只有 6.68 次。

从 H 指数来看，整体上各学科领域的 H 指数与上述三个指标之间也存在正相关关系。凝聚态物理学的 H 指数超过了 250，居六个学科领域的首位，说明中国凝聚态物理学领域的研究在国际上的影响力较大。其次为无机化学，H 指数超过 100，无机化学领域的总被引频次与凝聚态物理学领域存在较大差异，两个领域的 H 指数相差也较大。天体物理学的 H 指数为 85，居于第三位。从各领域指标之间的比例关系来看，无机化学领域的国际论文影响力要高于天体物理学领域。生物信息学和地质学的 H 指数均为 58。基础数学领域虽然论文产出总量、总被引频次和篇均被引频次都不突出，但基础数学的 H 指数为 32，从指标比例关系来看，基础数学领域国际高水平和高影响力论文数较多。

为进一步展现我国基础科学国际学术论文影响力的逐年变化情况，在数据库中分别统计各学科领域不同年份的总被引频次、篇均被引频次和 H 指数等指标情况（表 2.12）。

表 2.12　2007～2017 年六个领域的论文每年的 H 指数、总被引频次、篇均被引频次信息表

学科领域	年份	H 指数	总被引频次	篇均被引频次
无机化学	2007	76	19 715	52.71
	2008	68	16 743	40.15
	2009	65	18 422	35.36
	2010	66	19 003	32.93

续表

学科领域	年份	H 指数	总被引频次	篇均被引频次
无机化学	2011	63	21 662	29.55
	2012	59	21 719	25.92
	2013	52	19 375	20.68
	2014	44	16 499	15.58
	2015	32	11 695	10.18
	2016	21	5 259	4.42
	2017	7	486	0.59
基础数学	2007	16	1 065	29.33
	2008	14	547	14.78
	2009	12	401	10.84
	2010	12	444	6
	2011	13	604	8.16
	2012	13	587	6.91
	2013	11	546	4.2
	2014	13	537	4.67
	2015	10	378	3.44
	2016	4	64	2.06
	2017	2	13	0.62
凝聚态物理学	2007	106	33 813	114.23
	2008	103	36 693	114.67
	2009	101	34 287	119.05
	2010	118	51 775	123.57
	2011	126	52 386	108.01
	2012	136	64 333	98.82
	2013	125	57 547	73.5
	2014	112	55 392	51.48
	2015	83	42 766	31.45
	2016	51	22 411	13.56
	2017	14	2 411	1.7
天体物理学	2007	46	5 975	31.12
	2008	38	5 184	29.12
	2009	47	8 111	30.15
	2010	41	7 558	27.09
	2011	46	8 100	27.74
	2012	43	8 974	22.55
	2013	40	7 466	17.78

续表

学科领域	年份	H 指数	总被引频次	篇均被引频次
天体物理学	2014	34	7 148	15.21
	2015	28	5 773	10.61
	2016	18	2 493	3.92
	2017	5	291	0.57
地质学	2007	25	2 552	77.33
	2008	25	1 723	55.58
	2009	27	2 031	47.23
	2010	25	1 617	35.15
	2011	28	2 078	33.52
	2012	22	1 415	24.4
	2013	20	991	18.02
	2014	15	816	8.5
	2015	18	1 693	8.38
	2016	9	552	3.02
	2017	7	249	1.06
生物信息学	2007	26	1 687	43.26
	2008	21	1 339	40.58
	2009	23	1 261	38.21
	2010	27	2 585	35.41
	2011	24	1 743	38.73
	2012	22	1 768	36.83
	2013	25	1 957	20.82
	2014	19	1 527	15.27
	2015	17	1 387	10.35
	2016	12	781	4.57
	2017	5	120	0.7

由表 2.12 可知，无机化学的论文总被引频次在 2008～2012 年逐年递增，之后呈现逐年递减的趋势，其篇均被引频次一直保持逐年递减的趋势。基础数学领域论文的总被引频次在 2008 年急剧减少，之后 6 年保持平稳，均高于 400 次，2016 年又急剧减少，其篇均被引频次在 2009 年之后，均在 10 次以下。凝聚态物理学的论文总被引频次在 2007～2012 年大致呈现出一个逐年增长的情况，在 2012 年出现最高值（64 333 次），之后呈现逐年递减的趋势。其篇均被引频次也呈现出先增长后减少的趋势，在 2010 年达到最高值（123.57 次）。天体物理学的论文总被引频次在 2009～2014 年都呈现出高被引的状态，均在 7000 次以上，2015 年之

后，总被引频次减少，而篇均被引频次则大致呈现出逐年递减的趋势。地质学的论文总被引频次波动较大，篇均被引频次逐年降低。生物信息学的论文总被引频次在 2010 年出现最高值，达 2585 次，其篇均被引频次除 2011 年外，均为下降的趋势。

考虑到不同年份、不同领域研究的热度不同，将不同研究领域的 H 指数 2007～2017 年的变化情况绘制成折线图的形式（采用双坐标折线统计图）（图 2.14），逐年展现各基础学科领域的 H 指数变化情况。

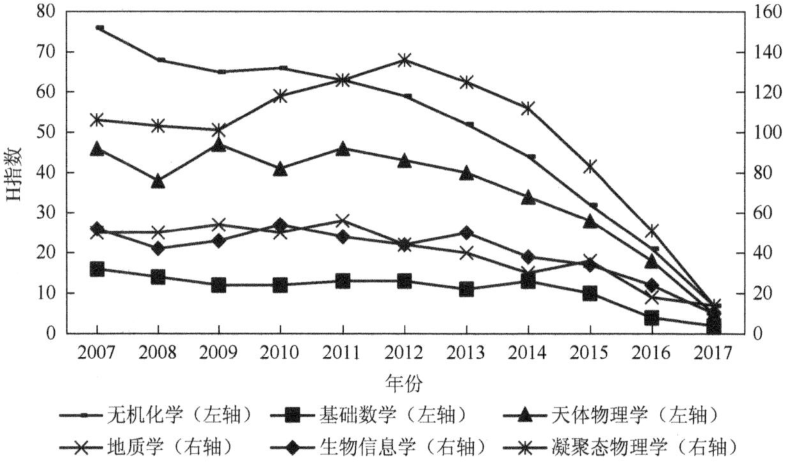

图 2.14　2007～2017 年各基础学科领域 H 指数的变化趋势

由图 2.14 可知，除凝聚态物理学之外，其他五个领域的 H 指数均大致呈现逐年递减的趋势。凝聚态物理学在 2009～2012 年出现了 H 指数逐年递增的趋势，2012 年之后，其 H 指数与其他领域一致，呈递减的趋势。每个领域的 H 指数的变化趋势中均出现了转折年，例如，无机化学在 2010 年出现转折，H 指数高于 2009 年的 H 指数。天体物理学在 2009 年和 2011 年的 H 指数高于前一年的 H 指数。地质学的 H 指数在 2009 年、2011 年和 2015 年高于前一年的 H 指数。生物信息学出现过两次转折年，分别为 2010 年和 2013 年。基础数学的转折年出现在 2014 年。整体上来看，各学科领域的 H 指数的转折点集中出现在 2009～2011 年。

此外，为展现基础科学国内论文的学术影响力，在中国期刊全文数据库中，统计了国内基础科学研究论文的 H 指数情况（图 2.15）。整体上来看，国内基础科学研究论文的 H 指数在 2010 年出现转折点，2011 年以后呈现下降的趋势。

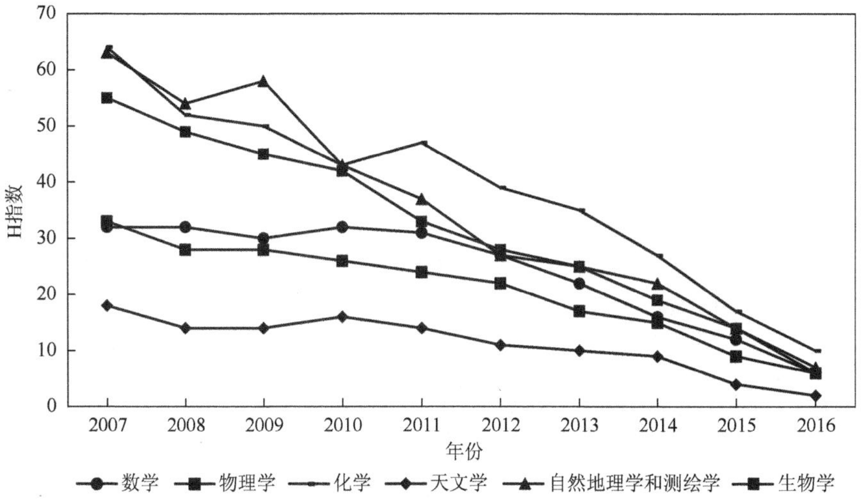

图 2.15　国内基础科学研究论文的 H 指数变化折线图（2007～2016 年）

国内基础科学各分支领域产出的论文数量存在较大的差异，各领域的 H 指数也存在较大差别，并且 H 指数与各领域论文数量之间不存在对应关系。通过统计，计算基础科学各学科领域 H 指数与论文数量之间的比例关系（表 2.13），进一步揭示国内基础科学各领域之间的学术论文影响力情况。

表 2.13　国内基础学科分支领域论文数量与 H 指数及其比例表

学科	论文产出数量/篇	H 指数	H 指数与论文产出数量的比例
数学	142 500	59	0.041%
物理学	46 924	45	0.096%
化学	262 029	84	0.032%
天文学	12 919	26	0.201%
自然地理学和测绘学	21 070	83	0.394%
生物学	77 636	81	0.104%

从表 2.13 来看，国内论文产出数量最多的是化学分支领域，化学分支领域的 H 指数也最高，达到 84，其次是论文产出数量第五的自然地理学和测绘学分支领域，H 指数为 83，H 指数最低的是论文产出数量最少的天文学分支领域，H 指数为 26。论文产出数量越高的分支领域，它的 H 指数与论文产出数量的比例越低，但是论文产出数量最少的天文学分支领域其比例低于论文产出数量第五的自然地理学和测绘学，在 H 指数与领域分支论文数量比例中，数值最大的自然地理学和

测绘学是数值最小的化学的 12.31 倍，表明我国各领域基础科学研究论文产出之间的国内影响力还是有很大差距的。

2.4　基础科学领域国家重点实验室分布

国家重点实验室（State Key Laboratory，SKL）是国家科技创新体系的重要组成部分，是国家组织高水平基础研究和应用基础研究、聚集和培养优秀科技人才、开展高水平学术交流、科研装备先进的重要基地。其主要任务是针对学科发展前沿和国民经济、社会发展及国家安全的重要科技领域和方向，开展创新性研究。国家重点实验室的建设和发展得到了科技界与政府部门的充分肯定，产出了大量重要的基础研究和应用基础研究成果，为国民经济与社会可持续发展的理论基础和科技储备作出了重要贡献。

2.4.1　基础科学国家重点实验室的发展历程

1984 年，为支持基础研究和应用基础研究，加快我国社会主义现代化建设，围绕国家发展战略目标，面向国际竞争，增强科技储备和原始创新能力，国家计划委员会启动了国家重点实验室建设计划，主要任务是在教育部、中国科学院等部门的有关大学和研究所中，依托原有科研基础，建设一批国家重点实验室。经过 30 余年的建设发展，经历了 20 世纪 80 年代的起步建设阶段、90 年代后期以来的稳定发展阶段和 2008 年以来的快速发展阶段。当前，国家重点实验室的运行和管理相对规范，在我国基础科学研究和创新发展方面发挥了重要作用。国家重点实验室既是我国基础研究与应用基础研究的重要基地，也是我国基础科学创新的重要基地。

1. 国家重点实验室的历史沿革

1）起步创建阶段（1984～1997 年）：建成首批国家重点实验室

1978 年 3 月 18～31 日，中共中央、国务院在北京隆重召开了全国科学大会，这次大会的胜利召开使解放思想、澄清束缚科技发展重大理论问题的序幕得以拉开，在一定程度上推动了国家重点实验室的建设。1984 年，由国家计划委员会牵头，科技部、教育部和中国科学院等部门共同组织实施了国家重点实验室建设计划，以大学和研究所的优势学科与研究团队为基础，批准建设了首批 10 个国家重点实验室。1984～1993 年，国家先后立项建设了 81 个国家重点实验室，重点布局在基础理论研究方面；1991～1995 年，国家又立项建设了 75 个国家重点实验室，重点布局在应用基础研究和工程领域。两批重点实验室的建成，使国家重点实验室建设计划形成了初步框架。

2）稳定发展阶段（1998～2007 年）：加强实验室的运行和管理

这一阶段，科技部加大了“发布指南、部门推荐、专家评审、择优立项”的国家重点实验室新建程序的力度，并以“优胜劣汰”原则为基础建立新的竞争机制，在国家重大需求和新兴前沿领域新建了 88 个实验室，同时淘汰了 17 个运行较差的实验室。除此之外，还根据实验室的发展形势对《国家重点实验室建设与管理暂行办法》进行修订，尤其在实验室评估规则方面进行了较大的修改，强调质量、定性评价、整体评价等指导思想，取消定量指标，引导实验室产出重要原始性创新成果。这一时期的实验基地基本上覆盖了基础研究的重点学科领域，学科布局和结构布局基本合理。

3）快速发展阶段（2008 年至今）：专项建设经费的设立

2008 年，科技部和财政部联合发文设立国家重点实验室建设专项经费，从开放运行、自主选题研究和科研仪器设备更新三个方面，加大对国家重点实验室建设的支持力度。例如，2008 年专项建设经费接近 20 亿元，2009 年达到 25 亿元，每年递增。专项经费的设立，是项目、基地、人才有效结合的具体表现，是国家重点实验室迅速发展的重要保障，将对我国科技事业，特别是基础研究和前沿技术创新产生长久而深远的影响，标志着国家重点实验室建设工作呈现崭新局面。

2. 国家重点实验室发挥的重要作用

1）平台建设作用

1984 年国家重点实验室建设计划启动至今，经过 30 多年的不断发展，国家重点实验室的平台作用日益增强。一方面为我国基础研究和应用基础研究提供高水平实验平台，这些年，国家重点实验室承担和参加了大量的国家 973 计划项目、国家 863 计划项目、国家自然科学基金项目、国家重大专项项目等重要科学研究任务，并取得了丰硕的科研成果；另一方面为我国广大科技工作者提供了高水平的实验平台，科技工作者在此平台上承担和完成了大量、重要的科研任务，取得了一批具有创新性的科研成果，极大地提升了我国基础科学研究水平，有力地推动了我国社会经济的快速发展，在人才培养和队伍建设中发挥了不可替代的作用。

2）示范基地作用

国家重点实验室是发展和巩固基础科学学科、推进不同学科间交叉融合、培育新兴学科增长点、开展基础研究和前沿技术研究的重要基地，是吸引、造就科技人才的重要基地，是承担重大科研项目、解决重大科技问题的重要基地，也是产出重大科技成果的重要基地。它在我国科学技术发展过程中占据着举足轻重的地位，是基础研究和应用基础研究的重要平台，在促进学科发展、引进人才、解决科技问题、产出科技成果等方面对其他科研机构的发展起着重要的示范作用，可以有效带动我国其他科研机构共同进步、协同发展。

3）推动科技创新

科学技术的发展以基础研究为基础，基础研究是科技创新成果的源泉，是不断取得新技术的有效保障。基础研究的重要成果可以直接推动经济建设和社会发展。国家重点实验室是我国基础研究和应用基础研究的重要平台，它拥有先进的技术设备、一流的工作环境和有效的管理机制，聚集了一批高水平的科技人才，具备了参加国家和国际重大科研课题研究的综合能力。通过国家重点实验室先进的研发平台，科研人员可以获得前沿性的知识，有效推动科技创新，国家重点实验室在我国实施创新驱动发展战略中发挥着重要的基础和主力军的作用。

2.4.2　基础科学国家重点实验室的发展现状

国家重点实验室在我国社会经济的发展过程中发挥了举足轻重的作用，为各行各业的发展都提供了大量的技术支撑和技术服务。截至 2017 年，我国已形成了较为完整的国家重点实验室建设体系，主要包括 1 个试点国家实验室、6 个国家研究中心、253 个依托高校和科研院所的国家重点实验室、179 个依托企业的国家重点实验室、17 个军民共建国家重点实验室、18 个港澳国家重点实验室伙伴实验室和 28 个省部共建国家重点实验室培育基地。国家重点实验室建设体系在提升我国科研水平，尤其是基础研究能力方面发挥了决定性的作用。

1. 国家重点实验室的分布情况

在我国庞大的国家重点实验室建设和运行体系中，依托高校和科研院所的国家重点实验室在基础研究方面发挥了极为重要的作用。截至 2017 年，正在运行的学科类国家重点实验室共 253 个，具体分布情况如下。

1）领域的分布情况

253 个学科国家重点实验室分布在 8 个学科领域，其中，地球科学领域 44 个，占实验室总数的 17.4%；生物科学领域 44 个，占实验室总数的 17.4%；工程科学领域 43 个，占实验室总数的 17.0%；信息科学领域 31 个，占实验室总数的 12.3%；医学科学领域 30 个，占实验室总数的 11.9%；化学科学领域 25 个，占实验室总数的 9.9%；材料科学领域 21 个，占实验室总数的 8.3%；数理科学领域 15 个，占实验室总数的 5.9%[1]。

2）区域分布情况

国家重点实验室分布在全国 25 个省、自治区和直辖市，其中北京市 97 个，上海市 32 个，江苏省 23 个，湖北省 17 个，陕西省 11 个，基本反映了我国基础研究力量的地域分布（表 2.14）。

表 2.14　各省区市国家重点实验室分布情况

省区市	数目	省区市	数目	省区市	数目
北京	97	陕西	11	江西	1
河北	1	四川	8	浙江	11
黑龙江	5	湖北	17	贵州	0
吉林	11	河南	1	福建	4
辽宁	9	山东	3	云南	2
天津	6	安徽	2	广东	12
内蒙古	0	江苏	23	广西	1
甘肃	5	湖南	6	海南	0
新疆	1	上海	32	山西	2
青海	0	重庆	5		

注：有多个依托单位的实验室，按照第一依托单位所在地域进行统计

3）主管部门分布情况

国家重点实验室主要分布在教育部和中国科学院，其中教育部 130 个，占 51.4%；中国科学院 78 个，占 30.8%；其他部门和地方 45 个，占 17.8%（表 2.15）。

表 2.15　国家重点实验室所属部门分布

主管部门	教育部	工业和信息化部	环境保护部	水利部	农业部	国家卫生健康委员会	国家林业局	中国科学院	中国地震局	中国气象局	国家海洋局
数量/个	130	8	1	1	6	8	1	78	1	1	1
主管部门	中央军委后勤保障部	中央军委训练管理部	河北省科技厅	山西省科技厅	江苏省科技厅	山东省科技厅	湖南省科技厅	广东省科技厅	广西壮族自治区科技厅	四川省科技厅	陕西省科技厅
数量/个	3	3	1	1	2	1	1	1	1	2	1

注：有两个主管部门的实验室，按照第一主管部门进行统计

① 因四舍五入，合计非 100%。

2. 国家重点实验室发展中存在的问题

国家重点实验室是国家科技创新的重要平台，也是经济进步的有力保障。经过 30 多年的建设，国家重点实验室各项工作进展顺利，并取得了较好成绩，积累了丰富的经验。但在建设、管理和发展过程中仍存在许多困难与问题。

1）运行与管理模式需不断创新

国家重点实验室经过 30 多年的不断发展，已经逐步形成了“开放、流动、联合、竞争”的运行机制。虽然实验室管理和运行在我国相关管理部门的正确领导下日渐成熟，但在实际运行中，国家重点实验室运行和管理还有不少需要改进之处。例如，有些实验室需要进一步加强学术交流和对外开放，不能在实验室内部形成徒子徒孙的“小圈子”，以及学术上的“近亲繁殖”；还有大型仪器设备的利用没有得到最大限度的发挥，仪器设备的开放共享率较低等，这些问题严重影响了国家重点实验室的长久、可持续发展。

2）学科分布需进一步调整

由于历史原因，国家重点实验室在学科分布存在一定的不合理性，某些领域个别研究方向上实验室数量偏多，造成研究内容重复，出现实验室同质化现象，而某些新兴学科或者交叉学科领域实验室尚未布局，这种学科间发展的不平衡，对新的学科交叉产生不利影响，从整体上制约我国科学技术的长远发展。此外，部分实验室在研究方向上未进行及时有效的调整，没有跟上时代发展的步伐，没有根据新技术、新思想、新方向的出现来调整相关研究，致使学科研究方向出现一些陈旧、落伍现象。

3）科技成果转化率需进一步提高

科技成果只有在转化成现实生产力时才能发挥其最大价值、产生巨大经济效益，这也是当今世界竞争的本质。然而，在我国科技成果转化率与美国、日本等发达国家相比有着较大的差距。这些由广大科技人员花费人力、物力、财力创造出来的科技成果如果不能及时转化为社会生产力，则会造成巨大的资源浪费。部分重点实验室的科技成果转化的激励政策尚没有落地实施，科研人员对科技成果转化工作的积极性不高，没有进行及时有效的引导，使一些科技成果被搁置，导致科技资源的浪费。

4）人才伍建设仍需加强

国家重点实验室应根据学科和研究方向的需求，建立动态人才队伍管理和流动机制。在相关领域的某些方面的研究能力、研究水平比较高的国家重点实验室外的其他研究人员，则应该“流入”，加入国家重点实验室；而不再适合技术开发和应用研究或知识老化陈旧的工作人员，就应“流出”。但实际上，国家重点实验室需要的人才往往囿于各种限制不能顺利进入，“富余”人员不能正常流出，阻碍了人才流动环节的畅通进行。这种现象的主要原因在于我国尚未建立完善的人才流动管理机制，在引进人才时缺乏正确的规划，没有根据学科建设和实际需求，过度强调高学历，盲目引进人才，致使人才队伍结构不合理，科研创新团队数量不足。

2.4.3 国家重点实验室的运行建议

为保持国家重点实验室良性运行，促进国家重点实验室的健康长久发展。未来国家重点实验室建设与发展中应进一步改革和完善管理体制，优化学科和重点研究方向布局，提升实验室内涵和文化建设，不断提高实验室的科学创新能力和核心竞争力。

1. 加大政策执行力度，提高创新管理能力

有效的高水平管理和良好的运行机制是促进国家重点实验室健康发展、科研工作顺利进行的重要保障，将既定的管理制度执行到位是实验室生存与发展乃至卓越的关键。因此，一方面，要明确各级主管部门的职责，协调好各部门之间的关系，明晰权责，统筹管理，加大政策执行力度，且在执行政策的过程中强化过程监督，确保相关工作顺利进行；另一方面，实验室自身也要加强管理，树立自我管理意识，提高自我管理能力，可以通过完善的评估机制来提高竞争能力，形成良好、健康的实验室文化，将“开放、流动、联合、竞争”八字方针落实在具体工作中。

2. 规划学科布局、促进健康发展

针对我国国家重点实验室发展中出现的学科布局不合理现象，国家应该根据我国国情，从实际出发，宏观上制订合理的国家重点实验室学科布局规划，并组织相关专家进行充分论证，逐步形成符合我国实际发展的国家重点实验室建设体系。国家重点实验室的学科布局不仅要做到突出学科的完整性，适应社会经济、政治、文化等各方面的要求，而且要有前瞻性，适应国家长远发展。在把握全局的情况下，与时俱进，开拓进取，依据科学技术发展的新情况，及时进行相应的调整，进一步推动国家重点实验室建设的统一、有效规划。

3. 提高科技成果转化率，加大科技成果管理力度

科技成果的及时有效转化会直接影响我国社会经济和科学技术的发展，针对我国目前科技成果转化率较低的现状，首先，应该提高科技成果的有效供给，使科技成果与社会市场需求保持基本平衡，不断提高科技成果的供给质量和满足市场需求的针对性。科研机构要合理布局科研方向，学科建设要给予合理的引导，杜绝重复研究现象。其次，要激活科技市场，完善科技中介服务机构建设，激发科技成果转化主体的积极性和主动性，不断提高企业对科技成果的有效需求，完善科技成果转化服务体系，为科技成果交易提供平台、场所和其他服务。最后，要加大政府对科技成果转化的力度，建立健全相关法律法规，从法律上给予一定的保护，充分发挥科技成果在社会生活中的作用。

4. 完善人才流动机制，扩充流动渠道

国家重点实验室以知识型人才为核心，高水平科研人员是国家重点实验室建设和发展的基础与生存之本。合理的人才流动机制是优化配置人力资源和物力资源的有效保障。因此，应建立合理有序的人才梯队，健全选拔途径，完善绩效考核制度，实现优胜劣汰，努力提高科技工作者的科研积极性，使科研人员的引进和流出保持动态优化。除此之外，还要扩充人才流动渠道，建立柔性人才引进机制。广纳贤才，为引进优秀科研人员提供良好的文化环境，努力平衡国内和国外优秀人才的引进力度，在大力引进国内优秀人才的同时，还要不断提高国际化开放水平，真正吸引国际高水平知名专家学者来实验室开展学术交流与合作研究。

5. 打造优秀实验室文化，弘扬求真务实精神

实验室文化是实验室赖以生存和发展的基础，是实验室长期发展过程中积淀而成的一种特殊的文化形态。它能明显提高实验室的凝聚力，使实验室成为一个有机整体，是实验室宝贵的精神财富。因此，在国家重点实验室发展的过程中，要不断塑造实验室精神，积极打造以人文精神为指导，以创新为主题，以实事求是、求真务实为原则的优秀实验室文化，并充分发挥实验室文化的内在价值。此外，还要鼓励科研人员主动摒弃功利主义的影响，自觉克服功利主义带来的负面作用，大力倡导献身科学的无私奉献精神，以促进我国科学技术的健康、可持续发展。

2.5 基础科学研究的政策

随着科学技术的飞速发展和进步，基础研究日益显现出作为技术创新原动力的重要作用。经济社会越发达，基础科学研究提高国家创新能力和国家核心竞争力的作用越明显。加强基础科学研究已经成为世界各国制定科学技术发展战略的重要内容。通过构建完备的基础科学研究政策体系来加强基础科学的研究，不仅是提高我国创新能力的重要途径和迈入世界科技强国的必要条件，也是推动我国基础科学研究发展和实施创新驱动战略的根本所在。

2.5.1　发达国家基础科学研究政策的特点

在发达国家的基础科学研究中，美国、法国、英国、日本的基础科学研究水平均处在世界领先行列。分析美国、法国、英国、日本的基础科学研究政策的特点，吸收其成功的经验，有助于我国基础科学研究更好、更快地发展。

1. 美国基础科学研究政策的主要特点

美国政府一直把国家基础科学研究水平作为经济竞争和政治实力的决定性因素。第一，注重基础研究经费的投入。在美国科技经费中，政府的财政投入始终是科技经费的重要来源之一，并且美国政府还通过市场经济的宏观调控和加强基础学科建设来推动基础科学的发展。近一半的基础研究费用由大学承担，国家科技机构、地方政府、企业以及非营利组织也大力支持基础研究。20 世纪 80 年代以来，大力加强基础研究成为美国政府科技政策的要点之一，基础研究经费在政府民用研究开发经费中的比例已扩大到 40%。2014 年美国政府资助研发 1230 亿美元，比上一年度增长 1.5%，其中大部分资金分配给促进基础研究的部门，包括美国国立卫生研究院（National Institutes of Health，NIH）、美国国家科学基金会（National Science Foundation，NSF）、美国能源部科学办公室（Department of Energy's Office of Science）等。

第二，美国的基础研究战略为“全方位推进战略”，即在各个领域学科均建立独立的科学知识系统，并投入巨大的研究经费。此战略无疑只有美国、俄罗斯经济强国才能采用。近年来，美国试图在各个领域保持领先地位，同时根据国情需要和科技的发展适当调整科研政策与投入机制。

2. 法国基础科学研究政策的主要特点

法国的科研机构主要有两大类：一类是主要从事基础科学研究的“科学技术型”，另一类是主要从事应用技术开发研究的“工业贸易型”，其基础科学研究政策主要有以下特点。

第一，集优势于一体，解决紧迫课题。法国对于基础科学的研究与发展主要是从大型的技术项目入手，集中各项优势来解决当前时期经济和社会发展中存在的紧迫课题，并且加大对重要研究机构的财政和技术的支持。到目前为止，法国已经建立了多个国家研究基金会，而且每个基金会都重点资助一个国家优先发展的领域。

第二，法国非常重视基础研究，它的地位与应用研究和技术开发并重。高等教育部门和政府直属科研机构以及基金会形式的研究机构等都是法国用于基础研究的主要部门。法国基础科学的研究工作主要由国家研究机构和高校承担，并且为促进基础科学研究的发展，法国政府将科学仪器和设备进行了现代化改造。目前法国在数学、物理学、化学、地球科学、基础生物学、生物医学等基础科学的大部分领域均处在世界领先水平。

第三，法国实施重点推进战略，并将其科研成果转化为工业商品。重点推进战略是一种有限目标和领域的基础科学研究战略，根据国情和需要，选择特定的领域，集中优势进行细化研究，适合大多数发达国家。法国注重引导基础研究的成果进入工业应用领域，进而促进经济发展。

3. 英国基础科学研究政策的主要特点

英国十分重视基础研究，近年来对于基础研究政策根据国情、经济等进行适当调整，采取加大资金投入等措施，其具体基础研究特点如下。

第一，英国实施重点推进战略，即一种有限目标和领域的基础科学研究战略，与法国相似，作为发达国家，英国十分重视基础研究及其对经济发展的重要作用。英国文化重视基础研究与自由探索，其国民心态是以基础研究为荣、以自由探索为乐。

第二，英国的政策导向从“重基础，轻应用”转变为基础研究与工业应用有机结合。20 世纪 60 年代初期，英国重视基础科学的发展，轻视应用科学的发展，并且认为知识的生产要比物质的生产更重要。在很长一段时间里，许多科研机构以及科研人员都以获得诺贝尔奖为最重要的目标。这些现象导致了基础研究成果无法与生产相结合，而且愈演愈烈。直到 20 世纪 70 年代末期，英国对基础科学政策进行了一系列的改革，通过加大对从事基础科学研究的机构以及大学与工业生产之间的联系、调整基础研究领域、创立科技机构等措施，使得基础研究与工业应用的联系更加密切。

第三，加大经费投入，吸贤纳士。目前英国政府又加大了基础科学研究的财政投入，并通过提高科研人员的待遇，来吸引世界各地的研究型人才。英国政府与沃尔逊基金会（Wolfson Foundation）以及皇家学会（Royal Society）等共同发起一个“每年花费 400 万英镑专门用于研究单位从世界人才市场招募 50 名世界顶尖工作者来英国”的计划，并且他们的工资会逐步提高，以便于吸引世界更多的优秀人才来英国。

4. 日本基础科学研究政策的主要特点

20 世纪 70 年代，日本逐渐成为经济技术强国，并在 80 年代末、90 年代初达到顶峰时期。其基础研究的科学政策主要有以下特点。

第一，日本的基础研究政策导向从“技术立国”到“科学与技术并重”。

作为第二次世界大战的战败国家，日本在基础研究的路途上走得并不顺利。起初，日本采取“技术立国”方针，将基础研究转化成工业成果的重心放在应用上面，直到发现一些基础研究和应用基础研究不能适应技术与经济发展的需求问题，日本才开始重视基础科学研究，意识到科学与技术同等重要，近年来进行多方面战略调整。

第二，日本在基础科学研究中也采取重点推进战略，根据国情以及经济等需求，确定科技发展的优先领域。

第三，将基础研究人才培养视为关键战略。日本在 2010 年《强化基础研究的方针与政策》报告中提出针对人才培养的建议，如加强对基础研究青年的资助、加大科研费用的投入等。人才培育与基础研究同属四个重点领域，由此可见，日本对于人才的培养极其重视。

美国、法国、英国以及日本都十分重视基础研究并巨额投资，与此同时，美国试图在各个领域保持领先地位并根据国情需要适当调整其科技政策或投入机制；法国更重视将其成果转化为工业成果；英国也看重基础研究与工业应用的有机结合；日本根据当即需要确立优先发展领域。从这些国家的基础科学研究政策可见，由于科技发展趋势是“一个领域的科技进步往往依赖于其他学科的成果”，在选择推进重点时必须具有前瞻性的战略眼光[①]。发达国家的主要政策特点对于我国基础研究政策的制定具有重要的借鉴意义。

2.5.2　我国基础科学研究政策的演进历程

按照我国基础科学研究的发展程度和政策导向等因素，可以将我国基础科学研究分为起步阶段和快速发展阶段，中华人民共和国成立至改革开放是起步阶段，改革开放至今是快速发展阶段。我国政府在 60 多年里，为加强基础科学研究、推动基础科学发展，结合我国发展实际，在不同阶段制定并实施了一系列促进基础科学研究的法律法规，以及关于推动基础科学研究的重大决定（表 2.16）。

表 2.16　我国基础科学法律法规制定情况

阶段	制定年份	法律法规以及重大事项
起步阶段	1956	《1956—1967 年科学技术发展远景规划》
	1962	《1963—1972 年科学技术发展规划纲要》
	1977	《1978—1985 年全国科学技术发展规划纲要》

① 马跃，陈光，曾东红. 发达国家基础科学研究政策及其对我国的启示[J]. 创新论坛—技术与创新管理，2006，27（6）：10-14.

续表

阶段	制定年份	法律法规以及重大事项
快速发展阶段	1980	恢复中国科学院
	1981	恢复博士研究生制度
	1983	试行自然科学基金制度
	1984	开始实施国家重点实验室建设计划
	1985	《中共中央关于科学技术体制改革的决定》
	1986	成立国家自然科学基金委员会
	1990	《全国基础研究和应用基础研究“八五”计划要点》
	1991	开始实施“攀登计划”
	1994	中国工程院成立
	1995	《中共中央、国务院关于加速科学技术进步的决定》
	1997	《国家重点基础研究发展计划》
	2005	《国家中长期科学和技术发展规划纲要（2006—2020 年）》

1. 起步阶段

中华人民共和国成立之初，全国科技人员不超过 5 万人，专门的研究机构只有 30 多家，基础科学建设十分落后缓慢。为加快全国各项基础设施建设，推动基础科学的发展，实现民族复兴，党中央第一代领导集体认识到了基础科学研究对我国科学技术的长远发展具有重要的作用，将基础科学研究提升到加强社会主义制度建设的战略高度。中央政府开始投入大量的经费发展基础科学事业。1956 年，党中央提出了“向科学进军”的口号，制定了《1956—1967 年科学技术发展远景规划》，是我国第一个基础科学的中长期研究发展规划。《1956—1967 年科学技术发展远景规划》拟定了 12 个重点发展项目，57 项任务，对我国基础科学的研究发展做出了全面的部署，奠定了我国基础科学研究的基础，对以后基础科学研究的发展产生了深远的影响。为进一步加快基础科学研究的发展，1962 年党中央又编制了《1963—1972 年科学技术发展规划纲要》，其中仍将“加速发展基础科学”定为未来科学技术发展的重要目标之一。在此期间，我国基础科学研究取得了突破性的进展，其中人工合成结晶牛胰岛素等科研成果居世界领先水平，为以后我国科学技术事业的发展和国家社会主义现代化建设打下了良好的基础。

“文化大革命”结束以后，我国基础科学研究工作出现了新的生机，党中央重新认识到基础科学研究对我国社会主义现代化建设和经济繁荣的重要性，在较短的时间内恢复了一大批科研机构和学术机构，并制订了新的科学发展规划。邓小平在整顿时期针对“四人帮”以哲学代替自然科学的教条主义和以生产斗争代替科学实验的实用主义，多次强调要重视基础科学研究。1975 年 9 月，邓小平听取胡耀邦等汇报中国科学院工作和讨论的“汇报提纲”时，再次提出对基础科学研究要恢复名誉。“只搞应用科学，不搞基础科学要吃大亏。”

1978 年 3 月 18 日，邓小平在全国科学大会开幕式上再次论述了基础科学的重要性：“不论是现在或者今后，还会有许多理论研究，暂时人们还看不到它的应用前景。但是，大量的历史事实已经说明，理论研究一旦获得重大突破，迟早会给生产和技术带来极其巨大的进步。”①在 1977 年 9～10 月，邓小平又指示中国科学院召开全国自然科学学科规划会议，分别制定了数学、物理学、化学、天文学、地学、生物学六大基础学科和各分支学科以及有关新兴学科的发展规划。此次会议还提出了《1978—1985 年全国基础科学规划纲要（草稿）》，并明确每三、五、八年的阶段性目标，会议展望：“到 20 世纪末，基础科学各分支学科要大部分或绝大部分接近当时世界先进水平，有相当部分赶上当时世界先进水平，个别学科要居于领先地位。”②1977 年 12 月～1978 年 1 月，国家科学技术委员会召开全国科学技术发展规划会议，迅速制定了包括基础科学和技术科学两大部分的《1978—1985 年全国科学技术发展规划（草案）》。在邓小平的关注下，基础科学研究在新时期整个国家的科学技术事业中得到了持久和高度重视。

2. 快速发展阶段

改革开放以来，为实现我国国家目标和经济复苏，加强人才培养、体制改革和基础设施建设的部署，为解决 21 世纪我国经济发展和社会发展中的重大问题提供有力的科学支撑，加强基础科学研究至关重要。1978 年 12 月十一届三中全会后，我国实施了对内改革、对外开放的政策，为了使我国基础科学打开长久封闭的大门以及创造良好的国际环境，1979 年，中美两国签署了《中华人民共和国国家科学技术委员会和美利坚合众国能源部在高能物理领域进行合作的执行协议》，同时批准了在中美两国各自成立“高能物理、核物理、等离子体物理科学技术交流委员会”，负责两国在上述基础科学领域合作的人员交流，协助解决在设备研制、仪器及元器件购买等方面的问题。1981 年 4 月 16 日，中共中央、国务院转发国家科学技术委员会党组《关于我国科学技术发展方针的汇报提纲》，并明确了“保证基础研究在稳定的基础上逐步有所发展”。在 1982 年中共十二大报告中，重申“重视基础科学的研究”。1985 年，《中共中央关于科学技术体制改革的决定》再次强调要重视有应用前景的基础研究，要根据财力支持对“一时看不出应用前景，但对认识自然现象、自然规律确有价值的工作”，并且明确提出“主要靠国家预算拨款”，从而解决了基础科学研究经费来源的后顾之忧。同时，开始实施博士后研

① 邓小平. 邓小平文选（第 2 卷）[M]. 北京：人民出版社，1994.

② 佚名. 新中国自然科学基础理论研究的曲折发展历程[J]. 党史博览，2006，(11)：4-9.

究制度，着手建设一大批科学工程和国家重点实验室，以便于我国部分学科水平进入世界先进行列。1986 年，国家自然科学基金委员会成立，在我国基础科学研究中发挥重要作用。

1990 年，为推动基础科学研究的发展，国家科学技术委员会制定了《全国基础研究和应用基础研究“八五”计划要点》，随后为进一步加强基础科学研究，中共中央在发布的《中共中央、国务院关于加强科学技术进步的决定》中提出科教兴国战略。“十五”期间，国家通过组织实施国家 973 计划、国家自然科学基金、知识创新工程试点、21 世纪教育振兴行动计划、国家重点实验室、国家重大科学工程、科技基础条件平台建设及科技基础性工作和社会公益性研究等专项计划，增加了对基础研究的投入。2001～2005 年，全国基础研究经费总投入 465.5 亿元，年均增长 19.4%，2005 年达到 131.2 亿元，较 2000 年的 46.7 亿元增长了 180.9%。

21 世纪，知识经济迅猛发展，持续的科学创新直接影响综合国力的竞争，基础科学研究更具有重大战略意义，重视和加强基础研究已经成为当今世界各国科学技术发展的战略重点。“十一五”期间，国家针对科学技术的发展重新做了部署。确定了“自主创新，重点跨越，支撑发展，引领未来”的指导方针，提出了建设创新型国家的总体目标。为推动和加强我国基础科学研究的发展，党中央制定了《国家中长期科学和技术发展规划纲要（2006—2020 年）》，对我国十五年内的科学技术的发展做了总体规划，并印发了《国家“十一五”基础研究发展规划》。在《国家“十一五”基础研究发展规划》中确定了“求真探源，人才为本；发展基地，营造环境；双力驱动，重点突破”的指导方针和“完善学科布局，培育和支持新兴交叉学科，促进学科全面协调发展；在若干科学前沿领域实现重点突破，解决一批国家经济社会发展中的关键科学问题；加强国家研究实验基地建设，发展和完善科技基础性工作支撑体系；建设一支高水平的基础研究队伍，造就一批具有世界影响力的科学家和研究团队；显著提升我国的原始性创新能力，为建设创新型国家和 2020 年跻身世界科学强国奠定坚实基础”的总体目标，并部署了“完善学科布局，重视新兴和交叉学科发展；在基础科学前沿领域，重点支持 8 个研究方向；围绕国家重大战略需求，重点支持 10 个优先研究领域；启动 4 个重大科学研究专项计划；加强国家研究实验基地建设；加大科学研究基础性工作的力度；建设高水平的基础研究队伍”七大任务。“十一五”是我国科技、经济和社会发展的战略机遇期，也是落实的《国家中长期科学和技术发展规划纲要（2006—2020 年）》关键时期，制定实施国家“十一五”基础研究发展规划对我国科技、经济和社会发展及创新型国家建设有重要作用。

以科学发展为主题的《中华人民共和国国民经济和社会发展第十二个五年规划纲要》指出，以完善基础学科的布局，促进学科交叉与融合，鼓励自由探索，扶持加强基础学科、传统学科、薄弱学科和濒危学科，支持新兴学科，开展新概念、新方法和新技术研究，推动学科均衡协调可持续发展为重点。支持我国科学家更多地参与国际大科学研究计划和国际学术组织；推进国际联合实验室和研究中心建设，组织有我国优势和特色的重大国际合作研究计划；继续选派优秀研究生和博士后到国外一流研究机构深造；加大国家基础研究计划对外开放力度，吸引国外优秀学者来华从事科研与交流，提高科研机构的国际化水平。鼓励行业、部门和地方结合国家目标、行业发展方向和区域创新发展需求，积极参与和组织基础研究国家科技计划项目。引导行业、部门和地方加大对基础研究的投入，开展有特色和优势的基础研究；支持行业、部门和地方建设重要科研基地，吸引和培养创新人才，提升行业未来竞争力、公共服务水平和区域创新能力等政策。在我国基础研究发展的重要战略机遇期，深入落实《国家中长期科学和技术发展规划纲要（2006—2020 年）》的任务部署，推动我国基础研究的快速发展。

2.5.3　我国基础科学研究政策的启示

近年来，一些发达国家已经根据国家利益和需求，纷纷调整科技政策，规划、完善科技财政投入结构，加大科技财政投入力度，尽可能地保持各自在科技领域中的战略和领先地位。事实上，全方位地发展、推进基础科学研究将受到很多方面因素的制约，因此根据每个国家不同的国情有选择性地开展基础科学的研究方向十分重要。这也是发达国家在发展基础科学上的共识。在发展基础科学研究中，不仅是采取全方位推进战略的俄罗斯感到举步维艰，就连世界经济实力第一的美国也认为不可能全方位地发展基础科学研究，要在不同领域有计划地发展基础科学。“9·11”事件后，美国开始选择性地调整科技政策，在 2003 年财政预算中再次把国防研发和卫生研发放在国家任务的优先位置，两项投入超过联邦研发投资总和的 3/4。与美国在国防研发和卫生研发这两个领域研发投入的大幅增长相比，其他国家的研发投入均有所下降。我国基础科学研究实力远不及发达国家，因此应该借鉴发达国家发展基础科学的研究经验，按“有选择性”的方式，结合我国的基本国情、国家利益等方面来选择基础科学的研究方向，并设计出一套系统的方法来应对在发展基础科学研究中的机遇与挑战，以便取得较好的成果。

1. 保障充足的基础科学研究资金，改善财政投入结构

充足的资金投入是基础科学研究的首要物质条件。加大对基础科学研究的财政投入，能极大地推动基础科学的发展。从 1997 年至今，我国政府对基础科学的财政投入逐渐加大，中国科学院将科研开发经费中的 40%用于基础研究。在增加基础科学研究的投入时，也要注意财政投入结构的问题。我国高等院校和科研院

所是基础科学研究的主体。2001 年，我国 95%的基础科学研究经费集中在高等院校和科研院所，而西方发达国家对基础研究的投入并没有高度集中，在发达国家中企业的基础研究经费仍占很大比例。1901～2007 年，诺贝尔物理学奖得主中美籍得主有 87 位，约占总数的 52%。一些专家、学者认为，这与美国对基础科学研究的大量财政投入密不可分，美国利用私人和国家资金源源不断地向基础科学研究投入大量的经费。其中高等院校承担了重要的基础研究任务，工厂和企业作为开发与应用的主体，其地位仅次于高校。因此我国要进一步加强企业对基础研究的重视，合理分配科研经费，提高高校、工厂及企业等的基础研究能力。

2. 实行政府采购政策，加大政府购买服务

各国的经济管理中政府采购占据重要的地位。政府采购不但影响科技创新的方向和速度，对基础科学研究也具有巨大的导向作用。采取政府采购的方式，可以有效地降低创新企业进入市场的风险，给予企业一定的安全感，使企业有更多的机会与基础研究相联系，如定向地资助基础科学的研究或直接参与基础科学的研究。因此我国应逐步扩大政府采购的规模和范围，提高政府采购支出占财政支出的比例，大力提高政府采购时的科学含量，通过政府采购激发企业的研究活力，间接地来拉动基础科学研究的发展。

2.6 本章小结

本章主要介绍我国基础科学研究的基本情况，主要包括基础科学研究的分布情况、基础科学研究投入与产出情况、基础科学重点实验室分布与建设情况、基础科学政策演化情况等。整体来看，我国基础科学研究已经初步形成了较为完善的学科体系，涵盖基础科学研究各重点领域和方向。基础科学领域的国家重点实验室建设体系初步形成，建立起了较为规范的管理和运行机制，在我国基础科学研究中发挥了重要的作用。然而我国基础科学领域的国家重点实验室的管理和运行效率仍需进一步提升，学科布局和区域布局仍需进一步优化，人才队伍流动机制和实验室文化等仍需进一步培育。最后，本章还对我国基础科学研究政策的演进情况和发达国家基础科学研究政策的特点等进行了分析，对我国基础科学研究政策的制定提供了建议。

第3章　知识图谱方法概述

为了科学、客观地展现国际基础科学研究的现状，基于科学学、科学计量学和引文分析等理论，可以使用文献信息可视化和科学知识图谱研究方法对基础科学各领域的文献数据进行计量与可视化分析。本章主要介绍本书研究涉及的理论基础和技术方法，理论基础主要包括科学学理论（科学知识体系学）、科学计量学理论、引文分析理论等。研究方法主要包括文献信息可视化方法、科学合作分析方法与科学知识图谱方法等。

3.1　科学学与科学计量学理论

近代以来，科学技术得到了快速发展，特别是科学作为独立社会建制开始职业化发展以来，日益显现出其对经济社会发展的重要影响。研究者开始专门进行科学对经济、社会发展的影响和科学自身发展规律等问题的研究，诞生了以科学本身为研究对象的学科分支，即科学学。20世纪60年代以后，普赖斯等通过统计学等数量分析方法对科学发展规律进行研究，开创了对科学发展规律进行定量研究的先河，在科学学研究领域中创生了科学计量学研究领域，并快速发展，对科学自身发展演化规律进行研究的专门理论和方法逐步发展完善。

3.1.1　科学学理论

科学学又称为“科学的科学”，是一门以科学本身为研究对象的学科，是“研究科学整体的学科或学科门类”[①]。它探讨科学的社会性质、作用和发展规律以及科学的体系结构、规划、管理和科学政策等。如果把研究自然界各种物质运动形式的学科视为硬科学，科学学则属于软科学，它是介于自然科学与社会科学之间的软科学中的一个门类。

科学学源自对自然科学的社会性研究。从20世纪20年代提出学科名称算起，科学学至今已有近百年的演化发展史，目前已经建立和正在形成的分支学科超过30门[②]。20世纪40年代，科学学著作陆续翻译到我国。70年代末至80年代初，

---

① 王续琨. 交叉科学结构论[M]. 大连：大连理工大学出版社，2003.

② 王续琨. 科学学：过去、现在和未来[J]. 科学学研究，2000，18（2）：19-23.

是中国引进新兴学科的黄金时段，创生于西方国家的科学学，就是在这个时段伴随着改革开放的浪潮引入中国的。中国科学学以钱学森 1977 年在《现代科学技术》率先提出建立一门“科学的科学”新学科为开端，如今已走过 40 余年的历程。在钱学森等学者的呼吁和倡导下，科学学在我国得到了蓬勃的发展。在科学学工作者的辛勤培育下，结出了具有中国特色的丰硕成果。20 世纪 90 年代，诸多原因造成我国科学学的发展出现了徘徊的趋势，2000 年以来，一些新兴的研究领域衍生出来，逐渐形成了科学学新的生长点。科学学在推进科学发展、技术进步，协调科学与技术、科学与社会、科学与人文之间的关系，促进决策科学化、民主化、规范化等方面，发挥着重要作用。

科学学作为一门诞生于 20 世纪上半叶的科学学科，经历了长期的孕育过程。其历史渊源可以追溯到近代科学发展史的前期。科学学的创生不是偶然的事件，而是科学发展到一定阶段的必然产物，是科学进行自我认识、产生自我意识的标志。任何学科以至于任何科学理论，都产生于社会需要与科学发展内在逻辑的汇合点上。科学学也不例外。

从社会需要方面来看，发端于 19 世纪末 20 世纪初的现代科学，其社会地位日渐显要，越来越成为推动经济、社会发展的重要因素。科学作为一种社会活动，逐渐由个体劳动方式演进为集体劳动方式，组织规模越来越大。科学研究日益社会化，已经发展成为专门的社会职业。这一切都要求人们关注科学，对科学这种社会活动做整体性、综合性的研究。

从科学发展内在逻辑方面来看，20 世纪以后现代科学在微观物理学的带动下，逐渐发展成为一个严密的知识体系，而且科学体系中各个层次、门类的内部联系越来越密切，自然科学与社会科学、哲学的联系也开始有所显现。现代科学发展到了需要自我认识而且能够进行自我认识的程度。科学学正是在这种历史条件下应运而生的。

科学学从提出学科名称到出版奠基性著作，经历了十多年。科学学的源头在欧洲。1925 年，波兰社会学家兹纳涅茨基发表《知识科学的对象与任务》一文，倡导创立一门称为“科学学”（波兰文为 naukoznawstwo）的学科。1926 年，苏联学者鲍里切夫斯基在列宁格勒《知识通报》第 12 期上发表《科学学是一门精确科学》，提出把研究整个科学的这个领域称为“科学学”。他还在此文中初步地论述了研究对象的问题范围。1927 年，波兰逻辑学家科塔尔宾斯基首创“科学的科学”（波兰文为 nauka nauee）这一术语。1935 年，他的学生奥索夫斯卡和奥索夫斯基在《波兰科学》上发表《科学的科学，以科学作为研究对象的研究中的两种观点》，论述了这门学科的研究范围。1936 年，他们的论文被译成英文，英文中首次出现了 science of science 这个有特定含义的词组，并一直沿用至今。

1939 年，英国晶体物理学家贝尔纳出版《科学的社会功能》。该书共 16 章，分为科学现在所起的作用、科学所能起的作用两大部分，重点论述了科学活动的数量分析方法、科学教育、科学的应用、科学政策、科学研究的组织管理等问题。它是科学学领域的第一部基础理论著作和奠基性著作。正是由于此书的特殊历史地位，英国、美国等国家的一批学者于 1964 年为纪念其出版 25 周年，由英国情报学家戈德史密斯和物理学家马凯主编了论文集《科学的科学——技术时代的社会》。论文集的作者包括多位诺贝尔奖获得者以及科学技术史专家李约瑟和科学计量学奠基人普赖斯等。该论文集被译成多种文字出版发行（中文版 1985 年），在全世界产生了广泛的影响。基于以上情况，把《科学的社会功能》的出版作为科学学初步形成的一个基本标志。

3.1.2　科学计量学理论

科学计量学是科学学的一门分支学科，也是科学学研究的重要方法论学科。我国科学计量学奠基人之一蒋国华认为，科学计量学是指科学学研究中定量方面的问题。科学计量学是以科学为研究对象，通过对科学本身的一种定量分析来反映科学发展的特征及其规律性，它是使用定量方法处理科学活动的投入（如科研人员、研究经费）、产出（如论文数量、被引数量）和过程（如信息传播、交流网络的形成）的研究领域。科学计量学所探讨和应用的领域十分广泛，目前其定义和内涵在学界尚没有统一。例如，科学计量学是“研究科学活动、科学生产率以及科学进步的评价和比较”的学科，是“研究科学、技术进步的计量”的学科，是“把数字资料的方法应用于科学学研究”的学科等。

科学计量学与文献计量学和信息计量学有一定的交叠。由于科学活动的产出和交流的主要形式之一是科学文献，对这类文献进行的定量研究既是科学计量学研究，又是文献计量学研究。同理，用定量方法处理科学信息的产生、传播、流行和利用，则既属于科学计量学研究，也属于信息计量学研究。但科学计量学也有独特的研究领域，如对科学创造最佳年龄结构的研究、产出重大科技成果时科学家年龄的频度分布规律的研究等。

1. *科学计量学的演进历程*

一般认为，美国科学史家普赖斯 1961 年发表的《巴比伦以来的科学》和 1963 年的《小科学，大科学》为科学计量学这门学科的创生奠定了理论基础，被认为是科学计量学创生的标志。普赖斯也被称为“科学计量学之父”。

1961 年，美国科学信息研究所（Institute for Scientific Information，ISI）的加菲尔德创立 SCI，为科学计量学研究提供了数据基础。这一大型索引的出版和发行，为科学计量学研究提供了一种多功能的有力工具，一定程度上解决了引文分析所必需的大量资料的问题，有效地推动了科学计量学的全面发展，被誉为科学计量学史上具有划时代意义的研究成果。

1964 年，加菲尔德就曾通过手绘的办法绘制了关于科学引文演进的科学引文编年图谱，得出科学发展历史上的重大事件及其联系，进而探测科学在发展过程中的重大事件发生的背景、发展概貌、突破性成就等。随着计算机技术的发展和广泛应用，2001 年加菲尔德和同事紧密结合 SCI 等检索数据库，研究开发了 HistCite 系列应用软件。加菲尔德等应用这一软件先后对情报科学、信息计量学、数字图书馆、基因组测试等学科领域进行了编年图谱的绘制，对学科领域文献进行了引文时序分析。

SCI 的创生为科学计量学的全面发展提供了物质基础。1969 年，苏联学者纳利莫夫和穆利钦科提出“科学计量学”这一术语。1971 年，门纳尔发表了《科学：增长和变化》，扩展了普赖斯的研究工作，推动了科学计量学的快速发展。1972 年，美国国家科学委员会出版《科学指标》（后来每两年出版一本），系统发布大量的数字情报，“为美国科学描绘出一幅数字图景”，引起了人们在数字资料的基础上对科学进行数量研究的极大兴趣。

1973 年，苏联情报学家依林娜 • 马沙科娃和美国情报学家亨利 • 斯莫分别提出“文献共被引”的概念。

1973 年，斯莫通过科学知识图谱探测了科学范式的演进。他的文章《范式、引文、科学知识图谱：个人发展史》（*Paradigms, citations and maps of science: A personal history*）介绍了解决这一领域中的关键问题的有用方法和研究科学范式转换可视化的重要方法。他界定了科学前沿的概念，这一概念重新解释了库恩的科学范式，强调了关于科学知识增长的经验性的研究方法论。他指出科学革命和常规科学应该是科学知识连续变化的开端或者终点，而不是像库恩所说的不包含在科学的结构之中。斯莫于 1973 年创造性地提出了“文献共被引”的概念和共被引分析的方法，并定义了共被引强度以测量文献之间的共被引程度。他以粒子物理学为案例，以 1971 年的 SCI 数据库为资料来源，绘制了该学科领域高被引文献的共被引网络图谱。

1978 年 9 月，国际知名匈牙利科学计量学家布劳温等创办国际首家杂志——《科学计量学》（*Scientometrics*）。

1981 年，匈牙利科学院图书馆出版了长达 298 页的论文集《作为计量对象的科学：匈牙利的科学计量学研究》，该书不仅总结了科学计量学研究的成果，详列了科学计量学领域的 200 余条文献目录，而且发表了近 20 篇匈牙利作者的论文，从科学的学科、科学杂志、科学机构、科学家个人或团体以及科学的发表和交流等方面进行了科学计量学的研究。

1994 年，国际科学计量学与信息计量学学会（International Society for Scientometrics and Informetrics，ISSI）在荷兰正式成立，德国的克雷奇默为首任会长，

1995 年由印度学者森（Subirk Sen）博士和出版商潘台（Pandey）博士创办同国际科学计量学与信息计量学学会同名的学会刊物，标志这门学科已得到国际认可。

2. 科学计量学在我国的发展

科学计量学在20世纪80年代初期开始引入我国，并得到了快速的发展和传播。1982 年，《自然辩证法通讯》第 4 期刊登了《介绍“科学计量学”杂志》一文。

1982 年，符志良在《科学学与科学技术管理》第 3 期发表《科学计量学》一文，介绍了科学计量学的概念界定以及科学计量学在国外的发展历史。1984 年，我国学者赵红州和蒋国华在《科学学研究》第 4 期上发表《科学计量学的历史和现状》一文，详细介绍了从 18 世纪以来，关于科学统计和计量方面的研究成果，尤其是 20 世纪 60 年代以后，科学计量学作为学科创生以来的发展历程、代表性人物及其代表作品。1987 年，赵红州等利用科学计量方法，排出了我国主要大学发表论文的名次，引起了社会各界的强烈反响，并受到国家科学技术委员会、中国科学院和国家自然科学基金委员会领导的高度重视。国家科学技术委员会专门立项资助课题，要求中国科学技术信息研究所进行更大范围、更系统的科学计量统计分析，对我国科技水平在世界上所处的地位以及主要大学、科研院所的科学生产能力和学术水平做出客观评价，并逐步形成制度，每年召开一次新闻发布会，公布有关统计结果。

20 世纪 80 年代以来，我国科学计量学进入繁盛发展的时期。1984 年，赵红州出版的《科学能力学引论》一书，被称为我国科学计量学的代表作。与此同时，大型科学文献数据库的引入和建立为我国科学计量学的发展起到了重要的推动作用。兰州大学图书馆靖钦恕、钱家秀经过艰苦努力，在国内首次编制了《中文自然科学引文索引》。尽管这部索引还有待进一步完善，但它仍然不失为“我国自编中文科学引文索引的可贵的先例”。从 1988 年开始，中国科学技术信息研究所建立“中国科技论文与引文数据库”，同时引入并利用美国的SCI、工程索引（Engineering Index，EI）、科技会议录索引（Index to Scientific Technical Proceedings，ISTP）等工具对中国学者发表的论文和被引情况进行全面的统计分析，每年发表一本统计分析报告，其统计分析结果在社会各界都引起了很大反响。此后，中国科学院文献情报中心研制了中国科学引文数据库（Chinese Science Citation Database，CSCD），南京大学社会科学研究评价中心出版了中国社会科学引文索引（Chinese Social Sciences Citation Index，CSSCI）光盘和网络版，清华大学推出了中国学术期刊网络数据库等，都为我国科学计量学的大规模研究和应用提供了基础工具，明显推动了我国科学计量学的全面发展。

1992 年版《学科分类与代码》的国家标准中，正式确认了科学计量学、文献计量学、情报计量学的三级学科地位。大连理工大学、福州大学等高校也在科学学、科学技术管理等相关硕士学位授权点设置科学计量学研究方向和相关课程。2002 年，大连理工大学自主设置了二级博士学位授权点——科学学与科技管理，2006 年，该学位点培养的四名我国第一批科学计量学博士毕业，指导教师为刘则渊。这是我国科学计量学发展历程中的标志性事件，为科学计量学在我国的不断发展提供了重要的人才和学科保障。

3.2 引文分析理论

文献的引文也就是文献的参考文献，通常包含大量的知识信息。文献之间的引用关系既是对前人研究成果的肯定和尊重，也反映知识的流动和传承路径。一方面，对文献引文进行分析是对文献间引用和被引用现象进行的统计分析，解释文献引证的数量关系和一般规律；另一方面，通过引文信息的共被引关系可以深入诠释知识领域的发展演化及其结构特征等。

3.2.1 引文分析释义

科学文献反映科学范式潜在的变化，文献的引用则是知识的传承和积累的主要途径。文献引用的过程也是知识流动和传播的过程。引证是因为引文的价值，它不受社会和文化特征的限制。科学家使用引文主要作为具有说服力的工具，引文是支持作者论点和赢得广大读者认可的重要手段。

1. 引文分析的概念

引文分析是文献计量学和科学计量学研究内容的一个重要组成部分，创生于 20 世纪 20 年代。中国科学计量学家邱均平在《信息计量学（第九讲）• 文献信息引证规律和引文分析法》中详细介绍了引文分析的概念和理论，认为引文分析是利用各种数学及统计学的方法和比较、归纳、抽象、概括等逻辑方法，对科学期刊、论文、著者等各种分析对象的引用和被引用现象进行分析，以便揭示其数量特征和内在规律的一种文献计量分析方法①。引文分析法有着其他许多方法不可比拟的优越性和独到之处，可通过文献之间的相互引证建立科学论文和科学期刊的学科联系，进行科学文献结构和科学结构的研究；通过文献中引证事项的时间序列及联系，揭示科学发展史及其规律；通过引证次数评价科研成果及科研人才；通过引用习惯和引用方式研究情报用户的构成及行为②。科学学的研究表明，科学

① 邱均平. 信息计量学（第九讲）• 文献信息引证规律和引文分析法[J]. 情报理论与实践，2001，4（3）：236-240.

② 马费成，西蒙 H R. 文献计量学的现状与趋势[J]. 情报科学，1992，13（5）：7-17.

知识具有明显的累积性、继承性，科学技术的发展具有连续性。任何新的学科或新的技术，都是在原有学科和技术的基础上分化、衍生出来的，都是对原有科学和技术的发展。因此，文献的相互引用是由科学本身的发展规律和研究活动规律所决定的，这也是引文分析方法的理论基础。

2. 引文分析方法的类型与内容

从不同的角度和标准来划分，引文分析方法有不同的类型。本书根据引文分析的研究对象的性质不同，将引文分析方法分为以下四种。

（1）引文的定性分析。引文的定性分析主要包括研究引文的情境，引文的位置和类型，引文的语言、国别、机构等具体内容。同时，关于自引、他引等问题的分析也属于此研究范畴。

（2）引文的数量分析。主要用于评价期刊和文献、研究文献情报的知识流动规律等。例如，引文的年代分析，一般地，随时间的发展，引文量越来越多，引文的年代分析对科学文献的知识传播和流动分析具有重要的意义，特别是在文献老化和科技史的研究中，引文的年代分析是一种广泛应用的有效方法。此外，引文的数量分布主要包括被引文献的数量分析和施引文献的数量分析等。

（3）引文链式分析。科学文献之间存在一种“引文链”，如文献 *A* 被文献 *B* 引用，文献 *B* 被文献 *C* 引用，文献 *C* 又被文献 *D* 引用，等等。对这种引文的链式结构进行研究可以揭示科学的发展过程并展望未来的前景。

（4）引文网络分析。随着科学知识的不断发展，文献的被引和施引之间的关系越来越呈现交叉、复杂化的现象。共被引分析概念和方法的提出，为引文网络分析提供了重要的研究手段。引文网络分析主要用于揭示科学知识结构、学科相关程度和进行学科领域的研究热点与研究前沿分析等方面。特别是近年来，文献信息可视化技术和科学知识图谱研究的兴起，为引文网络分析提供了重要的技术手段，成为引文分析领域的重要研究方法。

3. 引文索引的建立与引文分析理论

近代以来，科学活动逐渐出现职业化的社会分工，科学技术的不断进步成为经济和社会不断发展的重要推动力，科学知识也得到了快速的发展和积累。从 19 世纪末期开始，对知识的分类和检索的需求催生了引文索引技术。1873 年，美国学者谢泼德创办的《谢泼德引文》（*Shepard's Citation*）成为世界上最早关注引文分析的技术工具，其建立的引文类检索，为早期的引文分析做好了准备。

1934 年，英国文献学家、化学家布拉德福在《工程》（*Engineering*）上发表了《关于特定主题的情报源》（*Sources of information specific subjects*）一文，指出“若将期刊按其刊载某专业论文数以递减顺序排列，再将期刊划分为载文量相等的三个区域，则可得出期刊数量比约为 1∶a∶a^2 的关系”。该定律在文献工作者中得到了广泛的重视，成为阐述文献离散规律的开山文献，被称为著名的布拉德福定律。1948 年，布拉德福在其专著《文献学》（*Document*）中又提出可定量描述文献序性结构的经验定律，奠定了核心期刊与非核心期刊的思想，同时对科学的文献分析提出了更高层次的要求。

20 世纪 50～60 年代是引文分析的初始形成期。其中，加菲尔德和普赖斯开创了引文分析的先河，是引文分析理论的奠基人。1955 年美国著名情报学家加菲尔德在 *Science* 上发表了《科学引文分析——透过联想思想文献的新维度》（*Citation index for science—New dimension in documentation through associate of ideas*）一文，提出利用引用文献追踪科学进展的概念，开启了引文分析的大门，至此引文分析法正式产生。1961 年，加菲尔德在其领导的美国科学信息研究所创办了 SCI，使引文分析进入了实践应用分析阶段。1973 年、1978 年，加菲尔德还分别创办了《社会科学引文索引》（*Social Science Citation Index*，SSCI）和《艺术和人文学科引文索引》（*Art & Humanities Citation Index*，A&HCI），主要用于探讨科学的结构、评价与选择情况，考察科学著作及科学家的社会影响等。

普赖斯重塑了引文索引法的主导功能。1948 年普赖斯参加了国际科学情报会议，结识了建立 SCI 的美国情报学家加菲尔德，这使他开辟了利用大型数据库进行科学的定量研究的新路。此后他竭力宣传把美国科学信息研究所的 SCI 数据库作为定量研究科学的工具。关于 SCI 对科学计量学重大而深远的意义，是普赖斯首先发现并加以阐述的，而普赖斯把它归功于贝尔纳。普赖斯的主要成就集中反映在《巴比伦以来的科学》（1961 年）和《小科学，大科学》（1963 年）两部力作之中。

20 世纪 70～80 年代，是引文分析的发展繁荣期，其重要人物有斯莫，他发展了引文分析，提出了著名的共被引理论和方法。1973 年斯莫发表了《科学文献的共被引：测量文献关系的一种新方法》（*Co-citation in the scientific literature: A new measure of the relationship between two documents*），首先提出了共被引分析这一新型的引文分析方法。此方法是在原有引文分析方法的基础上，借助国际上新兴的科学知识图谱（mapping of science）绘制方法与信息可视化（information visualization）技术，绘制科学计量学期刊共被引地图，实现了引证分析的可视化。

从 20 世纪 90 年代起，引文分析进入了深化扩张期。在共被引理论的基础上，引文分析的可视化有了较大的发展，重要的人物有怀特、麦肯恩和陈超美等。90 年代中后期，随着互联网的快速发展，网络引文分析（网络计量学）也成为引文分析的热点，其代表人物有英格沃森、塞沃尔与鲁索等。

4. 引文分析原理与相关算法

从知识进化论的角度来看，引文分析本质上是对知识流动过程的分析，知识需要依附于一定的载体，这个过程包含对知识的不同层次的载体引用过程的分析。随着计算机技术和信息科学的不断发展与进步，社会网络及复杂性网络的理论和方法逐渐引入信息科学领域，引文分析从对引文的自身（参考文献）的分析，逐渐扩展到对引文链、引文网络的分析等。但引文分析的基础和实质仍然是对知识单元（作者、机构、关键词、国家、被引作者、被引机构、被引国家、被引期刊等）在引文链和引文网络中的流动与传播的分析。

知识流动过程的引用分析，即对集合起来的海量的引文所包含的知识流动过程的分析，也就是对群体知识的辨认、采集、获取、创造、增值、传播、扩散等一系列过程的分析。同时可以进行知识的产生、传播、发现，进行知识的积累与扩散，输入与输出，形成范式，也可以认清知识的基础、中介和前沿，知识的结构、演化和重组，知识的涌现、断层和变革（图 3.1）。

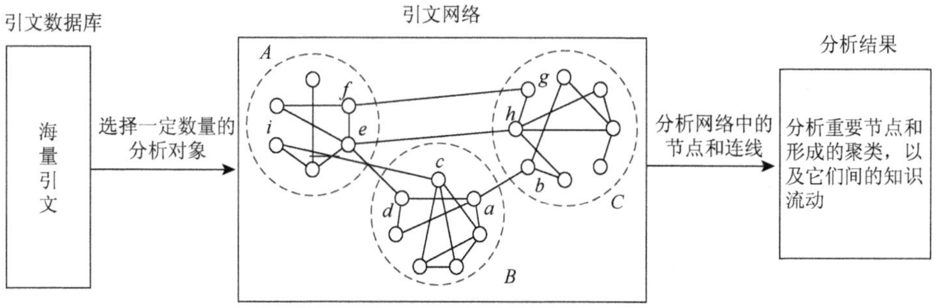

图 3.1　知识流动过程的引用分析

资料来源：梁永霞. 引文分析学的知识计量研究[D]. 大连：大连理工大学，2009.

由图 3.1 可以看出，群体的知识流动，主要是知识在引文网络中的流动。个体的知识在引用的过程中，经过遗传和变异，逐渐形成了知识群，知识群之间有联系，也有区别。图 3.1 中，形成了三个知识群 *A*、*B*、*C*，每个知识群都由一定的文献组成。但是，在网络中每个节点的作用是不一样的。知识群 *A* 与 *B* 是由节点 *c*-*i*、*d*-*e* 连接的，知识群 *B* 与 *C* 之间是由节点 *a*-*b* 连接的，知识群 *A* 与 *C* 之间是由节点 *e*-*h*、*f*-*g* 连接的。可以看出，知识群之间只有少数连接才能分成群，群的内部连接却是十分紧密的。例如，知识群 *A* 内部，每个点都可以通过其他的点到达群里的任何一点。这就说明群内的知识流动比群间容易。同时可以根据少数节点之间的引用关系判断知识的流动。

3.2.2　共被引分析

共被引分析又称为同被引分析，是引文分析的一个重要内容，受到了国内外学者的广泛注意。文献共被引分析的概念于 1973 年由苏联情报学家依林娜·马沙科娃和美国情报学家亨利·斯莫分别提出①。他们认为，如果两篇文献 *A* 和 *B* 同时被后来的一篇或多篇文献所引用，则文献 *A* 和 *B* 具有共被引关系，同时定义引用文献 *A* 和 *B* 的论文数量为共被引强度。共被引强度越大，文献 *A* 和 *B* 之间的关系越密切，或者说文献 *A* 和 *B* 越相关。尽管文献耦合和文献共被引都可以用来揭示文献之间的内在联系，但是文献共被引在揭示文献之间的关系上比文献耦合更有效，所以国外的相关研究大多集中在共被引分析上。斯莫把共被引关系主要看作能够更详细地设计一个在科学领域内重要概念（思想）之间关系的方法，从而得出了模拟科学专业知识结构的更真实的方法。解释共被引关系的含义，必须根据主题相似的概念和各种思想的联系或两者同时出现。因此，共被引分析也可以用于信息检索，或对某一特定专业建立聚类文献和核心文献。广义的共被引分析是引文分析的重要内容之一，它不仅丰富了文献计量学的研究内容和方法，而且对于科学学、人才学、预测学等学科方面的研究都有重要的意义。共被引分析又可以分为文献共被引分析、期刊共被引分析、作者共被引分析、学科共被引分析等。本书研究作者共被引分析和文献共被引分析。

1981 年，美国费城德雷塞尔大学（Drexel University）成为作者共被引分析（author co-citation analysis，ACA）技术诞生的摇篮。怀特和麦肯恩认为作者（文献、期刊）共被引频次越高，则作者（文献、期刊）学术相关性越强，他们通过对世界 39 位情报科学作者的共被引分析，描述了情报科学的学科结构②，分析结果引起情报科学界特别是文献计量学领域的瞩目。文章使用美国社会科学统计软件包（Statistical Package for Social Sciences，SPSS）作为分析工具，采用聚类分析（cluster analysis）、多维尺度分析（multidimensional scaling analysis）和因子分析（factor analysis）等分析方法，定量刻画了情报科学的学术框架，为作者共被引分析提供了良好的范例。

1990 年，麦肯恩将作者共被引分析的程序归纳整理为选择作者、检索共被引频次、形成共被引矩阵、转化为皮尔逊相关系数矩阵、多元统计分析和解释结

① Small H. Paradigms，citations，and maps of science：A personal history[J]. Journal of the American Society for Information Science and Technology，2003，54（5）：394-399.

② White H D. Pathfinder networks and author cocitation analysis：A remapping of paradigmatic information scientists[J]. Journal of the American Society for Information Science and Technology，2003，54（5）：423-434.

果等步骤，称为传统作者共被引分析模式。自 1981 年以来，人们沿用传统作者共被引分析方法描述不同的学科领域或同一学科的不同发展阶段，从不同角度对科学和学科领域的发展进行分析，取得了大量的成果，在新加坡南洋理工大学开发的网络引文检索系统 PubSearch 中也采用了这一方法[①]。然而，随着人们对作者共被引分析方法的大量应用和深入理解，尤其是计算机信息可视化技术手段的不断发展，传统作者共被引分析遇到了挑战。2003 年，比利时学者“情报计量学之父”鲁索等在 *Journal of the American Society for Information Science and Technology* 上发表《皮尔逊相关系数与同被引相似性计算》一文，对传统作者共被引分析采用皮尔逊相关系数度量作者相关性提出质疑，认为在作者相似性计算中，皮尔逊相关系数并非最佳选择，沿用长达 20 年之久的传统作者共被引分析受到了挑战[②]。

最初的引文共被引分析已经普泛化，包括文献共被引、作者共被引、学科（或专业）共被引和期刊共被引等四种。共被引有着独特的特点，归纳如下：①动态性，共被引反映的是研究对象之间变化的和短暂的关系，随着时间的变化而变化；②前瞻性和新颖性；③网状非线性，研究对象之间关系是立体的，相互之间都有可能发生共被引关系，不能理解为线性模式，只有通过数据转化才可以达到线性。共被引分析是一种重要的信息计量方法，是信息检索的一种重要的方法和突破点，它通过统计两个分析对象之间的共被引强度，来分析对象之间错综复杂的关系以及它们所代表学科专业的结构和特点。

引文分析与共被引分析都是文献计量学和科学计量学领域研究的重要方法与手段。引文分析有助于理清知识流动、传播和发展的脉络，共被引分析有助于明晰学科领域的知识结构。近年来，在知识计量学和文献信息可视化技术的不断发展中，出现了将两者相互融合，共同分析发展的趋势。美国费城德雷塞尔大学的陈超美在其开发的基于 Java 计算机语言的 CiteSpace 信息可视化软件系统中，创造性地将两者结合起来，通过三种算法（基于词频和逆向文件频率算法、对数似然率算法、互信息算法）抽取施引文献的相关主题词，自动标示由共被引技术生成的引文网络，明显降低了传统引文分析方法对引文网络和知识图谱解读的困难，极大地增强了引文网络分析的客观性和科学性[③]。

---

① 宋丽萍，徐引篪. 基于可视化的作者同被引技术的发展[J]. 情报学报，2005，24（2）：193-198.

② Ahlgren P，Jarneving B，Rousseau R. Requirements for a cocitation similarity measure，with special reference to Pearson's correlation coefficient[J]. Journal of the American Society for Information Science and Technology，2014，54（6）：550-560.

③ Chen C M，Ibekwe-SanJuan F，Hou J H. The structure and dynamics of co-citation clusters：A multiple-perspective co-citation analysis[J]. Journal of the American Society for Information Science and Technology，2010，61（7）：1386-1409.

3.3 科学合作分析方法

科学合作主要包括作者合作、机构合作和国家合作等层面，是现代科学研究的主要生产方式，对增加科学产出、整合科技资源、增进科学家之间的交流等方面具有重要的现实意义。科学活动的主体是人，因此科学合作主要是指作者合作。在“小科学”时代，科学研究处于以研究者个人兴趣为主导的自由探索阶段，合作研究的现象比较少见。随着科学和社会的不断发展，一方面科学的社会功能日益明显，另一方面科学问题或研究项目日趋复杂化、综合化和大型化，科学的发展也更加依赖社会的支持。这客观上要求科学研究从以零散的、自由探索为主的研究模式转变为以有组织的、合作研究为主的研究模式。通过合作研究，不仅可以实现资源的有效利用，而且能有效地促进知识尤其是隐性知识的整合、传播、转化与共享。合作研究是“大科学”时代的一个重要现象，它已经成为科学研究的主流模式，科学合作活动的规模和范围也随着科学的发展而迅速扩大。

此外，合作研究也是科研团队建设中最基本的组织形式，在科研团队内部以及科研团队之间开展的作者合作，对科研团队的发展、影响力和科研能力的提升都具有重要的意义。合作研究可以节省科研人员的时间、精力，结合各自的特长，提高科学研究的效率和产出。

3.3.1 作者合作及其主要类型

作者合作就是科学工作者为了达到生产新的科学知识这一共同目的或实现各自的科研目标而进行的协同互助的科学活动。随着科学技术不断向大规模、复杂化方向发展，合作研究已经成为当今科学活动中的主要形式。虽然不同研究领域，由于研究对象、研究方法和手段等的不同，合作研究的形式和数量不同，但是作为高复杂性、高难度、高水平的特殊社会活动，科学研究中都需要科学研究者之间智力上相互切磋，思想上彼此交流，在科学研究中形成最佳的科学合作结构，只有这样才能共同提高学术水平，推动科学技术的不断发展。

科学研究离不开科学工作者之间的协调与合作，没有科学合作就没有科学的发展与进步。双方或多方作者主体之间的合作是最主要的科学合作形式。不同合作主体之间，既可以通过研究者进行合作，也可以通过仪器、设备、资料、经验等要素的共享进行合作。一般而言，合作主体数量、合作形式等不同，作者合作的类型也不相同。

根据合作主体数量的不同，作者合作可以分为单向合作、双边合作和多边合作等。单向合作主要是指通过引用前人的成果进行的“合作”，这种合作是一种单向的知识流动过程，没有互动和反馈。双边合作就是两个研究者之间通过交流思想，分享观点，共享仪器、设备、资料等方式，进行合作的过程，一般在社会科学和技术科学研究中体现较多。多边合作主要是多个研究者为完成大科学项目或复杂科学实验、工程技术而产生的合作关系，这种合作形式在日益复杂的大科学研究中体现得较为明显。

根据合作形式的不同，作者合作有正式合作和非正式合作之分。多名研究者之间共同承担研究项目、共享仪器设备以及合作发表研究成果等都属于正式合作。科学家之间不定期地进行学术思想的通信交流、自由讨论和交换未定稿件等属于非正式合作。

3.3.2　作者合作网络分析

作者合作网络是指一定范围内或时间段内，大量作者之间存在多种合作关系而形成的网络结构。在作者合作网络中，网络节点是作者，节点之间的连接表示作者之间的合作关系。一般而言，研究领域相近的作者之间容易形成较为紧密的合作网络。随着社会网络、复杂网络等理论和技术的日渐成熟，将网络分析的方法应用在作者合作网络的研究逐渐增多。作者合作网络研究逐渐成为科研合作的一个重要分支。

纽曼是最早将网络分析的方法引入作者合作网络分析中的学者之一。他对不同学科包括生物学、物理学和数学的网络进行了大量分析，分析对象主要包括度分布、聚类系数、平均距离等。在科学计量学研究领域中，复杂网络分析和社会网络分析技术已经成为作者合作分析的主要研究方法。将作者之间复杂的合作关系抽象成点、线的网络图谱，在网络中具有高中心度的节点作者是作者合作网络中的关键人物，对整个网络中信息流动和知识传播产生的影响也最大。通过聚类分析方法，网络中不同研究主题的作者形成不同的聚类，以此可以分析不同领域的研究群体。此外，借助于作者合作网络分析，不仅可以直观地展示作者合作的结构关系和作者之间的相互影响，还可以深入挖掘知识的流动和演化关系、考察作者合作度与研究产出之间的关系等。

当前主流的文献信息可视化分析软件如 CiteSpace、Pajak、VOSviewer 等都可以进行作者合作网络分析，通过这些软件系统可以对作者合作网络中节点指标和网络拓扑结构进行分析，进而揭示具体研究领域的作者合作情况。

3.3.3　机构合作及其分布规律

随着科学研究活动的不断发展和进步，科学合作的形式、动因以及科学合作的影响因素也变得更加复杂和多样化。科学合作已经成为科学生产的主要形式。科学论文的合著现象是合作研究的最重要的表现形式。从科学研究机构的层面出发，科学合作是指不同科研机构之间在科学研究活动中，科研工作者个人与个人、群体与群体之间为达到共同的科学研究目的，彼此相互配合的科学联合行动或方式。因此，科研机构间的合作现象既包括个人之间的合作方式，也包括群体之间的合作方式。不同科研机构的作者间合作是机构合作的主要表现形式。

1. 科研机构合作的主要形式

自 20 世纪中期以来，有关科学合作问题的研究引起许多领域研究者的关注。Katz 和 Martin 区分了不同层面的科学合作，指出“共作者”研究只是合作研究的一部分指标，讨论了在合作研究的政策制定方面均衡合作费用与固定收益之间关系的方法①。Melin 和 Persson 讨论了科学合作对科学发展与科技政策的推动作用，共作者的文献计量分析为揭示科学合作结构和合作网络的变化提供了重要的统计指标，分析了使用文献计量数据分析合作的不同方面②。

科研机构之间的合作主要包括科研院所之间、高等院校内部、大学间的合作关系以及科研院所与大学之间的合作关系等。此外，通过不同地域的科研院所和大学的合作关系也可以反映出城市间合作关系、省域合作关系、国家间合作关系等。

2. 科研机构合作分析指标和工具

科研机构合作的分析目前主要是通过对以科学论文和技术专利等为合作网络载体知识单元的计量与可视化实现的。以科学论文的合作网络分析为例，机构合作的表现形式是在一篇科学论文中，出现两个或两个以上的作者和两个或两个以上的单位（机构）信息，可以视为机构合作一次。其中，部分作者同时属于两个或两个以上的单位（机构），因此，一篇科学论文只有一位作者，但署名两个或两个以上单位（机构）的情况，并不能视为机构合作的范畴。

当前对机构合作进行计量和可视化分析的软件工具主要有 UCINET、NetDraw、CiteSpace 等。通常的社会网络分析软件几乎都可以进行科研机构的合作网络分析。值得一提的是，CiteSpace 信息可视化软件系统在机构合作网络可视化分析的基础上，还可以直接将分析的结果与 Google 地球相连接，通过 Google 地球展现合作机构的地域分布情况。在机构合作网络分析的基础上直观地展现区域之间、国家之间的合作情况，可以探测科研机构之间的合作模式问题。

---

① Katz J S，Martin B R. What is research collaboration[J]. Research Policy，1997，(26)：1-18.

② Melin G，Persson O. Studying research collaboration using co-authorships[J]. Scientometrics，1996，36（3）：363-377.

3. 机构的合作模式与影响因素

基于科研机构地缘关系的合作模式、基于科研机构属性相近的合作模式、基于研究方向关联性的合作模式和基于理论创新便利性的合作模式等是科研机构的四种主要合作类型。其中基于科研机构地缘关系的合作模式和基于研究方向关联性的合作模式是科研机构合作研究的主要方式。

（1）基于科研机构地缘关系的合作模式。地域距离的邻近性为研究合作关系的产生提供了便利的条件，不仅表现在便于思想沟通和学术交流，更体现在因地缘关系而趋于一致的价值观念[①]。基于地缘关系的科研机构合作也是科研机构合作的主要方式之一。但近年来，随着互联网通信技术的快速发展，基于科研机构地缘关系的合作模式开始出现弱化的趋势。早期合作研究受地缘关系的影响普遍高于近期的合作研究。

（2）基于科研机构属性相近的合作模式。科研机构属性相近是指科研机构所从事研究类型或结构特征具有相似性，常见的有理科类院校和文科类院校的划分。因为属性相近，共同的研究领域就偏多，产生合作研究的概率就会增加[②]。例如，在组织理论研究方面，管理学与社会学是重要的理论基础，因此很多合作研究机构在这方面有相似的学科背景。社会科学和商学都处于突出地位的科罗拉多大学与宾夕法尼亚大学一直维持着很好的合作关系。

（3）基于研究方向关联性的合作模式。基于研究方向关联性的合作模式是一种基于学科距离的机构合作方式，也是科研机构的主要合作方式之一。这种合作模式促成了以特定研究方向为导向的研究群组或科学共同体的产生，甚至在长期的发展中演变成某一研究学派。

（4）基于理论创新便利性的合作模式。科学研究中理论创新尤为重要，越来越多的研究者发现，在学科交界处更容易产生创新[③]。学科交叉不仅是理论创新的重要源泉，同时是新理论、新学科创生的重要区域，出于学科交叉的理论创新的便利性，不同领域、不同学科的研究合作者通过理论的交叉融合，在合作研究中激发新观点、新理论，成为近年来科研机构合作模式的重要发展趋势。

4. 机构合作与科学产出效率

科学合作的根本目的是取得科学产出效率的最大化。机构之间合作也是相互

---

① Boh W F，Ren Y，Kiesler S，et al. Expertise and collaboration in the geographically dispersed organization[J]. Organization Science，2007，18（4）：595-612.

② 苏敬勤，庄恩贵，雷善玉. 管理创新的动态适配力提升案例研究——基于领导者系统思考的视角[J]. 管理案例研究与评论，2010，3（1）：1-11.

③ Cummings J N，Kiesler S. Collaborative research across disciplinary and organizational boundaries[J]. Social Studies of Science，2005，35（5）：703-722.

借助和发挥在具体的研究领域、研究技术手段、实验仪器设备等方面的优势取长补短，从而使科学研究资源达到优化配置，最终取得科学产出效率的最大化。Beaver 曾经总结了产生论文合作的 18 种动机，其中大多与学术水平的提升、资源的获取、论文的发表有直接或间接关系①。

另外，科学合作也需要花费合作成本。将机构合作成本与合作效益综合来考虑，任何一个作者都希望以最小的合作成本获得最高的合作效益。论文合作产生的效益必须达到期望值，才会有产生合作的可能②。

从上述主要的科研机构合作模式来看，一般来说，地域的距离越远，其合作的成本越高，但合作产出的效益往往越高，如国家之间的合作产出效益往往会高于同领域合作的城市间、省域的合作效益。而学科间的合作模式，从学科距离来看，一般也存在同样的现象。

3.4 文献信息可视化方法

对科学学科本身进行可视化研究属于科学计量学的一个重要研究范畴。科学计量学的研究方法也是对科学发展规律进行定量研究的最基本、最成熟的方法。尤其是在对科学知识体系演进的研究方面，国内外许多学者均取得了诸多的研究成果。普赖斯的《巴比伦以来的科学》（1961 年）和《小科学，大科学》（1963 年）论证了科学的增长规律。SCI 的问世，极大地刺激了科学计量学这一重要学科领域的发展，为科学计量学的研究提供了重要的数据分析基础。由于有了引文索引，研究者发展了科学计量学领域的引文分析方法。信息可视化方法通过计算机技术辅助实现了对文献信息的可视化分析，可以定量地研究科学知识体系演进的规律、学科结构、学科演进的背景及动力机制、科学前沿发展趋势、社会的科学能力、科学活动的水平、科学论文的质量、科学机构与人才的评估等。随着科学文献载体的进一步发展，专利数据、信息（网络）数据等相继成为知识传承的重要载体，在科学计量基础上相应地出现了专利计量、信息计量、网络计量等新兴研究领域。

3.4.1 文献信息可视化方法的兴起

随着计算机和网络技术的飞速发展，人们需要处理的信息日益增加。为了探

① Beaver D D. Reflections on scientific collaboration,（and its study）: Past, present, and future[J]. Scientometrics, 2001, 52（3）: 365-377.

② 王贤文，丁堃，朱晓宇. 中国主要科研机构的科学合作网络分析——基于 Web of Science 的研究[J]. 科学学研究，2010，28（12）：1806-1812.

索繁杂、抽象的信息之间的复杂关系，经常需要对大量的信息进行分析、归纳，并从大量杂乱无序的信息集中发现隐藏在其中的本质的特征和规律。在计算机科学与技术、人机交互技术、数据挖掘技术、图像技术、图形学、认知科学等诸多学科理论和方法基础上产生的信息可视化技术可以在计量研究的基础上直观地展现科学、信息、知识等的发展规律，探测科学知识研究的前沿领域。研究者可以采用现代计算机信息技术处理复杂的科学技术信息，通过直观动态的图像信息处理方式，显示专业领域中出现的交叉学科的复杂现象，从而获得详尽的前沿科学信息分析结果。这些信息分析的结果有助于科学家在最短的时间里了解和预测前沿科学技术研究动态，有助于在复杂的科学研究信息中开辟新的未知领域，提供快速独立的科学判断的客观依据。掌握学科领域前沿演进的模式和动力机制，对本学科及相关学科领域的专家和科学家有着十分重要的理论与现实意义。

信息可视化最早的理论来源于图形理论，1967 年，法国制图工作者巴顿提出了图形理论。这一理论指明了图表的基本元素，描述了图表的设计框架。自 20 世纪 80 年代以后，美国耶鲁大学统计学家爱德华·塔夫特先后于 1983 年、1990 年和 1997 年发表了三本关于信息可视化的代表性著作，为信息可视化研究奠定了重要的理论基础。巴顿与爱德华·塔夫特的理论在许多领域是著名的和有影响力的，并引起了信息可视化的大发展。

1989 年，信息可视化的概念由罗伯斯顿和卡特等在其发表的论文中首次提出。随后信息可视化迅速发展成为与科学可视化并列的研究领域。近年来，信息可视化已经成为信息情报学领域研究的新热点。1995 年，美国首次举办了信息可视化专题讨论会，此后，每年举办一次。当前国际上，每年有两个由电气和电子工程师协会（Institute of Electrical and Electronic Engineers，IEEE）组织的比较有影响力的信息可视化国际研讨会：一是始于 1997 年的信息可视化国际学术会（International Conference on Information Visualization），每年 7 月在英国伦敦举办；二是始于 1995 年的 IEEE 信息可视化专题研讨会（IEEE Symposium on Information Visualization），每年 10 月在美国一些城市轮流召开。这两个研讨会的成果代表了目前信息可视化研究的最高水平。

20 世纪 90 年代以后，关于信息可视化的论文和著作迅速增长，华人学者陈超美于 1999 年首次专门论述了信息可视化，是信息可视化领域最早的开拓者之一。他在信息可视化领域引入 PathFinder 算法，提高了文献引文网络分析的效率和范围，对科学知识图谱理论与方法作出了奠基性贡献。2002 年 3 月，他发起倡议创办新的国际学术期刊《信息可视化》（*Information Visualization*），是该领域第一份也是目前唯一的专业期刊。同时他创办了 Symposium on Knowledge Domain Visualization（KDViz）系列国际讨论会，并任历届主席。自 1998 年以来，他在《美国信息科学与技术协会会刊》（*Journal of the American Society for Information Science and*

Technology，JASIST）等国际权威期刊上陆续发表了大量的关于信息可视化的学术论文，并出版了信息可视化的学术著作，1999 年率先出版了该领域第一部专著《信息可视化与虚拟环境》（*Information Visualisation and Virtual Environments*），2003 年出版了《科学前沿图谱：知识可视化探索》（*Mapping Scientific Frontiers*：*The Quest for Knowledge Visualization*），2004 年出版《信息可视化：超越地平线》（*Information Visualization*：*Beyond the Horizon*），并于 2006 年再版，2011 年出版《转折点：创造性的本质》（*Turning Points*：*The Nature of Creativity*），这一系列专著奠定了当前国际文献信息可视化领域研究的重要知识基础。

当前有大量关于信息可视化的研究讨论组，大量期刊也都开辟专栏探讨信息可视化问题。例如，《美国信息科学与技术协会会刊》和《科学计量学》等都设有专栏探讨信息可视化与知识可视化问题，是信息可视化文献发表的主要阵地。

3.4.2　文献信息可视化的主要功能

文献信息可视化分析在信息科学和计算机技术快速发展中得到了广泛应用，信息可视化软件工具大量涌现，并不断更新升级，极大地推动了知识计量和可视化技术的提升，应用领域不断增加，功能日渐强大。整体上来看，当前知识计量与可视化分析的应用功能主要包括揭示科学知识体系（学科领域）的演进历程、探测学科知识领域的研究热点和研究前沿、挖掘学科知识领域的代表人物与学术团体、考察科学技术研究的合作网络、开展科学技术的评价研究、展现学科交叉及其演化规律等。除此以外，知识计量和可视化分析还可以展现科学家的学术地位，进行科学发现研究，并且可以作为科学技术政策与管理相关辅助决策的重要分析工具。

1. 揭示科学知识体系的演进历程

科学知识体系的发展和演进是社会生产实践对科学发展的需求拉动作用及科学内部深化拓展与广泛传播的推动作用的共同结果。任何一门学科或知识领域的创生和发展都是科学发展与社会实践活动共同作用的必然结果，科学和社会实践活动的不断进步又推动学科知识领域的不断完善与提升。科学文献作为承载和传播科学知识的重要载体，基于文献引用关系的知识的流动和传承是科学知识体系发展演进的最直观体现。因此，对科学文献之间引用关系的计量分析，可以探测科学知识体系发展演进的历史过程，揭示科学知识体系演化的背景和动力因素。

信息科学和应用统计学的发展为文献知识的计量提供了新的重要方法与手段，基于计算机技术的文本数据挖掘可以从文本数据中抽取有价值的信息和知识，在更深的层次上挖掘和展现科学文献的具体知识结构，揭示知识单元之间的相互关系。基于这种文本数据挖掘技术，将传统的引文分析和文献计量理论与信息可视化技术相结合，可以实现具体学科知识领域演进的计量和可视化分析，并通过科学知识图谱的形式直观地展现出来。

引文分析中的文献共被引分析是科学知识体系演进计量分析的实用方法。一方面，通过文献之间的共被引关系，可以直接地展现海量文献数据中具有相关和相近研究主题的科学文献簇，即知识基础文献，结合文献共被引网络结构的特征可以描述知识领域研究主题的转换和变迁；另一方面，在文献共被引网络聚类分析的基础上，通过由施引文献中抽取的主题词或关键词，可以建立科学文献的前沿文献和知识基础文献之间的相互关系，进一步折射学科知识领域研究主题发展的演进。此外，在文献共被引网络中，对网络结构起到关键作用的节点文献是学科知识领域演进中的“里程碑”文献，这些关键节点文献研究内容之间的逻辑关系也可以反映学科领域演进中的关键路径。

2. 探测学科知识领域的研究热点和研究前沿

研究前沿（research front）最早由普赖斯于 1965 年引入，用来描述一个研究领域的过渡本质的概念。普赖斯观察到利用他定义的即时指数的概念，可以看出科学家引用最近发表文章的趋势。在特定领域，一个研究前沿指的是科学家积极引用的文章的主要部分。根据普赖斯所说，一个研究前沿由 40～50 篇最近发表的文章组成。

在信息科学中，研究前沿是指一组突现的动态概念和潜在的研究问题。而研究前沿的知识基础（knowledge base）是在科学文献中，被研究前沿术语所在的文献引用的科学文献所形成的演化网络和共被引轨迹。文献的引用并不是局限在固定的、与时间无关的知识基础上，一个研究领域的知识基础会同其研究前沿一起随着时间的变化而演变。这里定义的研究前沿强调新趋势和突现（burst）的特征。而突现测度的是文献被引频次的变化率。这样，研究前沿就可以看作在某一时段内，以突现文献（burst article）为知识基础的一组文献所探讨的科学问题或专题。研究前沿必须在分析突现词（burst term）和突现文献的基础上，结合对施引文献（citing article）的分析进行综合判断和探测。因此，可以通过对学科知识领域的文献被引用的突现情况探测该学科知识领域的研究前沿的变化。在突现节点文献的基础上，对突现文献的施引文献进行数据的二次检索，结合对施引文献的分析，可以判定学科知识领域在某一时期内的研究前沿问题。

研究热点是在某一时间段内，有内在联系的、数量较多的一组论文所探讨的科学问题或专题。从文献计量学的角度看，在某学科领域内被引频次最高的研究型文献通常是该领域研究热点的集中体现。因此，通过关键词共现网络（共词网络）可以探测学科知识领域的研究热点问题。共词网络的科学知识图谱可以展现一段时间内相关文献集中反映出的研究热点词汇。在共词网络分析基础上，结合网络节点的聚类分析，不仅可以探测知识领域的研究特点问题，而且可以探测知识领域研究的知识结构和热点主题。一般而言，结合共词网络知识图谱、共词网络聚类分析结果和共词的来源文献的共被引网络图谱，可以探测学科知识领域的研究热点情况。

探测和分析学科知识领域研究前沿与研究热点对该学科领域研究和相关的研究者具有重要的意义，可以使研究者及时准确地把握和跟踪学科知识领域的研究前沿、研究热点和研究的最新演化动态，预测学科知识领域的发展方向和需要进一步研究的热点问题等。

3. 挖掘学科知识领域的代表人物与学术团体

学科知识领域的代表人物和学术团体的计量分析可以通过对文献作者的共被引分析和在此基础上的聚类分析方法来实现。作者共被引的概念最初由美国学者怀特提出。作者之间的共被引关系反映了作者之间在该研究方向具有密切的关系，两个作者共被引的频次越多说明作者在该学术研究方向的关联性越强。由此推而广之，由多作者间的共被引分析形成的作者共被引聚类，反映了聚类作者间共同的研究方向和关注的热点。通过文献信息可视化的科学知识图谱表现出来的作者共被引聚类，揭示了学科知识领域中主流研究的学术团体及其学术观点。

科学家发表作品的被引情况说明后续研究者对前人研究成果的认可和继承，除了对前人及其研究成果的尊重，也反映了前人在该研究领域中的重要地位及其研究成果的代表性。因此，在具体的学科知识领域中，共被引频次越高的作者在该学科知识领域的影响越大，也就是在该学科的研究中越具有代表性特征。基于这一假设，可以对学科知识领域中的海量文献信息进行作者共被引网络分析，结合网络结构的具体指标，判断和分析学科知识领域中研究的代表人物。在作者共被引网络基础上，进行作者共被引的聚类分析，并对聚类结果进行关键词或主题词的标注，就可以展现学科知识领域研究的代表性学术团体及其研究主题。

4. 考察科学技术研究的合作网络

科学和社会的不断发展促进了科学研究者之间，以及研究机构、国家之间的科学合作。科学合作已经成为现代科学研究的主要生产方式，对增加科学产出、整合科技资源、增进科学家之间的交流等方面具有重要的现实意义。利用知识计量与可视化手段考察科学技术合作网络主要是通过对科学文献或专利文献的署名作者（机构、国家）之间的关系的计量和可视化实现的，具体应用主要包括作者合作分析、机构合作分析、国家合作分析等方面。

随着科学研究活动的不断发展，科学合作的形式、动因以及科学合作的影响因素也变得更加复杂和多样化。共作者分析为科学合作结构的研究提供了一种重要的方法和研究视角，一篇文献的共作者数量可以视为这一成果的合作人数。科学论文的合著现象是合作研究的最主要的表现形式。相应地，专利发明中的共同发明人则体现了技术开发中的合作关系。推而广之，对科学文献或专利发明中机构、国家等之间的合作关系而形成的合作网络进行分析可以探测不同层面的科学合作关系。利用数据库中的科学文献或专利文献数据，对科学技术合作现象进行研究也是知识计量与可视化方法的重要分析领域。近年来，通过知识计量与可视化方法实现对大规模复杂科学合作网络的分析成为可能，一是信息技术和网络技术的发展给科学合作领域的研究带来了新的发展机遇，社会网络技术和互联网络技术等引入科学合作网络结构的研究，推动了科学合作网络研究的发展；二是大型数据库和计算机数据处理技术的不断发展，使得对大型网络结构进行分析处理成为可能。

5. 开展科学技术的评价研究

科学计量学和文献计量学为科学技术评价的研究提供了重要定量分析手段。科学计量学中许多具体的科学指标本身就是进行科学技术评价的客观依据，如 H 指数、G 指数等可以有效地揭示科学研究者在学科领域中的相对学术地位等。知识计量与可视化方法为科学技术评价研究提供了更为直观的研究手段。具体的应用主要包括两个方面：一是通过被引频次、词频、作者发文量、H 指数等统计指标进行分析；二是通过科学网络中的计量指标，如网络中心度、节点的突现率、作者合作频次、关键（主题）词共现频次等进行相关的评价分析。

通过知识计量与可视化方法开展科学技术评价研究可以实现以下主要的分析功能。对关键节点文献和突现节点文献在科学知识领域演化中作用的评价分析。对科研工作者的学科地位、学术水平、研究者在科学合作网络中的作用等的评价。对期刊在学科领域发展中的地位和作用的评价。同时，还可以通过对专利文献的计量和可视化分析，对发明者的专业技术水平及其在合作网络中的地位和作用进行评价，核心专利文献在技术发展演进和技术创新中的地位与作用评价等。

6. 展现学科交叉及其演化规律

对科学文献所属的学科领域的计量分析即对刊载科学文献的期刊源进行共被引分析，可以展现和探测学科交叉的演化。期刊共被引分析是在文献共被引分析的基础上发展起来的。将文献共被引中的研究对象从文献延伸到期刊，就形成了期刊共被引。类似地，从文献共被引可以得到期刊共被引的概念：就是 n（$n\geqslant 2$）种期刊的论文被其他期刊同时引证，其共被引强度以引证它们的期刊（引证期刊）种数（或次数）来衡量。

期刊共被引是指两种或两种以上期刊的文献被其他的期刊的文献同时引用，符合条件的其他期刊的文献数量为期刊的共被引强度。期刊共被引把众多表面上无外部联系的各种期刊有机地联系起来，从而揭示了期刊之间的互相依赖和交叉的关系。由于期刊通常代表某一具体知识领域的研究主题及其最新的研究进展，可以通过期刊的共被引关系来揭示相关研究主题的学科知识领域的演化结构关系，探测学科间交叉融合与分化发展的态势。

在期刊共被引网络中，对网络中相关节点指标的统计，除了可以分析学科知识领域的演进状况、研究热点和研究前沿等问题，还可以判断某些期刊的专业限制和内容覆盖的范围，揭示学科的发展状态、结构和期刊之间的相互关系，并确定学科的核心期刊。

3.5 科学知识图谱方法

通过科学知识图谱的手段实现信息可视化开始于 20 世纪 80 年代，创生于美国德雷塞尔大学信息科学与技术学院，该学院被誉为“共被引分析的摇篮”。科学计量学家怀特、麦肯恩等首先通过绘制科学知识图谱的方法对学科领域的知识结构进行可视化分析，掀起了科学计量学与情报计量学等学科的信息可视化研究，这种直观地展现学科知识结构的方法迅速得到了广泛传播和深入发展。利用计算机软件绘制科学知识图谱是近年来信息可视化技术实现的重要手段，在权威的检索数据库中（如 SCI、SSCI）下载特定学科领域的相关文献数据信息，通过运行计算机程序绘制科学知识图谱，也是当前科学计量学、文献计量学、信息计量学研究的前沿领域和热点方向。科学知识图谱创造性地把信息可视化技术和科学计量学结合起来，把对科学前沿的知识计量和知识管理研究推进到以知识图谱与知识可视化为辅助决策手段的新阶段，开创了知识单元的可视化分析技术与应用领域。

3.5.1 科学知识图谱的定义

科学知识图谱是在传统科学计量学和引文分析理论的可视化研究领域中出现的一个实用的分析工具与手段，是科学计量学、文献计量学和信息计量学的新发展。它将文献之间抽象的引用和共被引关系通过图谱的形式直观地展现给研究者与分析者。绘制知识图谱，是指将知识和信息中令人瞩目的最前沿领域或学科制高点，以可视化的图像直观地展现出来的一种研究手段。它把复杂的学科知识领域通过数据挖掘、信息处理、知识计量和图形绘制而显示出来。大连理工大学 WISE [即网络计量学（webometrics）、信息计量学（informetrics）、科学计量学（scientometrics)、经济计量学（econometrics)］实验室首先将其引入中国并命名“科学知识图谱”(mapping knowledge domains)，对其做了完整的界说。它是以科学学理论为基础，由应用数学、信息科学和计算机科学等多学科融合而形成的研究手段与知识领域。刘则渊等将其定义为，以科学知识为对象，显示科学知识的发展进程与结构关系的一种图形。它是以科学知识为计量研究对象，当属科学计量学的范畴①。科学知识图谱与引文分析可视化两者相辅相成，不可分割。科学知识图谱是引文分析可视化的重要研究结果和表征形式，而引文分析可视化是科学知识图谱的重要研究技术和实现手段。科学知识图谱的研究以科学学为基础与研究范式，以引文分析方法和信息可视化技术为手段，涉及数学、信息科学、认知科学和计算机科学诸学科交叉的领域，是科学计量学和信息计量学的新发展。

早期科学计量学家主要通过数学统计的方法以及由数学方程式表示的函数曲线来展现科学发展和演进的规律，这种由函数曲线和二维图示表现科学发展规律的形式可以作为最初的科学知识图谱形式。因此，从这个角度看，最早通过定量统计的方法研究科学知识发展的指数规律的科学计量学家普赖斯是科学知识图谱研究的早期开拓者。随着信息科学与技术、计算机软件技术的不断发展，特别是以美国的 SCI 和 SSCI 等为代表的大型文献数据库的建立与完善，为基于文献信息可视化技术的科学知识图谱的开发和应用研究奠定了坚实的基础。20 世纪 90 年代以来，科学知识图谱研究方法在国内外得到了快速发展和广泛应用。

3.5.2　科学知识图谱的创生背景

科学知识图谱的创生是科学学和科学计量学发展演进的必然结果，也是科学计量学顺应时代发展的必然产物。作为一个交叉研究领域，科学知识图谱方法也是计算机图形学、信息可视化、文献计量学、知识计量学等学科领域研究的重要组成部分和热点领域。这一分析方法可以追溯到 20 世纪 60 年代，从其创生和发展的背景来看，以下三个重要方面奠定了科学知识图谱创生的基础：一是以数理统计分析和图论为代表的技术手段基础；二是以引文分析特别是共被引分析为代表的文献计量学的学科理论基础；三是以加菲尔德创立的 SCI 数据库为代表的大规模文献数据库的建立和不断发展，这也是最重要的，其为科学知识图谱方法的创生奠定了重要的研究基础。

早在 20 世纪 30 年代，科学学的奠基人贝尔纳在其相关著述中就曾提出研究和分析科学发展规律的重要性，并将其作为科学学研究的一个主要方面。与此同时，文献计量学的奠基人布拉德福等也开始通过对文献和书目的统计分析，探索

① 陈悦，刘则渊. 悄然兴起的科学知识图谱[J]. 科学学研究，2005，(2)：149-154.

科学知识增长的规律。20 世纪 50 年代，被誉为“科学计量学之父”的科学史家、科学计量学家普赖斯通过对物理学一个分支的科学文献进行统计分析，发现了科学文献指数增长规律，绘制了著名的普赖斯曲线。这是最早期的科学知识图谱形式。普赖斯在其代表作《小科学，大科学》中对这一规律进行了论述，“在同一主题中，半数的论文为一群高生产能力作者所撰，这一作者集合的数量约等于全部作者总数的平方根”。这也称为普赖斯定律。

随着计算机技术和图形学的不断发展，对科学知识的发展演进规律的探索和分析技术不断提升，结果的表现形式也由传统的指数增长曲线发展到二维图形，这也是科学知识图谱的发展历程上迈出的重要一步。

文献计量学三大定律（洛特卡定律、布拉德福定律、齐普夫定律）奠定了文献计量学和情报科学发展的理论基础。20 世纪 50 年代初，美国情报学家加菲尔德创造性地提出了引文分析理论，开创了文献计量学和情报科学研究的新领域，为科学家研究科学知识的结构及其演化规律提供了重要的理论和方法基础。1964 年，加菲尔德等开始尝试应用引文分析方法研制一个精确有用的、导致特定学科取得重大进展的累积性研究的网络图，以便考察它在科学史和学科结构关系分析等方面的有效性，并以阿西莫夫的《遗传密码》一书作为研究基线，手工绘制完成了 DNA 研究领域的知识演进图谱①。

1973 年，苏联情报学家依林娜·马沙科娃和美国情报学家亨利·斯莫分别提出文献共被引分析的概念②。文献共被引分析是继引文分析方法提出之后科学计量学领域的又一个重要方法，也是引文分析理论（学）的重要补充③。共被引分析作为引文分析的一个重要内容，迅速得到了国内外学者的广泛关注。文献的共被引关系反映了文献之间的研究方向和研究主题具有密切的关联，两篇文献共被引的频次越多说明它们学术研究方向的关联性越强。由此推而广之，由多篇文献间的共被引关系形成的文献共被引聚类，反映了聚类文献之间共同的研究方向和关注的热点主题。基于这一分析原理，通过科学图谱表现出来的文献共被引聚类，揭示了科学知识领域中主流研究的知识结构和研究的热点问题。引文分析理论和共被引分析方法为科学知识图谱方法提供了重要的理论基础。

绘制科学知识图谱的基础是批量、规范化的文献数据，因此，大型文献数据库的建立和发展是科学知识图谱方法的基础。加菲尔德始建于 1961 年的 SCI 数据库为学者利用引文分析法分析学科领域知识结构提供了强有力的工具，成为科学

① Garfield E，Sher I H，Torpie R J. The use of citation data in writing the history of science [R]. Philadelphia：Institute for Scientific Information，1964：86.

② Small H. Co-citation in scientific literature：A new measure of the relationship between two documents[J]. Journal of the America Society of Information Science，1973，24（4）：265-269.

③ 梁永霞. 引文分析学的知识计量研究[D]. 大连：大连理工大学，2009.

知识图谱绘制的重要数据源基础。随着文献信息的不断增长和计算机技术的不断进步，各国纷纷建立大型文献数据库，收录的文献数据信息覆盖面越来越广泛，数据库也越来越向规范化和标准化方向发展。这为科学知识图谱绘制的客观准确性，以及多数据源选择提供了可能，极大地推动了科学知识图谱方法的发展和进步。

另外，数据库的规范化是当前科学知识图谱方法面临的一个瓶颈和亟待解决的重要问题。科学知识图谱通过计算机软件程序将规范化处理的文献数据抽象成点或线的形式形象地展现出来，如果处理的数据存在重复、缺项甚至错项等格式问题，科学知识图谱的客观准确度将大打折扣，不规范数据绘制的科学知识图谱甚至会造成对学科领域的错读和错解。近年来，国内对科学知识图谱方法的研究和使用越来越多，但大多集中在应用分析的层面，由于当前中文数据库尚存在一定程度的不规范以及中文语言处理的复杂性，使用中文数据绘制科学知识图谱，特别要重视对使用数据的去重、标准化等处理工作。

3.5.3　科学知识图谱方法的理论基础

科学知识图谱方法孕育于科学学的学科土壤，科学计量学、信息科学和计算机技术、图形学等学科为其提供了直接的理论基础，对科学发展规律认识的探索推动科学知识演化规律研究的不断深入，在研究范式的不断更替中，科学知识图谱逐渐成为展现科学知识演化规律的一种重要方法和技术手段。

1. *科学知识图谱的理论来源*

科学知识图谱受贝尔纳科学学研究范式的影响，创生于科学计量学领域。科学知识图谱的理论基础源于科学计量学，是科学计量学的新发展。它是信息科学、计算机科学、数学、科学学和图形学等学科的交叉学科领域。

20 世纪中期，“科学计量学之父”普赖斯把科学定量研究的方法引入科学学领域，使科学学变为一门成熟的学科。普赖斯提出了贝尔纳推崇的科学学定义：科学学或科学的科学是“科学、技术、医学等的历史、哲学、社会学、心理学、经济学、政治学、运筹学等”。普赖斯非常推崇并充分论证了贝尔纳分析科学时的三大特点：定量研究、理论模式、政策与管理研究。在此基础上，普赖斯提出“科学学就是科学计量学”的学科属性和论断[①]。从此，以科学计量学为基础的科学学理论与应用研究成为主流，并导致在贝尔纳科学学范式下，科学计量学的可视化转向以引文分析方法和信息可视化技术为基础的科学知识图谱。

---

① Price D. The exponential curve[J]. Discovery，1956，17：240-243.

2. 科学技术发展规律的社会学研究

对科学技术发展规律的认识和研究起源于对科学的哲学分析。古代的哲学也称科学，即针对万事万物的真理，当时的哲学只是指一种智慧的事业。到了近代，伟大的思想家用哲学的思想来分析科学的发展规律。对科学发展规律的社会学分析，始于 19 世纪后期，英国社会学家、哲学家斯宾塞在其《社会学原理》一书中就将科学列为社会学研究的内容。但早期的科学社会学研究主要是在知识社会学的范围内进行的，把科学当作一种社会职业来研究，这为科学社会学的诞生奠定了基础。德国社会学家韦伯 1919 年发表了《作为一种职业的科学》的论文，突出了科学作为一种社会建制的自主性，论述了科学的社会功能。1935 年，美国社会学家默顿在《17 世纪英国的科学、技术和社会》的博士学位论文中，第一次提出科学作为一个社会系统，有其独特的价值观的观点，并对科学系统进行了功能分析。1939 年，英国科学家贝尔纳的《科学的社会功能》出版。这本书的出版也是科学学诞生的标志。在此以后，以贝尔纳的理论为核心，形成了一个科学学的研究团体，这一团体称为贝尔纳学派。贝尔纳学派从科学史研究的角度出发，认为科学作为社会历史的产物，与社会的政治、经济、精神等其他要素有着不可分割的联系，科学的产生、发展与最终的目的，只有在社会历史因素与作为社会子系统的科学建构的关系中才能实现。科学发展的理论应当立足于科学的社会历史性，将科学视为社会系统的一个同形结构，分析科学与政治、经济、军事以及科学内部的人员、组织、交流、政策等社会性关系，进而提供改进社会和科学自身的合理化的方案①。

3. 科学定量研究方法的引入

20 世纪中叶，将定量研究方法引入对科学发展规律的分析的第一人是美国科学学家和文献情报学家普赖斯。普赖斯是科学计量学奠基人和情报科学创始人之一。1942 年普赖斯毕业于伦敦大学物理系，1946 年获物理学博士学位。1947 年移居新加坡，在马来亚大学任教。1948 年研究物理学论文数量增长现象，发现了科学文献指数增长规律，绘制了著名的普赖斯曲线，这也是普赖斯在科学计量学领域研究的第一个标志性的成果。普赖斯还提出衡量文献老化速度的重要指标。他将文献分为两大类：一类是档案性文献，即能够长期起作用的文献；另一类是有现实作用的文献，即 5 年内的新文献。他提出把 5 年内新文献的引用量与总的引用量之比作为一个指数，以此来衡量文献老化程度。一般来说，普赖斯指数越大，文献半衰期就越小，文献老化的速度就越快。20 世纪 60 年代，普赖斯开始研究

① 肖娜. 论贝尔纳学派的科学学[D]. 湘潭：湘潭大学，2001.

书目计量学、图书馆学和科学政策，并与美国科学信息研究所建立密切联系。他根据该所编辑出版的 SCI 判断科学论文的价值，提出科学论文增长的统计模型，为情报科学研究工作奠定了基础。在某种意义上也可以说，普赖斯把指数增长定律的数学式 $W=\alpha e^{\beta t}$（W 为知识量，t 为时间，α 和 β 为任意常数）发展成指数曲线图形（指数公式经对数变换而成的直线形式 $\ln W=\ln\alpha+\beta t$），也就是一幅可视化的知识图谱。

苏联科学学家纳里莫夫等又提出了科学文献按逻辑曲线增长的理论。其数学表达式为

$$F(t)=\frac{K}{1+ae^{-bt}}(b>0)$$

式中，K 为至某一时刻文献增长的最大值，即文献增长存在不可逾越的极限，这显然也不合乎实际。逻辑曲线虽然在对科学文献增长所作的统计研究上取得一定成绩，但它存在不能据以预测未来科学文献增长趋势的局限。

对文献增长问题的研究，可以揭示文献系统的动态规律，为馆藏建设、情报服务等管理决策提供定量依据；又能确定文献数量与科学增长指标间的定量关系，判断和预测科学知识的增长情况，进而探索整个科学的发展规律。

4. 引文分析理论的提出

美国德雷塞尔大学信息科学与技术学院和美国科学信息研究所在信息科学尤其是引文分析与文献计量学方面的研究有着非常悠久的历史，是引文分析和信息可视化技术领域杰出人才成长的摇篮与优秀研究成果的孵化器，一直是信息可视化研究最活跃的阵地。美国德雷塞尔大学信息科学与技术学院和美国科学信息研究所双雄携手并肩、教学科研优势互补，已形成享誉世界的“文献计量学费城学派”（Philadelphia brand bibliometrics）。加菲尔德、斯莫、格里菲思、怀特、麦肯恩和陈超美等学者在信息可视化的研究领域均取得了突出的成就。

加菲尔德早在 1964 年就曾通过手绘的办法绘制了关于科学引文演进的科学引文编年图谱，得出科学发展历史上的重大事件及其联系，进而探测科学发展过程中重大事件发生的背景、发展概貌、突破性成就等。这种科学引文编年图谱可以解释和辨识学科领域特定的关键事件、人物、期刊等，通过研究学科演进的系谱来揭示科学范式的演进。随着计算机技术的发展和广泛应用，2001 年加菲尔德和同事紧密结合 SCI 等检索数据库，研究开发了 HistCite 系列应用软件。在《为什么需要编年图算法？》（*Why do we need algorithmic historiography*?）一文中说明了开发 HistCite 的原因。HistCite 利用在 Web of Science 下载的数据可以绘制学科演进的编年图谱，还可以对检索的数据按照期刊、作者、发表年份等信息自动排

序，对学科领域研究的渊源及其发展概貌进行分析①。加菲尔德等应用这一软件先后对情报科学、信息计量学、数字图书馆、基因组测试等学科领域进行了编年图谱的绘制，对学科领域文献进行了引文时序分析。

加菲尔德认为引文分析可以评价科研成果，甚至可以预测诺贝尔奖获得者②，并通过对诺贝尔奖获得者与一般科研工作者被引情况的比较，说明 SCI 是一个能评价研究绩效、促进科学进步的新工具③。在加菲尔德具有开创性研究成果的影响下，在 SCI 连续出版以后，特别是推出 SCI 光盘版和网络版之后，引文分析法在国外图书情报学、科学学、科学政策与管理等领域得到了广泛的应用。

3.6 CiteSpace 软件工具

CiteSpace 可视化分析软件系统是基于 Java 程序语言编写的专门用于引文分析的信息可视化应用软件。由美国德雷塞尔大学信息科学与技术学院的陈超美开发于2004年9月，软件通过对文献数据信息的相关分析处理，探测和分析学科研究前沿随着时间相关的变化趋势以及研究前沿与其知识基础之间的关系，发现不同研究前沿之间的内部联系。通过对学科领域的文献信息可视化使研究者能够直观地辨识出学科前沿的关键演化路径及学科领域的关键节点文献。

3.6.1 CiteSpace 可视化软件开发者简介

陈超美是美国德雷塞尔大学信息科学与技术学院终身教授，《信息可视化》（*Information Visualization*）主编。1983 年获南开大学理论数学学士，1991 年获牛津大学计算机学硕士，1995 年获利物浦大学计算机学博士。2008 年被聘为大连理工大学长江学者奖励计划讲座教授。设计和开发了 CiteSpace 软件，被 105 个国家的 3800 多个城市所使用。发表论文、著作等 180 余篇。被引用 5700 余次，H 指数为 35（2012 年 8 月）。

陈超美的主要学术成就如下。

（1）为信息可视化新领域的最早开拓者之一。于 1999 年率先发表了该领域第一部专著，2006 年出版了经大规模增订和更新的第二版《信息可视化：超越地

① Garfield E，Pudovkin A I，Istomin V S. Why do we need algorithmic historiography?[J]. Journal of the American Socitey for Information Science & Technology，2003，54（5）：400-412.

② Garfield E. Evaluating Published Contributions[J]. Special Libraries，1965，56：134-135.

③ Sher I H, Garfield E. New tools for improving and evaluating the effectiveness of research[C]. New York: Gordon and Breach，1966.

平线》（*Information Visualization*：*Beyond the Horizon*）；2005 年提出信息可视化领域面对的十大挑战性问题；2002 年创办该领域第一份也是目前唯一的专业期刊 *Information Visualization*，并任主编。

（2）开发了引文网络分析一系列新工具。在信息可视化领域中引入 PathFinder 算法，扩展了文献引文共被引网络分析的应用范围并提高了其效率。2002 年，获国际知名的美国信息科学与技术学会暨美国科学信息研究所颁发的引文研究奖（Citation Research Award）。

（3）对科学知识图谱理论与方法作了奠基性贡献。2003 年率先发表了学术专著《科学前沿图谱：知识可视化探索》（*Mapping Scientific Frontiers*：*The Quest for Knowledge Visualization*）；2002年，独立创办了每年一度的KDViz系列国际讨论会，并任历届主席，促进和推广了科学前沿图谱及知识可视化分析。

陈超美被国内外高端同行专家评价为当代信息可视化与科学知识图谱学术领域中排名前十的世界级专家、国际顶尖学者、最权威专家之一，是受到国际同行尊重的领军人物。

3.6.2　CiteSpace 软件系统的主要功能

在《科学革命的结构》（*The Structure of Scientific Revolutions*）一书中，库恩描述了科学由常规科学向科学危机的转化，再由危机转向科学革命的发展规律[①]。根据库恩的这一观点，可以通过利用对共被引网络中时态模式的研究来探测学科领域范式的转换。斯莫根据过去连续几年文献共被引的聚类方式的变化，辨识和监测了对胶原领域的研究变化。斯莫的研究早于当前大部分的可视化研究。然而，他跨年的共被引聚类的图谱是隔离开的，一些重要的过渡模式或转变过程如果落在不同年份之间的聚类中，就可能被忽略。近年来，对复杂网络的分析成为理解科学网络和一般网络分析的一种潜在途径[②]。对复杂网络分析的研究，尤其是与小世界和网络有关的研究，主要关注两个问题，即网络的拓扑特性和生成机制。不同的生长模型，如优先连接，已经在对网络演进开展的研究中得到了发展[③]。这些研究思想通过计算机软件得以体现，其中 CiteSpace 软件系统是当前信息可视化分析的一个代表性工具。

2004 年，在作者共被引分析的发源地——美国德雷塞尔大学信息科学与技术学

① Kuhn T S. The Structure of Scientific Revolutions[M]. Chicago：University of Chicago Press，1962.

② Albert R，Barabási A L. Statistical mechanics of complex networks[J]. Reviews of Modern Physics，2002，74（1）：47-97.

③ Dorogovtsev S N，Mendes J F，Samukhin A N. Structure of Growing Networks with Preferential Linking[J]. Physical Review Letters，2000，85（21）：4633-4636.

院，陈超美基于引文分析理论并将其范围进行了扩展，应用 Java 计算机编程语言开发了 Information Visualization-CiteSpace 信息可视化软件，该软件是近年来在全美信息分析中最具有特色和影响力的信息可视化软件。软件开发于 2004 年 9 月，其版本不断升级和更新，截止到 2019 年 6 月已经更新到 CiteSpace 5.4.R3 版本。

CiteSpace 是应用 Java 程序语言编写的应用程序，可在陈超美的个人网站上免费获得并使用①。CiteSpace 输入的数据文件格式就是下载数据的输出格式，即从 Web of Science 下载的文献保存格式。与其他同类信息可视化软件不同的是，CiteSpace 软件可以将从网络上下载的数据格式直接进行转换，不需要将下载的原始文献数据进行相关矩阵的转换②，节省了进行相关矩阵转换的复杂步骤和处理过程，这也是 CiteSpace 软件的优越性之一。同时，CiteSpace 自身建有数据库，可以对下载的德温特（Derwent）数据库中的专利数据直接进行数据转换，便于进行专利引文分析。在利用 CiteSpace 进行数据处理之前，要将需要处理的文献数据文件放在同一个文件夹内，且每个数据文件名必须以“download”开头，并以“.txt”结尾，如“download-mass-extinction-2006.txt”。利用 CiteSpace 创建一个新的项目之前，需要具体制定两条路径：一个是文献数据存储路径；另一个是项目存储路径。通过项目存储路径可以找到在 CiteSpace 运行过程中所保存的图谱和输出的文件。所有设置过程均在 CiteSpace 的主界面完成。

（1）CiteSpace 具有以下基本特点：①原始数据不需要转化为矩阵的格式，可以将 Web of Science 及 PubMed 等数据库的原始数据格式直接导入 CiteSpace 进行运算及作图；②对于同一数据样本，可以进行多种图谱的绘制，从不同角度展现数据演化特征；③软件通过为节点和连线标记不同颜色，清晰地展现出文献数据随时间变化的脉络；④节点的彩色年轮表示法清晰展现了不同时间段的引证情况；⑤连线的颜色代表该连线两端节点的共被引频次最早达到所选择阈值的时间。

（2）CiteSpace 具有以下基本功能：①找出学科领域演进的关键路径；②找出学科领域演进的关键节点文献（知识拐点）；③分析学科演化的潜在动力机制；④预测学科或知识领域的研究前沿。

CiteSpace 软件的主要应用是探测和分析学科研究前沿随着时间相关的变化趋势以及研究前沿与其知识基础之间的关系，并且发现不同研究前沿之间的内部联系。通过对学科领域的文献信息可视化分析，研究者能够直观地辨识出学科前沿的演进路径及学科领域的经典基础文献。

---

① Chen C. CiteSpace II：Detecting and visualizing emerging trends and transient patterns in scientific literature[J]. Journal of the American Society for Information Science and Technology，2006，57（3）：359-377.

② Chen C M. Searching for intellectual turning points：Progressive knowledge domain visualization[J]. Proceedings of the National Academy of Sciences，2004，101（s1）：5303-5310.

CiteSpace 是一种使网络数据可视化的实用软件，它可以探测科学学科突现趋势和时态模式的变化。CiteSpace 基于两个基本的概念：一个是研究前沿，定义为基于研究问题的突现的概念群组。研究前沿的概念和科学知识增长规律有关系。研究前沿由某一科学领域中最近最多被引文献形成的过渡性聚类组成[①]。研究前沿代表一个学科领域的每个发展阶段最先进的水平，并随着科学领域潜在的新文献代替旧文献而变化。另一个是知识基础，定义为科学学科研究前沿的引文形成的共被引网络。CiteSpace 绘制的可视化科学知识图谱是由不同颜色的节点和连线组成的共被引网络。其中不同的颜色是 CiteSpace 软件本身根据所输入数据的时间范围以及使用者设定的时间间隔而自动生成的不同年份的代表。节点采用引文年轮的表示法，节点向外延伸的圆圈描述了其引文的时间序列，圆圈的厚度与相应年份的引文数成正比。节点的大小与最近的时间间隔的标准引文数成正比，节点上标示的数字是文献被引频次，因此节点大的就表示其被引频次多。节点相应颜色的宽度代表了相应年份节点文献被引频次。连线的长度、宽度与其相应的共被引系数成正比，连线的颜色代表共被引值首次达到所设定的阈值的年份。

科学学科知识领域演进的可视化图谱的绘制是 CiteSpace 软件的主要功能。首先由连续的等距离时间段序列得出一系列单独的共被引网络，再将这些以时间为标记的共被引网络组合成一幅整合图谱，重要的知识文献可以基于它们在图谱上的突出特征而得以辨识。探测知识拐点（turning points）可以简化为寻找可视化网络上突出的关键节点。通过关键节点进而探测和监视学科知识领域的演进[②]。学科知识领域的渐次可视化特别关注可以辨识与重大贡献有关的时态模式的技术，而这些重大贡献的节点则说明了学科的演进过程。科学领域的很多特征都可以通过科学网络的形式展现出来，如科学合作网络、合作者社会网络、引文网络和共被引网络等。科学网络随着时间不断变化，一些变化相对平缓，一些变化则相对剧烈。

研究者一直在寻求能够解释科学网络中各种变化和结构的潜在机制。同时，这是一个富有挑战性的课题，因为他们需要处理科学网络的标度、多样性和动态属性等指标。本书应用 CiteSpace 软件和引文分析方法，尤其是通过软件中的 PathFinder算法，简化了与辨识科学学科知识领域关键演化有关的复杂性。同时，为了简化算法运算的复杂性，CiteSpace 软件在设计和运行过程中采用了分治策略原理。分成很多时间段，每个时间段都能形成一个独立的共被引网络。再将单独网络按时间序列合并在一起，从合并网络的可视化图谱上可以显示出相邻时间段的主要变化，进而找出学科领域的关键文献，由此探寻在可视化视图上的突出特征，如

---

① Price D J. Networks of scientific papers[J]. Science，1965，149（3683）：510-515.

② Chen C M. Mapping Scientific Frontiers：The Quest for Knowledge Visualization[M]. London：Springer，2003.

可视化网络上的标注点、中心点、关键点等，可对学科演进的关键路径和学科发展脉络进行清晰的梳理，探测学科知识领域在发展演进过程中的动力因素和背景。

CiteSpace 可视化软件的另一个主要功能是辨识和探测学科知识领域研究的热点，预测知识领域发展的前沿趋势。软件提供了词频跳变算法，该算法主要通过考察词频的时间分布，将频次变化率高、频次增长速度快的突现词从大量的题录的常用词中检测出来，用词频的变动趋势，而不仅仅是词频的高低，来分析科学的前沿领域和发展趋势。突现词可以展现知识领域的研究前沿和发展趋势。通过运行软件，可以生成共被引文献网络以及施引文献主题词的共词网络，即得到一个由这两个网络共同构成的共被引与共词混合网络（hybrid network of cited article and citing terms）图谱，可以展示出学科知识领域的重要被引文献以及由施引文献主题词所表达的学科重要研究领域或其前沿趋势。

3.6.3　CiteSpace 软件系统的主要原理和算法

CiteSpace 信息可视化软件系统融入了大量的信息科学的原理和数学算法，如分治策略（divide-and-conquer）原理、优势积累（success breeds success）原理、关键路径（pathfinder network scaling，PFNETs）算法、最小生成树（minimum spanning trees，MST）算法、最大期望值（expectation maximization，EM）聚类算法、谱聚类算法（spectral clustering algorithm）以及自动聚类标识算法（auto clustering labeling algorithm）等。

1. 分治策略原理

任何一个可以用计算机求解的问题所需的计算时间都与其规模有关。问题规模越小，解题所需的计算时间往往也越少，从而越容易计算。想解决一个较大的问题，有时是相当困难的。分治策略的思想就是，将一个难以直接解决的大问题，分割成一些规模较小的相同问题，以便各个击破，分而治之。分治的基本思想是将一个规模为 n 的问题分解为 k 个规模较小的子问题，这些子问题互相独立且与原问题相同。找出各部分的解，然后把各部分的解组合成整个问题的解。

2. 优势积累原理

如果某篇论文被越多的文章引用，那么在阅读文献时碰到该论文的概率就越大，在文章中引用该论文的概率也就越大。普赖斯称这种现象为累积优势，也就是物理学家巴拉巴西和他的博士阿尔贝特提出的“偏好连接”。普赖斯和西蒙在研究中都假设一篇论文被引用的比例与它已经被引用的次数成正比。在此假设下，初始被引频次对于以后论文被引频次有决定性意义。1999 年，巴拉

巴西和阿尔贝特在 *Science* 上发表文章指出，许多现实世界中的复杂网络并非是规则网络和随机网络，而是属于无标度网络，并对这样一类网络的特征量进行了一些研究，指出决定互联网、万维网和科学家合作研究网络等具有无标度特性的两个基本性质：节点增长与优先连接①。

3. 关键路径算法

关键路径算法起源于1990年美国心理学家Schvaneveldt对认知心理学语义关系的研究，它与社会网络分析具有共同的数学模型。其基本思想在于应用一种较最小生成树算法更复杂的连线删除算法，经过模型运算删除网络中大部分的连接，而只保留其中最重要的连接，其目标在于将一个复杂网络进行最大限度的简化。将关键路径算法引入作者共被引分析的同时，也就将认知心理学语义分析、社会网络分析方法和可视化软件的优势借鉴到作者共被引分析方法中来，因此为传统作者共被引分析方法注入了活力。

关键路径网络绘制的目标，本质上来讲是简化一个稠密的网络。关键路径网络的拓扑结构由两个参数决定：r 和 q。r 参数定义为基于闵可夫斯基(Minkowski)距离的给定网络的空间度量。当 r=1 时，闵可夫斯基距离等于两点间距离之和；当 r=2 时，闵可夫斯基距离就是最熟悉的欧几里得距离；当 r=∞时，这条路径的值定义为它所有构成连线中的最大值，这一距离称为距离的最大值。对于给定的度量空间，$W_{ij} \leqslant (\sum_k W^r n_k n_{k+1})^{1/r}$，其中 W_{ij} 是 i 和 j 两节点之间的直接路径，$Wn_k n_{k+1}$ 是 n_k 和 n_{k+1} 之间的一条路径的权重，并且 $k=1,2,\cdots,m$。特别地，$i=n_1$，$j=n_k$。换句话说，i 和 j 之间的可选择路径可以是通过点 $n_1,n_2,\cdots,n_k$ 的所有路径，前提是满足它们之间的连线属于这个网络。如果 W_{ij} 比可选路径的权重大，那么 i 和 j 之间的直接路径就不满足算法的不均等条件，i 和 j 之间的连线就要被删除，因为算法默认这种连线不能代表节点 i 和 j 之间关系的最显著的特点。q 参数具体指两节点间可选路径连线的最大长度。q 的值可以设置为 2～n–1 的任何整数，其中 n 是网络中节点的数量。当 q=2 时，表示的是三角形不等规则（两边之和大于等于第三边）；当 q=3 时，表示的是四边形不等规则（三边之和大于等于第四边）。在通常情况下，取 r 为无穷大，q 为节点总数减 1，对应的网络表示为 PFNETs（r, q）。关键路径算法与最小生成树算法的区别是，关键路径算法的边数可能小于 n–1，但是最小生成树算法的边数必须为 n–1。如果一个可选路径的值比直接路径小，那么直接路径就会被删除。按这种方式，关键路径算法明显减少了原网络中的连线的数量，但所有的节点保持不动，最后结果的网络即最小值网络。

关键路径算法具有自身的优势，与其他算法（如多维尺度算法和最小生成树

① Barabási A L，Albert R. Emergence of scaling in random networks[J]. Science，1999，286：509-512.

算法等）相比，它具有能获得更精确局部结构的能力。然而，关键路径算法具有很复杂的运算过程，这对于处理大的网络也是一个考验。关键路径算法最大的修剪范围是$q=n-1$和$r=\infty$，这也是最复杂的一个网络。关键路径算法要求有大量的记忆能力去存储中间过程的矩阵，这就需要用到 CiteSpace 软件在设计和运行过程中所遵循的分治策略原理。

关键路径算法利用原始共被引频次，将文献、主题词、关键词、作者等研究者要分析的信息视为网络中的节点，并且假设节点间由加权的路径相连，权值为被分析对象的共被引频次，仅显示节点间最短路径。在网络中，关键节点构成“非正式交流网络”，它们控制着网络中学科领域研究的走向，进而构成学科结构全景。相反，如果网络中缺乏关键节点，关键路径算法网络则呈现出相对松散的状态。此外，网络中大量节点都与某关键节点具有较高共被引强度时，学科分支自动形成，而无须单独的聚类程序。它与传统的作者共被引分析最大的不同在于，在计算作者相似性时直接采用共被引频次，而传统的作者共被引分析则把共被引频次经过转化计算皮尔逊相关系数度量作者的相似性。同时在可视化图谱上，关键路径算法（直接采用作者共被引频次）生成的图谱中，影响力大的作者节点位于图谱中每个分支的中心节点的位置，而传统的作者共被引分析（采用皮尔逊相关系数）生成的图谱中，核心作者的中心位置不明显。因而，比起采用皮尔逊相关系数的传统作者共被引分析方法，利用原始共被引频次的关键路径算法绘制的图谱，结果更为丰富。尤为重要的是关键路径算法减少了传统作者共被引分析模式的复杂性，并且结果更为可靠，因而在现今作者共被引分析方法中备受推崇。

4. 最小生成树算法

假设$G=(V,E)$是无向连通加权图，如果G的子图G'是一棵包含G的所有顶点的树，则称G'为G的生成树。生成树各边权重的总和称为生成树的耗费。在G的所有生成树中，耗费最小的生成树称为G的最小生成树。在现代数学图论中，可以应用 Prim 算法和 Kruskal 算法，通过计算机编程语句实现。

5. 最大期望值聚类算法

最大期望值聚类算法是统计学中一种重要的极大似然估计算法，即具有隐状态变量的分布中参数的最大似然估计。最大期望值聚类算法主要应用在数据资料不全时，由已有的资料Y估计缺失变量X。其中 E 步骤为取条件期望（expectation），而 M 步骤为取最大（maximum），这种迭代优化的方法称为最大期望值聚类算法。该算法假设J是一系列隐含变量，U是给定的数据，Θ是最大期望值聚类算法最大的后验概率，则$\Theta^{*}=\text{argmax}\Theta\Sigma JP(\Theta, J|U)$。

最大期望值聚类算法计算J的空间分布，假设数据由混合模型生成，数据可以由一系列已知概率分布的变量组成。最大期望值聚类算法就从给定的数据模型中，估算这些数据的数值。与多层聚类和 K-均值算法相比，最大期望值聚类算法有其自身的优点，例如，最大期望值聚类算法不用事先指定聚类的数量，基于极大似然估计（log likelihood）值容易比较和评价聚类的结果，可以预测数据所属的聚类等。

CiteSpace 软件在采用此种算法进行聚类后，在图谱中显示的并不是以节点的距离特征进行聚类，而是根据聚类所选定的具体参数，如文献发表年份、作者、节点中心度、半衰期、被引频次等进行聚类。通过对最大期望值聚类算法的极大似然估计进行统计分析，以此确定聚类的标准。在图谱上显示为不同颜色的节点群，即同种颜色的节点群构成同一个聚类。对聚类进行进一步的统计分析，可以得出预期的结果。

6. 谱聚类算法

CiteSpace 利用谱聚类算法①对网络进行聚类，因为谱聚类本身就是基于图论，所以它对于共被引网络这种基于连接关系而不是节点属性的聚类具有天然的优势。

传统的聚类算法，如 K-均值算法、最大期望值聚类算法等都是建立在凸球形的样本空间上，但当样本空间不为凸球形时，算法会陷入局部最优。谱聚类算法正是为了弥补这一缺陷而产生的，它可以对任意形状的样本空间聚类，且收敛于全局最优解。

谱聚类算法的原理是首先根据给定的样本数据集，生成一个描述数据样本相似度的相似矩阵，然后计算矩阵的特征值和特征向量，接下来选择合适的特征向量，对特征向量再利用一般的聚类方法如 K-均值算法进行聚类。

谱聚类算法因将原问题转换成求解相似矩阵（或拉普拉斯矩阵）的谱分解而得名。谱分解理论或谱图划分理论来自图论。基于图论的最优划分准则是使划分成的两个子图内部相似度最大，子图之间的相似度最小。

常见的子图划分准则有最小割集准则、规范割集准则、比例割集准则等，CiteSpace 选择的是 Shi 和 Malik 在 2000 年提出的双路（2-way）划分规范割集准则②。在具体算法层面上，CiteSpace 选取 NJW 算法③，这是 Ng、Jordan 和 Weiss 在 2002 年提出的一种多路谱聚类算法，这种算法相对于原来的迭代谱聚类算法可以得到更好的聚类效果。

---

① Chen C M，Zhang J，Vogeley M S. Visual analysis of scientific discoveries and knowledge diffusion[C]. Proceedings of the 12th International Conference on Scientometrics and Informetrics（ISSI 2009）. Rio de Janeiro，2009：874-885.

② Shi J，Malik J. Normalized cuts and image segmentation[J]. IEEE.Transactions on Pattern Analysis and Machine Intelligence，2000，22（8）：888-905.

③ Ng A Y，Jordan M I，Weiss Y. On spectral clustering：Analysis and an algorithm//Dietterich T，Becker S，Ghahramani Z. Advances in Neural Information Processing Systems 14[C]. Cambridge：MIT Press，2002.

NJW 算法的描述①如下。

（1）计算矩阵 L_{sym} 的前 k 个最大特征值所对应的特征向量 $x_1,\cdots,x_k$（必要时需作正交化处理），构造矩阵 $X=[x_1,\cdots,x_k]\in R_{n\times k}$。

（2）将矩阵 X 的行向量转变为单位向量，得到矩阵 Y，即 $Y_{ij}=X_{ij}\Sigma_j X_{ij}^2$。

（3）将矩阵 Y 的每一行看作 R_k 空间中的一个点，对其使用 K-均值算法或任意其他经典算法，得到 k 个聚类。

（4）将数据点 y_i 划分到聚类 j 中，当且仅当 Y 的第 i 行被划分到聚类 j 中。

7. 自动聚类标识算法

CiteSpace 软件系统在对网络聚类的基础上，可以自动对网络聚类进行标注，其中有三种可供选择的聚类标识算法。

1）基于词频和逆向文件频率（term frequency-inverse document frequency，TF*IDF）算法

基于词频和逆向文件频率算法是信息论中最重要的一种词频加权算法。它是一种词频的统计方法，用来表示字词对于一个文件集或者语料库中的某一份文件的重要程度。字词的重要性与它在文件中出现的频次成正比，与文件在文件集或者语料库中出现的频次成反比。

原理是在一份给定的文件里，词频（term frequency，TF）是某一个给定的词语在该文件中出现的频次，但考虑到同一个词语在长文件里出现的频次一般会高于在短文件中出现的频次，对于特定文件里的词语 t_i 的重要程度可以表示为

$$\text{tf}_{i,j}=\frac{n_{i,j}}{\sum_k n_{k,j}}$$

式中，$n_{i,j}$ 为该词在文件 d_j 中的出现次数；分母为在文件 d_j 中所有字词的出现次数之和。

逆向文件频率（inverse document frequency，IDF）是一个词语普遍重要性的度量。某一特定词语的逆向文件频率，可以由总文件数目除以包含该词语的文件的数目，再将得到的商取对数表示：

$$\text{idf}_i=\log\frac{|D|}{|\{d:d\supseteq t_i\}|}$$

式中，$|D|$为文件集或者语料库中的文件总数；$|\{d:d\supseteq t_i\}|$ 为包括词语 t_i 的文件数目。

某一词语在特定文件中有较高频率出现，同时文件集或者语料库中包含该词

① 蔡晓妍，戴冠中，杨黎斌. 谱聚类算法综述[J]. 计算机科学，2008，35（7）：14-18.

语的文件出现的频率较低，该词语就具有高权重的词频和逆向文件频率，也就是说该算法倾向于过滤掉常见词语，保留重要的词语。

2）对数似然率（log-likelihood ratio）算法

最大似然法的基本思想是先建立似然函数与对数似然函数，再通过使对数似然函数最大求解相应的参数值，所得到的估计值称为参数的最大似然估计值。

原理为：如果有一个二元因变量 $\mathrm{pr}[Y(i)=1\,|\,X(i),a,b]=1-F[a+X(i)b]$ 或者 $\mathrm{pr}[Y(i)=0\,|\,X(i),a,b]=F[a+X(i)b]$，其中 a, b 为参数，$\mathrm{pr}[Y(i)=0\,|\,X(i),a,b]$ 为 Y=0 时的概率。然后用对数最大似然法求出 a, b 最大值，$L(a,b)=\mathrm{sum}[Y(i)\log(1-F[a+X(i)b]]+(1-Y(i))\log F[a+X(i)b]$，这是转为对数最大似然的公式，目的在于估计参数 a, b 的最佳值。

3）互信息（mutual information）算法

互信息是信息熵的引申概念，它是对两个随机事件相关性的度量。在自然语言处理中，经常要度量一些语言现象的相关性。例如，在机器翻译中，最难的问题是词义的二义性（歧义性）问题，如 Bush 一词可以是前美国总统的名字，也可以是灌木丛。那么如何正确地翻译这个词呢？人们很容易想到用语法、分析语句等。具体的解决办法大致如下：首先从大量文本中找出和前美国总统布什一起出现的互信息最大的词，如总统、美国、国会、华盛顿等，再用同样的方法找出和灌木丛一起出现的互信息最大的词，如土壤、植物、野生等。有了这两组词，在翻译 Bush 时只用关注上下文中哪类相关的词更多。这种方法最初是由吉尔、丘奇和雅让斯基提出的。

具体的两个事件 X 和 Y 的互信息定义为

$$I(X,Y)=H(X)+H(Y)-H(X,Y)$$

式中，$H(X, Y)$为联合熵（joint entropy），定义为

$$H(X,Y)=-\sum_{x,y}p(x,y)\ln p(x,y)$$

3.6.4　CiteSpace5.0 版本的主要新功能与算法

经过多年的不断更新和完善，CiteSpace 软件系统目前已经更新至 CiteSpace 5.4.R3 版本（2019 年 6 月更新）。软件系统在原有基础上不断引入新的功能和算法，明显提升了文献信息可视化分析的效率。其中，基于引文网络的结构变换模型是从施引文献的分析视角入手，探测新的施引文献对引文网络结构的影响程度，进而判断新引入的施引文献的潜在影响力。即如果施引文献在引文网络中引入新的引文轨迹，这些引文轨迹跨越不同主题边界，则会引起网络结构的变换，可以认为该施引文献可能是引发新的研究结构变革的潜在标志。CiteSpace

5.0 软件系统可以通过表征网络结构变化程度的三个计量指标，测度知识基础网络的结构变换情况，即模式性变化率 ΔM、聚类间连接变化率 ΔC_{Lw} 和中心性分散度 ΔC_{kl}。

1. 模式性变化率

模式性主要是指网络的分割程度。网络结构分割越清晰，网络的模式性值越大。如果不同聚类之间连接松散，那么模式性就高，相反，模式性就低。模式性变化率（ΔM）表征施引文献导致知识基础网络连线增加的情况，这些增加的连线可能出现在同一聚类，也可能出现在不同的聚类之间（其中出现在不同聚类之间的连线的测度就是聚类间连接变化率）。施引文献导致基础网络连线增加得越多，模式性变化率的值就越大，因此，可以通过这一指标判断施引文献对网络结构变换的影响程度，这一指标的数值越大，施引文献对网络结构变换的影响越大，施引文献导致学科发展发生变革的潜在影响力就越大，就越可能是这一领域的研究前沿文献。

2. 聚类间连接变化率

聚类间连接变化率（ΔC_{Lw}）也是与网络结构分割程度有关的指标。这一指标主要表征施引文献导致基础网络节点连线在不同聚类之间的跨度情况。这一指标的值越大，表明施引文献的引文连接在不同聚类之间的跨度越大，说明施引文献吸收了多学科主题知识基础，这样的施引文献的交叉属性越强，就越有可能成为导致基础网络结构变化的潜在力量，越有可能成为创新程度最大和代表研究前沿的文献。

3. 中心性分散度

中心性分散度（ΔC_{kl}）与网络的分割没有任何关系。中心性分散度指标（centrality divergence metric）测度施引文献导致的基础网络中节点的中介中心性分布的变化程度。中心性分散度的值越大，施引文献对基础网络中原有节点的中心度分布情况的影响就越大，对基础网络结构变化的影响力就越大。

3.7　本 章 小 结

本章介绍了本书的理论基础、使用的分析方法和技术工具等。对基础科学研究的计量分析（研究前沿、科学合作、学术团体与代表人物等）属于科学学和科学计量学研究的基本范畴。因此，以科学发展规律为主要研究对象的科学学和科学计量学理论是本书的理论基础。在研究方法上，主要是对基础科学研究文献的计量与引文网络的信息可视化分析。绘制基础科学研究的科学知识图谱，通过文献的引文网络和科学合作网络两个方面来实现。文献的引文网络主要包括使用文献共被引分析方法探测基础科学研究前沿，使用基于施引文献的引文网络结构变换分析方法对未来研究主题进行预测，使用作者共被引分析方法揭示基础科学各学科领域的代表人物和学术团体。科学合作网络主要通过作者共现、机构共现和国家共现三个层面的分析分别展现作者合作、机构合作和国家合作情况。科学知识图谱的绘制和分析主要是通过美国德雷塞尔大学的陈超美开发的 CiteSpace 信息可视化软件工具实现的，本章还介绍了这一软件工具的功能、原理、算法和分析步骤等。

第 4 章　数学科学-基础数学研究的知识图谱

数学科学作为各个学科研究的工具，包含几何基础、微积分、概率论、逻辑与基础以及代数学、数论等其他分支学科。其中，基础数学是探索自然科学规律的基本手段，基础数学研究发展的程度决定了自然科学研究的深度。在国际基础数学研究队伍中，中国是研究大国，处于国际基础数学研究的重要地位。近十年来，国际基础数学研究稳步发展，在学科内部形成了大量交叉研究，并获得了一些重大的突破。为进一步展现中国和国际基础数学近年来发展的概况，探测相关领域研究的前沿问题、科学合作情况以及这一领域研究的主流学术团体和代表人物等，本章对 Web of Science 收录的数学科学领域国际权威的期刊文献数据进行文献计量和信息可视化分析，展现国际数学科学领域和中国数学科学领域各自的研究前沿，通过对比分析探测中国数学科学领域研究的优势领域、弱势领域及空白领域，探测国际及中国数学科学的未来发展趋势，并对基础数学研究领域的科学合作情况进行分析，最后对这一领域研究的主流学术团体和代表人物进行介绍。

4.1　数学科学研究的发展态势

数学科学是物理科学、化学科学、生物科学等方面研究过程的基本工具，对各学科的研究和发展具有支撑作用。作为数学科学研究中重要分支的基础数学，专门研究数学科学本身的内部规律，与代数、几何、微积分、概率论属于同一个研究范畴，即纯粹数学科学，它有一个显著特点，就是暂时撇开具体内容，以纯粹形式研究事物的数量关系和空间形式。

基础数学在数学科学研究中起到重要的基础作用，其产生、发展和真正成为一门独立的学科均经历了一段较长的历史过程。早在公元前 580～前 500 年，古希腊著名数学家、哲学家毕达哥拉斯到意大利南部传授数学科学及宣传他的哲学思想时期，便与他的信徒创造了著名的毕达哥拉斯学派，该学派提出“万物皆数”的命题，研究中的计算与几何有密切的联系。最伟大的成就是得出了勾股定理，后来的西方数学界把勾股定理称为毕达哥拉斯定理。公元前 5 世纪，毕达哥拉斯学派的古希腊数学家希帕索斯发现了腰为 1 的等腰直角三角形的直角边与斜边不可通约，从而发现了第一个无理数。公元前 7 世纪，古希腊科学家、哲学家泰勒斯对球的面积、体积与长度等问题的研究中就含有了微积分的思想。17～18 世纪，伴随社会的发展和生产力的需要有越来越多的科学问题如物体的运动速度、曲线的切线、函数的最大值/最小值等等待解决，此时对数学科学的研究发生量变。许多著名的数学家、天文学家、物理学家为此做了大量的研究工作，并提出“微积分”概念。牛顿在物体运动的计算中引入微积分运算大量的数据，得出“瞬时速度”等理论结果，促使微积分成为数学科学的一个重要分支。19 世纪，德国数学家康托尔结合长期的数学科学认识和实践创立了著名的集合论，但在 20 世纪初英国数学家罗素提出的著名的罗素悖论，指出康托尔集合论的矛盾，引起激烈的争议，为了克服悖论，人们试图把集合论公理化，用公理对集合加以限制，提出了公理集合论。直到 20 世纪，数学科学学科体系才逐渐建立，尤其是 1913 年，中国京师大学堂成立了第一个数学系，这一历史事件对我国数学科学学科的建立奠定了坚实的基础。

4.1.1　数学科学研究文献产出的基本情况

根据研究对象和相关研究性质，美国科睿唯安 Web of Science 平台中的期刊引证报告将数学科学按照研究方向主要分为数学与计算生物学、基础数学、应用数学、数学交叉学科与应用。在 Web of Science 中，各学科领域研究文献的基本情况如表 4.1 所示。

表 4.1　数学科学研究各领域基本信息表（1997～2017 年）

期刊引证报告分类	期刊数量/本	文献量/篇	高产机构前五位	高产国家前五位
数学与计算生物学	56	119 329	哈佛大学、华盛顿大学、密歇根大学、中国科学院、牛津大学	美国、英国、中国、德国、加拿大
基础数学	312	933 763	俄罗斯皇家学院、中国科学院、莫斯科罗蒙诺索夫州立大学、伊利诺伊大学、法国国家科学研究中心	美国、中国、法国、德国、意大利
应用数学	254	480 586	中国科学院、俄罗斯科学院、阿卜杜勒阿齐兹国王大学、法国国家科学研究中心、浙江大学	中国、美国、法国、德国、意大利
数学交叉学科与应用	101	179 095	中国科学院、大连理工大学、哈尔滨工业大学、清华大学、伊利诺伊大学	中国、美国、法国、英国、德国

数学与计算生物学又称生物数学，是数学科学与生物科学的交叉学科。一方面，利用数学方法研究和解决生物问题，如利用统计学研究生物界生物现象的生物统计学，运用数学理论和数学方法建立生物的生态模型，分析生态行为动态定量关系的生物生态数学；另一方面，研究与生物有关的数学理论，包括一些生物数学的分支学科，如生物统计学、生物信息论、生物控制论等，它们的研究对象

没有明确的方向性，只探究涉及生物学应用方面的数学方法和理论。数学与计算生物学是在数学理论和数学方法的基础上探讨生物学问题，同时研究涉及生物学的数学方法和理论。

基础数学是研究数量、结构、变化及信息等概念的一门学科，可称为“纯粹数学科学”，主要由数学逻辑与数学基础、数论、几何学、拓扑学、代数学等构成，主要研究数学科学本身内部问题，包括各个数学理论间的联系，是不涉及其他以应用性为目的的一门理论学科。基础数学不仅是数学科学研究领域的一个分支，还是其他分支领域进行研究的基础，在数学与计算生物学、数学应用、数学交叉学科与应用三个领域的研究过程中，都需要基础数学领域的数学理论和方法做支撑进行研究以解决问题。

应用数学主要研究“数学”和“应用”。一方面，研究与应用相关的数学理论方法和在数学科学内部理论矛盾中新形成完整的理论体系，如函数论、概率论，它们主要指在一个实际问题的发展过程中各项因素在变化中的函数关系以及实际问题发生的概率；另一方面，研究如何应用数学科学解决问题，将数学科学作为解决实际问题的工具，如数理统计，它是将涉及研究问题的所有对象进行统计、整理、分析，以得到最优的解决方案等。这两方面都强调数学科学与实际应用的联系，所以数学科学应用的形成就必须有应用的目的存在，对待解决的问题不仅要有重要作用，还要追寻简单明了的应用方法。

除此之外，还有数学交叉学科与应用这一分支研究领域，它是数学科学研究领域中不可或缺的一个重要部分，和数学与计算生物学、基础数学、应用数学共同构成数学科学研究的四大领域。在数学科学领域主要分支学科的研究中，基础数学是四个研究领域中最基础的学科，它探讨的是最纯粹的数学科学问题，从外部的客观世界获取资源信息对内部进行抽象化的理论分析，内部的理论不断冲突、碰撞、整合，解决内部的理论矛盾，逐渐形成一套完整的数学科学理论体系，作用于应用数学、数学与计算生物学、数学交叉学科与应用这三大领域，从而构成数学科学大领域。因此，为了更好地探测数学科学领域研究的情况，有必要从该领域的具体研究方向入手，从该方向的研究主题、研究前沿的变革、科学合作、学术团体等视角展开分析与讨论，以对数学科学领域研究有更为精确的认识和了解。以数学科学研究领域中的基础数学领域为例，从基础数学领域的研究主题、研究前沿的变革、科学合作、学术团体等视角展开分析与讨论，进一步展示该领域的研究状况。

4.1.2 基础数学研究文献产出的基本情况

在期刊引证报告中选取基础数学领域内影响因子前 20 名的期刊，于 Web of

Science 上检索它们 2008～2017 年发表的所有文献，共得到 12 763 篇（表 4.2）。这 20 种期刊基本涵盖了数论、代数学、几何学等数学领域相关研究方向，并且能够代表该领域的最高水平。

表 4.2　基础数学领域资料来源期刊列表

序号	期刊名	5 年影响因子	影响因子	总被引频次	即年指数	载文量/篇	引文半衰期/年	特征因子
1	*Annals of Mathematics*	4.010	3.921	10 846	1.026	39	＞10.0	0.027 36
2	*Journal of the American Mathematical Society*	3.946	4.692	3 327	1.300	30	＞10.0	0.014 00
3	*Foundations of Computational Mathematics*	3.176	2.829	1 199	0.435	46	6.9	0.006 81
4	*Acta Mathematica*	3.829	2.448	3 744	0.800	5	＞10.0	0.007 01
5	*Communications on Pure and Applied Mathematics*	4.105	3.793	8 686	0.636	55	＞10.0	0.015 05
6	*Bulletin of the American Mathematical Society*	1.886	1.448	4 234	0.118	17	＞10.0	0.002 88
7	*Inventiones Mathematicae*	2.960	2.946	8 468	0.613	75	＞10.0	0.021 82
8	*Publications Mathématiques de l'IHÉS*	3.804	3.182	1 116	0.444	9	＞10.0	0.004 50
9	*Journal of Differential Geometry*	1.588	1.330	3 899	0.556	45	＞10.0	0.008 01
10	*Fixed Point Theory and Applications*	2.126	2.503	2 679	0.637	240	2.6	0.004 2
11	*American Mathematical Society*	2.121	1.727	1 947	0.325	77	＞10.0	0.007 07
12	*Duke Mathematical Journal*	2.417	2.171	5 710	0.470	66	＞10.0	0.018 86
13	*Journal of the European Mathematical Society*	2.059	2.096	1 343	0.455	77	5.4	0.015 22
14	*Geometric and Functional Analysis*	1.955	1.480	1 927	0.103	39	＞10.0	0.012 37
15	*Journal of Differential Equations*	2.222	1.988	12 109	0.373	517	9.6	0.040 25
16	*Journal of Pure and Applied Mathematics*	1.725	1.683	2 266	0.387	75	＞10.0	0.009 64
17	*AnnalesScientifiques de l'ÉcoleNormaleSupérieure*	1.919	1.908	2 190	0.692	39	＞10.0	0.006 83
18	*Calculus of Variations and Partial Differential Equations*	1.687	1.532	2 380	0.234	154	6.9	0.014 59
19	*Analysis & PDE*	1.798	1.532	486	0.148	54	3.6	0.008 72
20	*American Journal of Mathematics*	1.403	1.056	4 736	0.208	48	＞10.0	0.007 72

通过 Web of Science 的结果分析功能对检索结果进行基本统计分析。首先，从文献量的年度分布来看，从 2006 年起，文献量持续稳定增长，每年文献量一直

保持在1000篇以上，并在2013年达到峰值，为1525篇，在2007年、2011年、2014年文献量短暂下降（图4.1），从整体上看，近十年基础数学领域论文产出量随时间稳定增长。

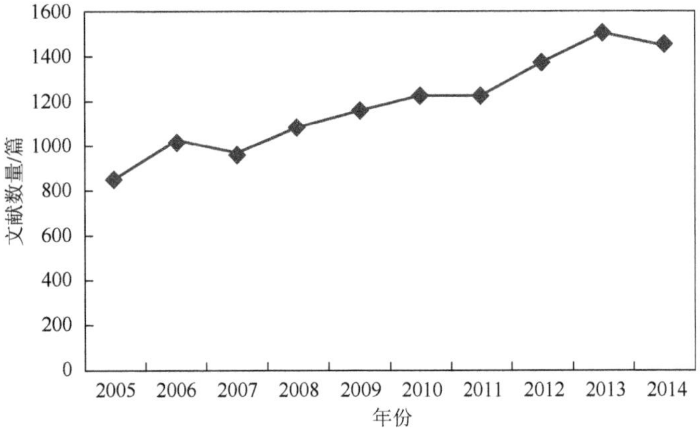

图4.1　基础数学领域产出文献的年度分布

从发文量的国家分布（图4.2）来看，发文量最多的是美国，在检索的12 763篇文献中，美国发表的论文数量为4545篇（占总文献量的35.6%），其次是法国、中国，文献量都接近美国的1/2，再次是德国、意大利，文献量接近美国的1/4。

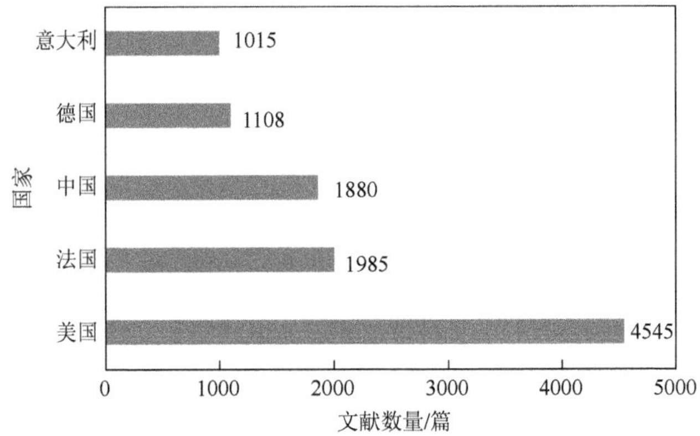

图4.2　基础数学领域的文献高产国家分布

从发文量的机构分布（图4.3）来看，美国的高产机构多，主要来自高校；法国机构的发文量仅次于美国。其次是沙特阿拉伯、日本、中国、德国。排名前20的机构里普林斯顿大学、纽约大学、芝加哥大学、麻省理工学院等11个机构均属于美国，而且都是高等院校。法国不仅有巴黎第十一大学、巴黎第六大学两所高产高校，其国家科学研究中心的发文数量也位居前列。排名第 10 的阿卜杜勒阿齐兹国王大学是沙特阿拉伯发文量最高、高产作者最多的机构，也是亚洲基础数学发文量最高的机构，据上海交通大学世界一流大学研究中心统计其基础数学在世界大学中的排名在近四年突飞猛进，一跃从第 75 名赶超至第 10 名，产出论文突增，高层次人才涌现。日本、中国、德国各占一个机构，发文量相差不大，和美国、法国不同是日本和中国的主要发文机构都是国家科研机构。

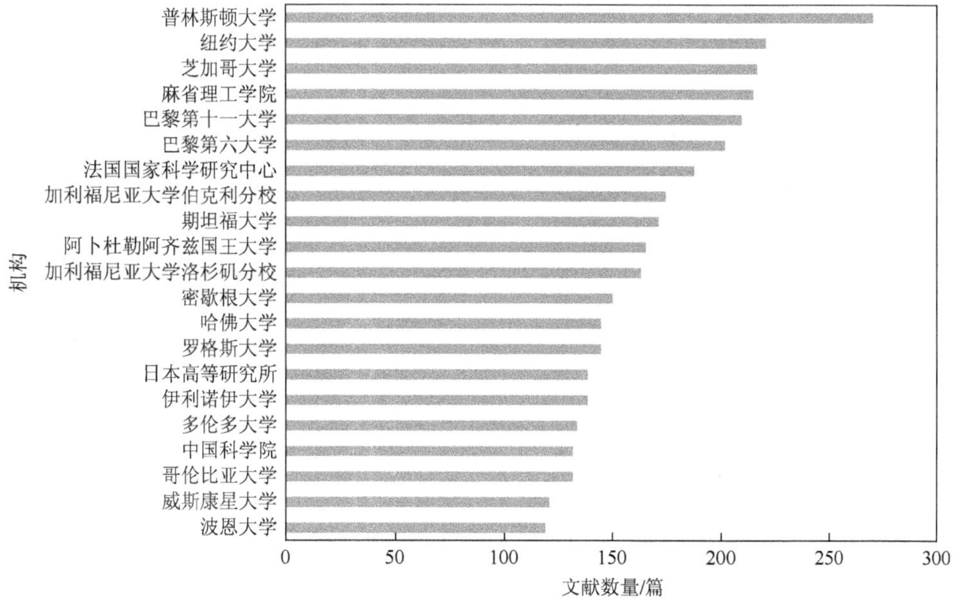

图 4.3　基础数学领域文献的高产机构分布

从发文作者的分布来看，在共计 11 219 名作者中抽取发文量在 20 篇以上的作者，将他们定义为高产作者，共有 44 人，主要有 Kumam P、Karapinar E、Wei J C、Tao T 等，这些高产作者主要来自美国（10 人）、中国（9 人）、沙特阿拉伯（5 人）。其中美国的高产作者基本来自美国高产机构，中国的高产作者除了来自中国科学院，南京大学、香港中文大学、中国医药大学也榜上有名，沙特阿拉伯的 5 名高产作者均来自阿卜杜勒阿齐兹国王大学。另外，泰国国王科技大学数学系 Kumam P 和土耳其 Atilim 大学的 Karapinar E 都在不动点理论卓有论著，和其他 42 名作者共同构成了国际基础数学研究的核心研究力量。

4.2　基础数学的研究前沿

为探测基础数学研究的前沿和未来发展趋势，利用 CiteSpace 信息可视化软件，对选取的 20 种期刊的文献数据，绘制基础数学研究的文献共被引网络知识图谱，通过对图谱信息的解读分析图谱网络中高被引节点文献、高突现节点文献，并结合近年菲尔兹奖得主的研究方向，分析基础数学的知识基础，探测基础数学领域的研究前沿及未来研究发展趋势。

4.2.1　基础数学研究的前沿主题

通过 CiteSpace 的文献共被引分析功能，分别以各节点位置、大小、颜色、突现大小展现各节点文献在网络中的中心程度、被引频次、时间远近、突现强度（图 4.4）。以高被引频次文献集合表征国际基础数学的知识基础，以高突现强度文献集合表征领域内的研究前沿。

图 4.4　国际基础数学文献共被引知识图谱

从整体上看，国际基础数学研究领域中的主要研究方向较为集中，被引频次较高的文献主要形成了两个结构紧凑的知识群。其中知识群A占据了图谱的中心位置，与其他文献聚类连线密切，在CiteSpace中象征着该范围内研究主题的中心度高。知识群B也形成了完整的结构，但位置较远，且与其他领域连线极少，可以认为知识群B研究主题范围小，研究的问题更具体。从时间上讲，知识群A的文献较少而且高突现率不高，近年受关注度变化较小；知识群B中的文献量大，而且突现强度较高，近年受关注度突增。通过整理得出近年国际基础数学高被引前10名的文献（表4.3），发现近年国际基础数学的知识基础（高被引文献）与研究前沿（高突现文献）存在大量重合，这一特征集中体现在知识群B中，即知识群B的主要研究方向既是知识基础也是研究前沿。

表4.3　国际基础数学领域高被引文献（前10篇）列表

作者	文献名（中文）	年份	数据内被引频次	Google学术内被引频次	突现强度
Gilbarg D	二阶椭圆型偏微分方程	1983	77	17 835	10
Ran A C M	在偏序集的不动点定理和某些矩阵方程的应用	2004	70	769	6.69
Nieto J J	压缩映射定理偏序集和应用，常微分方程	2005	67	728	6.16
Crandall M G	用户指南，二阶偏微分方程黏性解	1992	60	3 791	—
Banach S	关于抽象集合的操作及其在微分方程中的应用	1922	58	1 628	8.96
Bhaskar T G	偏序度量空间中的不动点定理及应用	2006	58	831	7.02
Akshmikantham V	在偏序度量空间非线性收缩耦合不动点定理	2009	45	638	6.35
Ambrosetti A	临界点理论和应用中的对偶变分方法	1973	44	3 188	—
Lions J L	非线性边值问题的一些解法	1969	44	8 176	—
Nieto J J	存在与不动点的唯一性的偏序集和应用，常微分方程	2007	43	398	6.58

知识群A主要由少数大节点和大部分小节点构成，其中的大节点是Gilbarg D在1983年发表的专著《二阶椭圆型偏微分方程》，该专著被誉为二阶椭圆型偏微分研究中的经典专著，也是其对数学基础数学最大的贡献，在基础数学总体文献中被引频次为77，在Google学术搜索中的被引频次为17 835，主要涉及Krylov N的边界H61der导数估计，它成为椭圆（和抛物线）的经典理论进一步发展的基本组成部分，即更高层面的完全非线性方程组，方法上采用了Caffarelli L对Krylov N方法的简化版本；2007年Caffarelli L发表的《拉普拉斯分数的相关扩展问题》通过一系列证明获得了拉普拉斯一般分数幂和其他积分-微分算子的类似表征，从这些表征得出一些扩展问题中局部纯粹的积分-微分的性质；Henry D的专

著《半线性抛物方程的几何理论》，内容包括动力系统、李雅普诺夫稳定、线性非自治方程和离散傅里叶变换、流形、平衡点等。可以看出，知识群 A 中的文献侧重于引用偏微分方程、积分-微积分、抛物线方程等基础数学经典理论，且群组内没有突现强度猛增的节点，近年来受关注度稳定。

在知识群 B 中，2004 年 Ran A C M①在 *Proceedings of the American Mathematical Society* 上发表的《在偏序集的不动点定理和某些矩阵方程的应用》模拟证明了巴拿赫不动点定理偏序集，以线性矩阵方程和非线性矩阵方程为切入点进行了讨论；Nieto J J②③的《压缩映射定理偏序集和应用，常微分方程》证明了一阶常微分方程解的存在与唯一性和在偏序集中适用的不动点定理，《存在与不动点的唯一性的偏序集和应用，常微分方程》证明了偏序集中的不动点定理，延伸了巴拿赫压缩映射原理，提出了一些应用程序与周期性边界条件的一阶微分方程，证明了一个独特的解决方案，承认较低解的存在性；Crandall M G④的《用户指南，二阶偏微分方程黏性解》提出了二阶偏微分方程黏性解的概念，论述了黏性解基本理论的自包含现象。Banach S 是泛函分析理论的主要奠基人之一，其发表的《关于抽象集合的操作及其在微分方程中的应用》讲述了泛函分析的理论来源，也是泛函分析理论的主要奠基作之一；Ambrosetti A⑤的《临界点理论和应用中的对偶变分方法》讨论了在实 Banach 空间里一般的存在定理中的连续可微的临界点，I 为偶数时得出最强的结果；Lions J L⑥所著的《非线性边值问题的一些解法》开创性地发展了独特的方法，为解决非线性边值问题作出了贡献。

在 CiteSpace 中，连接两个聚类（即研究领域）使之发生关联的节点是关键节点。在国际基础数学研究的共被引网络知识图谱中，捕捉到两个代表性关键节点，分别是 Deimling K 所著的《非线性泛函分析》和 Huang L G 所著的《锥度量空间和压缩映射的不动点定理》（图 4.5），以这两本专著为"桥梁"，知识群 A 与知识群 B 产生了交集。《非线性泛函分析》从覆盖重合度及其应用的发展出发，对无穷维空间的映射、单调和增生映像进行测试，探索了反函数理论、隐函数理论、

① Ran A C M，Reurings M C B. A fixed point theorem in partially ordered sets and some applications to matrix equations[J]. Proceedings of the American Mathematical Society，2004，(132)：1435-1443.

② Nieto J J，Rodríguez-López R. Contractive mapping theorems in partially ordered sets and applications to ordinary differential equations[J]. Order，2005，22（3）：223-239.

③ Nieto J J，Rodríguez-López R. Existence and uniqueness of fixed point in partially ordered sets and applications to ordinary differential equations[J]. Acta Mathematica Sinica，English Series，2007，23（12）：2205-2212.

④ Crandall M G，Ishii H，Lions P L. User's guide to viscosity solutions of second order partial differential equations[J]. Bulletin of the American Mathematical Society，1992，27（1）：1-67.

⑤ Ambrosetti A，Rabinowitz P H. Dual variational methods in critical point theory and applications[J]. Journal of Functional Analysis，1973，14（4）：349-381.

⑥ Lions J L. 非线性边值问题的一些解法[M]. 郭柏灵，汪礼礽，译. 广州：中山大学出版社，1992.

牛顿方法、定点理论、锥体求解及研究非线性方程的 Galerkin 方法，研究了极值、凸性、拉格朗日乘子、极大-极小定理等相关问题；《锥度量空间和压缩映射的不动点定理》介绍了锥度量空间，证明了压缩映像对锥度量空间不动点定理，该论文仅引用的两篇文献中有一篇即《非线性泛函分析》，实现了研究方向由定点理论、锥体求解转向锥度量空间、不定点定理。

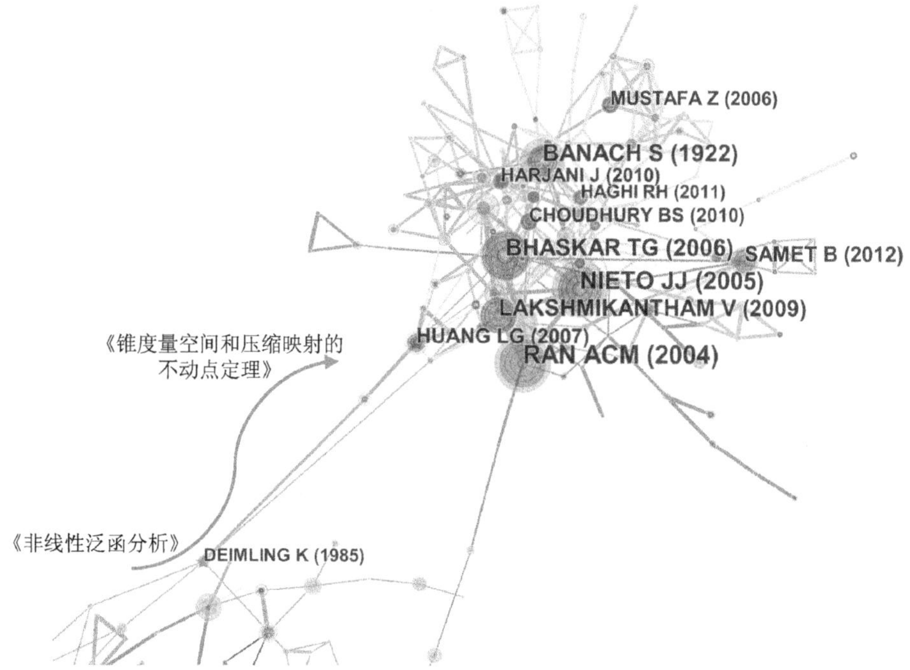

图 4.5　国际基础数学主要高突现文献区域图

4.2.2　中国基础数学研究的前沿主题

同样以 CiteSpace 的文献共被引分析功能对中国发表的文献进行研究前沿的可视化分析，绘制中国基础数学研究的文献共被引网络知识图谱（图 4.6）。

图 4.6 中反映出来的中国基础数学研究的高被引文献主要分布在五大知识群中。从整体上看，中国基础数学研究领域中的研究方向较为分散，被引频次较高的文献主要形成了 5 个知识群，其中知识群 A、知识群 B、知识群 C 的聚类结构较为紧密，而知识群 D 和知识群 E 相对松散。在这 5 个知识群中知识群 A 的文献节点数最多，代表了研究力量集中于此，群组是高频词文献节点最多同时高突现文献节点最多的，象征着其研究的热度和受关注度都很高；知识群 B 仅与知识群 A 之间有连线，可以看作知识群 A 研究方向的扩展，群组内被引频次较高的文献节

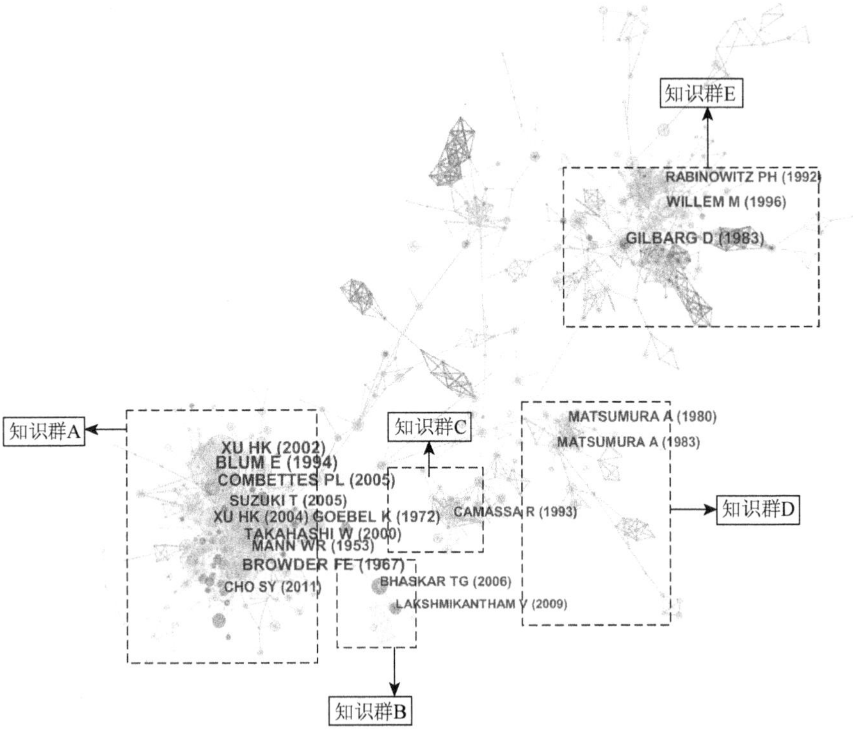

图 4.6　中国基础数学的文献共被引网络知识图谱

点有 2 个，且均为高突现节点，代表着本研究方向产出的成果较少但引起了一定的关注；知识群 C 与知识群 D 有一定的联系，该群组内节点较多且联系紧密，体现了研究方向的一致性很高，但被引频次较高文献节点只有 1 个，而且近年受关注度一般；知识群 D 结构松散，研究的方向一致性不高，被引频次较高的节点有 2 个且为同一作者，为此研究方向中的核心作者，近年受关注度一般；知识群 E 中的文献量排名第 2，群组内分为 3 个结构紧密的小群组，高被引频次文献节点有 3 个，均为年代久远的经典专著，其中 Gilbarg D 的著作《二阶椭圆型偏微分方程》是前 10 名高被引频次文献中突现强度最高的（表 4.3）。从时间上来讲，知识群 E 年代最为久远，在知识体系中起到奠基性作用，知识群 C 承前启后，使得知识群 D 在吸收经典文献后，近年产出了一定规模的文献，知识群 B 文献节点距今不远且最近受到关注增加，知识群 A 是经典文献与近年文献的混合。整理得出近年中国基础数学高被引文献前 10 名（表 4.4），可以看出，当前中国基础数学研究的知识基础（高被引文献）是由不同群组构成的，其中知识群 A 在知识体系中既起知识基础的作用，又能代表主要研究前沿（高突现文献）；另外，前 10 名高被引文献中突现强度较高的只有 Gilbarg D 的著作《二阶椭圆型偏微分方程》，与国际基础数学研究情况迥异，在国际基础数学研究中，高被引文献通常也有较高的突现强度，即经典文献在近年关注度增加。

表 4.4　中国基础数学高被引文献（前 10 篇）列表

作者	文献名（中文）	年份	数据内被引频次	Google 学术内被引频次	突现强度
Blum E	优选法和变分不等式中的平衡问题	1994	72	1 799	—
Xu H K	迭代算法非线性算子	2002	54	1 050	—
Combettes P L	Hilbert 空间的均衡规划	2005	48	740	—
Browder F E	Hilbert 空间非线性映射不动点的构建	1967	48	1 017	—
Gilbarg D	二阶椭圆型偏微分方程	1983	46	17 835	2.95
Xu H K	非扩张映像的黏性逼近法	2004	43	782	—
Takahashi W	非线性泛函分析不动点理论及其应用	2000	42	84	—
Suzuki T	单参数非扩张半群 Bochner 积分中 Krasnoselskii 和 Mann 型序列的强收敛	2005	39	634	—
Goebel K	渐近非扩张映射的不动点定理	1972	39	1 143	—
Mann W R	迭代均值法	1953	37	1 898	—

在知识群 A 中，1953 年，Mann W R①的著作《迭代均值法》证明了均值法可以在不同迭代过程中应用；1972 年，Goebel K②将不定点定理推广至非扩张映射，两人的研究均为奠基之作。Blum E③的论文《优选法和变分不等式中的平衡问题》建立了变分不等式和互补问题模型推广的平衡问题模型，文章在 Google 学术中的被引频次达 1799 次；华东理工大学的 Xu H K 对迭代算法非扩张映像和极大单调算法进行了研究，证明了非扩张映像的强收敛定理，修改了强收敛的 Rockafellar 邻近点算法来解决二次最小化问题；此外 Xu H K 深入探索了黏性逼近非扩张映射，提出了非扩张映像的黏性逼近法。Combettes P L④则针对 Hilbert 空间的均衡问题给出了一般系统中的近样块迭代次梯度投影算法及单平衡问题中的正规化和分裂算法。2000 年，Takahashi W⑤提出序列强集合的混合平衡问题的解决方案，在 Hilbert

① Mann W R. Mean value methods in iteration[J]. Proceedings of the American Mathematical Society，1953，4（3）：506-510.

② Goebel K，Kirk W A. A fixed point theorem for asymptotically nonexpansive mappings[J]. Proceedings of the American Mathematical Society，1972，35（1）：171-174.

③ Blum E，Oettli W. From optimization and variational inequalities to equilibrium problems[J]. Mathematics Student-India，1994，63（1）：123-145.

④ Combettes P L，Hirstoaga S A. Equilibrium programming in Hilbert spaces[J]. Journal of Nonlinear & Convex Analysis，2005，6（1）：117-136.

⑤ Takahashi W. Nonlinear Functional Analysis，Fixed Point Theory and Its Applications[M]. Yokohama：Yokohama Publishers，2000.

空间强映射下利用一般迭代算法求出了非扩张映像有限族和变分不等式的解，在Google学术内的被引频次仅84次；2005年，Suzuki T①在没有严格凸Banach空间假设的情况下不使用Bochner积分证明了Krasnoselskii和Mann型非扩张半群中的收敛定理；韩国庆尚大学的Cho S Y与Kang S M②③共同发表论文《基于黏度迭代过程的伪压缩半群不动点的近似值》和《严格伪压缩算子的变分不等式通用解的近似值》，在Banach空间的框架上前者提出了不动点的强收敛定理，并求出了伪压缩半群不动点的近似值，后者又构造了迭代法近似解集、古典变分不等式与不动点集。

在知识群B中，Bhaskar T G与Lakshmikantham V用假设弱收缩性的类型证明了在偏序度量空间的混合单调映射不动点定理，并讨论解的存在及唯一边值问题；Lakshmikantham V与Ćirić L在《偏序度量空间中的不动点定理及其应用》的基础上一同引进了混合G-单调映射的概念，并证明在偏序度量空间非线性收缩存在耦合不动点定理。在知识群C中，Camassa R提出新的完全可积色散浅水方程是双哈密顿结构，并据此求出了可积浅水方程的尖峰解。知识群D中，Matsumura A先后发表了论文《黏性和热传导性气体的运动方程的初值问题》和《可压缩黏性和导热流体的运动方程初边值问题》，系统研究了导热气体、导热流体运动方程的边值问题。知识群E中同样包含国际数学研究知识群A中的Gilbarg D的《二阶椭圆型偏微分方程》；1992年，Rabinowitz P H发表论文《一类非线性薛定谔方程》，基于非线性薛定谔方程的行波解的存在性，提出制作驻波拟设降低的问题。1996年，Willem M的专著《极值定理》提出了一个简单而统一的方式，将极小值定理、极大定理应用到偏微分方程。

在中国基础数学文献共被引网络知识图谱中，同样捕捉到两个代表性关键节点，分别是Deimling K所著的《非线性泛函分析》和Temam R所著的《机械与物理的无穷维动力系统研究》（图4.7），以这两本专著为主要“桥梁”，知识群A与其他知识群组间形成了交流。在《机械与物理的无穷维动力系统研究》中，Temam R第一次尝试通过偏微分方程研究机械与物理所产生的无穷维动力系统。

通过对国际和中国基础数学研究知识图谱的对比分析发现，当前国际基础数学的前沿在于不动点定理的元研究、偏序集、偏序集中的不动点定理、偏微分

① Suzuki T. Strong convergence of Krasnoselskii and Mann's type sequences for one-parameter nonexpansive semigroups without Bochner integrals[J]. Journal of Mathematical Analysis and Applications，2005，305（1）：227-239.

② Cho S Y，Kang S M. Approximation of fixed points of pseudocontraction semigroups based on a viscosity iterative process[J]. Applied Mathematics Letters，2011，24（2）：224-228.

③ Cho S Y，Kang S M. Approximation of common solutions of variational inequalities via strict pseudocontractions[J]. Acta Mathematica Scientia，2012，32（4）：1607-1618.

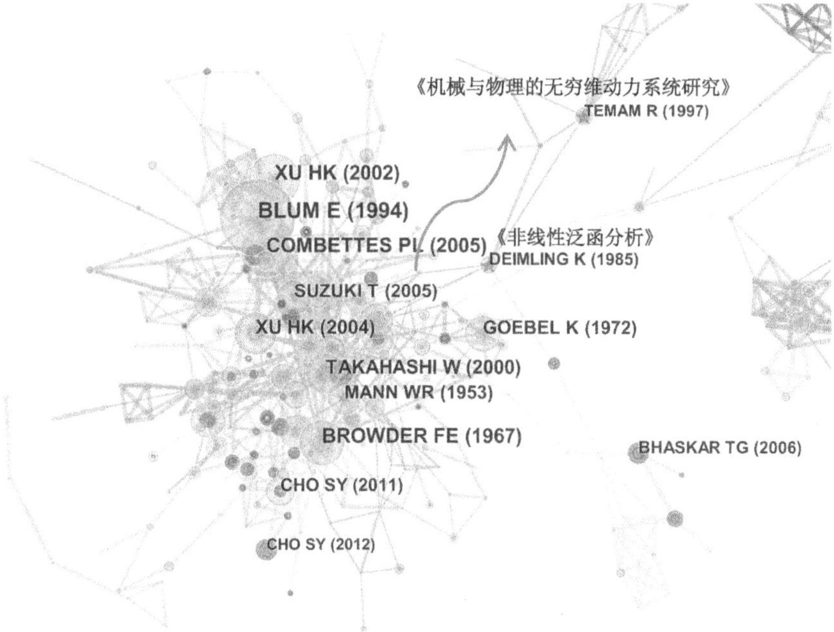

图4.7　中国基础数学知识图谱中主要高突现区域视图

方程等，国际基础数学研究方向集中，近年受关注度较高的多为基础数学领域的经典文献；中国基础数学研究的前沿集中于非扩张映射、变分不等式、迭代算法等，研究中显现出来的特点是研究方向分散，对经典文献没有过多的关注，且近年来没有突现强度很高的文献。应当引起重视的是，对经典文献的不够重视很大程度上抑制了我国基础数学研究水平，基础数学研究的特点在于基础数学思想的起源与传播有其自身规律，相对物理学、化学这些学科来说有更强的连续性。物理学、化学等学科均有过多次经典理论被推翻、颠覆性的理论体系被建立的情况，纵观基础数学研究的历史可以发现，基础数学理论体系从未发生过此类情况，基础数学发展史上的每一次突破都基于前人成果。有鉴于此，中国的基础数学研究者应当重视经典文献的再发掘，并在此基础上实现创新。

4.2.3　菲尔兹奖项分析

菲尔兹奖称为数学界的诺贝尔奖，注重原创思想，用以奖励数学科学领域研究的重大突破。利用 Web of Science 选取 21 世纪以来颁发的菲尔兹奖，借以从多方面反映近年来基础数学领域研究热点（表 4.5）。

表 4.5　菲尔兹奖获得者信息列表

获奖年份	姓名	出生国	任职国家	获奖原因
2002	劳伦·拉福格	法国	法国	证明了与函数域相应的整体朗兰兹纲领，从而在数论与分析两大领域之间建立了新的联系
2002	符拉基米尔·弗沃特斯基	俄罗斯	美国	发展了新的代数簇上同调理论，有助于数论与几何的统一，并帮助解决了几十年悬而未决的米尔诺猜想
2006	格里戈里·佩雷尔曼	俄罗斯	俄罗斯	在证明庞加莱猜想的过程中作出奠基性的贡献
2006	安德烈·奥昆科夫	俄罗斯	美国	将概率论、表示论和代数几何联系起来
2006	文德林·维尔纳	德国	法国	对 Loewner 统计演变理论予以拓展，并通过研究二维布朗运动的几何理论，把现代概率论、物理学、共形场论紧密结合，对物理学作出了杰出贡献
2006	陶哲轩	澳大利亚	美国	对偏微分方程、组合数学、谐波分析和堆垒数论的贡献
2010	吴宝珠	越南	美国	证明了朗兰兹纲领中的自守形式理论的基本引理
2010	埃隆·林登施特劳斯	以色列	美国	遍历理论的测度刚性及其在数论中的应用
2010	斯坦尼斯拉夫·斯米尔诺夫	俄罗斯	瑞士	证明了统计物理中平面伊辛模型和渗流的共形不变量
2010	塞德里克·维拉尼	法国	法国	证明了玻尔兹曼方程的非线性阻尼以及收敛于平衡态
2014	阿图尔·阿维拉	巴西	法国	将重正化作为一种统一原则的想法改变了动力系统领域的面貌
2014	曼纽尔·巴尔加瓦	加拿大	美国	在几何数论领域引入一些强有力的新方法，计算了小秩环并界定了椭圆曲线的平均秩
2014	马丁·海尔	奥地利	英国	在随机偏微分方程理论方面作出杰出贡献，尤其是为这些方程建立了一套正则性结构理论
2014	玛利亚姆·米尔扎哈尼	伊朗	美国	对黎曼曲面及其模空间的动力学和几何学进行突出研究

迄今为止菲尔兹奖共 57 位得主，其中具有美国国籍的菲尔兹奖得主占 19 位，法国占 11 位，英国占 7 位，海外华人有丘成桐、陶哲轩二人。基础数学新领域的开拓对于推动数学科学发展有巨大的作用，对菲尔兹奖得主的研究方向进行统计，发现在这 14 位获奖者中，有 8 位的获奖原因是将基础数学中不同的思想和理论联系起来，既解决一些基础数学难题，又提供了新的思想和方法。对各位获奖者的获奖原因统计分析，发现和朗兰兹纲领相关的有 2 个，分别是劳伦·拉福格与吴宝珠；将数论与几何结合起来进行研究的有 3 个，分别是安德烈·奥昆科夫、符拉基米尔·弗沃特斯基、文德林·维尔纳。另外，从表 4.5 也可以明显地看出，21 世纪以来俄罗斯、法国培养了最多的菲尔兹奖得主，俄罗斯的获奖者更多地任职于美国，而法国的获奖者倾向任职于本国，法国不仅能够培养人才，也

注重国外人才的引进。相较之下，美国本土没有出现过菲尔兹奖得主，但像俄罗斯这样的人才产出大国和部分其他国家的获奖者如今都在美国工作，成为美国基础数学研究力量的一部分。

4.3　基础数学领域的科学合作

科学合作已经成为科学研究中的一个重要方面，这源于科学发展的复杂性、技术的飞速变化、知识的动态增长以及专门知识和技能的高度发展，个体科学家通常不能拥有全部的研究资源以及支付昂贵的试验费用，必须通过合作来解决复杂的科学研究问题①。在合作过程中，不仅可以促进科学家之间的知识传播与交流，以及先进实验工具和实验设备的共享，也可以转化和共享隐性知识与技艺。当代科学技术的不断进步，进一步推动了科学技术在不同作者、机构、国家之间的交流与合作②。基础数学传统探究模式以科学家个体思考为主，对共享实验资源和数据的需求度较低，导致其合作研究相对其他基础科学少。然而近年来，随着信息和互联网技术的发展以及新兴国家与机构在该领域的出色表现，基础数学领域的研究者在机构内部、机构之间和国家之间、地区之间的合作日益增多，这些合作交流也进一步促进了基础数学学科的发展。

4.3.1　基础数学领域作者合作的可视化分析

使用 CiteSpace 软件系统的作者共现分析功能，对前面检索的基础数学领域的文献数据进行作者合作网络的可视化分析，运行结果如图 4.8 所示。通过对合作网络结构、关键节点以及网络节点的各项指标进行挖掘和深入分析，可以探测基础数学领域作者合作研究的整体情况。

在国际基础数学领域作者合作网络图谱中，形成了许多规模不等的作者合作群，每一个作者合作群代表了以作者研究主题为基础的知识点集合，反映了研究者彼此之间的合作关系。从作者合作网络知识图谱可以看出，国际上基础数学研究已经形成了一个大的作者合作网络（作者合作群 1），这一网络中的科学合作比较集中，其余的小团体作者合作较少。在作者合作群体 1 中，明显形成了以 Kumam P 和 Karapinar E 为中心的关系网络。Kumam P 和 Karapinar E 是合作网络的中心人物。然而从整个作者合作网络来看，合作关系较为紧密的作者都集中在作者合作群 1 中，展现出基础数学领域中合作研究的主题较为集中。

---

① Price D D. Little Science，Big Science[M]. New York：Columbia University Press，1965.

② 侯剑华. 国际科学合作领域主流学术团体与代表人物分析[J]. 现代情报，2012，(1)：84-91.

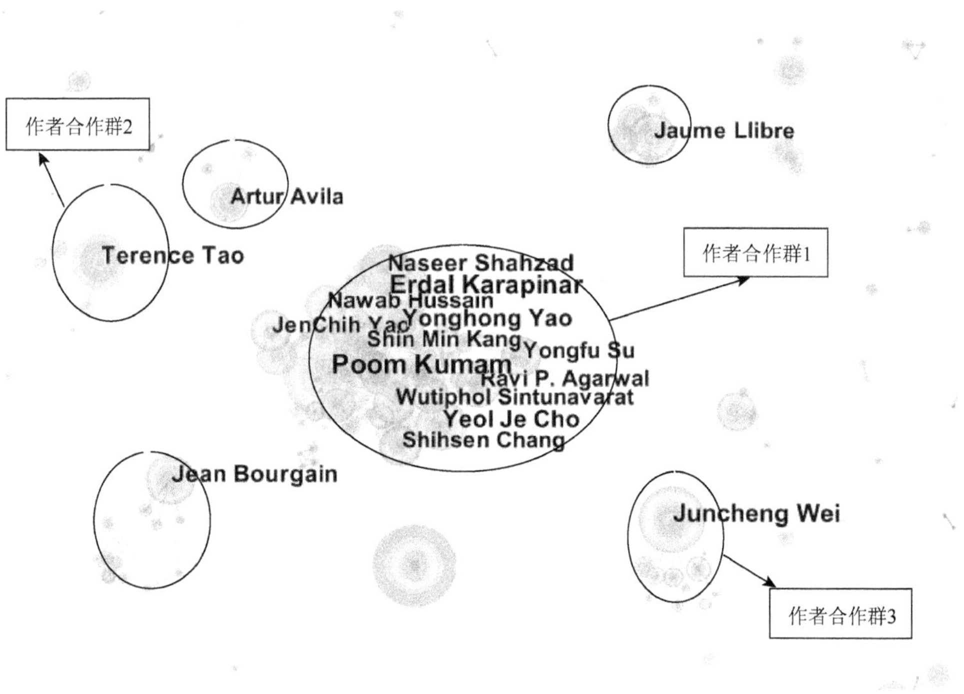

图 4.8　国际基础数学研究中作者合作网络图谱

在基础数学研究领域作者合作网络图谱的基础上，利用 CiteSpace 软件系统的运行结果，对图谱中的节点指标进行统计分析，按照作者出现频次排序，列出合作频次排在前 20 位的作者信息（表 4.6）。

表 4.6　基础数学领域高频次作者合作频次分布（前 20 位）

合作频次	突现率	中心度	Sigma	作者	年份
53	10.76	0	1	Kumam P	2011
46	10.39	0	1	Karapinar E	2009
38		0	1	Wei J C	2007
33		0	1	Tao T	2006
29		0	1	Bourgain J	2007
29		0	1	Shahzad N	2005
29	3.44	0	1	Cho Y J	2011
28		0	1	Yao Y	2007
27		0	1	Llibre J	2006
27		0	1	Kang S M	2010
26		0	1	Agarwal R P	2010

续表

合作频次	突现率	中心度	Sigma	作者	年份
24	5.2	0	1	Hussain N	2012
24		0	1	Su Y	2007
24		0	1	Avila A	2006
24		0	1	Yao J C	2011
24	4.51	0	1	Sintunavarat W	2012
24		0	1	Chang S	2012
23		0	1	Masmoudi N	2010
23		0	1	Latif A	2009
22		0	1	Liou Y C	2011

作者合作的频次越高，表明该作者产出的文献越多。同时，节点的突现率反映了某一时期作者合作频次的突增情况，突现率越大说明作者在这一时期合作产出文章的突增情况越明显。从表 4.6 可以看出，频次较高的作者分别是 Kumam P、Karapinar E、Wei J C、Tao T 等。节点突现率较高的作者主要有 Kumam P、Karapinar E、Hussain N、Sintunavarat W、Cho Y J。Kumam P 在 2011 年合作发表文献的突增情况比较明显，在 2012 年发表文献最多达到 68 篇（图 4.9），Karapinar E 在 2012 年发表文献的突增情况比较明显，在 2013 年发表文献最多，达到 67 篇（图 4.10）。由此也可以看出，作者之间的合作研究可以促进科研成果的产出，推动科学研究的发展。

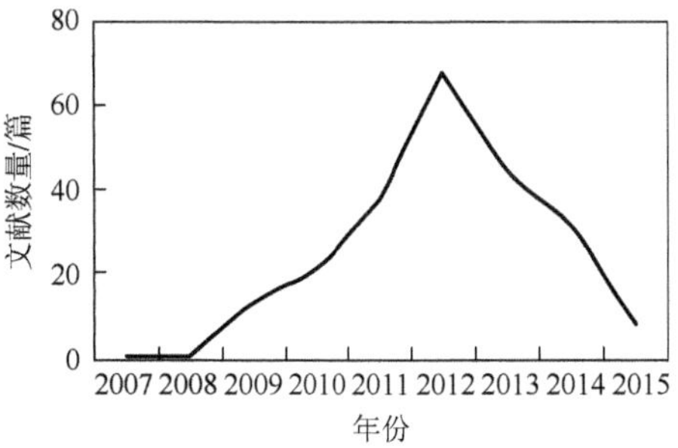

图 4.9　Kumam P 发表文献折线图

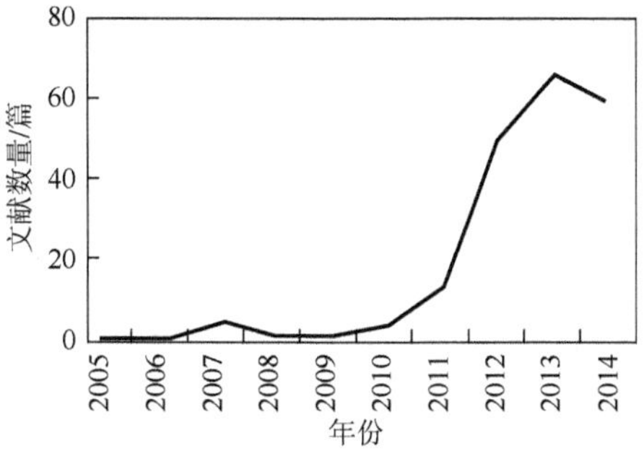

图 4.10　Karapinar E 发表文献折线图

Kumam P 是泰国国王科技大学数学系教师，在国际基础数学领域的合作研究网络中占据重要的位置。在 Google 学术中检索到其发表的 406 篇文章中，被引频次排在前三位的文章分别是：Kumam P 与 Sintunavarat W 合作发表的文章 *Common fixed point theorems for a pair of weakly compatible mappings in fuzzy metric spaces*，被引频次达 138 次；Kumam P、Sintunavarat W 与 Cho Y J 合作发表的文章 *Common fixed point theorems for c-distance in ordered cone metric spaces*，被引频次为 97 次；Kumam P 与 Sintunavarat W、Cho Y J 合作发表的文章 *Coupled coincidence point theorems for contractions without commutative condition in intuitionistic fuzzy normed space*，被引频次为 79 次。这三篇文章都是围绕其主要研究方向不动点定理和非线性凸优化相关问题进行研究的。

Karapinar E 来自土耳其 Atilim 大学数学系，在 Google 学术中检索到其发表的文章中被引频次最高的三篇文献分别是：*Couple fixed point theorems for nonlinear contractions in cone metric spaces*，被引频次达 185 次；Karapinar E 与 Abdeljawad T、Tas K 合作发表的文章 *Existence and uniqueness of a common fixed point on partial metric spaces*，被引 144 次；*Fixed point theory for cyclic weak ϕ-contraction*，被引 132 次。这些文章同样主要是围绕不动点理论开展的研究。Karapinar E 和 Kumam P 是整个基础数学合作网络中占据中心位置的最大节点之一，同时两者的研究主题也极为相近，这也是在基础数学合作研究中形成最大合作网络的主要原因。

在作者合作群 2 中，形成了以 Tao T 为中心的合作关系网络。Tao T（陶哲轩）是美国加利福尼亚大学洛杉矶分校数学系的华裔数学家，澳洲唯一荣获数学科学最高荣誉“菲尔兹奖”的澳籍华人。目前主要研究调和分析、偏微分方程、组合数学、解析数论和表示论等。其发表文章中被引频次最高的三篇分别是：Tao T 与 Candes E J、Romberg J 合作发表的 *Robust uncertainty principles: Exact signal reconstruction from highly incomplete frequency information*，被引频次高达 8726 次；Tao T 与 Candes E J 合作发表的文章 *Near-optimal signal recovery from random projections: Universal encoding strategies?*，被引频次为 4175 次；Tao T 与 Candes E J、Romberg J K 合作发表的文章 *Stable signal recovery from incomplete and inaccurate measurements*，被引频次为 3874 次。在作者合作群 3 中，形成了以哥伦比亚大学数学系 Wei J C 为中心、以非线性偏微分方程为主导研究方向的合作关系网络群，这一问题研究也是当前基础数学领域研究的热点问题之一。

4.3.2 基础数学领域机构合作的可视化分析

通过 CiteSpace 软件的机构共现分析功能，对基础数学相关领域的文献数据进行机构合作的可视化分析，得到基础数学研究机构合作的网络图谱，如图 4.11 所示。

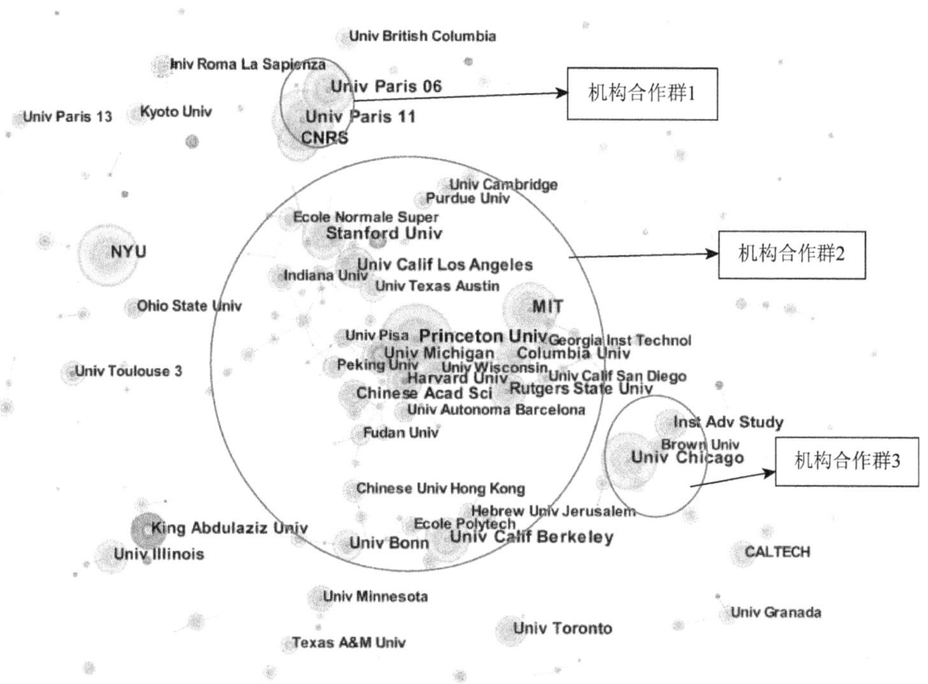

图 4.11　基础数学研究机构合作网络图谱

机构合作网络进一步展示了国际基础数学领域合作研究的态势，从图 4.11 中可以看出，国际上基础数学研究已经形成了 3 个主要的机构合作群：机构合作群 1 以巴黎第六大学、巴黎第十一大学、法国国家科学研究中心三大机构为核心，并且全部为法国科研机构。机构合作群 2 形成了以普林斯顿大学和麻省理工学院为核心的机构合作网络，包含普林斯顿大学、麻省理工学院、斯坦福大学、加利福尼亚大学洛杉矶分校、中国科学院、哥伦比亚大学、得克萨斯大学奥斯汀分校等一些机构。这一网络中的机构以美国科研机构为主。机构合作群 3 是以芝加哥大学为核心的机构合作网络，包含芝加哥大学、布朗大学和日本高等研究所等一些机构。其中最大的合作群是机构合作群 2。

在基础数学研究机构合作的网络图谱的基础上，通过 CiteSpace 软件系统的运行结果，对图谱中的节点信息进行了统计分析，按照机构频次排序，列出频次排在前 20 位的机构如表 4.7 所示。

表 4.7　基础数学研究机构高合作频次分布（前 20 位）

频次	突现率	中心度	Sigma	机构（中文）	年份
208		0.01	1	普林斯顿大学	2005
179		0	1	纽约大学	2005

续表

频次	突现率	中心度	Sigma	机构（中文）	年份
176		0	1	巴黎第十一大学	2005
169		0	1	芝加哥大学	2005
160		0	1	麻省理工学院	2005
152		0	1	巴黎第六大学	2005
130		0	1	加利福尼亚大学伯克利分校	2005
129		0.01	1	斯坦福大学	2005
124		0	1	法国国家科学研究中心	2005
119	4.38	0.01	1.03	密歇根大学	2005
117		0	1	加利福尼亚大学洛杉矶分校	2005
112	3.9	0.02	1.07	罗格斯大学	2005
110	17.62	0	1	阿卜杜勒阿齐兹国王大学	2009
109	2.86	0.02	1.05	哈佛大学	2005
107		0.04	1	哥伦比亚大学	2005
102		0	1	伊利诺伊大学	2005
98		0	1	多伦多大学	2005
98		0	1	日本高等研究所	2005
95		0	1	波恩大学	2005
94		0.02	1	中国科学院	2005

这 20 所机构是 2005～2017 年基础数学领域的主要研究机构，其中美国机构 12 家，法国机构 3 家，沙特阿拉伯、加拿大、日本、德国、中国机构各 1 家。从节点的中心度来看，基础数学研究机构的中心度较低。中心度和 Sigma 是 CiteSpace 软件中的重要指标参数，中心度是网络中起到“桥梁”作用的节点指标，中心度大于 0.1 的节点称为关键节点。Sigma 是网络中节点重要程度和热度的计量指标。Sigma（Σ）是 CiteSpace 软件对网络中节点新颖性的一个综合量度指标，是体现网络节点重要性的参数，用来探测同时拥有强引文突现性和中间中心度的科学文献（作者）的节点。这些节点不仅在网络中具有重要的战略位置，而且能明显吸引研究者的注意力。它的计算公式为 $\text{Sigma}=(\text{centrality}+1)^{\text{burst}}$。[①]在机构分析中

① Chen C M，Ibekwe-SanJuan F，Hou J H. The structure and dynamics of co-citation clusters：A multiple-perspective co-citation analysis[J]. Journal of the American Society for Information Science and Technology，2010，61（7）：1386-1409.

Sigma 大于 1 的机构有密歇根大学、罗格斯大学、哈佛大学，表明这三所大学在整个基础数学研究的演化过程中以及机构合作网络中起到重要作用。密歇根大学、罗格斯大学、哈佛大学在 2005 年发表文章突增情况比较明显，阿卜杜勒阿齐兹国王大学在 2009 年发表文章的突增情况比较明显，说明这些机构在这一年份科学合作较为频繁。

基础数学领域机构合作以高校之间的校际合作为主，并且同一国家相邻机构之间的合作较为密切。我国基础数学领域高水平研究机构数量较少，与国内外机构的合作有待进一步加强。

4.3.3　基础数学领域国家合作的可视化分析

为进一步展现基础数学领域的科学合作情况，在前面作者合作和机构合作的基础上，使用相同文献数据，分析基础数学领域国家间的合作情况。通过 CiteSpace 软件系统绘制基础数学研究国家合作的网络图谱，如图 4.12 所示，可以展现基础数学领域国家或地区之间的合作情况。

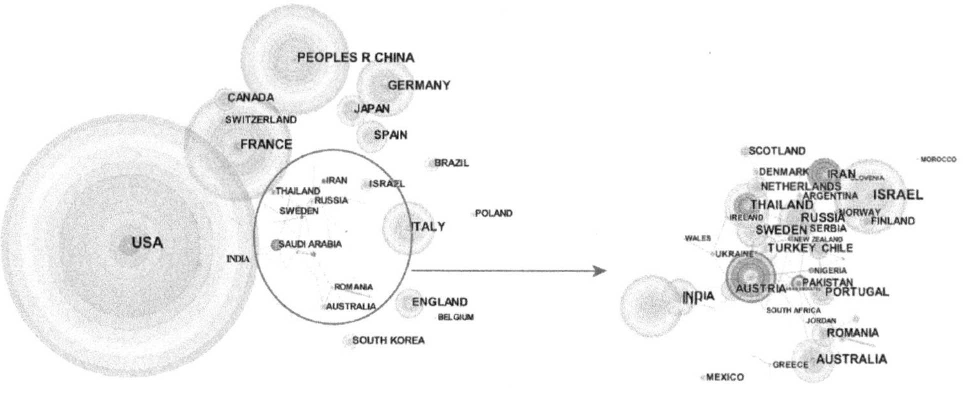

(a)　(b)

图 4.12　基础数学研究国家或地区合作网络图谱

从图 4.12 中可以看出，美国、法国、中国、德国、意大利等国家在图中的节点较大，表明这些国家通过合作发表的文献很多，但是这些国家之间的连线不明显，说明这些高产国家与其他国家的合作研究较少，大多为国内机构之间的合作。而以色列、澳大利亚、奥地利、泰国、伊朗、俄罗斯等国家在基础数学研究领域中的节点很小，但是其国家之间的科学合作较为紧密［图 4.12（b)］，这些密切合作的国家有望通过优势互补，取长补短，使本国基础数学领域研究得到快速发展，并逐渐减小与传统基础数学研究强国的差距。

在基础数学研究国家或地区合作网络图谱的基础上，通过 CiteSpace 软件系统的运行结果，对图谱中的节点进行了统计分析，按照合作频次排序，列出频次排在前 20 位的国家或地区，如表 4.8 所示。

表 4.8　基础数学研究国家或地区合作频次分布（前 20 位）

频次	突现率	中心度	Sigma	国家/地区	年份
3836		0	1	美国	2005
1656		0	1	法国	2005
1631		0	1	中国	2005
905		0	1	德国	2005
860		0	1	意大利	2005
536		0	1	西班牙	2005
500		0	1	日本	2005
498		0	1	英国	2005
416		0	1	加拿大	2005
300		0	1	韩国	2005
267		0	1	巴西	2005
248		0.02	1	以色列	2005
211		0	1	中国台湾	2005
204		0	1	瑞士	2005
166	20.43	0.28	161.15	沙特阿拉伯	2005
159	12.4	0	1	泰国	2006
154		0	1	澳大利亚	2005
144		0	1	波兰	2005
142		0	1	俄罗斯	2005
135		0.04	1	印度	2005

从基础数学研究国家或地区合作频次分布表中，可以看到美国、法国和中国等是合作网络中发文量较高的国家，并且占据重要的地位与作用。沙特阿拉伯、泰国、巴西等发展中国家合作频次略低，但是沙特阿拉伯和泰国在表 4.8 中具有较高的突现率，反映了沙特阿拉伯和泰国在基础数学领域合作研究产出的文献量突增的趋势，也说明沙特阿拉伯和泰国在基础数学领域研究中的发展潜力。其中沙特阿拉伯的中心度最高，而且在基础数学研究国家合作频次分布表中 Sigma 值大于 1 的国家只有沙特阿拉伯，这表明沙特阿拉伯在基础数学研究新兴国家中的重要作用。

4.4　基础数学领域主流学术团体与代表人物

由于当代科学技术的不断发展及科学合作的日益频繁，主流学术团体逐渐出现，运用 CiteSpace 信息可视化工具，根据作者在共被引网络中的被引频次以及在网络中的中心度和突现率等指标，可以挖掘基础数学领域研究的代表人物和主流学术团体，这些代表人物和主流学术团体代表了这一研究领域中不同的研究方向与热点问题，对基础数学研究领域的发展有着巨大的推动作用。因此，对代表人物和主流学术团体的分析，有利于更好地了解基础数学研究领域的研究方向以及发展现状。

4.4.1　基础数学领域的主流学术团体分析

在知识网络图谱的基础上，应用 CiteSpace 软件中的基于词频和逆向文件频率算法使用文献数据中的主题词对网络中的各个聚类进行了标注（图 4.13），可以辨识网络图谱中作者共被引网络聚类对应的学术团体及其研究的前沿问题。其中，共包含 11 个作者共被引聚类，聚类尺度最大的前 5 项聚类信息如表 4.9 所示。

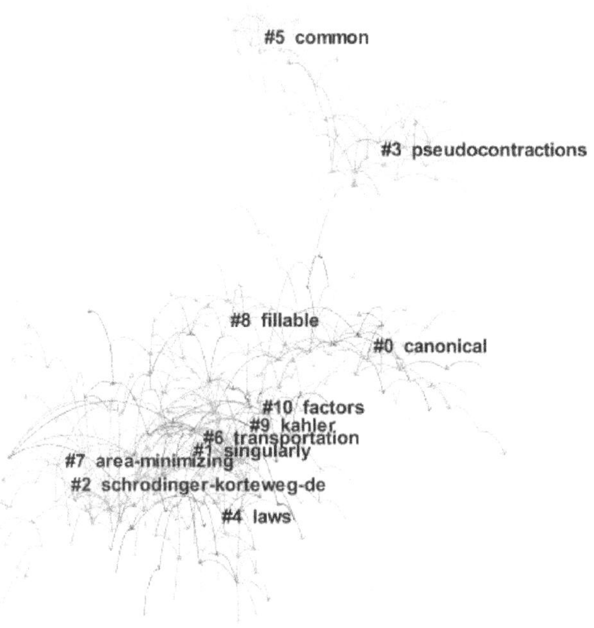

图 4.13　基于词频和逆向文件频率算法的基础数学研究领域作者共被引网络聚类

表 4.9 作者共被引网络中前 5 项聚类信息统计

聚类号	大小	轮廓值	平均年份	标识词	代表人物
0	51	0.849	1988	(17.97)canonical；(17.97)l-functions；(17.24) langlands；(16.96)hecke；(16.67)shimura	Deligne P，Borel A，Fulton W，Grothendieck A，Mumford D
1	47	0.753	1993	(17.49)singularly；(16.36)schrodinger-poisson；(14.88)sign-changing；(14.38)subsets；(14.38) competition	Brezis H，Gilbarg D，Lions P L，Caffarelli L A，Berestycki H
2	39	0.869	1996	(12.55)schrodinger-korteweg-de；(12.55)times；(12.14)focusing；(12.06)prime；(11.73)gowers	Bourgain J，Tao T，Kenig C E，Stein E M，Rudin W
3	3	0.941	2001	(17.5)pseudocontractions；(17.26)nonexpansive；(17.1)contractions；(17.1)hybrid；(17.05)variational	Xu H K，Takahashi W，Suzuki T，Browder F E，Reich S
4	35	0.785	1992	(16.03)laws；(14.85)conservation；(14.56) compressible；(13.73)dissipation；(13.25) admissibility	Kato T，Temam R，Reed M，Simon B，Henry D

从国际基础数学研究领域作者共被引网络的聚类结果的尺度和结构来看，选取的前 5 项聚类所包含的节点数占整个作者共被引网络节点数的 61.9%。因此，这个最大的作者共被引聚类簇代表了基础数学研究领域的主流学术团体和各主流学术团体的研究前沿问题。在此基础上列出三个代表性的聚类信息，如表 4.10～表 4.12 所示。在 CiteSpace 软件给出的聚类标识词的基础上，结合各个共被引聚类中被引频次最多的作者及其代表性文献的相关信息，总结各网络聚类所对应的学术团体的主要研究方向①。

表 4.10 以#0 聚类文献为代表的学术团体中的主要学者及其代表文献

被引频次	突现率	作者	代表性文献	主要研究方向
416		Deligne P	Théorie de Hodge：II	代数几何和数论
308		Borel A	Linear algebraic groups	代数拓扑、理论李群
291	7.16	Fulton W	Algebraic topology：A first course	代数几何、代数拓扑学
279		Grothendieck A	Éléments degéométriealgébrique	在代数几何、数论、拓扑结构、分类理论和复杂的分析
268		Mumford D	Geometric invariant theory	代数几何
239		Serre J P	Linear representations of finite groups	拓扑学、代数几何与数论

以#0 聚类文献为代表的学术团体主要研究方向是代数几何与代数拓扑学。以 Deligne P、Borel A、Fulton W、Grothendieck A、Mumford D、Serre J P 为代表的研究者是关于代数几何与代数拓扑学研究的主流学术群体。比利时数学家 Deligne P

① 侯剑华. 国际科学合作领域主流学术团体与代表人物分析[J]. 现代情报，2012，(1)：84-91.

在代数上最著名的贡献就是和他的导师 Grothendieck A（当代代数几何中的领军人物）证明了韦伊的第三和最后猜想，并且之后他又证明了著名的拉马努金-皮特森猜想的模块化形式质量大于 1。Deligne P 的部分研究也集中在霍奇理论的主题上。霍奇理论是研究微分形式的黎曼流形的一个方面，霍奇理论将单复变量的代数函数及其积分和一系列函数类的存在建立在黎曼曲面的拓扑与势的构造上。在推广到高维流形时，霍奇理论进一步揭示了分析与拓扑之间的深刻联系，给当代流形上分析的整体研究以巨大影响。这个理论为英国数学家霍奇首创于 20 世纪 30 年代，而后被小平邦彦等数学家大力发展与应用，并且对代数的发展有着巨大的推动作用。代数几何与代数拓扑学的研究也是当前基础数学领域研究中的热点和前沿问题。

表 4.11　以#1 聚类文献为代表的学术团体中的主要学者及其代表文献

被引频次	作者	代表性文献	主要研究方向
593	Brezis H	Analysefonctionnelle	非线性分析和偏微分方程
569	Gilbarg D	Elliptic partial differential equations of second order	代数、非线性偏微分方程、流体力学
378	Lions P L	User's guide to viscosity solutions of second order partial differential equations	非线性分析和偏微分方程
344	Caffarelli L A	The regularity of free boundaries in higher dimensions	偏微分方程及其应用
282	Berestycki H	Nonlinear scalar field equations，I existence of a ground state	非线性分析和偏微分方程
272	Ambrosetti A	Dual variational methods in critical point theory and applications	偏微分方程和变分法

以#1 聚类文献为代表的学术团体主要研究方向是非线性分析和偏微分方程。法国数学家 Lions P L 在 1992 年发表的 *User's guide to viscosity solutions of second order partial differential equations* 详细介绍了黏度解决方案的概念，并对二阶非线性偏微分方程黏性解的概念和存在性定理提供了证明的框架。这对偏微分方程理论有巨大的影响。在偏微分方程的研究中，不仅有法国数学家 Lions P L 的 *User's guide to viscosity solutions of second order partial differential equations* 和美国著名数学家 Gilbarg D 的著作 *Elliptic partial differential equations of second order*。阿根廷数学家 Caffarelli L A 在 1977 年发表的 *The regularity of free boundaries in higher dimensions* 对自由边界问题和非线性偏微分方程进行了更加深入的分析与研究，他一直被认为是在自由边界问题和非线性偏微分方程的世界领先的专家之一，其后他又对完全非线性椭圆方程开发了几个规律性结果（包括蒙日-安培方程）。这明显推动了非线性分析和偏微分方程的研究，为未来非线性分析和偏微分方程的发展奠定坚实的基础。

表 4.12　以#2 聚类文献为代表的学术团体中的主要学者及其代表文献

被引频次	突现率	作者	代表性文献	主要研究方向
469		Bourgain J	Fourier transform restriction phenomena for certain lattice subsets and applications to nonlinear evolution equations	巴拿赫空间、调和分析、遍历理论、频谱问题
230		Tao T	Robust uncertainty principles：Exact signal reconstruction from highly incomplete frequency information	调和分析、偏微分方程、组合数学、解析数论、算术数论等
229		Kenig C E	Boundary behavior of harmonic functions in non-tangentially accessible domains	调和分析、非线性分析
210	3.99	Stein E M	Harmonic analysis：Real-variable methods，orthogonality，and oscillatory integrals	谐波分析
174		Rudin W	Principles of mathematical analysis	调和分析
170		Cazenave T	Semilinearschrödinger equations	偏微分方程、非线性分析

以#2 聚类文献为代表的学术团体主要研究方向是调和分析。以 Bourgain J、Tao T、Stein E M、Rudin W 等为代表的研究者是关于调和分析研究的主流学术群体。调和分析起源于 Euler、Fourier 等著名科学家的研究，主要涉及算子插值方法、极大函数方法、球调和函数理论、位势理论、奇异积分以及一般可微函数空间等。经过近 200 年的发展，已经成为数学科学中的核心学科之一，在偏微分方程、代数数论中有广泛的应用。澳籍华人数学家 Tao T 不仅是以#2 聚类文献为代表的学术团体中的主要学者，也是作者合作高频次较高的学者，其主要研究方向是调和分析、偏微分方程、组合数学、解析数论、算术数论等，在 2006 年其发表的 *Robust uncertainty principles*：*Exact signal reconstruction from highly incomplete frequency information* 从重构频率不完全的样本对象模型问题，考虑一个离散时间信号 $f \in$ CN 和一个随机选择的组的频率 Ω 时，是否有可能从它的傅里叶系数的集合 Ω 的局部知识重建 F，并且展示了如何可以以不完全频率样本重构分段常数（一维或二维）的对象-只要跳数（间断）服从上面的条件-通过减少其他凸泛如总变化 F 的。在此学术团体中的另一位主要学者是著名数学家 Stein E M，其主要研究方向是谐波分析，谐波分析又称为调和分析，是指用三角函数来拟合数字序列或数字信号，并且是数学科学中关注的代表性功能或信号的叠加基本波的观念，以及研究和推广到傅里叶级数与傅里叶变换（即一种扩展形式傅里叶分析）。在过去的两个世纪中，它已经广泛应用在信号处理、量子力学、潮汐分析和神经科学等不同的领域之中。Stein E M 对基础数学领域中的谐波分析进行了长期的研究，并对 Calderón-Zygmund 理论进行了两个延伸和澄清，使调和分析更加完善，明显推动了调和分析领域的发展。

以#3 聚类文献为代表的学术团体主要研究方向是数学分析与应用。数学分析又称高级微积分，是分析学中最古老、最基本的分支之一。以微积分学和无穷级数一般理论为主要内容，并包括它们的理论基础（实数、函数和极限的基本理论）。数学分析创立于 17 世纪以牛顿和莱布尼茨为代表的开创性工作，而完成于 19 世纪以柯西和魏尔斯特拉斯为代表的奠基性工作。数学分析在众多科学领域都有广泛的应用，特别是计算机技术领域。随着当今互联网的发展，对数学分析与应用问题的研究越来越引起学者的关注，在基础数学研究领域，数学分析研究已经成为一个主流的热点研究方向，一些高等院校和研究所专门开设了数学分析的研究专业或者研究方向。

以#4 聚类文献为代表的学术团体主要研究方向是数学物理和功能分析。数学物理是以研究物理问题为目标的数学理论和数学方法。它是探讨物理现象的数学模型，即通过数学科学描述来寻求和分析物理现象，并对模型已确立的物理问题研究其数学科学解法，然后根据解答来诠释和预见物理现象，或者根据物理事实来修正原有模型。其内容主要包括微分方程的解算、场的研究（场论）、对称性的研究、作用量理论等，广泛应用在物理学的各个领域，并且为等离子体物理、固体物理、非线性光学、空间技术、核技术等方面的发展奠定坚实的基础。

结合对基础数学研究领域的作者共被引分析，从主流学术团体的结构上可以看出目前基础数学研究领域的主流学术团体主要包括以 Deligne P、Borel A、Fulton W、Grothendieck A、Mumford D、Serre J P 为代表的关于代数几何与代数拓扑学研究的学术团体；以 Brezis H、Gilbarg D、Lions P L、Caffarelli L A、Berestycki H、Ambrosetti A 为代表的关于非线性分析和偏微分方程研究的学术团体；以 Bourgain J、Tao T、Stein E M、Rudin W 等为代表的关于调和分析研究的学术团体。主流学术团体中的主要成员大部分是基础数学研究领域的代表人物，而且拥有较高的被引频次和作者合作频次，如 Kato T 被引频次为 404 次，合作频次为 33 次，Bourgain J 被引频次为 469 次，合作频次为 29 次。从主流学术团体的研究方向上可以看出当今基础数学的研究方向与热点问题主要集中在几何、代数以及调和分析等，在这些方向上的研究已经形成了完备的知识研究体系并取得了丰硕的科研成果，为未来基础数学领域的健康发展奠定坚实的基础。

4.4.2　基础数学领域的代表人物分析

在对基础数学研究领域中的代表人物进行分析时，利用 CiteSpace 软件中的“作者共被引分析”（co-cited author）功能对前面确定的文献数据进行作者共被引分析，得到基础数学研究领域的作者共被引网络图谱，如图 4.14 所示。

从基础数学研究领域作者共被引网络图谱中可以看出，Gilbarg D 和 Brezis H 是整个作者共被引网络中的最大节点，并且基础数学研究领域中已经形成了以 Barbu V 为中心两大明显的作者共被引群簇（作者共被引群簇 A 和作者共被引群

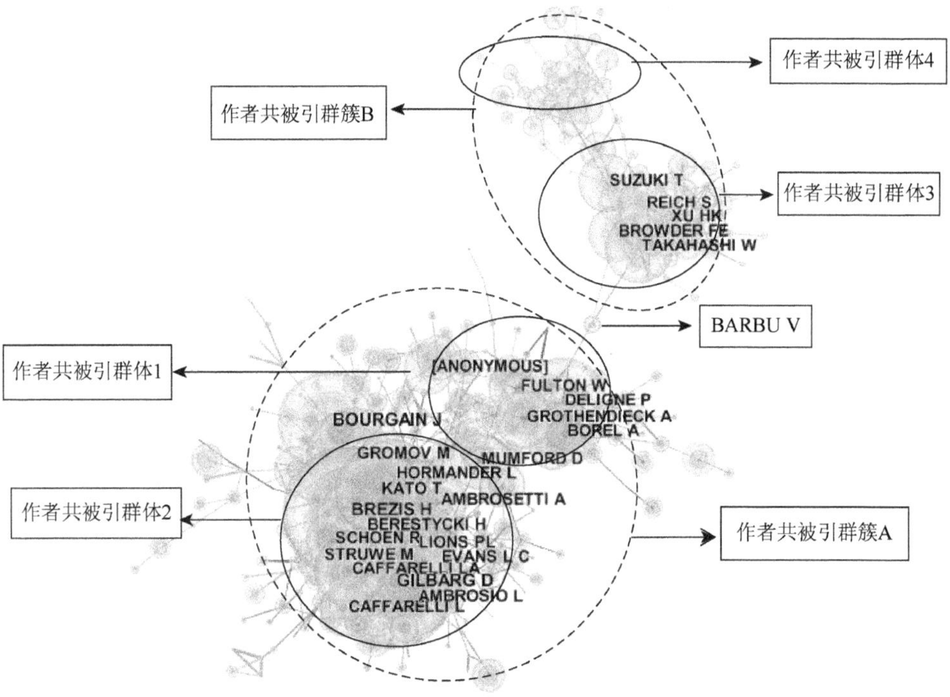

图 4.14　基础数学研究领域作者共被引网络图谱

簇 B)，其中每个作者共被引群簇中又由两个紧密相连的作者共被引群体组成，如作者共被引群簇 A 由作者共被引群体 1 和作者共被引群体 2 组成，作者共被引群簇 B 由作者共被引群体 3 和作者共被引群体 4 组成。

科学家发表文献的被引情况说明后续研究者对前人研究成果的认可和继承，除了表示对前人及其研究成果的尊敬，一般认为也反映了前人研究者在该研究领域中的重要地位及其研究成果的代表性①。在作者共被引网络聚类图谱基础上，统计基础数学研究领域文献的作者中，被引频次最高的前 20 位作者信息（表 4.13），这些作者及其相关研究文献引领了科学合作研究领域的主流方向，属于科学合作研究领域的代表人物。

表 4.13　基础数学研究领域被引频次前 20 名作者信息

被引频次	突现率	Sigma	作者	年份
593		1	Brezis H	1983
569		1	Gilbarg D	1983
469		1	Bourgain J	1993

① Price D D. Little Science，Big Science[M]. New York：Columbia University Press，1965.

续表

被引频次	突现率	Sigma	作者	年份
441		1	Gromov M	1973
416		1	Deligne P	1994
404		1	Kato T	1966
378		1	Lions P L	1989
344		1	Xu H K	2002
344		1	Caffarelli L A	1992
343		1	Hormander L	1997
333		1	Ambrosio L	2000
328	6.01	1	Takahashi W	2002
308		1	Borel A	1966
291	7.16	1	Fulton W	1998
282		1	Berestycki H	2000
279		1	Grothendieck A	1966
272		1	Ambrosetti A	1989
271		1	Suzuki T	2005
268		1	Mumford D	1994
266		1	Browder F E	1967

从基础数学研究领域被引频次前 20 名作者信息表中，可以看出 Brezis H 和 Gilbarg D 在网络结构和特性，如网络度的分布（degree distribution）、中心度的测度（centrality measures）、群体结构（community structure）、节点相似度（vertex similarity）等方面的研究具有重要影响。这两位作者在网络中的共被引频次均接近 600 次，在网络中占据重要地位。其中，Brezis H 拥有多所大学的荣誉博士学位，目前是罗格斯大学数学系教授，也是欧洲学会成员、法国科学院成员、美国国家科学院成员、美国数学学会院士以及被列为美国科学信息研究所高引用率研究员等。在 Google 学术中检索 Brezis H 发表的被引频次最高的前 10 篇文献，被引频次均在 450 次以上，最高的达到近 5400 次（表 4.14），从他的这些高被引文献来看，主要分布在数学（mathematics）和计算机科学（computer science）等领域，主要研究方向是非线性分析和偏微分方程（nonlinear analysis and partial differential equations）。

表 4.14　Brezis H 被引频次最高的前 10 篇文献信息列表

编号	作者	文献名	被引频次
1	Brezis H	Analysefonctionnelle	5386
2	Brezis H	Opérateursmaximaux monotones	4013
3	Brezis H，Nirenberg L	Positive solutions of nonlinear elliptic equations involving critical Sobolev exponents	2123
4	Brezis H	Functional analysis，Sobolev spaces and partial differential equations	1155
5	Brezis H，Lieb E	A relation between pointwise convergence of functions and convergence of functionals	1116
6	Bethuel F，Brezis H，Helein F	Ginzburg-Landau Vortices	886
7	Ambrosetti A，Brezis H，Cerami G	Combined effects of concave and convex nonlinearities in some elliptic problems	739
8	Brezis H，Merle F	Uniform estimates and blow-up behavior for solutions of-δ(u)= v(x)eu in two dimensions	526
9	Lieb E，Coron J M，Brezis H	Harmonic maps with defects	478
10	Brezis H，Strauss W A	Semi-linear second-order elliptic equations in L 1	454

Gilbarg D 出生于 1918 年 9 月 17 日美国波士顿，2001 年 4 月 20 日在美国加利福尼亚州去世，是美国著名数学家，早期在美国印第安纳大学担任教授，主要研究方向是代数研究，第二次世界大战使他的职业生涯发生了改变，由于战争的需求，他成为海军军械实验室流体力学和理论力学部分的负责人，并且开始涉及流体力学和非线性偏微分方程等新的研究领域。1957 年接受斯坦福大学邀请，担任斯坦福大学数学系教授。Gilbarg D 对数学科学领域最大的贡献是其著作《二阶椭圆型偏微分方程》（*Elliptic partial differential equations of second order*）。在斯坦福大学数学系的纪念大会上，James Serrin 描述 Gilbarg D 的《二阶椭圆型偏微分方程》为“人人偏微分方程工作的书架，一个巨大的工作，持久分析的伟大成就。”（on the bookshelf of everyone working in partial differential equations，a monumental work which is one of the great lasting achievements of analysis）从 Google 学术中检索，Gilbarg D 发表的被引频次最高的前 10 篇文献，被引频次均在 50 次以上，最高的达到近 17 500 次（表 4.15），从他的这些高被引文献来看，主要分布在代数、非线性偏微分方程、流体力学等科学领域。

表 4.15　Gilbarg D 被引频次最高的前 10 篇文献信息列表

编号	作者	文献名	被引频次
1	Gilbarg D，Trudinger N S	Elliptic partial differential equations of second order	17 493
2	Gilbarg D，Paolucci D	The structure of shock waves in the continuum theory of fluids	262
3	Gilbarg D，Hörmander L	Intermediate schauder estimates	182

续表

编号	作者	文献名	被引频次
4	Gilbarg D	The existence and limit behavior of the one-dimensional shock layer	180
5	Gilbarg D，Serrin J	On isolated singularities of solutions of second order elliptic differential equations	173
6	Gilbarg D	Jets and cavities	149
7	Finn R，Gilbarg D	Asymptotic behavior and uniqueness of plane subsonic flows	105
8	Gilbarg D，Anderson R A	Influence of atmospheric pressure on the phenomena accompanying the entry of spheres into water	84
9	Gilbarg D，Weinberger H F	Asymptotic properties of steady plane solutions of the Navier-Stokes equations with bounded Dirichlet integral	63
10	Gilbarg D，Weinberger H F	Asymptotic properties of Leray's solution of the stationary two-dimensional Navier-Stokes equations	63

在基础数学研究领域被引频次前 20 名作者信息表中，Bourgain J、Gromov M 等作者的被引频次虽然比 Brezis H 和 Gilbarg D 的被引频次低，但被引频次均在 400 次以上，并且在网络中仍然占据重要地位与作用。其中 Bourgain J 是比利时著名数学家，毕业于布鲁塞尔自由大学，曾任教于伊利诺伊大学厄巴纳-香槟分校，现在在普林斯顿高等研究院工作。1994 年他获得菲尔兹奖，以表彰他在研究巴拿赫空间、调和分析和遍历理论上的成就。1983 年他获得塞勒姆奖，1991 年他获得奥斯特洛夫斯基奖，2009 年他获选为瑞典皇家科学院的外籍院士，2010 年他获得邵逸夫奖数学科学奖，2012 年他获得克拉福德奖数学奖。从 Google 学术中检索，Bourgain J 发表的被引频次最高的前 10 篇文献，被引频次均在 230 次以上，最高的达到 1234 次（表 4.16），主要研究方向为巴拿赫空间、调和分析、遍历理论、频谱问题。

表 4.16　Bourgain J 被引频次最高的前 10 篇文献信息列表

编号	作者	文献名	被引频次
1	Bourgain J	Fourier transform restriction phenomena for certain lattice subsets and applications to nonlinear evolution equations	1234
2	Bourgain J	Sharp thresholds of graph properties，and the *k*-sat problem	559
3	Friedgut E，Bourgain J	On Lipschitz embedding of finite metric spaces in Hilbert space	550
4	Bourgain J	Global solutions of nonlinear Schrödinger equations	413
5	Bourgain J	Some remarks on Banach spaces in which martingale difference sequences are unconditional	337
6	Bourgain J	Refinements of Strichartz' inequality and applications to 2D-NLS with critical nonlinearity	353

续表

编号	作者	文献名	被引频次
7	Bourgain J，Katz N，Tao T	A sum-product estimate in finite fields，and applications	343
8	Bourgain J	Vector-valued singular integrals and the H1-BMO duality	273
9	Milman V D，Bourgain J	New volume ratio properties for convex symmetric bodies in ℝ n	255
10	Bourgain J	Green’s function estimates for lattice Schrodinger operators and applications (AM-158)	235

Gromov M 是法国和俄罗斯著名数学家，在数学科学的许多领域都作出了重要的贡献，而且获得了许多奖项，如在 1971 年获得莫斯科数学学会奖（Prize of the Mathematical Society of Moscow），1981 年获得几何维布伦奖（Oswald Veblen Prize in Geometry），1984 年获得巴黎科学院赛埃利嘉当 DEL 奖（Prix ElieCartan de l’Academie des Sciences de Paris），1989 年获得大奖赛法国巴黎联合担保奖（Prix de l’Union des Assurances de Paris），1993 年获得沃尔夫数学奖（Wolf Prize in Mathematics），1997 年获得乐华斯蒂尔体育奖（Leroy P. Steele Prize for Seminal Contribution to Research）和罗巴切夫斯基勋章（Lobachevsky Medal），1999 年获得巴尔赞数学奖（Balzan Prize for Mathematics），2002 年获得数学科学院京都奖（Kyoto Prize in Mathematical Sciences），2004 年获得 Nemmers 数学奖（Nemmers Prize in Mathematics），2005 年获得波尔约奖（Bolyai Prize），2009 年他被授予阿贝尔奖（Abel Prize）以表彰“他对几何学革命性的贡献”。现在他是纽约大学数学系教授，并为 IHES①工作。从 Google 学术中检索，Gromov M 发表的被引频次最高的前 10 篇文献，被引频次均在 600 次以上，最高的达到 2722 次（表 4.17），主要研究方向为几何数学。

表 4.17 Gromov M 被引频次最高的前 10 篇文献信息列表

编号	作者	文献名	被引频次
1	Gromov M	Hyperbolic groups	2722
2	Gromov M	Pseudo holomorphic curves in symplectic manifolds	2086
3	Gromov M	Metric structures for Riemannian and non-Riemannian spaces	1643
4	Gromov M	Geometric group theory，Vol. 2：Asymptotic invariants of infinite groups	1455
5	Gromov M	Groups of polynomial growth and expanding maps（with an appendix by Jacques Tits）	1366
6	Gromov M	Partial differential relations	1095

① IHES 是一个由法国支持的从事数学和物理理论研究的研究机构，它位于比尔斯河畔伊薇特南部的巴黎，现在作为一个先进的研究机构是巴黎萨克雷联邦大学的一部分。

续表

编号	作者	文献名	被引频次
7	Gromov M	Volume and bounded cohomology	833
8	Gromov M	Filling riemannian manifolds	684
9	Gromov M	Carnot-Carathéodory spaces seen from within	678
10	Cheeger J，Taylor M，Gromov M	Finite propagation speed，kernel estimates for functions of the Laplace operator，and the geometry of complete Riemannian manifolds	647

Fulton W 与以上四位作者相比，虽然被引频次较低，但其突现率却较高，是作者共被引群体 3 中的最大节点，在网络中占据重要位置。Fulton W 出生于 1939 年 8 月 29 日，是美国著名的数学家，曾任教于布朗大学和芝加哥大学，现在在密歇根大学任教，专门从事代数几何研究。1996 年对数学科学相交理论的阐述使他获得了斯蒂尔奖（Steele Prize）。2000 年，他被选为美国国家科学院成员和瑞典皇家科学院的外国成员。2012 年，他成为美国数学协会的资深成员。从 Google 学术中检索，Fulton W 发表的被引频次最高的前 10 篇文献，被引频次均在 400 次以上，最高的达到 4662 次（表 4.18）。其代表著作为 *Algebraic topology: A first course*。

表 4.18　Fulton W 被引频次最高的前 10 篇文献信息列表

编号	作者	文献名	被引频次
1	Fulton W	Intersection theory	4662
2	Harris J，Fulton W	Representation theory	3828
3	Fulton W	Introduction to toric varieties	2951
4	Fulton W	Young tableaux：With applications to representation theory and geometry	1373
5	Fulton W	Algebraic curves：An introduction to algebraic geometry	1231
6	Calthorpe P，Fulton W	The regional city	775
7	Fulton W，Pandharipande R	Notes on stable maps and quantum cohomology	586
8	Fulton W	Who sprawls most?：How growth patterns differ across the US	449
9	Fulton W，Pandharipande R	A compactification of configuration spaces	434
10	Fulton W	Algebraic topology：A first course	413

除了以上被引频次较高的作者，其他作者虽然频次较低，但其研究领域较为广泛，代表了当前的前沿领域，具有较高的影响力。其中 Deligne P、Takahashi W、Borel A 的主要研究方向是代数拓扑学，Kato T、Caffarelli L A、Hormander L、Ambrosetti A 的主要研究方向是偏微分方程，Lions P L、Berestycki H 的主要研究

方向是非线性分析，Mumford D、Grothendieck A 的主要研究方向是代数几何。可以看出当前基础数学研究主要集中在代数拓扑学、非线性分析、偏微分方程、代数几何、调和分析等研究领域。Barbu V 虽然没有在基础数学研究领域被引频次前 20 名作者信息表中，但其仍然具有重要作用。在整个网络图谱中，节点作者 Barbu V 处于整个网络的中心，连接了两个不同的研究群体，Barbu V 节点共被引频次不高，但是处于网络中的关键节点位置。Barbu V 是罗马尼亚人，亚历山德鲁・伊万・库扎大学（Alexandru Ioan Cuza University）数学系，罗马尼亚学院正式成员（Full Member of Romanian Academy）、欧洲科学院院士（Member of the European Academy of Sciences）、摩尔多瓦科学院名誉成员（Honorary member of Moldovian Academy of Sciences），先后担任过雅西大学数学系主席（Chairman of Department of Mathematics of University of Iasi）、雅西大学校长（Rector of University of Iasi）、罗马尼亚学院雅西数学研究所所长（Director of Institute of Mathematics of Romanian Academy in Iasi）、罗马尼亚学院副总裁（Vice President Romanian Academy）以及罗马尼亚雅西研究院分院院长（President of Romanian Academy Iasi Branch），并获得过罗马尼亚学院的西米翁・斯托罗奖（Simion Stoilow Prize of Romanian Academy）。从 Google 学术中检索，Barbu V 发表的被引频次最高的前 10 篇文献，被引频次均在 90 次以上，最高的达到 2380 次（表 4.19），主要研究方向是无穷维随机微分方程的稳定性和控制理论。

表 4.19　Barbu V 被引频次最高的前 10 篇文献信息列表

编号	作者	文献名	被引频次
1	Barbu V	Nonlinear semigroups and differential equations in Banach spaces	2380
2	Precupanu T，Barbu V	Convexity and optimization in Banach spaces	1023
3	Corduneanu C，Gheorghiu N，Barbu V	Almost periodic functions	928
4	Barbu V	Optimal control of variational inequalities	552
5	Barbu V	Analysis and control of nonlinear infinite dimensional systems	540
6	Barbu V	Nonlinear differential equations of monotone types in Banach spaces	203
7	Barbu V，Prato G D	Hamilton-Jacobi equations in Hilbert spaces	200
8	Barbu V	Mathematical methods in optimization of differential systems	129
9	Roberto T，Barbu V	Internal stabilization of Navier-Stokes equations with finite-dimensional controllers	97
10	Barbu V	Exact controllability of the superlinear heat equation	96

通过对以上代表人物的分析可以看出，这些作者研究方向分布广泛，代表了当前基础数学研究领域的研究前沿与热点，如 Brezis H、Gilbarg D、Bourgain J、Barbu V、Gromov M、Fulton W 等。

代表人物在基础数学研究领域中拥有重要地位，其研究成果如 Brezis H 的著作《泛函分析：理论和应用》，Gilbarg D 的著作《二阶椭圆型偏微分方程》，Fulton W 的著作《代数拓扑》等分别在非线性分析、偏微分方程、代数等领域都具有重要的代表性，并且目前在基础数学研究中非线性分析、偏微分方程、调和分析、随机微分方程、几何、代数等领域的研究尤为突出，产出了大量的研究成果。

4.5 本章小结

数学科学是基础科学研究中的重要学科门类，对各学科的研究和发展具有一定的支撑作用。作为探索自然科学规律基本手段的基础数学近年来逐渐成为数学科学研究领域中发展最迅速的分支学科之一。基础数学的研究状况反映了数学基础研究的基本发展态势。本章首先对数学科学各分支领域的研究文献情况进行了分析，介绍了各学科产出文献的国家、研究机构和作者等的分布情况。其次运用文献信息可视化软件工具，通过绘制国际、国内基础数学研究前沿的科学知识图谱，对这一领域的研究前沿进行可视化探究，并对菲尔兹奖项进行分析。然后通过绘制基础数学的作者、机构和国家三个层面的科学合作网络图谱，揭示了这一领域不同层面的科学合作研究情况。最后通过作者共被引网络知识图谱，展现了基础数学领域研究形成的主流学术团体和代表人物情况。

第 5 章　物理科学–凝聚态物理学研究的知识图谱

基础物理科学是以宇宙间物质的基本结构、性质和运动规律为研究对象的一门基础学科，是基础科学研究中的重要学科门类。物理科学有着悠久的发展历史，“物理”一词最先出自希腊文 φυσικός，原意是指自然，在古代欧洲物理科学称为自然哲学。物理科学的基本概念、基本理论和科技成果广泛地应用在所有自然科学领域之中。可以说，物理科学是一切自然科学的基础。在《中国大百科全书（物理学）》中，物理科学的定义是研究宇宙间物质存在的基本形式，它们的具体性质、运动和转化以及内部结构，从而认识这些结构的组成及其相互作用、运动和转化的基本规律。因此，从广义上来说，物理科学就是研究大自然现象及规律的学问，其研究对象的范畴涉及面宽，主要的研究领域可分为四大类：凝聚态物理学、粒子物理学、光学物理学、天体物理学。本章首先介绍物理科学研究和发展的概况，特别是物理科学各分支领域文献的产出情况。其次，以物理科学基础研究领域中的凝聚态物理学为例，绘制凝聚态物理学研究的知识图谱，揭示其研究前沿和未来发展预测，通过科学知识图谱展现凝聚态物理学研究的科学合作情况以及这一领域研究的主流学术团体和代表人物。

5.1　物理科学研究的发展态势

纵观物理科学的发展史，物理科学主要经历了经典物理科学时期和现代物理科学时期。牛顿力学体系的建立，标志着近代物理科学的诞生。牛顿力学完成了解析化工作，建立了分析力学、光学、热学和静电学，也完成了奠基性工作，成为物理科学的基础学科。到了 19 世纪，相继建立了波动光学、热力学和分子运动论、经典电磁场理论等完整的、解析式的理论体系，使经典物理科学臻于完善。19 世纪末以经典电磁理论的建立为标志，经典物理科学理论达到了顶峰。现代物理科学的建立源于当时新的实验事实的出现，即迈克尔逊–莫雷实验和黑体辐射实验。相对论和量子力学的建立，使物理科学完成了从经典物理科学到现代物理科学的转变。现代物理科学的理论成果应用于实践，出现了原子能、半导体、计算机、激光、宇航等新技术科学。1927 年以后，量子场论、原子核物理学、粒子物理学、天体物理学和现代宇宙学也得到了迅速的发展。

5.1.1 物理科学研究文献产出的基本情况

根据研究对象和相关研究性质，科睿唯安的 Web of Science 平台中的期刊引证报告将物理科学按照研究方向主要分为应用物理学、多学科物理学、凝聚态物理学、数学物理学、原子分子物理学、等离子体物理学、基本粒子物理学和原子核物理学 8 个研究领域（表 5.1）。

表 5.1 Web of Science 中收录物理科学各领域期刊信息表

期刊引证报告分类	期刊数量/本	1997～2017 年文献量/篇	高产机构前五位	高产国家前五位
应用物理学	148	1 228 012	中国科学院、俄罗斯科学院、日本东北大学、东京大学、南洋理工大学	中国、美国、日本、韩国、德国
多学科物理学	79	946 033	中国科学院、俄罗斯科学院、东京大学、法国国家科学研究中心、日本东北大学	中国、美国、德国、日本、法国
凝聚态物理学	67	639 664	俄罗斯科学院、中国科学院、东京大学、法国国家科学研究中心、日本东北大学	美国、中国、日本、德国、法国
数学物理学	55	209 028	俄罗斯科学院、日本原子物理学研究所、中国科学院、法国国家科学研究中心、东京大学	美国、中国、德国、法国、意大利
原子分子物理学	36	329 465	中国科学院、俄罗斯科学院、法国国家科学研究中心、中国科学技术大学、加利福尼亚大学伯克利分校	美国、德国、法国、日本、中国
等离子体物理学	31	174 144	俄罗斯科学院、中国科学院、麻省理工学院、加利福尼亚大学圣迭戈分校、欧洲原子能共同体	美国、德国、法国、中国、日本
基本粒子物理学	29	278 756	日本原子物理学研究所、欧洲核子研究组织、中国科学院、东京大学、俄罗斯联邦核研究所	美国、德国、意大利、俄国、日本
原子核物理学	20	219 351	日本原子物理学研究所、法国国家科学研究中心、中国科学院、俄罗斯联邦核研究所、东京大学	美国、德国、日本、俄国、中国

在 Web of Science 检索平台收录的期刊中，从物理科学 8 个研究领域所包含的期刊数量上来看，应用物理学研究领域的期刊数量最多，为 148 本。其余 7 个领域的期刊数量较少，多学科物理学领域 79 本；凝聚态物理学领域 67 本；数学物理学领域 55 本；原子分子物理学领域 36 本；等离子体物理学领域 31 本；基本粒子物理学领域 29 本；原子核物理学领域 20 本。

从物理科学的 8 个研究领域 1997～2017 年收录的文献数量来看，应用物理学研究领域的文献数量最多，为 1 228 012 篇。其余 7 个领域的文献数量都在 100 万篇以下，多学科物理学领域 946 033 篇；凝聚态物理学领域 639 664 篇；原子分子物理学领域 329 465 篇；基本粒子物理学领域 278 756 篇；原子核物理学领域 219 351 篇；数学物理学领域 209 028 篇；等离子体物理学领域 174 144 篇。研究发现，物理学各研究领域的文献数量与期刊数量成正比。

从物理科学各研究领域前 5 位的高产机构来看：中国科学院、俄罗斯科学院、东京大学排名靠前。其中属于日本的高产机构有 3 所，在高产机构中占据 35%的比例，分别为东京大学、日本东北大学、日本原子物理学研究所。中国的高产机构只有中国科学院 1 所，但在高产机构中占据 20%的比例，说明中国科学院在物理科学领域的研究处于国际领先行列。俄罗斯的高产机构为俄罗斯科学院和俄罗斯联邦核研究所，在高产机构中占据 20%的比例。欧洲的高产机构有 3 所：欧洲核子研究组织、欧洲原子能共同体、法国国家科学研究中心，在高产机构中占据 17.5%的比例。美国的高产机构有 3 所：麻省理工学院、加利福尼亚大学圣迭戈分校、加利福尼亚大学伯克利分校，在高产机构中所占比例约 10%。

从物理科学各研究领域的高产国家来看，以美国为首，德国、中国、日本等国家依次排列，其中美国和德国一直处于高产国家的前列，并且美国在多个物理科学分支学科中排行第一。同时，中国在多学科物理学的研究中较为突出，在高产机构和高产国家的数量中均位列第一。此外，研究发现俄罗斯的高产机构比较突出，但是在高产国家中，俄罗斯的表现并不突出；德国的研究机构并不突出，但一直处于高产国家行列。

5.1.2　凝聚态物理学研究文献产出的基本情况

经过半个世纪的发展，凝聚态物理学已经成为物理科学中最大的也是最重要、最丰富、最活跃的分支学科之一，是当前物理科学领域的研究热点。凝聚态物理学是主要研究由大量微观粒子（原子、分子、离子、电子）组成的凝聚态物质的微观结构、粒子间的相互作用、运动规律及其物质性质与应用的科学。它是以固体物理学为主干，进一步拓宽研究对象，深化研究层次而形成的学科。近年来凝聚态物理学的研究热点主要有准晶态的发现、$YBaCuO_2$ 高温超导体的发现、纳米科学、$LaSrMnO_3$ 材料的巨磁阻效应、新的高温超导材料 MgB_2 等。

在 Web of Science 检索平台的期刊引证报告分类中，凝聚态物理学领域共收录 67 本学术期刊，统计其中影响因子最高的前 20 本期刊信息（表 5.2）。这 20 本期刊是凝聚态物理学领域的国际顶级期刊。其中 *Nature Materials* 更是全球著名的期刊，是 *Nature* 的姐妹期刊，于 2002 年 9 月创办，最大特点是不仅刊登原创性论文，还刊登评论及相关新闻，其影响因子在本领域中高于其他任何期刊。深入分析凝聚态物理学领域的学术期刊，能够更好地了解凝聚态物理学领域的研究现状。

表 5.2 凝聚态物理学领域影响因子最高的前 20 本期刊列表

序号	期刊名	5 年影响因子	影响因子	总被引频次	即年指数	载文量/篇	引文半衰期/年	特征因子
1	*Nature Materials*	44.046	36.503	64 622	7.242	153	6.1	0.197 55
2	*Advances in Physics*	29.771	20.833	5 095	4	4	＞10.0	0.008 28
3	*Advanced Materials*	18.172	17.493	128 805	3.441	966	5	0.299 56
4	*Advanced Energy Materials*	16.581	16.146	10 129	3.266	312	2.4	0.375 1
5	*Annual Review of Condensed Matter Physics*	16.578	14.786	1 159	6.062	16	3.2	0.010 96
6	*Surface Science Reports*	18.563	14.765	4 495	0.182	11	＞10.0	0.004 87
7	*Nano Letters*	14.887	13.592	118 534	2.552	1103	4.9	0.363 96
8	*Advanced Functional Materials*	12.311	11.805	51 895	2.234	813	4.6	0.131 86
9	*Small*	8.646	8.368	26 638	1.704	581	4.3	0.076 71
10	*Laser & Photonics Reviews*	8.532	8.008	2 793	1.967	92	3.4	0.013 1
11	*Critical Reviews in Solid State and Materials Sciences*	8.848	6.45	1 052	1.882	17	8	0.001 73
12	*Current Opinion in Solid State & Materials Science*	6.656	6.235	3 068	0.613	31	＞10.0	0.004 71
13	*Progress in Surface Science*	6.93	5.696	1 876	2.143	7	＞10.0	0.002 69
14	*Physical Review B*	3.583	3.736	321 692	0.93	4793	9.6	0.598 02
15	*Journal of The Mechanics And Physics of Solids*	4.169	3.598	13 081	0.984	192	＞10.0	0.018 19
16	*Solid State Physics*	5.05	3.429	1 991	3	4	＞10.0	0.000 6
17	*Applied Surface Science*	2.735	2.711	44 262	0.507	2430	5.3	0.074 67
18	*Solid State Ionics*	2.763	2.561	23 635	0.322	457	＞10.0	0.015 18
19	*Plasma Processes and Polymers*	2.417	2.453	2 799	0.397	116	5.1	0.006 23
20	*Journal of Physics-Condensed Matter*	2.507	2.346	40 979	0.727	840	7.7	0.093 24

利用 Web of Science 的分析功能对凝聚态物理学领域的学术期刊进行基本计量分析。首先，从文献量的年度分布来说，文献量分别在 2008 年、2011 年、2016 年出现峰值，在 2008～2010 年有所回落。自 2013 年起，文献量持续稳定增长，均保持在 12 000 篇以上并在 2016 年达到峰值 14 009 篇（图 5.1），显示出凝聚态物理学领域论文产出量随时间稳定增长①。

① 数据获取日期为 2017 年 8 月 24 日。

从国家上来看，发文量最多的是美国。在这 189 809 篇文献中，美国发表的论文数量高达 37 990 篇，占总文献量的 20.15%；其次是中国和德国，其发文量分别为 24 472 篇和 18 773 篇，约占总文献量的 12.89%和 9.89%；再次是日本和法国，文献量约为美国的 1/3、中国的 1/2（图 5.2）。

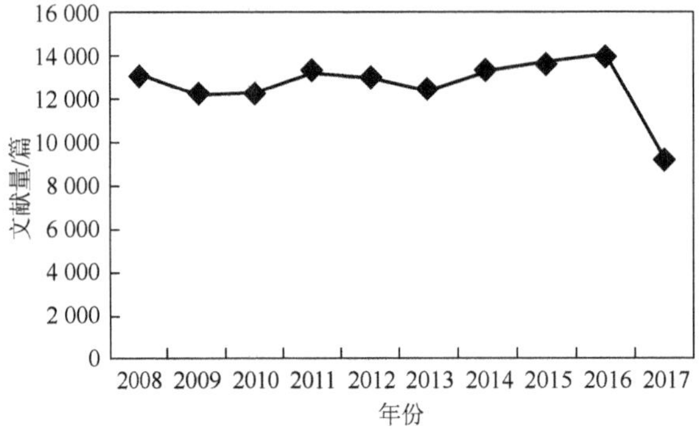

图 5.1　凝聚态物理学领域文献年度分布

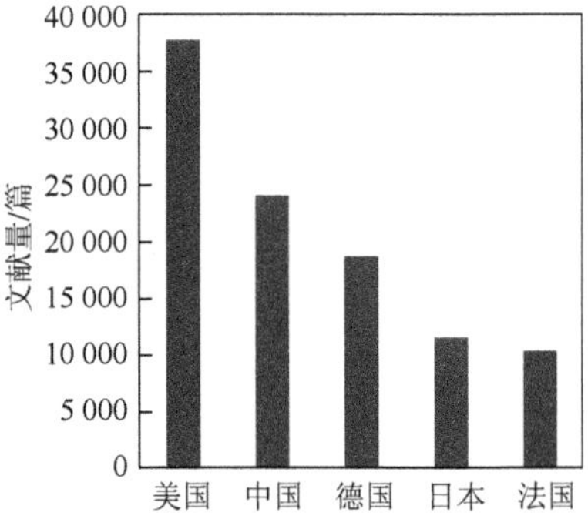

图 5.2　凝聚态物理学领域发文量大国

从机构发文量看（图 5.3），凝聚态物理学领域发文量排名前四的机构发文总量超过排名前十的机构发文总量的 1/2，发文量最大的机构是中国科学院（5 641 篇，约占发文总量的 26%），另外三所机构发文量均超过 2000 篇的是斯坦福大学（2339 篇，约占发文总量的 10%）、日本东北大学（2076 篇，约占发文总量的 9%）、剑桥大学（2052 篇，约占发文总量的 9%）。其他机构发文量如下：俄罗斯科学院为 1849 篇，约占发文总量的 8%、橡树岭国家实验室为 1820 篇，约占发文总量的 8%、麻省理工学院为 1727 篇，约占发文总量的 8%、法国国家科学研究中心为 1548 篇，

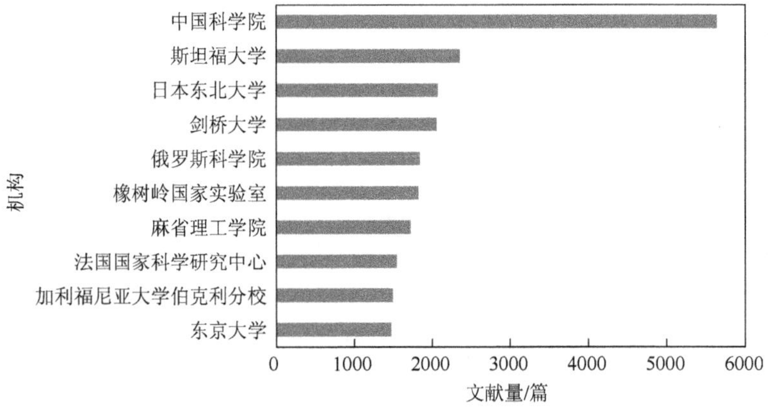

图 5.3　凝聚态物理学领域文献高产机构

约占发文总量的 7%、加利福尼亚大学伯克利分校为 1495 篇，约占发文总量的 7%、东京大学为 1472 篇，约占发文总量的 7%。

根据期刊 5 年影响因子对凝聚态物理学相关领域的期刊进行由高到低的排列，选取前 5 本期刊，即 *Nature Materials*、*Advances in Physics*、*Advanced Materials*、*Advanced Energy Materials*、*Annual Review of Condensed Matter Physics*。在数据库中检索这 5 本期刊 2012～2017 年 4 月的文献数据，选取其中 Article 和 Review 两种类型的文献，共得到 8399 篇文献。使用当前国际信息可视化分析工具 CiteSpace 软件等工具，对所得文献数据进行清洗、去重处理，并运用作者合作、机构合作、国家合作、文献共被引分析、作者共被引分析等方法对其进行计量和可视化分析，可探测凝聚态物理学领域的研究前沿、知识基础的变迁及发展预测、科学合作情况以及代表人物与主流学术团体等。

5.2　凝聚态物理学的研究前沿

通过对凝聚态物理学研究领域的文献进行文献共被引分析，绘制凝聚态物理研究前沿的科学知识图谱，探测这一研究领域 2012～2017 年的研究前沿问题及其逐年演化规律。通过对突现文献等分析揭示当前凝聚态物理学领域研究的最新趋势，并且基于引文网络结构变换模型来预测凝聚态物理学研究领域中未来的代表性文献和关注焦点。

5.2.1　凝聚态物理研究的前沿主题

为探测凝聚态物理研究领域的研究前沿问题，基于文献共被引聚类，通过聚类图谱对凝聚态物理的数据进行分析（图 5.4）。在 Project 界面设置 LFR=5、LBY=10、*e*=4.0、Nodes Labeled=5%。聚类图谱包含 403 个节点，2909 条线，其聚类信息表如表 5.3 所示。

表 5.3　凝聚态物理学领域文献共被引聚类信息表

聚类号	大小	轮廓值	平均年份	潜在语义分析	极大似然值	互信息
0	86	0.787	2010	solar cells; polymer; application	solar cell（219 788.19，1.0×10^{-4}）；perovskite solar cell（120 189.88，1.0×10^{-4}）；organic solar cell（55 300.98，1.0×10^{-4}）	topographical template（3.9）；noble-metal-free photocatalytic hydrogen evolution activity（3.9）；single nanoparticle detection（3.9）
1	58	0.87	2010	sodium-ion batteries; hierarchical carbon framework; extended lifespan cathode	sodium-ion batteries（50 096.16，1.0×10^{-4}）；solar cell（44 401.12，1.0×10^{-4}）；perovskite solar cell（38 576.75，1.0×10^{-4}）	topographical template（1.29）；noble-metal-free photocatalytic hydrogen evolution activity（1.29）；single nanoparticle detection（1.29）

续表

聚类号	大小	轮廓值	平均年份	潜在语义分析	极大似然值	互信息
2	57	0.967	2013	perovskite solar cells; piezoelectric poling; lateral-structure single-crystal hybrid	perovskite solar cell (338 870.28, 1.0×10^{-4}); solar cell (51 460.62, 1.0×10^{-4}); hole-transporting material (31 016.8, 1.0×10^{-4})	topographical template (4.96); noble-metal-free photocatalytic hydrogen evolution activity (4.96); single nanoparticle detection (4.96)
3	52	0.899	2008	graphene; poly-elemental varieties; simulations; fullerene	graphene oxide (44 244.45, 1.0×10^{-4}); perovskite solar cell (37 643, 1.0×10^{-4}); related application (34 627.01, 1.0×10^{-4}); new route (34 094.11, 1.0×10^{-4})	topographical template (1.26); noble-metal-free photocatalytic hydrogen evolution activity (1.26); single nanoparticle detection (1.26)
4	30	0.966	2012	recent advances; applications; energy; graphene heterostructures	hydrogen evolution reaction (17 519.96, 1.0×10^{-4}); solar cell (16 948.75, 1.0×10^{-4}); metal-organic framework (16 866.84, 1.0×10^{-4})	topographical template (0.4); noble-metal-free photocatalytic hydrogen evolution activity (0.4); single nanoparticle detection (0.4)
5	27	0.904	2014	solar cells; polymer; power conversion efficiency	ternary polymer (27 725.78, 1.0×10^{-4}); free organic solar cell (24 626.1, 1.0×10^{-4}); mapping polymer donor (24 626.1, 1.0×10^{-4})	topographical template (0.41); noble-metal-free photocatalytic hydrogen evolution activity (0.41); single nanoparticle detection (0.41)
6	23	0.967	2008	25th anniversary article; organic electronics; applications; chemistry	organic thin-film transistor (11 493.32, 1.0×10^{-4}); organic field-effect transistor (10 040.2, 1.0×10^{-4}); novel ambipolar semiconductor (8 842.69, 1.0×10^{-4});	topographical template (0.16); noble-metal-free photocatalytic hydrogen evolution activity (0.16); single nanoparticle detection (0.16)
7	16	0.992	2011	lithium-sulfur batteries; progress; prospects; mechanistic understanding	Li-S batteries (28 788.65, 1.0×10^{-4}); lithium-sulfur batteries (25 477.25, 1.0×10^{-4}); sulfur cathode (13 160.44, 1.0×10^{-4})	topographical template (0.21); noble-metal-free photocatalytic hydrogen evolution activity (0.21); single nanoparticle detection (0.21)

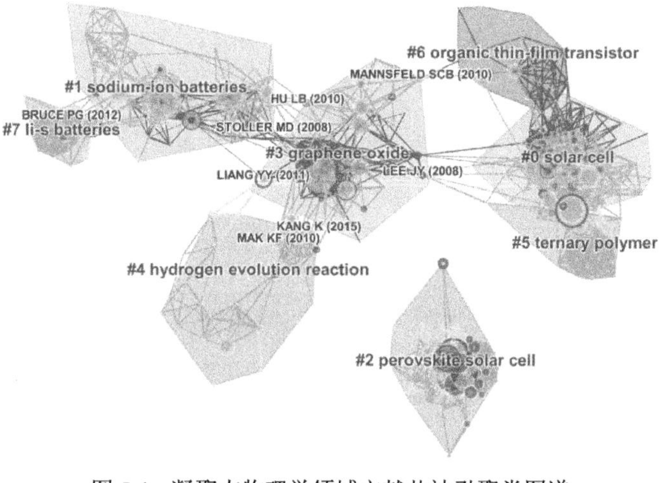

图 5.4 凝聚态物理学领域文献共被引聚类图谱

凝聚态物理学领域当前研究的热点问题主要有太阳能电池（solar cell）、钠离子电池（sodium-ion batteries）、钙钛矿太阳能电池（perovskite solar cell）、石墨烯氧化物（graphene oxide）、析氢反应（hydrogen evolution reaction）、三元聚合物（ternary polymer）、有机薄膜晶体管（organic thin-film transistor）、锂电池（Li-S batteries）等，其中石墨烯氧化物研究处于网络结构的中心位置，连接六大研究方向。氧化石墨烯是一种性能优异的新型碳材料，具有较高的比表面积和表面丰富的官能团。氧化石墨烯复合材料包括聚合物类复合材料以及无机物类复合材料，具有广泛的应用领域，因此氧化石墨烯表面改性成为另一个研究重点。此外，钙钛矿太阳能电池研究主题在网络结构中独立存在，科学家在最新研究中发现，一种钙钛矿结构的有机太阳能电池的转化效率或可高达 50%，是目前市场上太阳能电池转化效率的 2 倍，能大幅降低太阳能电池的使用成本，相关研究发表在 *Nature* 上。

另外，在凝聚态物理学领域文献共被引聚类图谱中找出了 7 个关键节点，分别是 Bruce P G 在 2012 年发表的 *Li-O_2 and Li-S batteries with high energy storage*、Stoller M D 在 2008 年发表的 *Graphene-based ultracapacitors*、Hu L B 在 2010 年发表的 *Printed energy storage devices by integration of electrodes and separators into single sheets of paper*、Mannsfeld S C B 在 2010 年发表的 *Highly sensitive flexible pressure sensors with microstructured rubber dielectric layers*、Liang Y Y 在 2011 年发表的 *Advanced asymmetrical supercapacitors based on graphene hybrid materials*、Mak K F 在 2010 年发表的 *Electronic structure of few-layer graphene*：*Experimental demonstration of strong dependence on stacking sequence*、Lee J Y 在 2008 年发表的 *Synthesis of Ag@AgAu metal core/alloy shell bimetallic nanoparticles with tunable shell compositions by a galvanic replacement reaction*。其中 Bruce P G（2012 年）是连接#1 钠离子电池研究主题与#7 锂电池研究主题的关键节点。Stoller M D（2008 年）与 Hu L B（2010 年）是连接#1 钠离子电池研究主题与#3 石墨烯氧化物研究主题的关键节点。Mannsfeld S C B（2010 年）使#3 石墨烯氧化物研究主题与#6 有机薄膜晶体管研究主题连接在一起。Liang Y Y（2011 年）是连接#1 钠离子电池研究主题、#3 石墨烯氧化物研究主题、#4 析氢反应研究主题的关键节点。Mak K F（2010 年）是连接#4 析氢反应研究主题与#3 石墨烯氧化物研究主题的关键节点。Lee J Y（2008 年）是连接#3 石墨烯氧化物研究主题和#5 三元聚合物研究主题的关键节点。

为揭示凝聚态物理学领域研究前沿主题的演化情况，利用 CiteSpace5.0 的逐年聚类功能，对凝聚态物理学领域研究前沿主题进行逐年聚类分析。新版本的 CiteSpace 支持根据潜在语义索引（latent semantic index，LSI）识别的术语逐年生成集群标签的功能。研究主要集中在最大的 8 个知识群（表 5.4）。

表 5.4　凝聚态物理学领域前沿主题的逐年分布表

年份	#0 太阳能电池	#1 钠离子电池	#2 钙钛矿太阳能电池	#3 石墨烯氧化物	#4 析氢反应	#5 三元聚合物	#6 有机薄膜晶体管	#7 锂电池
2012	太阳能电池	锂离子电池	染料敏化太阳能电池	石墨烯			太阳能电池	
2013	太阳能电池	锂离子电池	染料敏化太阳能电池	石墨烯	分层二硫化钼	太阳能电池		提高循环性能
2014	太阳能电池	还原石墨烯氧化物	太阳能电池		析氢反应	太阳能电池	场效应晶体管	
2015	太阳能电池	钠离子电池	钙钛矿太阳能电池	物料	单分子层	太阳能电池		锂电池
2016		钠离子电池	钙钛矿太阳能电池	可拉伸电子产品	最新进展研究	太阳能电池		锂硫电池
2017		钠离子电池	钙钛矿太阳能电池		聚合物-电解质膜燃料电池	太阳能电池		多功能层状纳米片 WS_2

研究发现，在研究前沿主题的逐年演化过程中，不同研究主题的逐年聚类标识词出现重复现象，说明在凝聚态物理学研究领域的不同研究前沿主题之间的知识流动性较强。其中太阳能电池贯穿整个研究脉络，#0 太阳能电池研究前沿主题和#5 三元聚合物研究前沿主题分别在 2012～2015 年和 2013～2017 年对太阳能电池进行了研究，此外#2 钙钛矿太阳能电池研究前沿主题在 2012～2017 年针对太阳能电池展开一系列研究。

5.2.2　凝聚态物理学研究的未来预测

对凝聚态物理学领域当今研究前沿和研究前沿逐年演化分析基础上，为进一步预测凝聚态物理学研究领域具有潜在变革的文献和研究主题，使用引文网络的结构变换模型分别通过模式性变化率（ΔM）、聚类间连接变化率（ΔC_{Lw}）和中心性分散度（ΔC_{kl}）等三个测度指标，对这一领域研究的未来发展进行预测分析。

1. 模式性变化率

通过 CiteSpace 软件分析，找出 ΔM 最大即对网络结构变换的影响最大的前 10 篇施引文献（表 5.5）和部分 ΔM 最大的文献的引文轨迹（图 5.5），发现 10 篇施引文献中的作者均不相同。其中 Dou L T 在 2013 年发表的 *25th anniversary article*：*A decade of organic/polymeric photovoltaic research* 的 ΔM 值最大为 15.75，

要远大于 He Z C 在 2014 年发表的 *Recent advances in polymer solar cells*：*Realization of high device performance by incorporating water/alcohol soluble conjugated polymers as electrode buffer layer* 的 Δ*M* 值。此外，Dou L T（2013 年）一文的施引网络结构出现了五角星（当施引文献作为共被引文献出现在共被引网络中时，既是施引文献，又是共被引文献的节点，这个节点用五角星表示）。该五角星施引文献在#5 三元聚合物研究中，所以进一步说明太阳能电池、石墨烯氧化物、有机薄膜晶体管等研究主题是#5 三元聚合物研究的知识基础，Dou L T（2013 年）一文将在未来凝聚态物理学研究领域中起到重要作用。从施引文献的引文主题聚类来看，Dou L T 在 2013 年发表的 *25th anniversary article*：*A decade of organic/polymeric photovoltaic research* 和 Orgiu E 在 2014 年发表的 *25th anniversary article*：*Organic electronics marries photochromism*：*Generation of multifunctional interfaces*，*materials*，*and devices* 涉及的主题聚类完全相同，均为 3 个，主要为太阳能电池、石墨烯氧化物、有机薄膜晶体管研究。而其余 8 篇文献的知识基础均为 2 个主题，并都包含#0 太阳能电池研究，说明该领域研究基础较为集中。

表 5.5　Δ*M* 前 10 篇施引文献及其相关研究者信息表

Δ*M*	作者	年份	施引文献名称	引文主题聚类
15.75	Dou L T	2013	25th anniversary article：A decade of organic/polymeric photovoltaic research	#0、#3、#6
5.88	He Z C	2014	Recent advances in polymer solar cells：Realization of high device performance by incorporating water/alcohol soluble conjugated polymers as electrode buffer layer	#0、#5
2.47	Cheng P	2014	Layer-by-layer solution-processed low-bandgap polymer-PC61BM solar cells with high efficiency	#0、#5
2.25	Lu L Y	2014	Understanding low bandgap polymer PTB7 and optimizing polymer solar cells based on it	#0、#7
2.09	Orgiu E	2014	25th anniversary article：Organic electronics marries photochromism：Generation of multifunctional interfaces，materials，and devices	#0、#3、#6
2.06	Zhou N J	2014	Morphology-performance relationships in high-efficiency all-polymer solar cells	#0、#6
2.03	Seifter J	2014	Transient photocurrent response of small-molecule bulk heterojunction solar cells	#0
1.98	Yang D	2014	Work-function-tunable chlorinated graphene oxide as an anode interface layer in high-efficiency polymer solar cells	#0、#3
1.94	Yuan J Y	2014	High polymer/fullerene ratio realized in efficient polymer solar cells by tailoring of the polymer side-chains	#0、#5
1.63	Park H	2014	An alternative hole transport layer for both ITO-and graphene-based organic solar cells	#0、#3

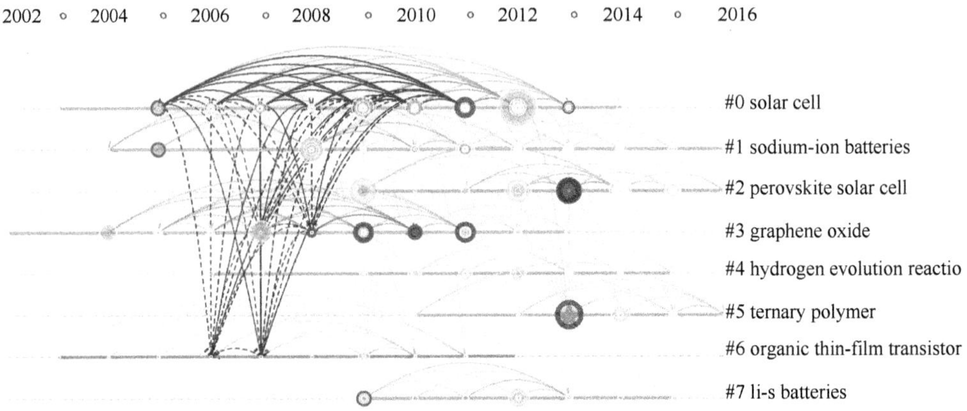

(a) Dou L T (2013年)

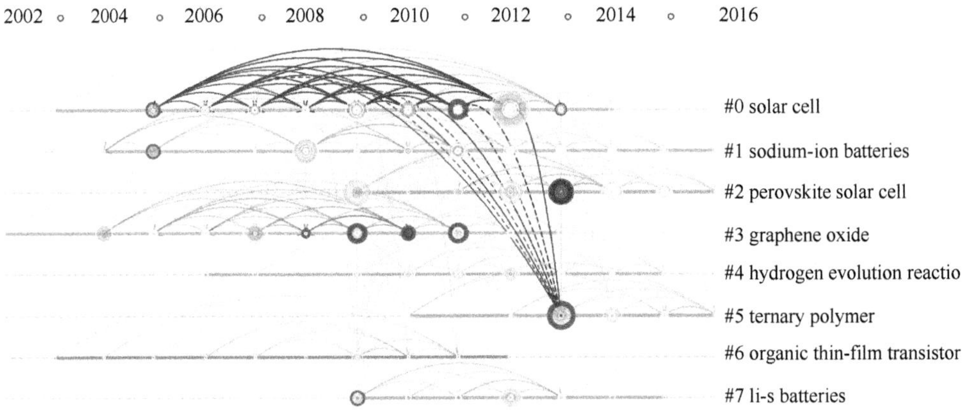

(b) He Z C (2014年)

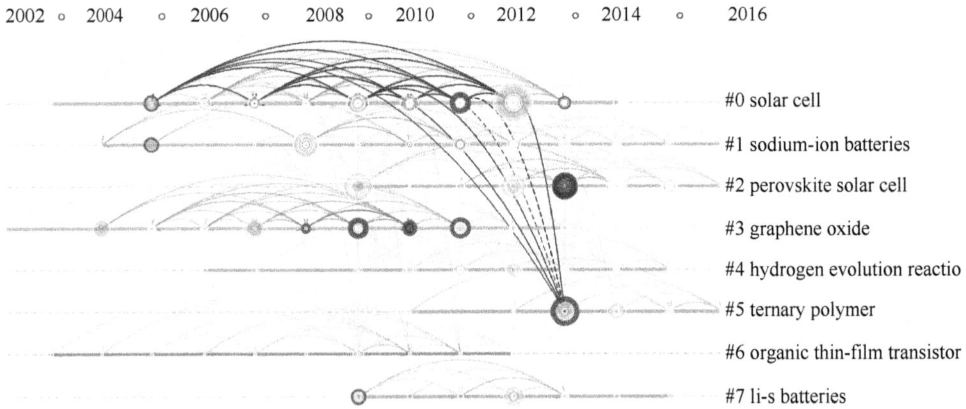

(c) Cheng P (2014年)

图 5.5　Dou L T（2013 年）、He Z C（2014 年）、Cheng P（2014 年）的引文轨迹

2. 聚类间连接变化率

找出 ΔC_{Lw} 最大、交叉属性最强的前 10 篇施引文献（表 5.6）和部分 ΔM 最大的文献的引文轨迹（图 5.6），发现 10 篇施引文献中学者各不相同，与 ΔM 最大的前 10 篇文献分布情况较为相似。从文献发表时间来看，Kim J 的 *High-performance integrated perovskite and organic solar cells with enhanced fill factors and near-infrared harvesting* 发表时间最新，是在 2016 年发表的。其余文献有 3 篇是 2013 年发表的，6 篇是 2014 年发表的。其中 Dou L T 在 2013 年发表的 *25th anniversary article：A decade of organic/polymeric photovoltaic research* 的 ΔC_{Lw} 值要远大于其他文献，并且该文献 ΔM 值也是最大的，所以 Dou L T（2013 年）一文在未来凝聚态物理学发展中将起到重要作用。Dou L T（2013 年）与 Kim J（2016 年）所跨聚类主题均为 3 个，都包含太阳能电池、有机薄膜晶体管研究主题。其余 8 篇文献所涉及的研究主题为 1～2 个，90%的文献都涉及#0 太阳能电池研究。说明太阳能电池研究在凝聚态物理学研究领域已经成为研究的知识基础。

表 5.6　ΔC_{Lw} 前 10 篇施引文献及其相关研究者信息表

ΔC_{Lw}	作者	年份	施引文献	引文主题聚类
0.14	Dou L T	2013	25th anniversary article：A decade of organic/polymeric photovoltaic research	#0、#3、#6
0.03	Cheng P	2014	Layer-by-layer solution-processed low-bandgap polymer-PC61BM solar cells with high efficiency	#0
0.03	Huang Y	2013	Manipulating backbone structure to enhance low band gap polymer photovoltaic performance	#0、#6
0.03	Zhang M J	2013	Efficient polymer solar cells based on benzothiadiazole and alkylphenyl substituted benzodithiophene with a power conversion efficiency over 8%	#0、#5
0.03	Kim J	2016	High-performance integrated perovskite and organic solar cells with enhanced fill factors and near-infrared harvesting	#0、#2、#6
0.02	He Z C	2014	Recent advances in polymer solar cells：Realization of high device performance by incorporating water/alcohol soluble conjugated polymers as electrode buffer layer	#1、#3
0.02	Lu L Y	2014	Understanding low bandgap polymer PTB7 and optimizing polymer solar cells based on it	#0、#7
0.02	Zhou N J	2014	Morphology-performance relationships in high-efficiency all-polymer solar cells	#0、#2
0.02	Seifter J	2014	Transient photocurrent response of small-molecule bulk heterojunction solar cells	#0、#5
0.02	Yuan J Y	2014	High polymer/fullerene ratio realized in efficient polymer solar cells by tailoring of the polymer side-chains	#0、#6

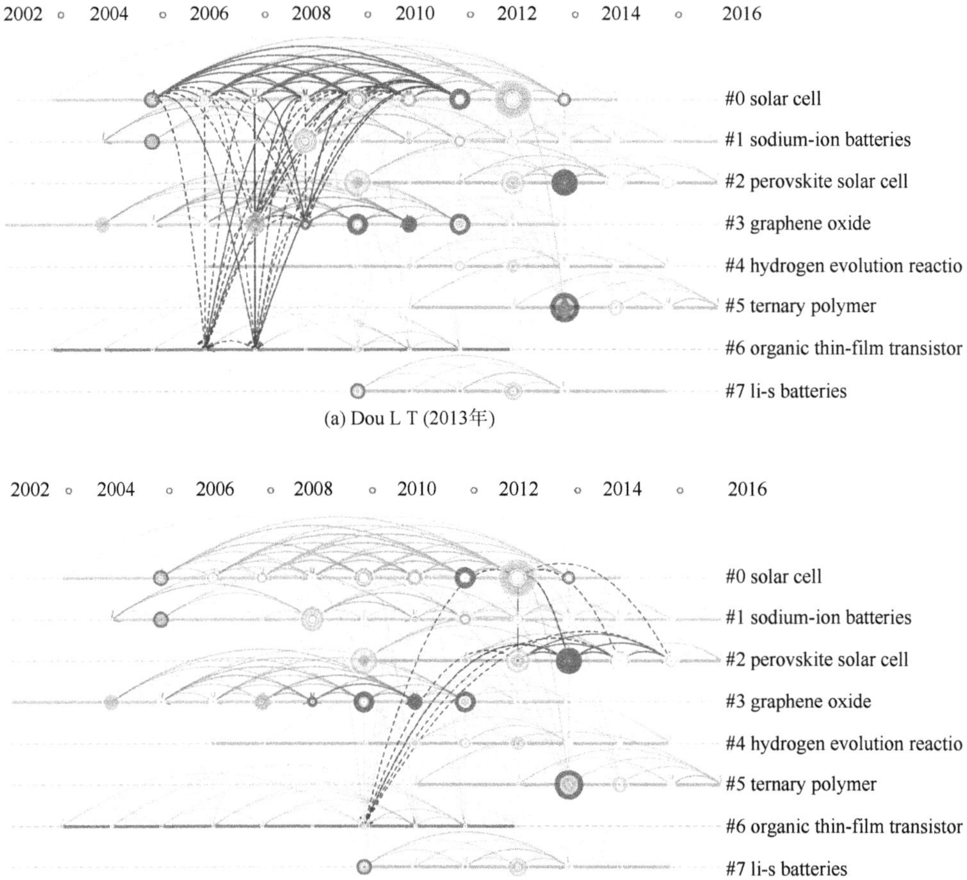

(b) Kim J (2016年)

图 5.6　Dou L T（2013 年）、Kim J（2016 年）的引文轨迹

3. 中心性分散度

找出凝聚态物理学研究共被引网络中，ΔC_{kl} 最大、对基础网络中原有节点的中心度分布情况影响最大的前 10 篇施引文献（表 5.7）和部分文献的引文轨迹（图 5.7）。发现 10 篇施引文献中的作者均不相同，其中 ΔC_{kl} 最大的三篇文献分别是 Dou L T 在 2013 年发表的 *25th anniversary article: A decade of organic/ polymeric photovoltaic research*，其 ΔC_{kl} 值为 0.9，Xu Y F 在 2013 年发表的 *Screen-printable thin film supercapacitor device utilizing graphene/polyaniline inks* 的 ΔC_{kl} 值为 0.34，Glowacki E D 在 2013 年发表的 *25th anniversary article: Progress in chemistry and applications of functional indigos for organic electronics* 的 ΔC_{kl} 值为 0.34。从发表时间上来看，有 50%的文献发表时间为 2015 年，其余的 50%的文献发表时间为 2013 年。从引文主题聚类来看，这 10 篇施引文献多涉及#0 太阳能电池研究和#6 有机薄膜晶体管研究，说明这两个聚类的变化对凝聚态物理学研究领域知识网络结构的改变具有决定性意义。

表 5.7　ΔC_{kl} 前 10 篇施引文献及其相关研究者信息表

ΔC_{kl}	作者	年份	施引文献	引文主题聚类
0.9	Dou L T	2013	25th anniversary article：A decade of organic/polymeric photovoltaic research	#0、#3、#6
0.34	Xu Y F	2013	Screen-printable thin film supercapacitor device utilizing graphene/polyaniline inks	#0、#1、#6
0.34	Glowacki E D	2013	25th anniversary article：Progress in chemistry and applications of functional indigos for organic electronics	#0、#3、#6
0.21	Azimi H	2015	A universal interface layer based on an amine-functionalized fullerene derivative with dual functionality for efficient solution processed organic and perovskite solar cells	#0、#2
0.21	Kang B	2013	Work-function-tuned reduced graphene oxide via direct surface functionalization as source/drain electrodes in bottom-contact organic transistors	#3、#6
0.19	Kim Y H	2013	Collecting the electrons on n-doped fullerene C-60 transparent conductors for all-vacuum-deposited small-molecule organic solar cells	#0、#3
0.18	Kesters J	2015	Porphyrin-based bulk heterojunction organic photovoltaics：The rise of the colors of life	#0、#2
0.17	Friebe C	2015	Development of active organic and polymeric materials for batteries and solar cells：Introduction to essential characterization techniques	#0、#2
0.17	Cheng M	2015	Phenoxazine-based small molecule material for efficient perovskite solar cells and bulk heterojunction organic solar cells	#0、#2、#5
0.17	Park S H	2015	Tandem solar cells made from amorphous silicon and polymer bulk heterojunction sub-cells	#0、#1、#2

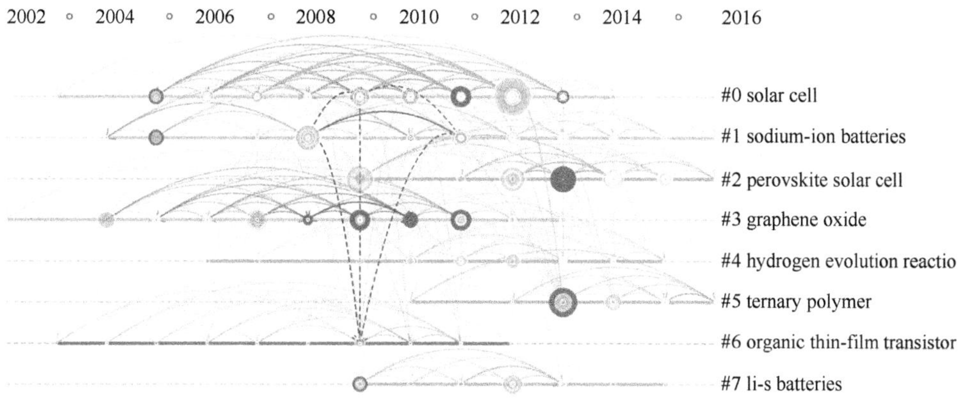

(a) Xu Y F (2013年)

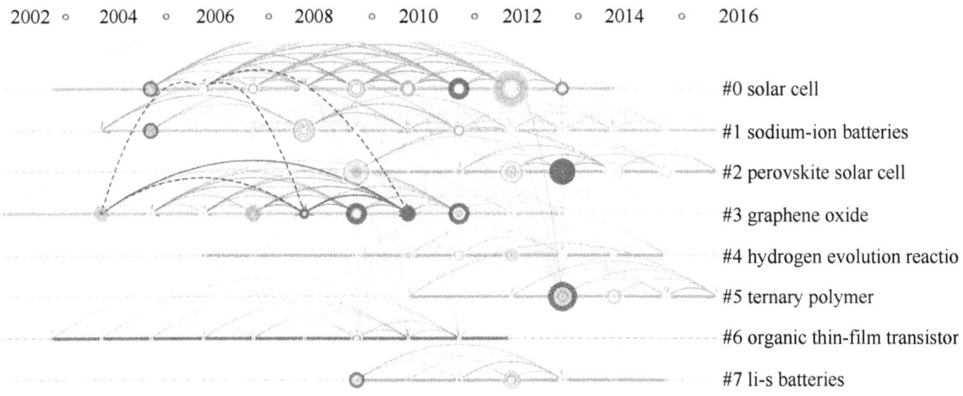

(b) Kim Y H (2013年)

图 5.7　Xu Y F（2013 年）、Kim Y H（2013 年）的引文轨迹

从表 5.5～表 5.7 中对比发现 Dou L T 在 2013 年发表的 *25th anniversary article: A decade of organic/polymeric photovoltaic research* 的三个指标的数值最大，且远大于其他文献的三个指标的数值，通过对该文献研究发现，该篇文献自出版以来被引 638 次。而 Dou L T 的总被引频次为 8964，H 指数为 28，i10 指数为 33。另外检索发现 Dou L T 被引频次最高的一篇文献是 2013 年发表的 *A polymer' tandem solar cell with 10.6% power conversion efficiency*（Google 学术中检索，检索时间为 2017 年 7 月）。

5.3　凝聚态物理学领域的科学合作

随着数字化信息时代的到来，科学家传统的思维方式和研究方法已不能完全满足当前科学研究发展的需要。科学研究不是一叶障目孤立进行的，所有科学家都是探索自然奥秘这个科学社会中的一员。单靠科学家个人探索或“小作坊”模式的科学劳动再也无法适应当代科学技术发展的潮流。为突破科技前沿和保持科研创新，科学合作作为一种科学的生产方式应运而生。它不仅为科学家提供了获取专业成就和增长知识的方法，也提供了获取科学资源和建立科学界精英之间学术交流网络的有效途径。事实证明，科学合作已成为当今各国科学发展的重要组成部分，从多著者论文在个体科学家及科研院所或大专院校之间的合著数量的惊人增长，可以得出这样的结论：科学合作已经成为现代科学的前提。

科学研究的合作程度日益增强，而合著论文是科学合作的最重要表现形式。据美国 SCI 数据系统分析，基础科学研究领域国际性合著论文占科学产出论文总量的比例在 20 世纪 80 年代是 70 年代的 1～2 倍，90 年代有进一步增长的趋势。因此，科学合作对于资源共享、思想交流、知识传播、信息获取等方面都具有重要的意义。特别在一些国际著名科技期刊上的合著文献，恰恰能反映当代前沿科学研究领域，所以将对凝聚态物理学领域合著文献的作者合作、机构合作、国家合作进行研究。

5.3.1 凝聚态物理学领域作者合作的可视化分析

使用 CiteSpace 软件，在 Project 界面进行相关设置 LRF=2、LBY=10、e=5.0、Nodes Labeled=5%，阈值设为 100，对 5 本期刊的 8399 篇文献进行作者合作的可视化分析（图 5.8）。通过对合作网络结构、关键节点以及网络节点的各项指标进行挖掘和深入分析，可以探测凝聚态物理学领域作者合作研究的整体情况。

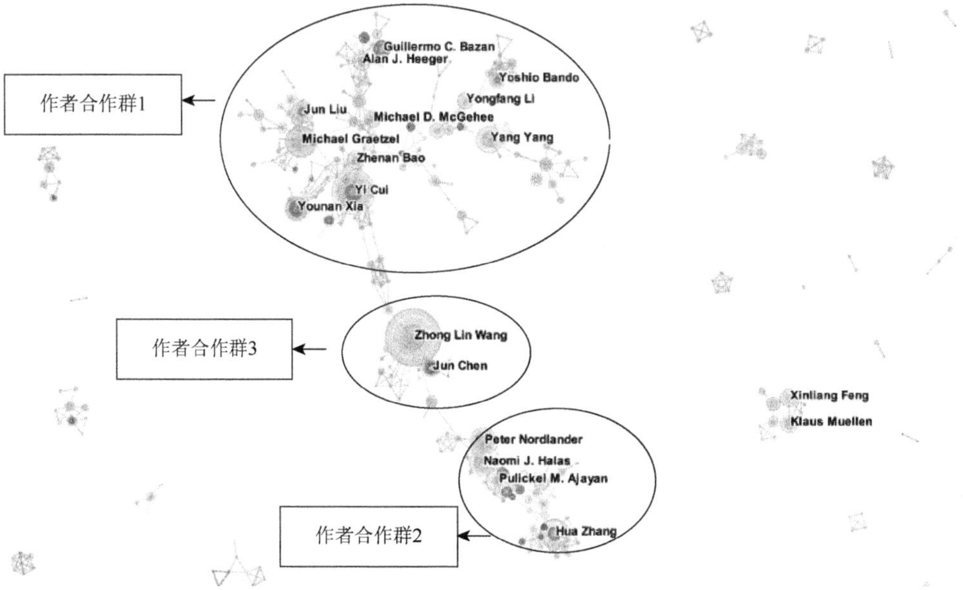

图 5.8 国际凝聚态物理研究作者合作网络图谱

在凝聚态物理学领域作者合作网络图谱中，形成了许多规模不等的作者合作群，每一个作者合作群代表着以作者研究主题为基础的知识点集合，反映了研究者彼此之间的合作关系。整体来看，凝聚态物理学领域已经形成了一个大的作者合作网络（作者合作群 1），这一网络中的科学合作比较集中，其余小团体作者合作较少。在作者合作群 1 中，形成了两个突现率较高的作者合作团体，分别是以

Xia Y N 和 Cui Y 为中心的作者合作团体。Xia Y N 与 Cui Y 是合作网络中突现率最高的研究者。从整个作者合作网络来看，网络中并未出现关键节点作者，即使合作频次较高的作者节点也未成为关键节点，这也反映出在凝聚态物理学研究领域中合作研究的主题相对集中。

在凝聚态物理学研究的作者合作网络图谱的基础上，利用 CiteSpace 软件系统的运行结果，对图谱中的节点指标进行统计分析，按照作者合作频次排序，列出合作频次最高的前 20 位的作者（表 5.8）。

表 5.8 凝聚态物理学领域作者合作频次分布表（前 20 位）

频率	突现率	中心度	Sigma	作者	年份
56	3.4	0	1	Wang Z L	2006
45	7.2	0	1	Cui Y	2008
33		0	1	Graetzel M	2006
32	4.23	0	1	Zhang H	2010
29		0	1	Nordlander P	2008
28		0	1	Yang Y	2008
27	7.62	0	1	Xia Y N	2007
27		0	1	Halas N J	2008
26	2.67	0	1	Ajayan P M	2010
26	2.6	0	1	Ruoff R S	2009
24	4.73	0	1	Lou X W	2012
23	4.65	0	1	Liu J	2011
21		0	1	Heeger A J	2007
20		0	1	Muellen K	2009
20		0	1	Bao Z N	2007
19	4.11	0	1	Chen J	2013
19	2.56	0	1	Bando Y	2009
19	2.74	0	1	Bazan G C	2013
19		0	1	Feng X L	2009
18	2.6	0	1	Li Y F	2012

作者的合作频次可以反映出作者之间的合作强度，合作频次越高，表明该作者合作产出的文献越多。另外，节点的突现率反映了某一时期作者合作频次的突增情况，突现率越大说明作者在这一时期合作发表文章的突增情况越明显。从表 5.8 中可以看出，合作频次较高的作者是 Wang Z L、Cui Y、Graetzel M、Zhang H 等。节点突现率较高的作者主要有 Xia Y N、Cui Y、Lou X W、Liu J、Zhang H、Chen J。揭示了作者之间的合作研究可以促进科研成果的产出，推动科学研究的发展。

Xia Y N 是布洛克家族主席和 GRA（Georgia Research Alliance）杰出学者，现担任美国化学会 *Nano Letters* 副主编，在凝聚态物理学领域的作者合作研究网络中占据重要的位置。在 Google 学术中检索其发表的文章，被引频次排在前三位的分别是：Xia Y N 与 Whitesides G M 合作发表的 *Soft lithography*，被引频次达 8677 次；Xia Y N 与 Yang P、Sun Y、Wu Y、Mayers B、Gates B、Yin Y、Kim F、Yan H 合作发表的 *One-dimensional nanostructures：Synthesis，characterization，and applications*，被引频次为 7330 次；Xia Y N 与 Sun Y 合作发表的文章 *Shape-controlled synthesis of gold and silver nanoparticles*，被引频次为 4680 次。三篇文章均围绕其研究的纳米等新材料的相关问题而展开。

Cui Y 曾任美国斯坦福大学教授，在 Google 学术中检索到其发表的文章中被引频次最高的前三篇分别是：Cui Y，Wei Q 和 Park H 合作发表的 *Nanowire nanosensors for highly sensitive and selective detection of biological and chemical species*，被引频次达 5173 次；Cui Y 发表的 *Functional nanoscale electronic devices assembled using silicon nanowire building blocks*，被引频次为 3231 次；Cui Y 与 Duan X，Huang Y，Wang J 合作发表的 *Indium phosphide nanowires as building blocks for nanoscale electronic and optoelectronic devices*，被引频次为 3345 次。近年来主要研究方向是分析纳米材料应用理论。以 Xia Y N 和 Cui Y 为中心的作者合作群是近几年来整个凝聚态物理学研究领域合作网络中突现率最高的合作群，两者研究的问题均为该领域研究的前沿热点，同时两者的研究主题也极为相近，这也是在凝聚态物理学领域合作研究中形成最大合作网络的主要原因。

Graetzel M 是著名的光电化学家、卓越的材料科学家，更是纳晶染料敏化太阳能电池的发明人。曾获材料领域的世界技术奖，该奖项是涵盖材料、物理、化学、生物、环境等 20 个领域的世界级奖项，旨在表彰为材料学科的奠定和重大研究突破作出杰出的贡献科学家。Graetzel M 在柏林工业大学取得博士学位，现担任瑞士洛桑联邦理工学院教授。由他领导建立的光子界面实验室，发明了染料敏化太阳电池，发表 1000 多篇科技文献，出版了两本专著，拥有 50 余项发明专利，他的学术论文被引频次超过 134 000 次，H 指数为 167，是世界上被引频次最高的 10 位化学家之一，位居物理化学领域第一名。在 Google 学术中检索其发表的文章中被引频次最高的前三篇分别是：Graetzel M 与 O'Regan B 合作发表的 *A low-cost，high-efficiency solar cell based on dye-sensitized colloidal* TiO_2 *films*，被引频次高达 26 222 次；Graetzel M 发表的 *Photoelectrochemical cells*，被引频次为 11 331 次；Graetzel M 与 Nazeeruddin M K、Kay A 和 Rodicio I 等合作发表的 *Conversion of light to electricity by cis-X2bis（2, 2'-bipyridyl-4, 4'-dicarboxylate）ruthenium（II）charge-transfer sensitizers*（$X=Cl^-, Br^-, I^-, CN^-$, *and* SCN^-）*on nanocrystalline titanium dioxide electrodes*，被引频次为 6478 次。

Graetzel M 将纳米科学与光转化相结合，开发出称为 Graetzel 电池的纳晶染料敏化太阳能，并因此闻名遐迩。Graetzel 电池将日光转化为电力，使用地表丰富的材料，效率接近薄膜硅电池，生产成本却低得多。该电池在 2009 年开始批量生产，这类太阳能电池由于在成本、效率、稳定性以及环境相容性上具有优势，未来将成为传统光伏器件的有力竞争者。

在作者合作群 2 中，形成了以 Zhang H（张华）为中心的合作关系网络。Zhang H 1988 年进入南京大学化学系，先后获学士和硕士学位，1995 年进入北京大学，1998 年获博士学位。从 1999 年开始，先后在比利时鲁汶大学、美国西北大学、美国 NanoInk 公司和新加坡生物工程与纳米技术研究院从事研究工作。后任新加坡南洋理工大学助理教授，2007 年受聘为南京邮电大学教授。主要研究方向为纳米科学与技术。他的文章先后发表在《美国化学会志》（*Journal of the American Chemical Society*）、《德国应用化学》（*Angewandte Chemie International Edition*）、《先进材料》（*Advanced Materials*）、《纳米通信》（*Nano Micro letters*）、《材料化学》（*Chemistry of Materials*）、《纳米技术》（*Nanotechnology*）等国际一流的化学、材料学、纳米科学技术期刊，包括 18 篇影响因子高于 3.0（其中有 6 篇影响因子＞6.0）的文章。2007 年起，任 *International Journal of Nanoscience* 副主编和 *NANO* 编委。其发表的文章中被引频次最高的前三篇分别是：Zhang H 与 Huang X、Oi X、Boey F 合作发表的 *Graphene-based composites*，被引频次高达 1265 次；Zhang H 与 Chhowalla M、Shin H S、Eda G、Li L J、Loh K P 合作发表的 *The chemistry of two-dimensional layered transition metal dichalcogenide nanosheets*，被引频次为 1053 次；Zhang H 与 Candèsl E J、Romberg J K 合作发表的 *The evolution of dip-pen nanolithography*，被引频次为 880 次。

凝聚态物理学领域作者之间的合作，一般是因为具有相同的研究方向或者研究过程中涉及其他方向而进行的合作。在凝聚态物理研究上目前形成以 Xia Y N 和 Cui Y 为中心的、突现率较高的研究团体，随着这一科学合作团体的不断壮大，作者之间的合作将更加频繁和密切。其他作者合作群虽然没有形成较大的作者合作网络，但每位作者仍在各个研究方向上都起着重要的带头作用，如作者合作群 2 中 Zhang H 的主要研究方向为纳米科学与技术。作者合作群 3 中 Wang Z L 主要从事材料科学和纳米科学研究，他在纳米材料可控生长、表征和应用等多方面取得了多项有国际重要影响力的原创性研究成果。他们在各自的领域上起着至关重要的引领和带动作用。

此外，作者合作网络图谱中的合作频次较高的研究者还有 Wang Z L、Wang Y 等。通过高合作频次研究者的彭南特图（图 5.9）对这些作者的合作情况进行进一步分析。

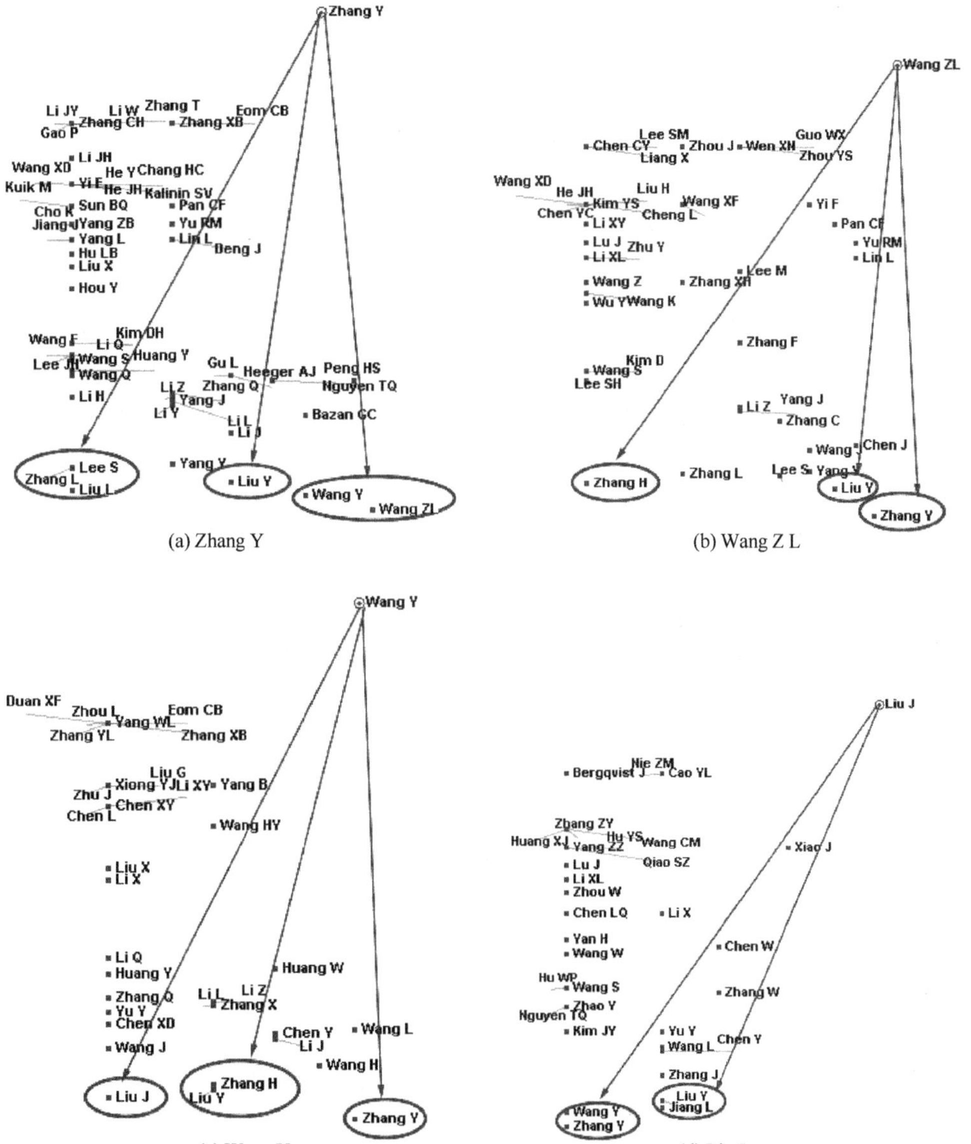

(a) Zhang Y　(b) Wang Z L

(c) Wang Y　(d) Liu J

图 5.9　高合作频次研究者的彭南特图

Wang Z L，华裔美籍物理学博士，1961 年出生于陕西省蒲城县。美国佐治亚理工学院终身教授、摄政董事教授（Regents' Professor）、纳米材料科学与技术中心主任，同时出任西安电子科技大学荣誉教授。2004～2012 年曾任国家纳米科学中心海外主任，现任华中科技大学武汉光电国家实验室海外主任、北京大学工学院先进材料与纳米技术系首届系主任、中国科学院外籍院士，是中国首批国家自然科学基金海外优秀青年科学家及中国科学院海外杰出学者基金获得者；2002 年当选为欧洲科学院院士；2005 年又当选为美国物理学会院士。Wang Z L 主要从事材料科学和纳米科学研究，在纳米材料可控生长、表征和应用等多方面取得了多项有国际重要影响力的原创性研究成果。

Wang Y 是浙江大学特聘研究员，博士生导师。浙江大学-马普协会国际伙伴小组组长。并先后承担中国博士后科学基金、国家自然科学基金青年科学基金、中国博士后科学基金特别资助以及石油化工联合基金等项目。目前，Wang Y 所领导的研究团队主要就氮掺杂的碳材料的合成与改性以及它们在多相催化氧化与加氢、生物质转化等领域的应用开展一系列的研究。在 *Journal of the American Chemical Society*、*Angewandte Chemie International Edition*、*Chemical Communications*、*Chemistry of Materials*、*The Journal of Physical Chemistry B* 等国际知名刊物上累计发表 SCI 论文 30 余篇，论文他引 390 多次。授权国家发明专利 9 项。

彭南特图学者由下到上排列，与目标学者的合作频次是逐渐降低的。在前 5 名高合作频次作者 Zhang Y、Wang Z L、Wang Y、Liu J、Jiang L 的彭南特图中，与 Zhang Y 合作频次较高的作者有 Wang Z L、Wang Y、Liu Y、Liu J、Lee S 等。与 Wang Z L 合作频次较高的作者有 Zhang Y、Liu Y、Lee S、Zhang H 等。与 Wang Y 合作频次较高的作者有 Zhang Y、Liu Y、Liu J、Zhang H 等。与 Liu J 合作频次较高的作者有 Zhang Y、Liu Y、Jiang L、Wang Y 等。与 Jiang L 合作频次较高的作者有 Liu J 和 Liu Y 等。研究发现与 Zhang Y、Wang Z L、Wang Y、Liu J、Jiang L 的合作频次较高的作者大多出现在高合作频次作者行列中，说明拥有高合作频次的作者之间相互合作的概率较大。其中 Zhang Y 与 Liu Y 在高合作频次作者之间最为活跃。

Liu Y（刘耘），美国马里兰大学化学系理论化学组博士后；美国弗吉尼亚理工大学地球科学系博士后；现为中国科学院地球化学研究所“百人计划”研究员、博士生导师。主要研究方向有：①改进稳定同位素核心平衡分馏理论和计算方法。提供包括振动激发态、内转子、振转耦合、量子转动等一系列校正，使超越简谐近似的同位素平衡分馏计算用于 H、Li、B 和二元同位素体系、建立新的涉及核体积效应的固相计算方法、建立常压下矿物与水溶液之间同位素分馏的新方法；②为新兴稳定同位素方向（如二元同位素、微小非质量分馏异常、热梯度下同位素分馏、非平衡过程等）建立新的理论和公式，扩展稳定同位素地球化学的研究方向；③计算提供非传统稳定同位素不同体系的基本分馏参数。任 *ActaGeochimica* 常务副主编及中国矿物岩石地球化学学会理事，中国科学院地球化学研究所矿床地球化学国家重点室学术委员会委员等。

5.3.2　凝聚态物理学领域机构合作的可视化分析

通过 CiteSpace 软件的机构合作分析功能，对凝聚态物理学相关领域的文献数据进行机构合作的可视化分析，得到研究机构合作的网络图谱（图 5.10）。

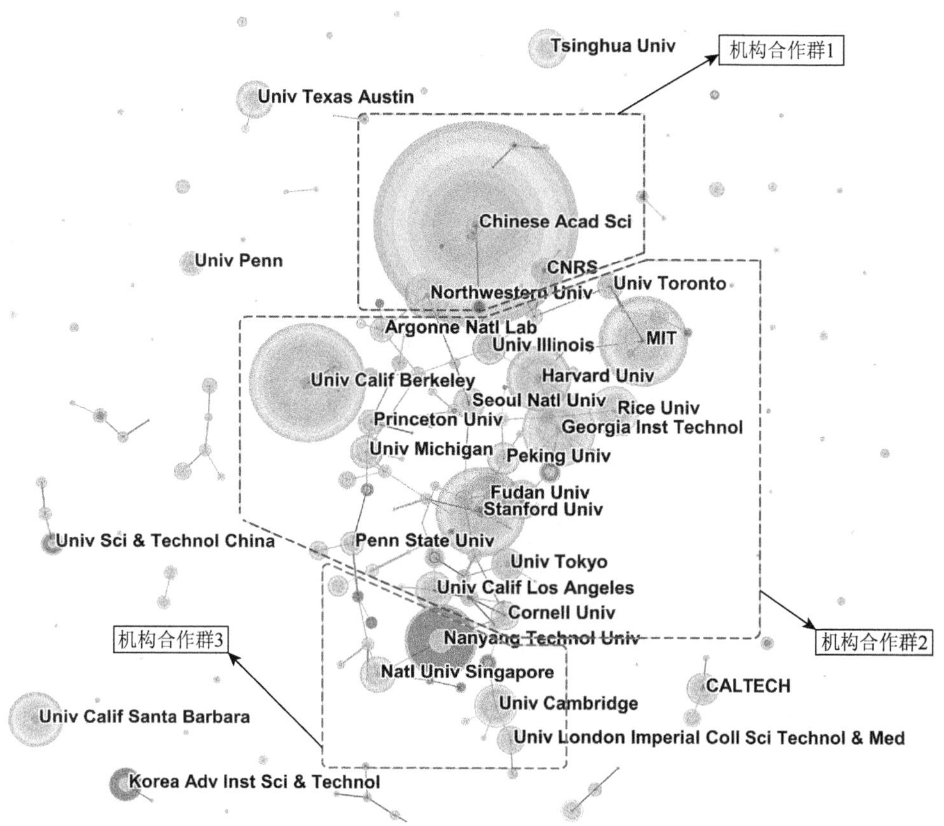

图 5.10　凝聚态物理学领域机构合作的网络图谱

机构合作网络图谱直观地揭示了全球凝聚态物理学领域研究机构合作的基本情况。由图可见，凝聚态物理学领域已经形成了 3 个主要的机构合作群，并伴有相对独立的研究机构呈星状分布，整体体现出核心分散、合作密切的特点。

机构合作群 1 以中国科学院为中心，合作频次最高，是中国整体研究能力和水平的体现。中国科学院是中国国家最高学术机构，下辖 6 个学部、12 个分院、104 家直属研究机构、4 个国家实验室、85 个国家重点实验室，各单位与国内主要高校常年保持紧密合作，其研究成果反映了中国科研人员在凝聚态物理学领域作出的学术贡献。

机构合作群 2 展现了美国及其合作机构在该领域的产出情况，高产机构百家争鸣，学科发展极具活力。加利福尼亚大学伯克利分校、麻省理工学院、斯坦福大学、佐治亚理工学院、哈佛大学等世界名校形成的核心研究机构极大地推动了全球凝聚态物理学领域的发展，是该领域研究的主阵地，其影响范围覆盖全美，对韩国、中国等地区也产生了深远的影响。

机构合作群 3 以新加坡、英国高校为轴心，正逐渐形成凝聚态物理学研究的“第三极”，是一股值得注意的新生力量。它以南洋理工大学为核心，该校在纳米材料、生物材料、功能性陶瓷和高分子材料等许多领域的研究享有世界盛名，由其发起的国际科技大学联盟（G7 联盟）也在推动科学研究全球化中发挥了积极的作用。

在此三大研究机构合作群之外，还存在加利福尼亚大学圣塔芭芭拉分校、清华大学、得克萨斯大学奥斯汀分校、韩国高级科学技术研究所等一大批呈卫星分布的研究机构，它们相对独立，也为该领域的发展作出了重要贡献。

在凝聚态物理学领域机构合作网络图谱的基础上，通过 CiteSpace 软件系统的运行结果，对图谱中的节点信息进行了统计分析，按照机构合作频次和中心度排序，列出合作频次和中心度排在前 10 位的机构（表 5.9）。

表 5.9　凝聚态物理学领域高合作频次和高中心度的研究机构列表（前 10 位）

高合作频次研究机构			高中心度研究机构		
频次	中心度	机构	中心度	频次	机构
695	0.12	中国科学院	0.12	695	中国科学院
187	0.07	麻省理工学院	0.1	105	美国西北大学
183	0.05	南洋理工大学	0.08	110	加利福尼亚大学圣塔芭芭拉分校
163	0.06	加利福尼亚大学伯克利分校	0.07	187	麻省理工学院
158	0.05	斯坦福大学	0.07	82	浙江大学
153	0.06	佐治亚理工学院	0.07	62	橡树岭国家实验室
152	0.01	北京大学	0.07	56	日本东北大学
149	0.03	清华大学	0.06	163	加利福尼亚大学伯克利分校
138	0.01	中国科学院大学	0.06	153	佐治亚理工学院
122	0.05	首尔大学	0.05	183	南洋理工大学

前 10 所高合作频次机构中中国机构有 4 所，即中国科学院、北京大学、清华大学、中国科学院大学；美国机构有 4 所，即麻省理工学院、加利福尼亚大学伯克利分校、斯坦福大学、佐治亚理工学院；新加坡机构和韩国机构各 1 所，分别为南洋理工大学和首尔大学。其中中国机构和美国机构在凝聚态物理学领域机构合作中最为活跃。而前 10 所高中心度机构中中国拥有 2 所机构，即中国科学院和

浙江大学；美国拥有美国西北大学、加利福尼亚大学圣塔芭芭拉分校、麻省理工学院、橡树岭国家实验室、加利福尼亚大学伯克利分校、佐治亚理工学院等 6 所机构；新加坡和日本拥有各 1 所，分别为南洋理工大学和日本东北大学，其中属于美国的高中心度机构数量远超其他国家。

从机构合作的频次来看，中国科学院排行第一，而北京大学、清华大学、中国科学院大学则排名较后，说明中国在凝聚态物理学领域机构合作中活跃机构较多，但活跃度差距较大。而同样拥有 4 所高合作频次机构的美国，机构之间的合作活跃度差距并不明显。说明相对于中国，美国在凝聚态物理学领域机构合作发展更为均衡。此外新加坡仅拥有 1 所高合作频次的机构，该机构拥有较高的合作频次，而且是新加坡在凝聚态物理学领域的代表机构。

从节点的中心度来看，中心度是网络中起到“桥梁”作用的节点指标，中心度大于 0.1 的节点称为关键节点。在机构中心度排名中中心度大于 0.1 的机构有中国科学院和美国西北大学 2 所。这表明这 2 所机构在整个凝聚态物理学领域的演化过程以及机构合作网络中起到重要作用。此外，美国在中心度排名前 10 所机构中占据 6 所，说明美国在凝聚态物理研究领域占据中心地位。

结合机构合作频次和中心度两个指标，发现同时拥有高合作频次和高中心度的机构有 5 所，分别是中国科学院、麻省理工学院、加利福尼亚大学伯克利分校、佐治亚理工学院、南洋理工大学。其中中国科学院在前 10 位高频次机构和高中心度机构中排行均第一，在机构合作频次中拥有高达 695 次的机构合作频次，远超排名第二的麻省理工学院，并且其中心度为 0.12，属于关键节点，说明中国科学院在凝聚态物理学领域机构合作中处于重要地位。中国科学院（Chinese Academy of Sciences）成立于 1949 年 11 月，是中国自然科学最高学术机构、科学技术最高咨询机构、自然科学与高技术综合研究发展中心。其中中国科学院物理研究所是以物理科学基础研究与应用基础研究为主的多学科、综合性研究机构。研究方向以凝聚态物理学为主，包括凝聚态物理、光物理、原子分子物理、等离子体物理、软物质物理、凝聚态理论和计算物理等。拥有磁学、超导、表面物理等 3 个国家重点实验室和光物理、电镜、真空物理、极端条件物理等 4 个院重点实验室。此外中国科学院物理研究所先后与美国、英国、德国、法国、日本等十几个国家开展了合作，包括与英国皇家学会、法国国家科学研究中心、德国马克斯·普朗克学会、荷兰皇家科学院、日本学术振兴会等国家级科学研究机构建立起了长期、稳固的友好合作关系，还与其他国家的数十个科研机构和大学建立了广泛的所级国际合作关系。广泛、频繁、高水平的学术交流有力地推动了中国科学院物理所在学术上与国际接轨的进程，并且明显提高了中国科学院在凝聚态物理领域机构合作的中心地位。

此外，美国的麻省理工学院也拥有较高的合作频次与高中心度排名。麻省理工学院（Massachusetts Institute of Technology，MIT）是位于美国马萨诸塞州剑桥市的一所世界顶级研究型私立大学，是美国一级国家级大学。从 20 世纪初开始，麻省理工学院物理系就一直属于重要的国家资源。在探索物质与能量的本质和宇宙动力学方面，麻省理工学院始终站在革命浪潮的中心。其中物理系教师中有 3 位是诺贝尔奖获得者，21 位是美国国家科学院院士，物理科学每个领域的带头人几乎都有麻省理工学院的教师。麻省理工学院物理系是美国最大的物理系之一，研究项目包括粒子和核物理的理论与实验、宇宙学与天体物理学、等离子体物理学、凝聚态物理的理论与实验、原子物理学和生物物理学。此外美国物理学会宣布，将 2017 年凝聚态物理学领域的最高奖 E.Buckley 奖颁发给美国麻省理工学院的文小刚和加利福尼亚理工学院的 Alexei Kitaev。根据美国物理学会介绍，这次获奖的工作是拓扑序理论和它在众多物理系统中的应用，说明在凝聚态物理学领域美国麻省理工学院仍然走在世界的前端。

作为同时属于高合作频次和高中心度行列中的南洋理工大学（Nanyang Technological University，NTU）为国际科技大学联盟的发起成员、AACSB（Association to Advance Collegiate Schools of Business）认证成员、国际事务专业学院协会（Association of Professional Schools of International Affairs，APSIA）成员，是新加坡一所科研密集型大学，在纳米材料、生物材料、功能性陶瓷和高分子材料等许多领域的研究享有世界盛名，为工科和商科并重的综合性大学，其中纳米材料与高分子材料都涉及物理科学领域，因此南洋理工大学在物理科学领域研究也较突出。

总之，凝聚态物理学领域机构合作中以高等院校为主体，科研机构所占比例较少。中国机构与美国机构在凝聚态物理学领域中占据中心位置，并在凝聚态物理学领域形成一定的研究规模和较为成熟的合作体系。其中中国科学院以远超其他机构的合作频次和高中心度成为凝聚态物理领域当之无愧的第一合作机构。但中国其他机构合作情况与中国科学院相比，仍有不小的差距。机构间的合作有利于相互借鉴学习，利弊互补，提高科研成果。因此，全面提高我国机构间合作及多国科研机构合作有利于扩大我国在凝聚态物理学领域的科研成果。

5.3.3 凝聚态物理学领域国家合作的可视化分析

随着互联网技术的快速发展，国家之间的科学合作日益增多，为进一步展现凝聚态物理学领域的科学合作情况，在作者合作和机构合作分析的基础上，使用同样的文献数据，通过 CiteSpace 软件系统绘制凝聚态物理学领域国家合作的网络图谱（图 5.11），展现凝聚态物理学领域研究的国家之间的研究合作情况。

从凝聚态物理学领域国家合作的网络图谱中可以看出，美国、中国、德国、韩国、日本、英国等国家在图中的节点很大，说明这些国家通过合作发表的文献很多，但是这些高产国家与国外的科学合作连线较少，说明这些高产国家的国内合作较为密切，发表的文章以国内合作为主。法国、新加坡、荷兰、瑞士、加拿大、西班牙、澳大利亚等国家在凝聚态物理学研究领域中的节点没有美国、中国等国家的节点大，说明这些国家相对于美国、中国等国家来说合作发文量较少，但是科学合作较为紧密，这些合作密切的国家未来在凝聚态物理研究领域的发展有可能超越英国、韩国、德国等国家，并且在未来将逐渐形成相对完备的科学合作研究体系。

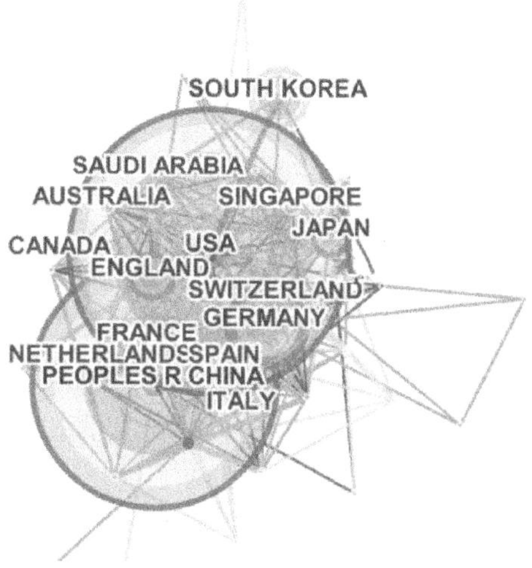

图 5.11　凝聚态物理研究国家合作的网络图谱

在凝聚态物理学领域国家合作网络图谱的基础上，通过 CiteSpace 软件系统的运行结果，对图谱中的节点进行了统计分析，按照合作频次及中心度排列，列出合作频次和中心度排在前 10 位的国家（表 5.10）。

表 5.10　凝聚态物理学领域国家合作网络中的高合作频次、高中心度国家列表（前 10 位）

高合作频次国家			高中心度国家		
频次	中心度	国家	中心度	频次	国家
2399	0.14	美国	0.26	700	德国
2085	0.16	中国	0.18	101	瑞典
700	0.26	德国	0.16	2085	中国
682	0	韩国	0.14	2399	美国
413	0.12	英国	0.12	413	英国
408	0.12	日本	0.12	408	日本
279	0.01	新加坡	0.09	206	瑞士
254	0.06	法国	0.09	140	西班牙
246	0.02	澳大利亚	0.07	56	印度
206	0.09	瑞士	0.06	254	法国

根据国家合作频次可分为三个等级，超过 2000 次的有美国和中国，合作频次分别高达 2399 次和 2085 次，属于合作主体国；合作频次为 500～2000 次的有德

国和韩国，分别为700次和682次，属于合作积极国；合作频次为200～500次的有英国、日本、新加坡、法国、澳大利亚、瑞士，属于合作新兴国。根据节点的中心度来看，中心度超过0.1的国家有德国、瑞典、中国、美国、英国、日本。其中美国和中国不仅属于合作主体国，同时中心度大于0.1，处于凝聚态物理学领域研究中的关键地位，德国也具有较高的高合作频次和高中心度排名，美国、中国、德国组成了凝聚态物理学领域研究主体。此外，英国、日本、瑞士、法国在国家合作频次和中心度排名都进入前10的行列中，组成了凝聚态物理学领域的中间力量。

综上所述，在凝聚态物理学领域国家合作中，形成了以美国、中国、德国为主导，以英国、日本、瑞士、法国为重要组成部分的国家合作体系。

5.4 凝聚态物理学领域主流学术团体与代表人物

根据作者在共被引网络中的被引频次以及在网络中的中心度和突现率等指标，可以挖掘凝聚态物理学领域研究的代表人物和主流学术团体，这些代表人物和主流学术团体代表了这一研究领域中不同的研究方向与热点问题，对凝聚态物理学领域的发展有着巨大的推动作用。因此，对代表人物和主流学术团体的分析，有利于更好地了解凝聚态物理学领域的整体研究方向及发展态势。

5.4.1 凝聚态物理学领域的主流学术团体分析

对凝聚态物理学领域的文献数据进行作者共被引分析，将得到的作者共被引网络以聚类视图的形式展现（图5.12）。在Project界面进行相关设置LRF=2、LBY=10、e=5.0、Nodes Labeled=5%。选取大于20的聚类，对#0～#5聚类进行分析（表5.11）。

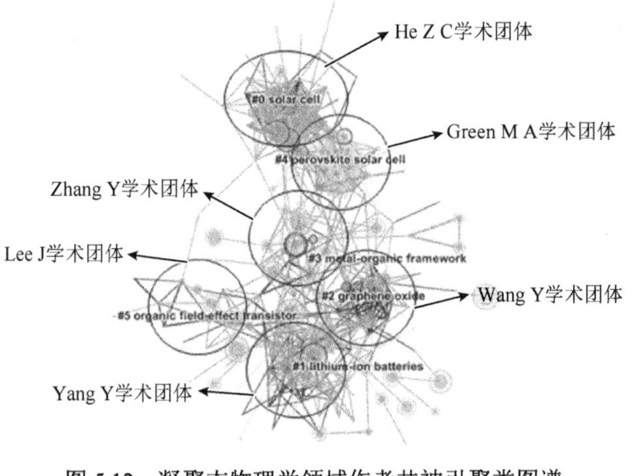

图5.12 凝聚态物理学领域作者共被引聚类图谱

表 5.11　凝聚态物理学领域作者共被引聚类信息表

聚类号	大小	轮廓值	平均年份	潜在语义分析	极大似然值	互信息
0	43	0.844	2012	solar cells; donoracceptor copolymer; electron tomography	solar cell（184 141.62，1.0×10^{-4}）；perovskite solar cell（55 981.44，1.0×10^{-4}）；organic solar cell（30 801.98，1.0×10^{-4}）	selective carbon oxidation（3.01）；tissue penetration device（3.01）；sub-10nm resolution（3.01）
1	38	0.813	2013	lithium-ion batteries；silicon；lithiation	lithium-ion batteries（49 146.59，1.0×10^{-4}）；solar cell（43 958.62，1.0×10^{-4}）；perovskite solar cell（37 394.38，1.0×10^{-4}）	selective carbon oxidation（2.03）；tissue penetration device（2.03）；sub-10nm resolution（2.03）
2	34	0.77	2012	solar cells；electron extraction layers；high-performance bulk heterojunction	graphene oxide（35 736.69，1.0×10^{-4}）；perovskite solar cell（33 024.88，1.0×10^{-4}）；chemical vapor deposition（30 655.92，1.0×10^{-4}）	selective carbon oxidation（1.8）；tissue penetration device（1.8）；sub-10nm resolution（1.8）
3	32	0.753	2013	solar cells；electron extraction layers；high-performance bulk heterojunction	metal-organic framework（16 675.35，1.0×10^{-4}）；hydrogen evolution reaction（16 397.5，1.0×10^{-4}）；perovskite solar cell（12 282.44，1.0×10^{-4}）	selective carbon oxidation（1）；tissue penetration device（1）；sub-10 nm resolution（1）
4	26	0.842	2014	perovskite solar cells；piezoelectric poling；lateral-structure single-crystal hybrid	perovskite solar cell（25 3061.88，1.0×10^{-4}）；efficient perovskite solar cell（24 696.24，1.0×10^{-4}）；planar heterojunction（24 362.97，1.0×10^{-4}）	selective carbon oxidation（3.61）；tissue penetration device（3.61）；sub-10nm resolution（3.61）
5	19	0.877	2012	25th anniversary article；applications；semiconductor	organic field-effect transistor（15 179.91，1.0×10^{-4}）；perovskite solar cell（10 698，1.0×10^{-4}）；organic thin-film transistor（10 505.46，1.0×10^{-4}）	selective carbon oxidation（0.56）；tissue penetration device（0.56）；sub-10nm resolution（0.56）

从凝聚态物理学领域作者共被引网络图谱中可以看出凝聚态物理研究领域中已经形成了 6 个明显的作者共被引群。为了研究方便，以每个学术团体中共被引频次最高的学者姓氏来代表这个团体，分别是 He Z C 学术团体（solar cell）、Yang Y 学术团体（lithium-ion batteries）、Wang Y 学术团体（grapheme）、Zhang Y 学术团体（metal-organic framework）、Green M A 学术团体（perovskite solar cell）、Lee J 学术团体（organic field-effect transistor）。在 CiteSpace 软件给出的聚类标识词的基础上，结合各个作者共被引聚类中抽取标签词的施引文献信息，分别对对应学术团体的主要研究方向进行分析。

对 He Z C 学术团体的施引文献进行文献主题词共现聚类分析，统计出施引文献影响力最高的前 10 篇文献信息（表 5.12）。在 CiteSpace 软件的 Project 界面设置 LRF=3、LBY=10、*e*=5.0、Nodes Labeled=5%，得到 He Z C 学术团体研究方向的聚类图谱（图 5.13）。在 He Z C 学术团体主题词共现聚类图谱中大于 25 的聚类有 9 个，包含 1013 个节点，3270 条线。研究发现 He Z C 学术团体主要有高性能锂碘电池（high-performance lithium-iodine flow battery）、表面图案化（surface patterning）、热处理（thermal processing）、稳定状态（steady state）、原位结构测量（in-situ structure measurement）、富勒烯光伏器件（fullerene photovoltaic device）、可调 $Zn_{1-x}Mg_xO$ 薄膜（tunable $Zn_{1-x}Mg_xO$ thin film）、无机薄膜多结（inorganic thin-film multijunction）、新的小分体异质结（new small-molecule bulk-heterojunction）等研究主题。

表 5.12　#0 聚类施引文献信息表

作者	文献名称	发表年份	文献影响力
Dou L T	25th anniversary article：A decade of organic/polymeric photovoltaic research	2013	0.37
Huang Y	Improving the ordering and photovoltaic properties by extending π-conjugated area of electron-donating units in polymers with D-A structure	2012	0.23
Jo J	A new terthiophene-thienopyrrolodione copolymer-based bulk heterojunction solar cell with high open-circuit voltage	2012	0.21
OMalley K M	Enhanced open-circuit voltage in high performance polymer/fullerene bulk-heterojunction solar cells by cathode modification with a C_{60} surfactant	2012	0.21
Dong Y	A series of new medium-bandgap conjugated polymers based on naphtho [1, 2-c：5, 6-c]bis（2-octyl-[1, 2, 3]triazole）for high-performance polymer solar cells	2013	0.19
Jin H	Efficient，large area ITO-and-PEDOT-free organic solar cell sub-modules	2012	0.19
Liu J	Hole and electron extraction layers based on graphene oxide derivatives for high-performance bulk heterojunction solar cells	2012	0.19
Osaka I	Drastic change of molecular orientation in a thiazolothiazole copolymer by molecular-weight control and blending with $PC_{61}BM$ leads to high efficiencies in solar cells	2012	0.19
Sun Y P	High-efficiency polymer solar cells based on poly（3-pentylthiophene）with indene-C_{70} bisadduct as an acceptor	2012	0.19
You J B	Metal oxide nanoparticles as an electron-transport layer in high-performance and stable inverted polymer solar cells	2012	0.19

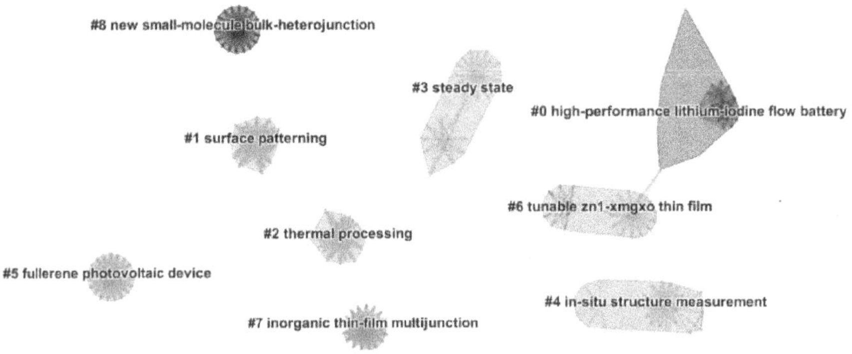

图 5.13　He Z C 学术团体研究方向的聚类图谱

对 Yang Y 学术团体的施引文献进行文献主题词共现聚类分析，统计出施引文献影响力最高的前 10 篇文献信息（表 5.13）。在 CiteSpace 软件的 Project 界面设置 LRF=2、LBY=8、*e*=2.0、Nodes Labeled=5%，得到 Yang Y 学术团体研究方向的聚类图谱（图 5.14）。在 Yang Y 学术团体主题词共现聚类图谱中大于 25 的聚类有 15 个，包含 1075 个节点，2398 条线。研究发现 Yang Y 学术团体主要有卤化钙钙钛矿（halide perovskite）、应变兼容设计（strain-compliant design）、锂枝晶（lithium dendrite）、单斜硫（monoclinic sulfur）、集电器（current collector）、稠合杂芳族有机化合物（fused heteroaromatic organic compound）、可充电钠离子电池（rechargeable sodium-ion batteries）、软 X 射线吸收光谱（soft X-ray absorption spectroscopy）、电化学动力学（electrochemical kinetics）、再生医学（regenerative medicine）、超快速纳米晶体（ultrafast nanocrystalline-TiO_2）、可行锂电池（viable Li-S battery cell）、锂硫电池（lithium-sulfur cell）、低成本的交联凝胶聚合物电解质（low-cost cross-linked gel-polymer electrolyte）、电荷产生（charge generation）等研究主题。

表 5.13　#1 聚类施引文献信息表

作者	文献名称	发表年份	文献影响力
Jiang J	Recent advances in metal oxide-based electrode architecture design for electrochemical energy storage	2012	0.32
Vu A	Porous electrode materials for lithium-ion batteries-how to prepare them and what makes them special	2012	0.26
Meng X B	Emerging applications of atomic layer deposition for lithium-ion battery studies	2012	0.24
Reddy A L M	Hybrid nanostructures for energy storage applications	2012	0.24
Cao R	Recent progress in non-precious catalysts for metal-air batteries	2012	0.21
Wang Y R	Li-redox flow batteries based on hybrid electrolytes：At the cross road between Li-ion and redox flow batteries	2012	0.21
Kraytsberg A	Higher，stronger，better… A review of 5 volt cathode materials for advanced lithium-ion batteries	2012	0.18
Li X L	Carbon nanotube-enhanced growth of silicon nanowires as an anode for high-performance lithium-ion batteries	2012	0.18
Marichy C	Atomic layer deposition of nanostructured materials for energy and environmental applications	2012	0.18
Shen L F	$Li_4Ti_5O_{12}$ nanoparticles embedded in a mesoporous carbon matrix as a superior anode material for high rate lithium ion batteries	2012	0.18

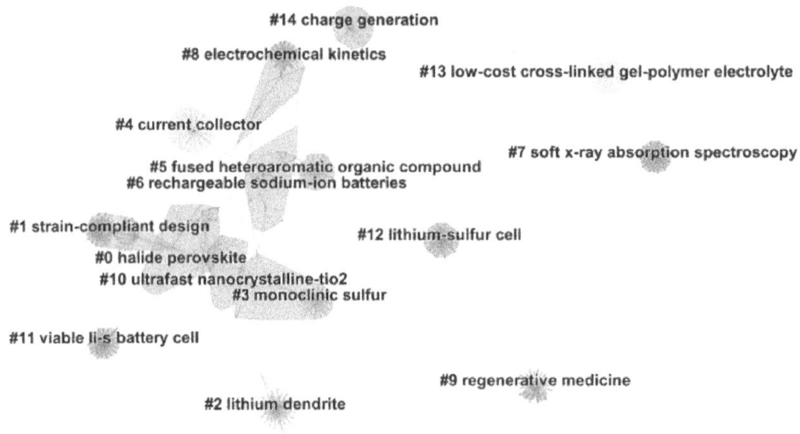

图 5.14 Yang Y 学术团体研究方向的聚类图谱

对 Wang Y 学术团体的施引文献进行文献主题词共现聚类分析，统计出施引文献影响力最高的前 10 篇文献信息（表 5.14）。在 CiteSpace 软件的 Project 界面设置 LRF=3、LBY=10、e=5.0、Nodes Labeled=5%，得到 Wang Y 学术团体研究方向的聚类图谱（图 5.15）。在 Wang Y 学术团体主题词共现聚类图谱中大于 30 的聚类有 8 个，包含 1269 个节点，3972 条线。研究发现 Wang Y 学术团体主要有高性能透明导电电极（high-performance transparent conductive electrode）、表面图案化（surface patterning）、光控电阻式开关存储器（light-controlled resistive switching memory）、基于 NDI 的小分子（NDI-based small molecule）、晶界结构（grain boundary structure）、导电有机-无机杂化结构（conductive organic-inorganic hybrid structure）、独特的半导体-金属-石墨烯（unique semiconductor-metal-graphene）、新范式（new paradigm）等研究主题。

表 5.14 #2 聚类施引文献信息表

作者	文献名称	发表年份	文献影响力
Zhu Y	New routes to graphene，graphene oxide and their related applications	2012	0.38
Morales-Narvaez E	Graphene oxide as an optical biosensing platform	2012	0.29
Shan C S	Facile synthesis of a large quantity of graphene by chemical vapor deposition：An advanced catalyst carrier	2012	0.29
Bi H C	Low temperature casting of graphene with high compressive strength	2012	0.26
Dong Z L	Facile fabrication of light，flexible and multifunctional graphene fibers	2012	0.26
Huang X D	Functional nanoporous graphene foams with controlled pore sizes	2012	0.26
Ahn B K	Synthesis and characterization of amphiphilic reduced graphene oxide with epoxidized methyl oleate	2012	0.24

续表

作者	文献名称	发表年份	文献影响力
Huang X	Graphene oxide-templated synthesis of ultrathin or tadpole-shaped Au nanowires with alternating *hcp* and *fcc* domains	2012	0.24
Gan S Y	Spontaneous and fast growth of large-area graphene nanofilms facilitated by oil/water interfaces	2012	0.21
Li T	Solution-processed ultrathin chemically derived graphene films as soft top contacts for solid-state molecular electronic junctions	2012	0.21

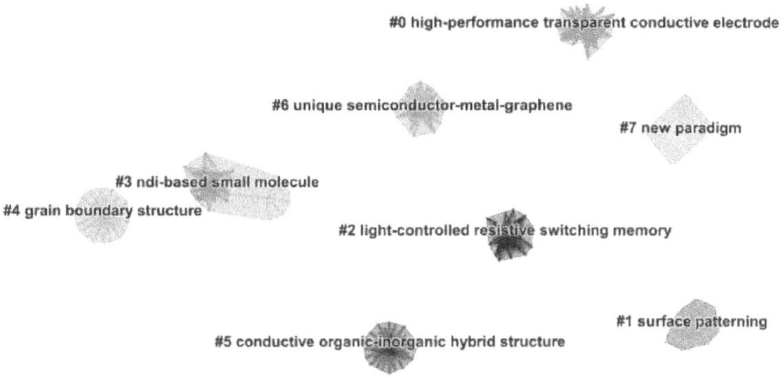

图 5.15　Wang Y 学术团体研究方向的聚类图谱

对 Zhang Y 学术团体的施引文献进行文献主题词共现聚类分析，统计出施引文献影响力最高的前 10 篇文献信息（表 5.15）。在 CiteSpace 软件的 Project 界面设置 LRF=3、LBY=10、e=5.0、Nodes Labeled=5%，得到 Zhang Y 学术团体研究方向的聚类图谱（图 5.16）。在 Zhang Y 学术团体主题词共现聚类图谱中大于 30 的聚类有 10 个，包含 1292 个节点，4193 条线。研究发现 Zhang Y 学术团体主要有高能阴极（high energy cathode）、可调半透性（tunable semipermeability）、高效低能隙聚合物（efficient low-bandgap polymer）、熵贡献（entropic contribution）、纳米多孔碳球（nanoporous carbon sphere）、柔性剥离石墨烯箔（flexible exfoliated graphene foil）、有效策略（effective strategy）、磁热制冷装置（magnetocaloric refrigeration device）、接触层（contact layer）、细菌纤维素衍生的碳（bacterial-cellulose-derived carbon）等研究主题。

表 5.15　#3 聚类施引文献信息表

作者	文献名称	发表年份	文献影响力
Araneo R	Piezo-semiconductive quasi-1D nanodevices with or without anti-symmetry	2012	0.12
Espinosa H D	A review of mechanical and electromechanical properties of piezoelectric nanowires	2012	0.12
Liu Y	Nanowire piezo-phototronic photodetector：Theory and experimental design	2012	0.12

续表

作者	文献名称	发表年份	文献影响力
Monceau P	Electronic crystals：An experimental overview	2012	0.12
Vigderman L	Functional gold nanorods：Synthesis，self-assembly，and sensing applications	2012	0.12
Wang J	Non-noble metal-based carbon composites in hydrogen evolution reaction：Fundamentals to applications	2012	0.12
Wang X	ZnO hollow spheres with double-yolk egg structure for high-performance photocatalysts and photodetectors	2017	0.12
Wang Z L	Progress in piezotronics and piezo-phototronics	2012	0.12
Yang X Y	Full visible range covering InP/ZnS nanocrystals with high photometric performance and their application to white quantum dot light-emitting diodes	2012	0.12
Aboutalebi S H	Enhanced hydrogen storage in graphene oxide-MWCNTs composite at room temperature	2012	0.09

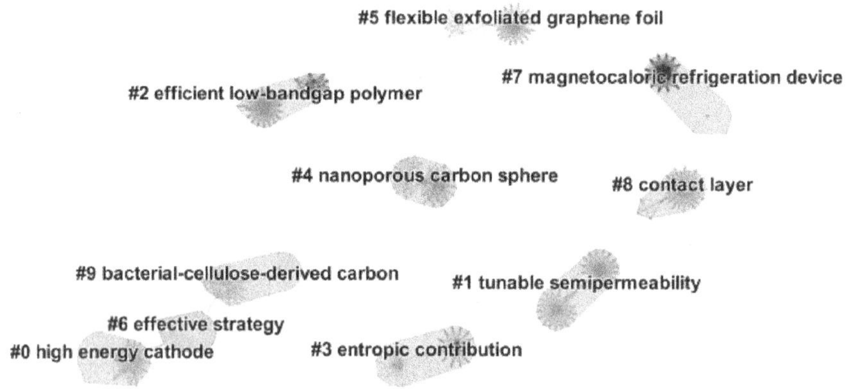

图 5.16　Zhang Y 学术团体研究方向的聚类图谱

对 Green M A 学术团体的施引文献进行文献主题词共现聚类分析，统计出施引文献影响力最高的前 10 篇文献信息（表 5.16）。在 CiteSpace 软件的 Project 界面设置 LRF=3、LBY=10、*e*=5.0、Nodes Labeled=5%，得到 Green M A 学术团体研究方向的聚类图谱（图 5.17）。在 Green M A 学术团体主题词共现聚类图谱中大于 25 的聚类有 9 个，包含 1058 个节点，3384 条线。研究发现 Green M A 学术团体主要有可充电锂电池（rechargeable lithium batteries）、非孪生复合（nongeminate recombination）、钙钛矿装置（perovskite device）、各种表面（various surface）、无机纳米管（inorganic nanotube）、半透明串联（semi-transparent tandem）、电阻开关行为（resistive switching behavior）、黄锡矿中薄膜太阳能电池（kesterite thin-film solar cell）、有机光伏组件（organic photovoltaic module）等研究主题。

表 5.16 #4 聚类施引文献信息表

作者	文献名称	发表年份	文献影响力
Leijtens T	Stability of metal halide perovskite solar cells	2015	42
Zhang H	A smooth $CH_3NH_3PbI_3$ film via a new approach for forming the PbI_2 nanostructure together with strategically high CH_3NH_3I concentration for high efficient planar-heterojunction solar cells	2015	0.42
Jung J W	High-performance semitransparent perovskite solar cells with 10% power conversion efficiency and 25% average visible transmittance based on transparent CuSCN as the hole-transporting material	2015	0.38
Liang P W	Roles of fullerene-based interlayers in enhancing the performance of organometal perovskite thin-film solar cells	2015	0.38
Liu J	High-quality mixed-organic-cation perovskites from a phase-pure non-stoichiometric intermediate$(FAI)_{1-x}$-PbI_2 for solar cells	2015	0.38
Chen Y H	Layer-by-layer growth of $CH_3NH_3PbI_{3-x}Cl_x$ for highly efficient planar heterojunction perovskite solar cells	2015	0.35
Cheng M	Phenoxazine-based small molecule material for efficient perovskite solar cells and bulk heterojunction organic solar cells	2015	0.35
Hwang K	Toward large scale roll-to-roll production of fully printed perovskite solar cells	2015	0.35
Kim J H	Enhanced environmental stability of planar heterojunction perovskite solar cells based on blade-coating	2015	0.35
Kim J H	High-performance and environmentally stable planar heterojunction perovskite solar cells based on a solution-processed copper-doped nickel oxide hole-transporting layer	2015	0.35

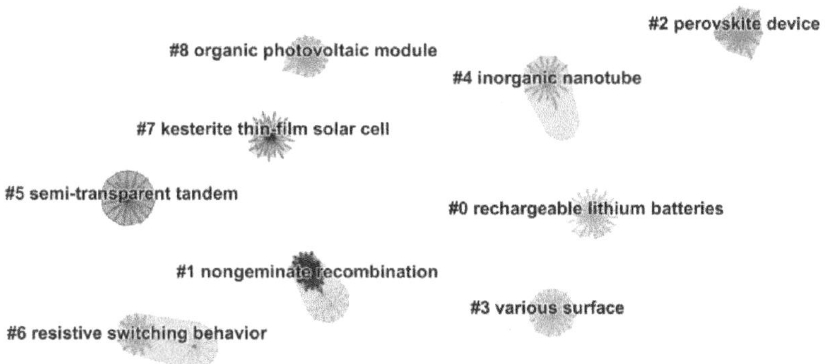

图 5.17 Green M A 学术团体研究方向的聚类图谱

对 Lee J 学术团体的施引文献进行文献主题词共现聚类分析，统计出施引文献影响力最高的前 10 篇文献信息（表 5.17）。在 CiteSpace 软件的 Project 界面设置 LRF=3、LBY=10、e=5.0、Nodes Labeled=5%，得到 Lee J 学术团体研究方向的聚类图谱（图 5.18）。在 Lee J 学术团体主题词共现聚类图谱中大于 25 的聚类有 6 个，包含 757 个节点，2379 条线。研究发现 Lee J 学术团体主要有采用氟化聚合物栅极电介质（employing fluorinated-polymer gate dielectrics）、机电性能（electromechanical properties）、纺织电化学储能装置（textile-based electrochemical energy storage device）、空气稳定有机太阳能电池（air-stable organic solar cell）、纸墨阴极（paper-ink cathode）、混合太阳能电池（hybrid solar cell）等研究主题。

表 5.17　#5 聚类施引文献信息表

作者	文献名称	发表年份	文献影响力
Li H Y	High-performance transistors and complementary inverters based on solution-grown aligned organic single-crystals	2012	0.32
Li J H	Solution processable low-voltage organic thin film transistors with high-*k* relaxor ferroelectric polymer as gate insulator	2012	0.26
Li L Q	High-performance and stable organic transistors and circuits with patterned polypyrrole electrodes	2012	0.26
Natali D	Charge injection in solution-processed organic field-effect transistors: Physics，models and characterization methods	2012	0.26
Baeg K J	Remarkable enhancement of hole transport in top-gated n-type polymer field-effect transistors by a high-k dielectric for ambipolar electronic circuits	2012	0.21
Hwang D K	Stable solution-processed molecular *n*-channel organic field-effect transistors	2012	0.21
Ma R	Carbon-nanotube/silver networks in nitrile butadiene rubber for highly conductive flexible adhesives	2012	0.21
Minari T	Controlled self-assembly of organic semiconductors for solution-based fabrication of organic field-effect transistors	2012	0.21
Tawfick S	Engineering of micro-and nanostructured surfaces with anisotropic geometries and properties	2012	0.21
Xu F	Highly conductive and stretchable silver nanowire conductors	2012	0.21

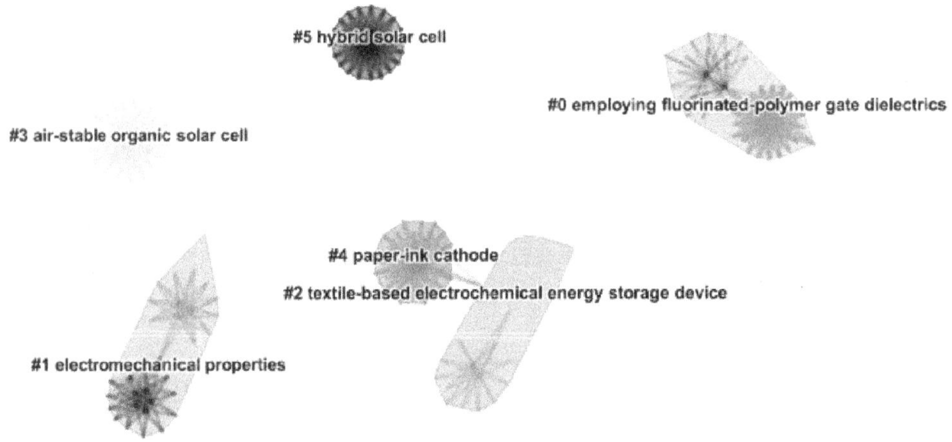

图 5.18　Lee J 学术团体研究方向的聚类图谱

5.4.2　凝聚态物理学领域的代表人物分析

对于代表人物的选取，在凝聚态物理学领域作者共被引聚类图谱的基础上，利用 CiteSpace 软件系统结合跳变算法对凝聚态物理学领域作者共被引图谱中节点指标进行统计分析，找出共被引频次最高的前 10 位学者（表 5.18）。

表 5.18　高共被引频次、高突现率、高中心度作者信息表（前 10 位）

频次	作者	聚类号	突现率	作者	聚类号	中心度	作者	聚类号
343	Wang Y	2	29.3	Park S H	0	0.22	Li Z	1
326	Yang Y	1	26.49	Kim J Y	0	0.16	He Z C	0
311	Liu J	6	26.21	Chen H Y	0	0.16	Chen W	4
304	Lee J	5	22.13	Mihailetchi V D	0	0.13	You J B	4
299	Kim J	2	21.16	Peet J	0	0.13	Zhu Y W	2
296	Zhang Y	3	20.05	Lee S	23	0.12	Kim H	1
276	Novoselov K S	2	19.99	Yan H	5	0.12	Liang Y Y	0
272	Kim H	1	19.7	Zhou H P	4	0.12	Li Y G	3
265	Liu Y	2	19.49	Scharber M C	0	0.11	Novoselov K S	2
264	He Z C	0	19.1	Liu M Z	4	0.11	Simon P	1

研究发现，前 10 位共被引频次最高的作者中 40%属于#2 聚类的 Wang Y 学术团体，其中 Wang Y 具有最高共被引频次 343 次。其余聚类的学术团体所占比例均占 10%，说明在凝聚态物理学领域中 Wang Y 学术团体占据核心位置。在前 10 位高突现率作者中 60%属于#0 聚类的 He Z C 学术团体，并且前 5 位高突现率作者均来自 He Z C 学术团体，说明 He Z C 学术团体的研究主题具有较高的突变因素。前 10 位高中心度作者中 30%属于#1 聚类的 Yang Y 学术团体，其中 Li Z 具有最高的中心度 0.22，说明 Yang Y 学术团体相比较其他学术团在凝聚态物理学领域具有较高的研究地位。另外，对凝聚态物理学领域进行作者共被引分析，并各选出#0～#5 中频次最高的作者，作为该聚类的代表人物。#0 聚类的代表人物有 He Z C，#1 聚类的代表人物有 Yang Y，#2 聚类的代表人物有 Wang Y（表 5.19）。

表 5.19　各聚类最高频次作者信息表

频次	作者	聚类号
264	He Z C	0
326	Yang Y	1
343	Wang Y	2
296	Zhang Y	3
230	Green M A	4
304	Lee J	5

5.5 本章小结

物理科学是基础科学研究中的重要学科门类。作为物理科学中重要的基础理论学科，凝聚态物理学经过半个多世纪的发展，已经成为当今物理科学领域中研究最广泛、发展速度最快的分支学科之一。凝聚态物理学的研究状况反映了物理科学基础研究的基本发展态势。本章首先对物理科学各分支领域的研究文献情况进行了分析，介绍了各学科产出文献的国家、机构和作者等的分布情况。使用文献信息可视化软件工具，绘制了凝聚态物理学领域研究前沿的科学知识图谱，并对这一领域的未来发展的潜在影响力文献进行分析。通过绘制凝聚态物理学领域的作者、机构和国家三个层面的科学合作网络图谱，揭示了这一领域不同层面的科学合作研究情况。最后通过作者共被引网络知识图谱，展现了凝聚态物理学领域形成的主流学术团体和代表人物情况。

第 6 章　化学科学–无机化学研究的知识图谱

化学科学是一门研究物质的性质、组成、结构、变化、用途、制法以及物质变化规律的自然科学。其中，分析方法和工具是化学研究的基本手段。一方面，经典物质成分的组成分析方法仍在不断改进，如分析灵敏度从常量发展到微量、超微量、痕量；另一方面，发展新的分析方法，可深入进行结构分析，构象测定，同位素测定，各种活泼中间体如自由基、离子基、卡宾、氮宾、卡拜等的直接测定，以及对短寿命亚稳态分子的检测等。分离技术也在不断革新，如离子交换、膜技术、色谱法等。本章首先介绍基础化学研究和发展的概况，尤其是基础化学各分支领域的研究文献的产出情况。其次，以基础化学中的无机化学研究为例，通过绘制无机化学研究的科学知识图谱，探究其研究前沿及其未来发展预测。最后对无机化学领域科学合作情况以及这一领域研究的主流学术团体和代表人物进行可视化分析，从整体上把握无机化学领域的研究现状，以推动这一领域的健康持续发展。

6.1　化学科学研究的发展态势

从 16 世纪开始，欧洲工业生产蓬勃兴起，推动了医药化学和冶金化学的创立与发展，使炼金术转向生活和实际应用，继而更加注意物质化学变化本身的研究。在元素的科学概念建立后，通过对燃烧现象的精密实验研究，建立了科学的氧化理论和质量守恒定律，随后又建立了定比定律、倍比定律等，为化学进一步科学的发展奠定了理论基础。18 世纪 70 年代，拉瓦锡用定量的化学实验阐述了燃烧的氧化学说，开创了定量化学研究时期，推动了化学研究的快速发展。19 世纪初，英国化学家道尔顿提出近代原子学说，强调各种元素的原子质量为其最基本的特征，其“中量”概念的引入，是与古代原子论的一个主要区别。接着意大利科学家阿伏伽德罗提出“分子”的概念。使用原子–分子论来研究化学，化学才真正确立为一门科学。这一时期，建立了不少化学基本定律。俄国化学家门捷列夫发现元素周期律，德国化学家李比希和维勒发展了有机结构理论，这些理论都推动化学成为一门系统性科学，为现代化学研究体系的建立奠定了基础。

化学是一门建立在实验基础上的科学，实验与理论一直是化学研究中相互依赖、彼此促进的两个方面。进入 20 世纪以后，由于受到自然科学其他学科发展的影响，并广泛地应用当代科学的理论、技术和方法，化学在认识物质的组成、结构、合成和测试等方面都有了长足的进展，而且在理论方面取得了许多重要成果。在无机化学、分析化学、有机化学和物理化学四大分支学科的基础上产生了新的化学分支学科。化学发展的趋势也由宏观向微观、由定性向定量、由稳定态向亚稳定态发展，由经验逐渐上升到理论，再用于指导设计和开创性的研究。

6.1.1　化学科学研究文献产出的基本情况

根据研究对象和相关研究性质，美国科睿唯安 Web of Science 平台中的期刊引证报告将化学科学按照研究方向主要分为分析化学、无机与核化学、有机化学、应用化学、药物化学、多学科化学、物理化学七大研究领域。各领域的文献收录情况如表 6.1 所示。

表 6.1　化学科学研究各领域基本信息表（1997～2017 年）

期刊引证报告分类	期刊数量/本	文献数量/篇	高产机构前五位	高产国家前五位
分析化学	76	414 743	中国科学院、俄罗斯科学院、美国国家科学研究委员会、浙江大学、西班牙国家研究委员会	美国、中国、日本、德国、西班牙
应用化学	72	402 255	中国科学院、俄罗斯科学院、西班牙高等科学研究委员会、浙江大学、东京大学	中国、美国、日本、德国、韩国
无机与核化学	46	256 601	俄罗斯科学院、中国科学院、南京大学、法国国家科学研究中心、南开大学	中国、美国、德国、印度、法国
药物化学	60	234 370	中国科学院、首尔大学、俄罗斯科学院、中国医药大学、沈阳药科大学	美国、中国、日本、德国、印度
多学科化学	166	1 497 693	中国科学院、俄罗斯科学院、加利福尼亚大学伯克利分校、吉林大学、麻省理工学院	美国、中国、日本、德国、印度
有机化学	59	395 912	中国科学院、俄罗斯科学院、日本京都大学、法国国家科学研究中心、印度化学科技研究所	美国、中国、日本、印度、德国
物理化学	146	957 834	中国科学院、俄罗斯科学院、法国国家科学研究中心、西班牙高等科学研究委员会、加利福尼亚大学伯克利分校	美国、中国、德国、日本、法国

从化学科学七大研究领域所包含的期刊数量上来看，多学科化学和物理化学研究领域期刊数量最多，分别为 166 本和 146 本，而其他五个领域的期刊数量较少，分析化学为 76 本，应用化学为 72 本，无机与核化学为 46 本，药物化学为 60 本，有机化学为 59 本。

从化学科学七大研究领域 1997～2017 年的文献数量来看，多学科化学和物理化学两个研究领域的文献数量也是最多的，分别为 1 497 693 篇和 957 834 篇，其余 5 个研究领域文献数量在 20 万～50 万篇，各领域文献数量上的巨大差距与各领域期刊数量上的差距有一定关系，即各领域文献数量与期刊数量成正比。

从化学科学七大研究领域的高产机构来看，中国科学院和俄罗斯科学院一直排在化学科学领域研究的高产机构前列，中国的高产机构占 40%以上，其余国家的机构所占比均未超过 25%。其中，中国科学院、浙江大学、南京大学、吉林大学等机构在化学科学中的分析化学、无机与核化学、药物化学、多学科化学等领域表现尤为突出，处于国际领先行列。其中，在分析化学领域中高产机构有中国科学院、俄罗斯科学院、美国国家科学研究委员会、浙江大学、西班牙高等科学研究委员会；无机与核化学领域中高产机构有俄罗斯科学院、中国科学院、南京大学、法国国家科学研究中心、南开大学；药物化学领域中高产机构有中国科学院、首尔大学、俄罗斯科学院、中国医药大学、沈阳药科大学。

从化学科学七大研究领域的高产国家来看，基础化学研究高产国家主要有美国、中国、德国、西班牙、日本、印度等，其中美国和中国一直排在高产国家前列。此外，在高产机构中，俄罗斯科学院一直处在高产机构前列，但是在高产国家中，俄罗斯表现并不突出；而日本也处于化学学科高产国家行列，但是其在高产机构中并不突出，这说明化学科学研究的高产机构与高产国家不成正比，高产国家在一定程度上是由相关科研机构的数量决定的。

为了更好地探测化学科学领域基础研究的情况，有必要从化学科学领域的具体研究方向入手，从该方向的研究主题、研究前沿的变革、科学合作、学术团体等视角展开分析与讨论，以更精确地对化学基础研究有全面的了解。因此以化学基础研究中的无机化学领域为例，从无机化学领域的研究主题、研究前沿的变革、科学合作、学术团体等视角展开分析与讨论，进一步展示该领域的研究状况。

6.1.2　无机化学研究文献产出的基本情况

在 Web of Science 平台的期刊引证报告分类中无机与核化学领域共有 46 本期刊，其中以无机化学基础研究为宗旨，旨在报道无机化学领域的基础研究和应用基础研究的创新成果的期刊主要有两本，分别是《无机化学》（*Inorganic Chemistry*）和《无机化学学报》（*Chinese Journal of Inorganic Chemistry*），这两本期刊代表了当前国内外无机化学基础研究状况。《无机化学》发表了无机化学各阶段的基础研究，覆盖的范围包括关于结构和热力学定量研究、无机反应的动力学与机制、生物有机化学以及有机金属化学、固态现象和化学键合理论等方面的实验与理论报告。重点是重要的新型和已知化合物的合成、结构、热力学、反应性、光谱学与黏合性能。《无机化学学报》是展示我国无机化学研究成果的学术性刊物。1985 年由化学前辈戴安邦院士（发起）创刊，主编为游效曾院士。期刊主要报道我国无机化学领域的基础研究和应用基础研究的创新成果，内容涉及固体无机化学、配位化学、无机材料化学、生物无机化学、有机金属化学、理论无机化学、超分子化学和应用无机化学、催化等，设有综述、研究快报及论文等栏目。

以《无机化学》和《无机化学学报》为数据源对无机化学基础研究进行分析。在 Web of Science 核心合集数据库中检索这两本期刊 2012～2017 年的数据，选取 Article 和 Review 两种类型的文献，一共检索到 9827 条文献数据，从时间上来看文献数量随着时间的变化逐渐减少（图 6.1）。这些数据中一共包含 3279 个科研机构，89 个国家和地区。其中文献产出量最高的前五个机构分别是中国科学院、南京大学、法国国家科学研究中心、印度理工学院、中国科学院大学；文献产出量最高的前五个国家分别是中国、美国、德国、法国、日本（表 6.2）。查找这些高产机构和国家的 H 指数发现，国家或机构的文献产出量与其影响力成正比。

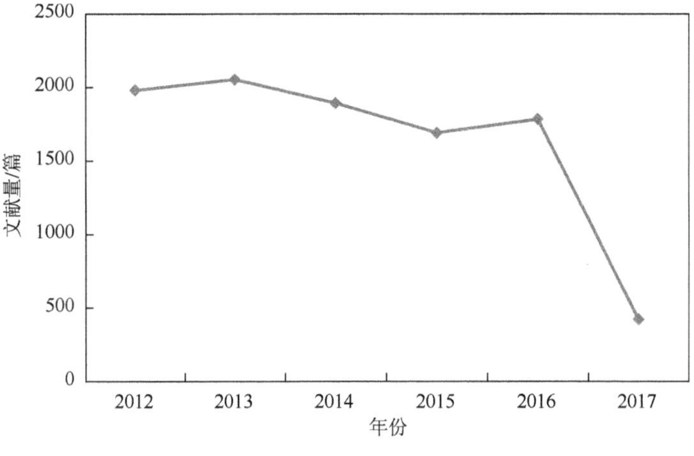

图 6.1　2012～2017 年无机化学基础研究领域文献量逐年分布图

表 6.2　高产机构、高产国家及其影响力信息表（前 5 位）

高产机构（发文量/篇）	高产机构 H 指数	高产国家（发文量/篇）	高产国家 H 指数
中国科学院（547）	41	中国（3349）	56
南京大学（233）	19	美国（2412）	46
法国国家科学研究中心（182）	26	德国（1086）	35
印度理工学院（155）	26	法国（819）	36
中国科学院大学（131）	23	日本（668）	33

从 ESI 高水平论文来看，这 9827 篇文献中 ESI 高水平论文有 47 篇。这 47 篇 ESI 高水平文献包含 8 个国家，66 个科研机构。这 8 个国家分别是中国、美国、印度、新加坡、捷克、法国、德国、韩国，其中中国和美国的 ESI 文献所占比例最高，分别占据 44.7%和 27.7%。在 66 个科研机构中，占据三篇及三篇以上的有 5 个机构，分别是中国科学院、兰州大学、南开大学、新加坡南洋理工大学、东北师范大学，并且 66 个机构中有 45%的机构是中国机构（表 6.3）。

表 6.3　47 篇 ESI 文献国家和部分机构信息

国家（文献数量/篇）	机构（文献数量/篇）
中国（21）	中国科学院（5）
美国（13）	兰州大学（3）
印度（4）	南开大学（3）
新加坡（4）	新加坡南洋理工大学（3）
捷克（2）	东北师范大学（3）
法国（2）	美国西北太平洋国家实验室（2）
德国（2）	美国亚利桑那大学（2）
韩国（2）	西安交通大学（2）

将检索结果的 9827 条文献经过 CiteSpace 软件清洗、去重处理，共得到 9482 条数据。使用当前国际信息可视化分析工具 CiteSpace 软件、Google Fusion Table 等工具，运用作者合作、机构合作、国家合作、文献共被引分析、作者共被引分析、期刊共被引分析等方法，对文献数据进行计量和可视化分析，以探测无机化学基础研究领域的研究前沿、知识基础的变迁及预测、科学合作情况以及代表人物与主流学术团体等问题。

6.2　无机化学的研究前沿

通过对无机化学研究领域的文献进行文献共被引分析，探测无机化学领域 2012～2017 年的研究前沿问题及其逐年演化规律等。通过对突现文献的分析揭示当前无机化学领域研究的最新趋势，并且利用文献引文网络结构变换模型来预测无机化学研究领域中潜在的有影响力的文献和关注焦点。

6.2.1　无机化学研究的前沿主题

通过 CiteSpace 软件中的聚类视图对无机化学的数据进行基于文献共被引聚类的

分析（图 6.2）。在 Project 界面设置 LFR=3、LBY=10、*e*=5.0、Nodes Labeled=5%。共被引网络中包含 296 个节点，1476 条线，其聚类信息表如表 6.4 所示。

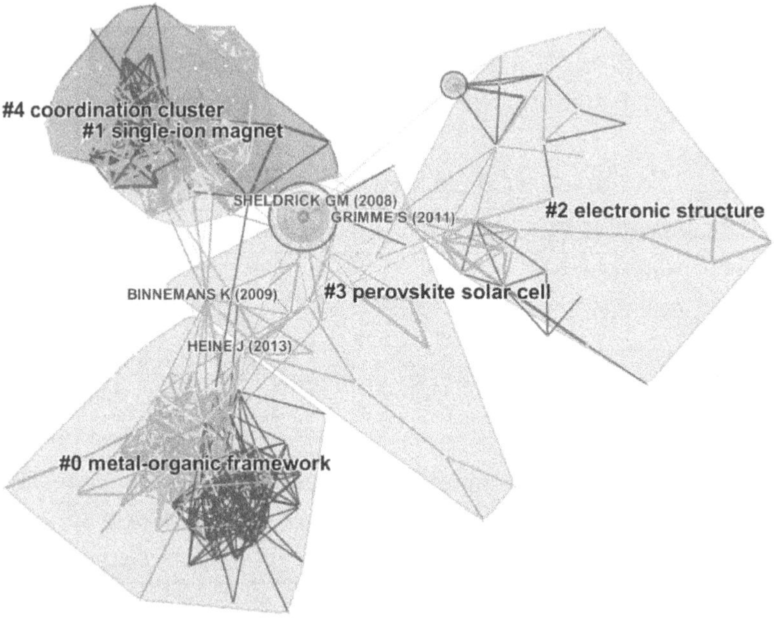

图 6.2　无机化学领域文献共被引聚类图谱

表 6.4　无机化学领域文献共被引聚类信息表

聚类号	大小	轮廓值	平均年份	极大似然值
0	68	0.957	2009	metal-organic framework（83 718.07，1.0×10⁻⁴）；coordination polymer（22 460.4，1.0×10⁻⁴）；single-molecule magnet（21 367.61，1.0×10⁻⁴）
1	59	0.801	2010	single-ion magnet（48 781.75，1.0×10⁻⁴）；single-molecule magnet（38 395.88，1.0×10⁻⁴）；magnetic relaxation（36 701.62，1.0×10⁻⁴）
2	29	0.961	2007	electronic structure（27 932.12，1.0×10⁻⁴）；room temperature（18 598.03，1.0×10⁻⁴）；functional theory（17 212.61，1.0×10⁻⁴）
3	24	0.87	209	perovskite solar cell（11 108.71，1.0×10⁻⁴）；photophysical properties（9 575.92，1.0×10⁻⁴）；structure-band gap relationship（8 391.21，1.0×10⁻⁴）
4	19	0.817	2006	coordination cluster（9 505.04，1.0×10⁻⁴）；magnetic properties（8 342.97，1.0×10⁻⁴）；tetranuclear lanthanide hydroxo cluster（7 288.38，1.0×10⁻⁴）

研究发现无机化学领域当前的研究热点问题主要有金属有机框架（metal-organic framework）、单离子磁体（single-ion magnet）、电子结构（electronic structure）、

钙钛矿太阳能电池（perovskite solar cell）、协调集群（coordination cluster）等方面，钙钛矿太阳能电池研究处在网络结构的中心位置，连接各个研究方向。其中金属有机框架是 Yaghi 研究小组 1995 年在 *Nature* 上发表，用过渡金属 Co 和均苯三甲酸制备的二维结构材料，并第一次提出了金属有机框架材料这一概念。金属有机框架材料是将有机配体和金属离子通过自组装形成的具有重复网络结构的一种类沸石材料，是近几十年来配位化学领域中发展得比较快的新材料。与传统的无机多孔材料相比，金属有机框架材料具有更大的空隙率和比表面积，尤其是可调节的孔径以及可变的功能基团。目前，金属有机框架材料已经应用于氢气存储、药物运载、催化反应、生物传感器、气体吸附与分离等方面。金属有机框架材料的研究涉及有机化学、无机化学、配位化学、材料化学、生命科学以及计算机科学等学科的最新成果，因而近年来与金属有机框架相关的研究受到了越来越多研究团队的关注。

近几年来，钙钛矿太阳能电池由于其独特的物理化学性质受到了广泛的关注。这种钙钛矿材料具有很高的消光系数、较强的电荷传递能力、长的载流子寿命、长的载流子扩散距离以及特殊的双极性。钙钛矿太阳能电池自 2009 年提出以来取得了迅猛的进展，其性能甚至超越了其他类型的电池，它的光电转换效率也从最初的 3.8%增长到 20.8%。钙钛矿太阳能电池为目前市场上太阳能电池转化效率的 2 倍，并且大幅度降低了太阳能电池的生产和使用成本，使之成为最有可能在未来代替传统单晶硅太阳能电池的新型太阳能电池，并且在 2013 年被 *Science* 评为国际十大科技进展之一。

另外，在无机化学领域文献共被引聚类图谱中找出了四个关键节点文献，分别是 Binnemans K 在 2009 年发表的 *Lanthanide-based luminescent hybrid materials*、Heine J 在 2013 年发表的 *Engineering metal-based luminescence in coordination polymers and metal-organic frameworks*、Grimme S 在 2011 年发表的 *Effect of the damping function in dispersion corrected density functional theory*、Sheldrick G M 在 2008 年发表的 *A short history of SHELX*。其中 Binnemans K（2009 年）和 Heine J（2013 年）将#0 金属有机框架、#1 单离子磁体和#3 钙钛矿太阳能电池研究主题连接在一起。Grimme S（2011 年）将#1 单离子磁体、#2 电子结构和#3 钙钛矿太阳能电池研究主题连接在一起。而 Sheldrick G M（2008 年）将#1 单离子磁体、#2 电子结构、#3 钙钛矿太阳能电池和#4 协调集群研究主题连接在一起。

为揭示无机化学领域研究前沿主题的演化逻辑，利用 CiteSpace5.0 的逐年聚类功能，对无机化学领域研究前沿主题进行逐年聚类分析。新版本的 CiteSpace 支持根据潜在语义索引识别的术语逐年生成集群标签的功能。研究将主要集中在最大的五个集群（图 6.3）。

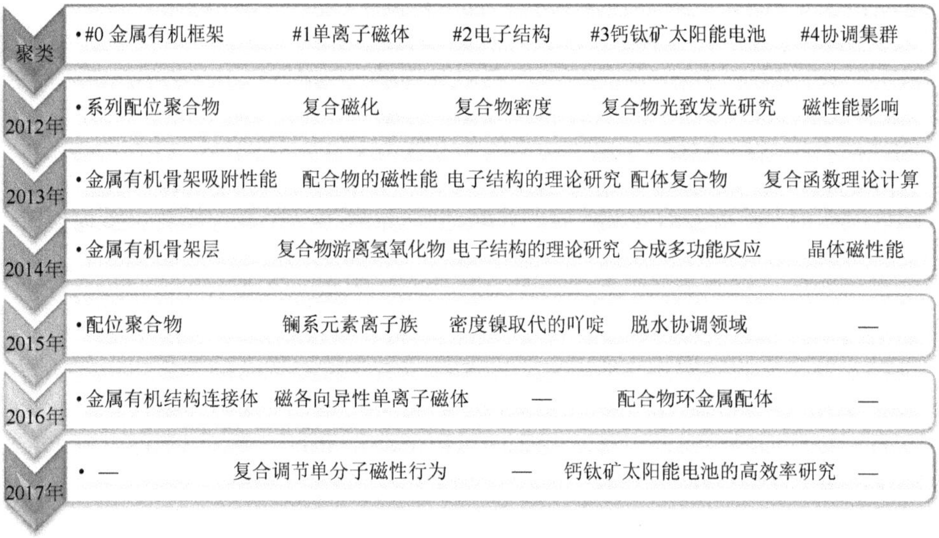

图 6.3　无机化学领域研究前沿主题的逐年分布图

在无机化学研究前沿主题的逐年演化过程中，各个聚类研究前沿主题的逐年聚类标识词没有出现重复。其中#1 单离子磁体研究前沿主题 2012～2014 年主要针对复合物展开一系列研究，而 2015～2017 年则集中在复合调节单分子磁性的行为研究等。#3 钙钛矿太阳能电池研究前沿主题 2012～2017 年对钙钛矿太阳能电池先后开展了复合物光致发光研究、配体复合物研究、合成多功能反应、脱水协调领域、配合物环金属配体、钙钛矿太阳能电池的高效率研究，该研究历程充分体现了钙钛矿太阳能电池研究的发展。从 2012 年的复合物光致发光研究，到 2017 年的钙钛矿太阳能电池的高效率研究，充分展现了钙钛矿太阳能电池的蓬勃发展。

6.2.2　无机化学研究的未来预测

在对无机化学领域研究前沿主题及其逐年演化的分析基础上，为进一步预测无机化学研究领域具有潜在变革的文献和研究主题，分别从模式性变化率（ΔM）、聚类间连接变化率（ΔC_{Lw}）和中心性分散度（ΔC_{kl}）3 个测度指标来展现知识基础网络的结构变换情况。

1. 模式性变化率

通过 CiteSpace 软件分析，找出 ΔM 最大，即对网络结构变换的影响最大的前 10 篇施引文献（表 6.5）和部分 ΔM 最大的文献的引文轨迹（图 6.4）。

表 6.5　ΔM 前 10 篇施引文献及其相关研究者信息表

ΔM	作者	年份	施引文献名称	引文主题聚类
12.61	Pointillart F	2013	Lanthanide dinuclear complexes involving tetrathiafulvalene-3-pyridine-N-oxide ligand：Semiconductor radical salt，magnetic，and photophysical studies	#1, #2, #3, #4
10.98	Pointillart F	2013	A series of tetrathiafulvalene-based lanthanide complexes displaying either single molecule magnet or luminescence-direct magnetic and photo-physical correlations in the ytterbium analogue	#1, #2, #3, #4
5.58	Chandrasekhar V	2013	Tetranuclear lanthanide (III) complexes containing dimeric subunits：Single-molecule magnet behavior for the Dy_4 analogue	#1, #3, #4
5.56	Jami A K	2013	New structural form of a tetranuclear lanthanide hydroxo cluster：Dy_4 analogue display slow magnetic relaxation	#1, #4
5.42	Hazra A	2013	Effect of pillar modules and their stoichiometry in 3D porous frameworks of Zn(II) with $[Fe(CN)_6]^{3-}$：high CO_2/N_2 and CO_2/CH_4 selectivity	#0, #2, #3
5.11	Pointillart F	2013	High nuclearity complexes of lanthanide involving tetrathiafulvalene ligands：Structural，magnetic，and photophysical properties	#1, #2, #4
4.8	Maurice R	2013	Single-ion magnetic anisotropy and isotropic magnetic couplings in the metal-organic framework Fe_2（dobdc）	#0, #1, #2
4.44	Zheng B S	2013	Expanded porous MOF-505 analogue exhibiting large hydrogen storage capacity and selective carbon dioxide adsorption	#0, #3
4.07	Zou C	2013	Four metalloporphyrinic frameworks as heterogeneous catalysts for selective oxidation and aldol reaction	#0, #3
3.98	Chandrasekhar V	2013	Octanuclear $\{Ln(III)_8\}$(Ln=Gd, Tb, Dy, Ho)macrocyclic complexes in a cyclooctadiene-like conformation：Manifestation of slow relaxation of magnetization in the Dy(III) derivative	#1, #3, #4

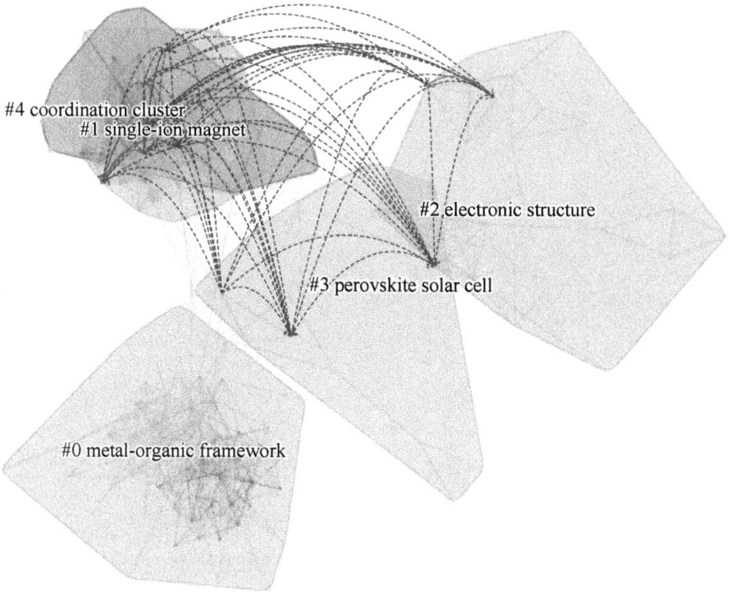

(a) Pointillart F (2013 年a)

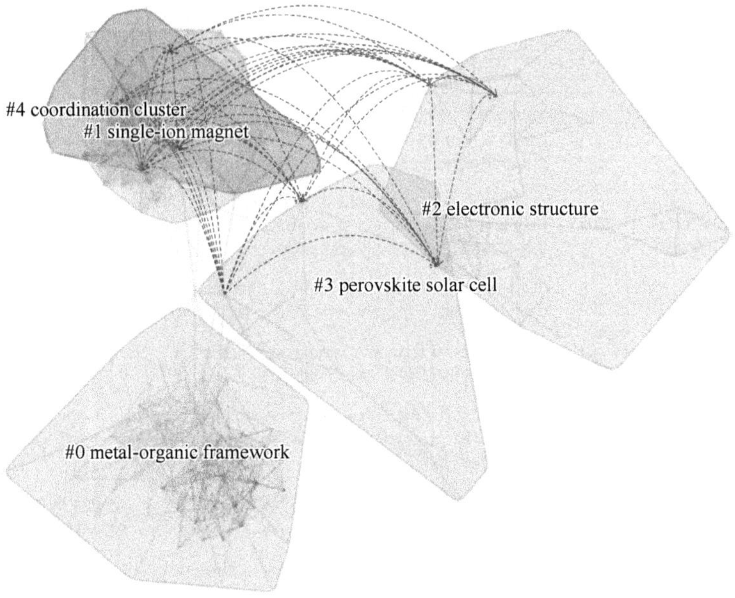

(b) Pointillart F (2013 年b)

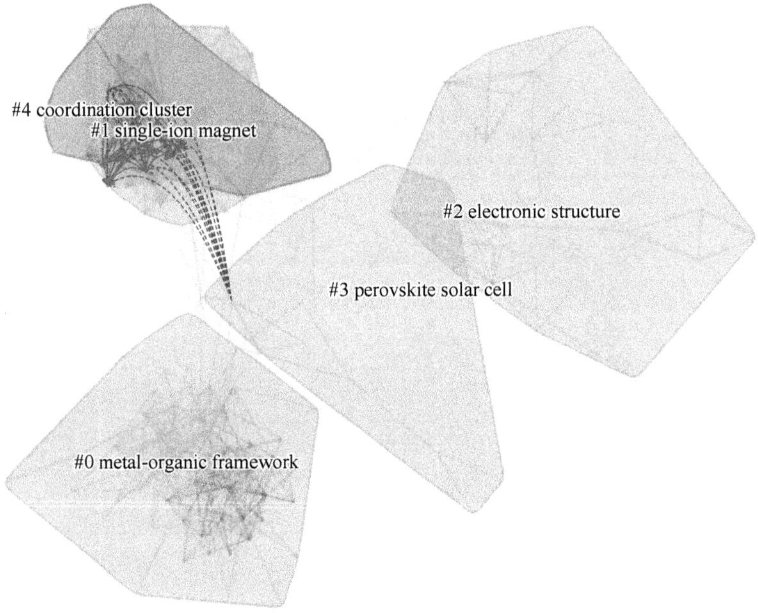

(c) Chandrasekhar V (2013 年)

图 6.4　ΔM 最大的文献的引文轨迹

由 ΔM 最大的前 10 篇施引文献和部分 ΔM 最大的文献的引文轨迹可以看出，10 篇施引文献中 Pointillart F 有 3 篇文献，其余学者均为 1 篇，并且 Pointillart F 的 *Lanthanide dinuclear complexes involving tetrathiafulvalene-3-pyridine-n-oxide ligand：Semiconductor radical salt，magnetic，and photophysical studies* 和 *A series of tetrathiafulvalene-based lanthanide complexes displaying either single molecule magnet or luminescence-direct magnetic and photo-physical correlations in the ytterbium analogue* 的 ΔM 值最大分别为 12.61 和 10.98，所以 Pointillart F 将在未来无机化学领域中起到重要作用。从施引文献的引文主题聚类来看，Zheng B S 在 2013 年发表的 *Expanded porous MOF-505 analogue exhibiting large hydrogen storage capacity and selective carbon dioxide adsorption*、Zou C 在 2013 年发表的 *Four metalloporphyrinic frameworks as heterogeneous catalysts for selective oxidation and aldol reaction* 和 Jami A K 在 2013 年发表的 *New structural form of a tetranuclear lanthanide hydroxo cluster：Dy_4 analogue display slow magnetic relaxation* 的知识基础相对集中，涉及的主题聚类均为 2 个，主要为金属有机框架和钙钛矿太阳能电池主题研究。而其余 7 篇文献的知识基础较广，涉及的主题均在 3 个及 3 个以上，主要为单离子磁体、电子结构、钙钛矿太阳能电池和协调集群主题研究，说明该领域朝着多元化的趋势发展。

2. 聚类间连接变化率

通过 CiteSpace 软件分析，找出 ΔC_{Lw} 最大即交叉属性最强的前 10 篇施引文献（表 6.6）和部分 ΔC_{Lw} 最大的文献的引文轨迹（图 6.5）。施引文献的交叉属性越强就越有可能成为导致基础网络结构变化的潜在力量，越有可能成为创新程度最大和代表研究前沿的文献。

表 6.6　ΔC_{Lw} 前 10 篇施引文献及其相关研究者信息表

ΔC_{Lw}	作者	年份	施引文献名称	引文主题聚类
0.02	Pointillart F	2013	Lanthanide dinuclear complexes involving tetrathiafulvalene-3-pyridine- N-oxide ligand：Semiconductor radical salt，magnetic，and photophysical studies	#1, #2, #3, #4
0.02	Pointillart F	2013	A series of tetrathiafulvalene-based lanthanide complexes displaying either single molecule magnet or luminescence-direct magnetic and photo-physical correlations in the ytterbium analogue	#1, #2, #3, #4
0.02	Liu S S	2015	Half-sandwich complexes of Dy-III：A Janus-Motif with facile tunability of magnetism	#1, #3, #4
0.02	Yamauchi S	2014	Synthesis，structure，luminescence，and magnetic properties of a single-ion magnet "mer"-[tris(N-[(imidazol-4-yl)-methylidene]-DL-phenylalaninato)terbium（III）and related "fac"-DL-alaninato derivative	#1, #3, #4
0.02	Pineda E M	2015	Systematic study of a family of butterfly-like {M_2Ln_2} molecular magnets（M=Mg-II，Mn-II，Co-II，Ni-II，and Cu-II；Ln=Y-III，Gd-III，Tb-III，Dy-III，Ho-III，and Er-III）	#1, #2, #4
0.02	Langley S K	2015	A family of {$Cr_2(III)Ln_2(III)$} butterfly complexes：Effect of the lanthanide ion on the single-molecule magnet properties	#1, #3, #4
0.01	Jami A K	2013	New structural form of a tetranuclear lanthanide hydroxo cluster：Dy_4 analogue display slow magnetic relaxation	#0, #1, #2, #4

续表

ΔC_{Lw}	作者	年份	施引文献名称	引文主题聚类
0.01	Hazra A	2013	Effect of pillar modules and their stoichiometry in 3D porous frameworks of Zn(II)with $[Fe(CN)_6]^{3-}$：high CO_2/N_2 and CO_2/CH_4 selectivity	#0, #3, #4
0.01	Pointillart F	2013	High nuclearity complexes of lanthanide involving tetrathiafulvalene ligands：Structural，magnetic，and photophysical properties	#0, #1, #2, #4
0.01	Zheng B S	2013	Expanded porous MOF-505 analogue exhibiting large hydrogen storage capacity and selective carbon dioxide adsorption	#0, #1, #4

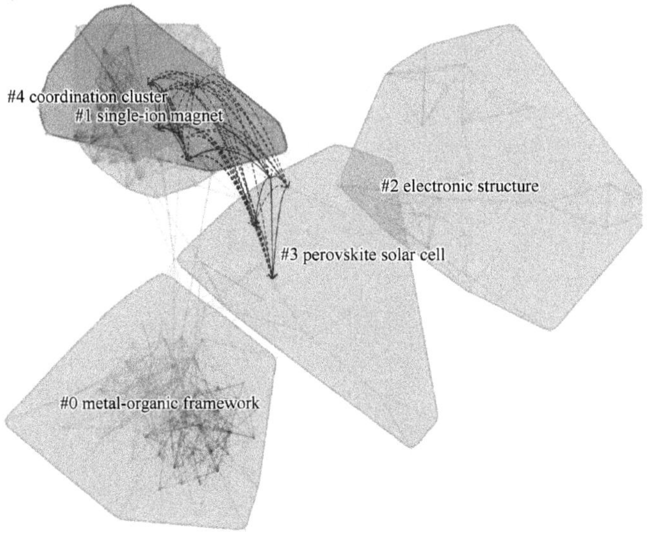

(a) Liu S S (2015年)

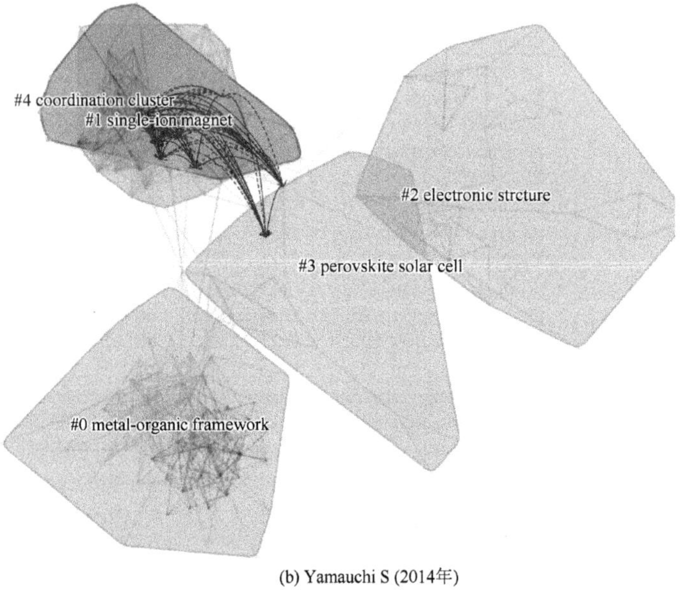

(b) Yamauchi S (2014年)

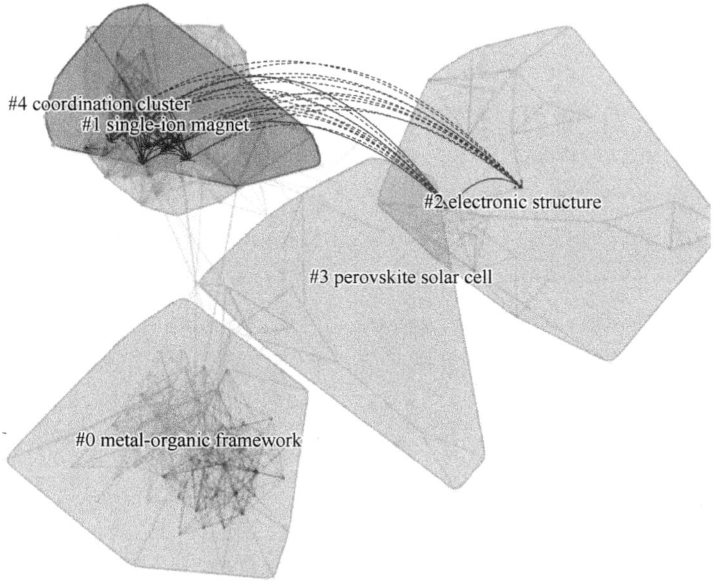

(c) Pineda E M (2015年)

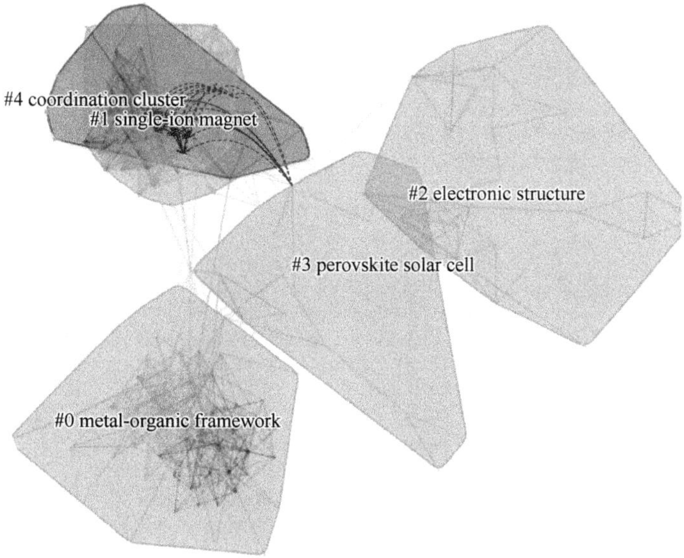

(d) Langley S K (2015年)

图 6.5　Liu S S（2015 年）、Yamauchi S（2014 年）、Pineda E M（2015 年）、Langley S K（2015 年）的引文轨迹

由 ΔC_{Lw} 前 10 篇施引文献及其相关研究者信息表可以看出，10 篇施引文献中 Pointillart F 学者有 3 篇文献，其余学者各 1 篇，与 ΔM 最大的前 10 篇文献分布情况较为相似。从文献发表时间来看，文献发表时间较新，有 3 篇是 2015 年发表的，

1 篇是 2014 年发表的，其余 6 篇是 2013 年发表的文献。其中 2015 年发表的 3 篇文献 *Half-sandwich complexes of Dy-III*：*A Janus-Motif with facile tunability of magnetism*、*A family of* {$Cr_2(III)Ln_2(III)$} *butterfly complexes*：*effect of the lanthanide ion on the single-molecule magnet properties*、*Systematic study of a family of butterfly- like* {M_2Ln_2} *molecular magnets*(*M*=*Mg-II*，*Mn-II*，*Co-II*，*Ni-II*，*and Cu-II*；*Ln*=*Y-III*，*Gd-III*，*Tb-III*，*Dy-III*，*Ho-III*，*and Er-III*)和 2014 年发表的 *Synthesis*，*structure*，*luminescence*，*and magnetic properties of a single-ion magnet* "*mer*"-[*Tris*(*N*- [(*imidazol-4-yl*)-*methylidene*]-*DL-phenylalaninato*)*terbium*(*III*) *and related* "*fac*"-*DL- alaninato derivative* 所跨聚类主题均主要为单离子磁体、钙钛矿太阳能电池和协调集群研究（图 6.5），所以这 4 篇文献知识基础极其相似，在未来这 4 篇文献的研究主题很有可能引起无机化学领域研究的新一轮前沿问题。从施引文献引文主题聚类来看，跨聚类#1 单离子磁体、#2 电子结构、#3 钙钛矿太阳能电池和#4 协调集群研究得较多，说明单离子磁体、电子结构、钙钛矿太阳能电池和协调集群研究主题共同成为研究知识基础，四者存在一定的联系，体现无机化学研究领域未来将朝着多元化趋势发展。

3. 中心性分散度

通过 CiteSpace 软件分析，找出 ΔC_{kl} 最大即对基础网络中原有节点的中心度分布情况影响最大的前 10 篇施引文献（表 6.7）和部分文献的引文轨迹（图 6.6）。

表 6.7　ΔC_{kl} 前 10 篇施引文献及其相关研究者信息表

ΔC_{kl}	作者	年份	施引文献名称	引文主题聚类
1.41	Maurice R	2013	Single-ion magnetic anisotropy and isotropic magnetic couplings in the metal-organic framework Fe_2(dobdc)	#0, #2, #3, #4
1.35	Pointillart F	2013	A series of tetrathiafulvalene-based lanthanide complexes displaying either single molecule magnet or luminescence- direct magnetic and photo-physical correlations in the ytterbium analogue	#1, #2, #3, #4
1.33	Pointillart F	2013	Lanthanide dinuclear complexes involving tetrathiafulvalene-3-pyridine-N-oxide ligand：Semiconductor radical salt，magnetic，and photophysical studies	#1, #2, #3, #4
1.05	Wang P F	2013	Synthesis，crystal structure and luminescent property of a three-dimensional framework zinc coordination polymer constructed from the benzenemulticarboxylic acid and N-donor ligands	#0, #1, #4
0.83	Chandrasekhar V	2013	Tetranuclear lanthanide(III)complexes containing dimeric subunits：Single-molecule magnet behavior for the Dy_4 analogue	#1, #3, #4
0.82	Goswami S	2013	A 3D iron(II)-based MOF with squashed cuboctahedral nanoscopic cages showing spin-canted long-range antiferromagnetic ordering	#0, #1, #3, #4
0.76	Chandrasekhar V	2013	Octanuclear {$Ln(III)_8$}(Ln=Gd, Tb, Dy, Ho)macrocyclic complexes in a cyclooctadiene-like conformation：Manifestation of slow relaxation of magnetization in the Dy(III)derivative	#1, #3, #4
0.63	Campbell V E	2013	Subcomponent self-assembly of rare-earth single-molecule magnets	#1, #3, #4
0.55	Berardozzi R	2013	A simple and general method to determine reliable pseudocontact shifts in lanthanide complexes	#1, #3
0.45	Liu Y Y	2013	New V-IV-based metal-organic framework having framework flexibility and high CO_2 adsorption capacity	#0, #2, #3

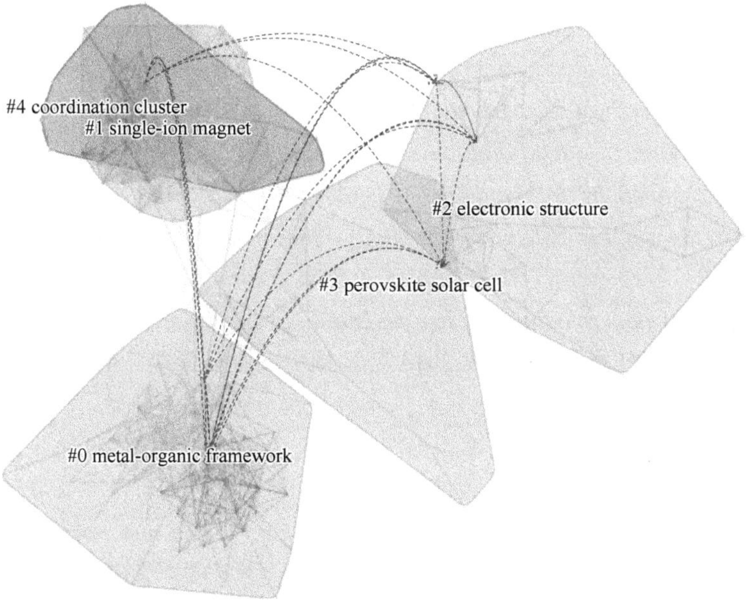

(a) Maurice R (2013年)

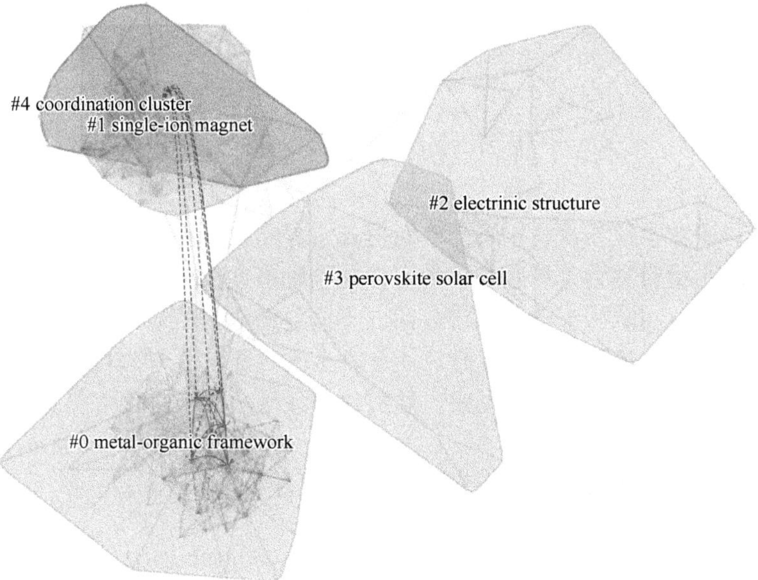

(b) Wang P F (2013年)

图 6.6　Maurice R（2013 年）、Wang P F（2013 年）的引文轨迹

由 ΔC_{kl} 对基础网络中原有节点的中心度分布情况影响最大的前 10 篇施引文献可以看出，10 篇施引文献中 Pointillart F 占据 2 篇，分别是 *A series of tetrathiafulvalene-*

based lanthanide complexes displaying either single molecule magnet or luminescence-direct magnetic and photo-physical correlations in the ytterbium analogue 和 *Lanthanide dinuclear complexes involving tetrathiafulvalene-3-pyridine-N-oxide ligand*：*Semiconductor radical salt*，*magnetic*，*and photophysical studies*；Chandrasekhar V 同样占据 2 篇，分别是 *Tetranuclear lanthanide(III) complexes containing dimeric subunits*：*Single-molecule magnet behavior for the* Dy_4 *analogue* 和 *Octanuclear*{*Ln(III)*$_8$}*(Ln=Gd*，*Tb*，*Dy*，*Ho)macrocyclic complexes in a cyclooctadiene-like conformation*：*Manifestation of slow relaxation of magnetization in the Dy(III)derivative*，其余学者各占 1 篇，并且发表时间都集中在 2013 年。从引文主题聚类来看，这 10 篇施引文献多涉及#1 单离子磁体、#3 钙钛矿太阳能电池和#4 协调集群研究，说明这三个聚类的变化对无机化学研究领域知识网络结构的改变具有决定性意义。

从表 6.7 中看 ΔC_{kl} 数值的相对大小，发现 Maurice R 在 2013 年发表的 *Single-ion magnetic anisotropy and isotropic magnetic couplings in the metal-organic framework* $Fe_2(dobdc)$ ΔC_{kl} 数值大于其他文献的 ΔC_{kl} 数值，通过对该文献研究发现，该篇文献自出版以来被引 35 次。而 Maurice R 的总被引频次为 832，H 指数为 18，i10 指数为 21。另外检索发现 Maurice R 被引频次最高的一篇文献是 2009 年发表的 *Universal theoretical approach to extract anisotropic spin Hamiltonians*（Google 学术中检索，检索时间为 2017 年 6 月）。

6.3 无机化学领域的科学合作

随着科研实验仪器设备水平的不断提升，科学实验日趋复杂，大科学工程不断出现。以实验科学为主的基础化学研究越来越多地依赖团队合作完成。在基础化学研究领域，团队内部的研究者之间、不同科研机构的研究者之间以及不同国家的研究者之间的科学合作越来越广泛。本节通过无机化学领域的作者合作、机构合作和国家合作的网络知识图谱，展现这一领域的科学合作情况。

6.3.1 无机化学领域作者合作的可视化分析

根据文献收录情况和研究需要，在 CiteSpace 软件的作者合作分析功能，对前面检索到的无机化学领域的科学文献进行作者合作网络的可视化分析，在 Project 界面设置 LFR=3、LBY=10、*e*=3.0、Nodes Labeled=5%，可视化图谱（图 6.7）合作网络中包含 523 个节点，1093 条线。通过对合作网络结构以及网络节点的各项指标进行挖掘和深入分析，探测无机化学领域作者合作研究的整体情况，展现无机化学研究领域研究者之间的内在联系，并找出该领域内较为活跃的研究者。

在无机化学研究领域的作者合作网络图谱中，已经形成了一个大的作者合作网络，合作研究相对紧密。根据合作网络结构，无机化学研究领域的作者合作情况可以分为以下几种：作者合作密集区（图 6.7 圈内的部分），密集区部分的网络节点之间的联系十分紧密，作者之间形成了复杂的合作关系；作者合作分散区（图 6.7 圈外的部分），该部分与圈内的作者合作相比，作者之间的合作关系相对宽松分散，较为简单。在作者合作密集区中，合作的关键人物主要有 Zhang J、Wang Y、Li J、Zhang Y 等研究者；在作者合作分散区中，合作的关键人物主要有 Ghosh P、Lloret F、Smith M D、Clerac R、Neese F 等研究者。

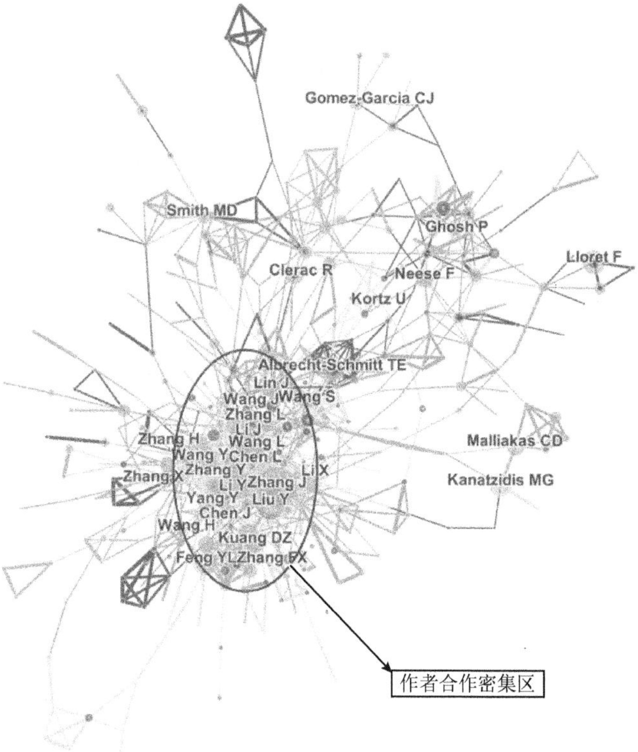

图 6.7　无机化学领域作者合作网络知识图谱

作者的合作频次可以反映出作者之间的合作强度，频次越高，表明该作者合作产出的文献越多。另外，节点的突现率反映了某一时期作者合作频次的突变情况，突现率越大，说明作者在这一时期合作发表文章的突增情况越明显。在无机化学研究领域作者合作网络图谱的基础上，利用 CiteSpace 软件系统，结合跳变算法对图谱中节点指标进行统计分析，找出作者合作频次最高的前 10 位研究者和突现率最高的前 10 位研究者（表 6.8）。

表 6.8　无机化学领域研究作者合作频次和突现率分布（前 10 位）

高合作频次作者				高突现率作者			
合作频次	突现率	作者	年份	突现率	合作频次	作者	年份
71		Zhang J	2012	7.16	29	Lloret F	2012
61	2.75	Wang Y	2012	5.25	15	Dey A	2013
60	1.5	Li J	2013	5.05	32	Albrecht-Schmitt T E	2012
58	3.94	Zhang Y	2012	4.95	23	Clerac R	2012
48		Li Y	2012	4.51	15	Wu W N	2015
47		Wang L	2012	4.48	16	Xu J	2015
36	2.19	Liu Y	2013	4.19	26	Malliakas C D	2013
34		Yang Y	2012	4.07	14	Chen H	2015
33		Feng Y L	2013	4.02	11	Psycharis V	2012
32	5.05	Albrecht-Schmitt T E	2012	3.94	58	Zhang Y	2012

从表 6.8 中可以看出，合作频次较高的作者是 Zhang J、Wang Y、Li J、Zhang Y 等。利用软件分别找出与 Zhang J、Wang Y、Li J、Zhang Y 四位学者有直接合作关系的作者分布（图 6.8），在四个直接合作图谱中，每个图谱从下至上，研究者与目标

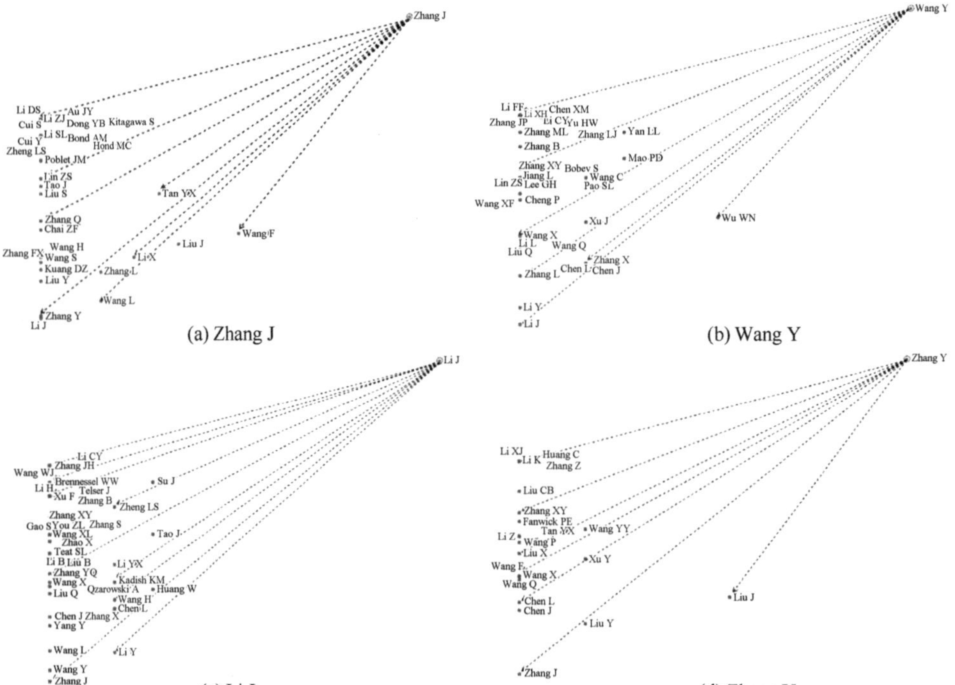

(a) Zhang J　　(b) Wang Y　　(c) Li J　　(d) Zhang Y

图 6.8　与 Zhang J、Wang Y、Li J、Zhang Y 有直接合作关系的学者分布图

研究者的合作频次逐渐降低。由图 6.8 可以看出合作频次较高的研究者之间的合作关系十分紧密，具有密切的联系，如 Zhang J 与 Zhang Y、Li J 的直接合作频次最高，其次是与 Wang L；Wang Y 与 Li J 的直接合作频次最高，再次是与 Li Y、Zhang L 等学者；Li J 与 Zhang J 的直接合作频次最高，其次是与 Wang Y、Wang L、Li Y 等学者；Zhang Y 与 Zhang J 的直接合作频次最高，其次是与 Liu Y 等学者。

从表 6.8 的节点突现率来看，突现率较高的作者主要有 Lloret F、Dey A、Albrecht-Schmitt T E、Clerac R、Wu W N 等。为进一步找出各个时间段内比较活跃的研究者，对各阶段产生突现的作者进行汇总（表 6.9），发现突现强度持续在 2012～2013 年的研究者主要有 Lloret F、Psycharis V、Clerac R、Julve M、Wieghardt K 等；突现强度持续在 2013～2014 年的研究者主要有 Ok K M、Zhang S、Lee D W、Li X M、Wang H 等；突现强度持续在 2014～2015 年的研究者主要有 Lebegue S、Yang J、Bill E、Tong M L、Pothig A 等；突现强度持续在 2015～2017 年的研究者主要有 Xu J、Li Z、Yang H、Xu L、Wang C 等。

表 6.9　作者突现强度信息表

作者	年份	突现强度	开始年份	结束年份	2012～2017 年
Psycharis V	2012	4.0199	2012	2013	
Zhang L	2012	1.9655	2012	2013	
Clerac R	2012	4.9453	2012	2013	
Chen Y	2012	1.6755	2012	2013	
Wang X	2012	2.7761	2012	2013	
Julve M	2012	3.4362	2012	2013	
Halasyamani P S	2012	3.0691	2012	2013	
Wieghardt K	2012	3.2869	2012	2013	
Lloret F	2012	7.1600	2012	2013	
Gomez-Garcia C J	2012	3.1434	2012	2013	
Li X M	2012	2.6090	2013	2014	
Wang H	2012	2.7980	2013	2014	
Ok K M	2012	3.7732	2013	2014	
Zhang S	2012	2.8998	2013	2014	
Coronado E	2012	2.6090	2013	2014	
Lee D W	2012	3.7732	2013	2014	
Zhao Y	2012	2.6090	2013	2014	
Fanwick P E	2012	2.6090	2013	2014	
Weyhermuller T	2012	2.8998	2013	2014	
Lebegue S	2012	2.4472	2014	2015	
Bill E	2012	2.4472	2014	2015	

续表

作者	年份	突现强度	开始年份	结束年份	2012～2017 年
Tong M L	2012	2.2018	2014	2015	
Pothig A	2012	2.4472	2014	2015	
Yang J	2012	3.1843	2014	2015	
Nemykin V N	2012	2.2018	2014	2015	
Liu S	2012	2.6928	2014	2015	
Liu W	2012	1.9566	2014	2015	
Mesbah A	2012	2.4472	2014	2015	
Langley S K	2012	1.9566	2014	2015	
Tan Y X	2012	2.6928	2014	2015	
Wang C	2012	2.5139	2015	2017	
Lahiri G K	2012	1.4191	2015	2017	
Zhang Y Q	2012	1.9721	2015	2017	
Xu L	2012	2.7941	2015	2017	
Yang H	2012	2.7941	2015	2017	
Xu J	2012	4.4789	2015	2017	
Li Z	2012	3.0745	2015	2017	
Wang Y Y	2012	2.7941	2015	2017	
Gao S	2012	2.7941	2015	2017	
Liu M	2012	2.7941	2015	2017	
Zhao X	2012	3.0745	2015	2017	
Zhao Q	2012	2.5139	2015	2017	
Li Y X	2012	1.4113	2015	2017	
Xie Q F	2012	2.2339	2015	2017	
Fukuzumi S	2012	2.2339	2015	2017	
Zhang Z J	2012	2.7941	2015	2017	
Chai Z F	2012	1.5555	2015	2017	

6.3.2　无机化学领域机构合作的可视化分析

使用 CiteSpace 软件的机构合作分析功能，对无机化学相关领域的文献数据进行机构合作的可视化分析，系统梳理无机化学领域机构之间的合作研究现状，展现这一领域研究的代表机构。在 Project 界面设置 LFR=2、LBY=10、*e*=3.0、Nodes Labeled=5%，得到无机化学研究机构合作的网络知识图谱（图 6.9），网络中包含 246 个节点，1045 条线。

由图 6.9 可以看出，当今无机化学研究领域机构之间已经形成了复杂的合作网络，大部分机构之间存在一定的联系。其中机构合作最频繁的机构为中国科学院，其次是南京大学、法国国家科学研究中心、印度科技大学、西班牙瓦伦西亚大学等。为进一步研究各个机构之间的合作情况与联系，分别找出与中国科学院、南京大学、法国国家科学研究中心和印度科技大学有直接合作关系的机构（图 6.10），研究发现中国科学院与法国国家科学研究中心之间的合作最为频繁，其次是与中国科学院大学和苏州大学的合作，在与中国科学院有直接合作关系的 16 个机构中，中国的机构有 12 个，说明中国科学院在无机化学相关研究中与国内各个机构之间的联系十分紧密，并且在与国外的机构合作中，与法国在无机化学研究中的交流最为频繁。与南京大学有直接合作关系的机构有 9 个，分别是苏州大学、江苏大学、英国牛津大学、清华大学等，其中与南京大学合作最为频繁的机构是江苏大学。与法国国家科学研究中心有直接合作关系的机构有 25 个，其中的中国科学院和印度科技大学与法国国家学院研究中心的合作最为频繁。与印度科技大学有直接合作关系的机构有 7 个，分别是法国国家科学研究中心、西班牙瓦伦西亚大学、德国明斯特大学、西班牙格拉纳达大学、德国斯图加特大学、法国图卢兹第二大学、法国斯特拉斯堡大学，由此可见印度科技大学在无机化学相关研究上与法国和德国的合作十分紧密，并且与法国国家科学研究中心的合作频次是最高的。

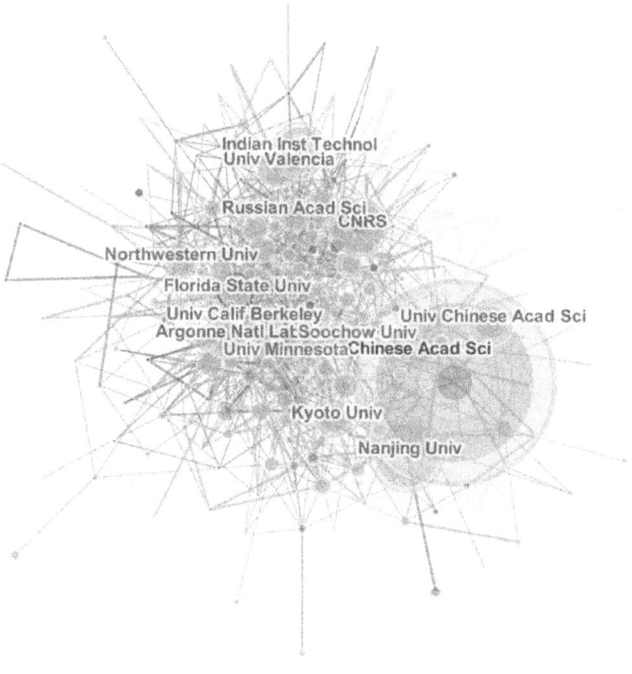

图 6.9　无机化学研究机构合作的网络知识图谱

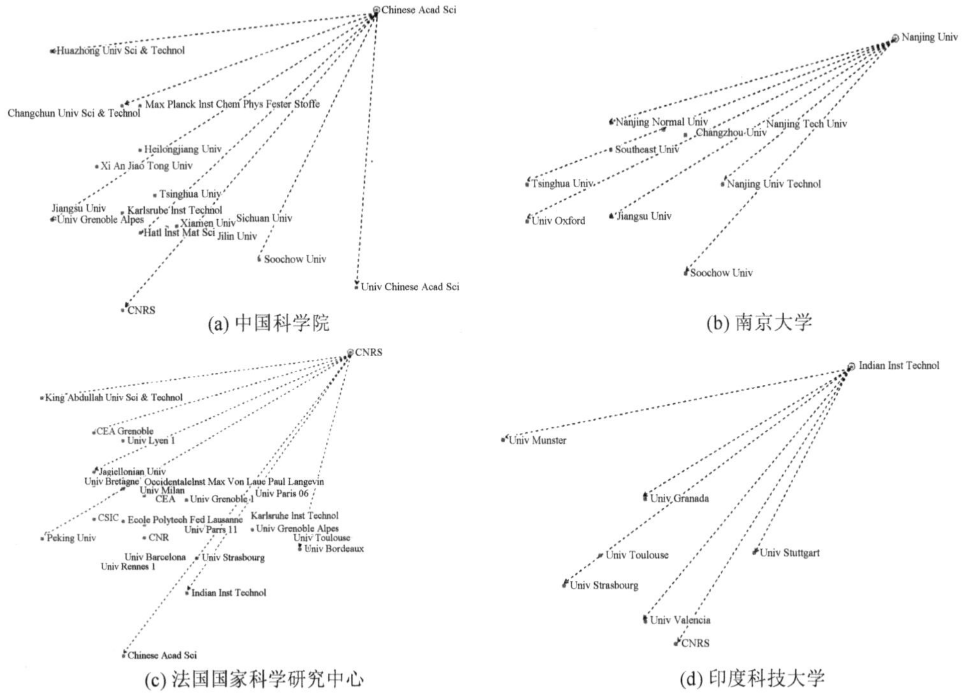

图 6.10　与中国科学院、南京大学、法国国家科学研究中心、印度科技大学有直接合作关系的机构分布图

在无机化学研究机构合作的网络图谱的基础上，通过 CiteSpace 软件系统的运行结果，对图谱中的节点信息进行统计分析，按照机构频次排序，列出频次排在前 20 位的研究机构（表 6.10）。分析发现，这 20 个高合作频次的机构有 80%属于高校，科研院所仅占 20%，其中中国机构占据 7 个，美国占据 5 个，法国占据 3 个，西班牙占据 2 个，印度、日本、俄罗斯各占据 1 个机构。说明无机化学的相关研究机构仍然以高校为主，并且中国和美国在无机化学研究中占据重要位置。从节点的中心度来看，无机化学研究机构的中心度普遍较低。中心度是 CiteSpace 软件中的重要指标参数，是网络中起到“桥梁”作用的节点指标，中心度大于 0.1 的节点称为关键节点。在这 20 个高合作频次的机构中，关键节点只有美国佛罗里达大学，其余节点的中心度均未达到 0.1，其中美国阿贡国家实验室的中心度为 0.09，中国科学院和美国加利福尼亚大学伯克利分校的中心度为 0.08，俄罗斯科学院的中心度为 0.07，法国国家科学研究中心的中心度为 0.06，美国明尼苏达大学的中心度为 0.05，其余机构的中心度均未超过 0.05。

表 6.10 无机化学研究机构合作频次分布（前 20 位）

合作频次	中心度	机构	年份	合作频次	中心度	机构	年份
496	0.08	中国科学院	2012	94	0.08	美国加利福尼亚大学伯克利分校	2012
196	0.03	南京大学	2012	86	0.07	俄罗斯科学院	2012
165	0.06	法国国家科学研究中心	2012	76	0.04	苏州大学	2012
146	0.00	印度科技大学	2012	76	0.05	美国明尼苏达大学	2012
121	0.03	西班牙瓦伦西亚大学	2012	73	0.02	法国雷恩第一大学	2012
117	0.09	美国阿贡国家实验室	2012	72	0.04	法国斯特拉斯堡大学	2012
117	0.00	中国科学院大学	2013	71	0.02	中山大学	2012
106	0.02	西北大学	2012	71	0.01	南开大学	2012
102	0.04	日本京都大学	2012	69	0.03	西班牙巴塞罗那大学	2012
95	0.13	美国佛罗里达大学	2012	68	0.02	美国休斯敦大学	2012

6.3.3 无机化学领域国家合作的可视化分析

使用 CiteSpace 软件的国家合作分析功能，对无机化学相关领域的文献数据进行国家合作的可视化分析，系统梳理无机化学领域国家之间的合作研究现状，展现这一领域研究的核心国家。在 Project 界面设置 LFR=2、LBY=10、e=3.0、Nodes Labeled=5%，得到无机化学研究的国家合作的网络图谱（图 6.11），合作网络中包含 57 个节点，332 条连线。

图 6.11 无机化学领域的国家合作网络知识图谱

从无机化学研究国家合作网络知识图谱中可以看出，中国、美国、德国、法国、日本、西班牙等国家在图中的节点较大，表明这些国家以合作方式发表的文献较多。为进一步研究各个国家之间的合作情况与联系，分别找出与中国、美国、德国、法国有直接合作关系的国家（地区）（图 6.12）。其中，与中国直接合作的国家有 4 个，分别是美国、瑞典、新加坡、沙特阿拉伯，且中国与美国的合作最为频繁。与美国直接合作的国家（地区）有 18 个，主要有中国、德国、法国、日本、西班牙等国家（地区），其中美国与中国的合作最为频繁，其次是与德国、法国、日本等国家（地区）。与德国直接合作的国家（地区）有 31 个，主要为美国、法国、日本、西班牙、印度等国家，其中，德国与美国的合作最为频繁，其次是与法国、西班牙等国家（地区）。与法国直接合作的国家（地区）有 23 个，主要有美国、德国、西班牙、印度、英格兰、意大利、加拿大等国家（地区），其中，法国与美国的合作最为频繁，其次是与德国、西班牙等国家（地区）。

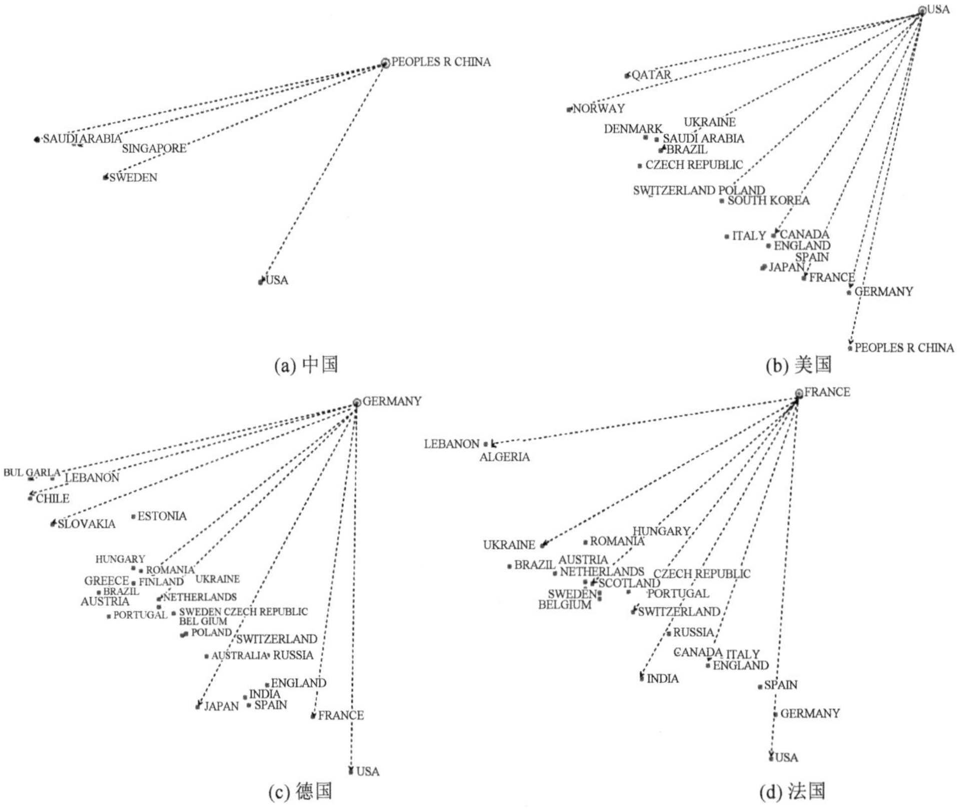

图 6.12　与中国、美国、德国、法国有直接合作关系的国家（地区）分布图

在无机化学研究领域的国家合作网络图谱的基础上，通过 CiteSpace 软件系统对合作网络中的节点进行了统计分析，按照合作频次排序，列出频次排在前

20 位的国家或地区（表 6.11）。研究发现，中国、美国是合作网络中合作频次较高的国家，在研究中占据重要的位置。德国、法国、日本、澳大利亚、瑞士、波兰、比利时等国家的合作频次略低，但是澳大利亚、瑞士、波兰等国家具有较高的网络中心度，说明其在无机化学研究领域中是合作研究的关键国家，展现了澳大利亚、瑞士、波兰在无机化学领域研究中的发展潜力。

表 6.11　无机化学研究国家/地区合作频次分布信息表（前 20 位）

合作频次	中心度	国家/地区	年份	合作频次	中心度	国家/地区	年份
2802	0.00	中国	2012	223	0.13	澳大利亚	2012
2217	0.11	美国	2012	218	0.06	俄罗斯	2012
994	0.14	德国	2012	164	0	韩国	2012
743	0.08	法国	2012	145	0.12	瑞士	2012
614	0.01	日本	2012	138	0.11	波兰	2012
594	0.07	西班牙	2012	112	0.01	中国台湾	2012
503	0	印度	2012	101	0.14	比利时	2012
395	0.08	英格兰	2012	99	0.05	葡萄牙	2012
331	0.06	意大利	2012	92	0.08	瑞典	2012
321	0.03	加拿大	2012	84	0.03	苏格兰	2012

6.4　无机化学领域主流学术团体与代表人物

具有相近研究主题或研究方向的研究者更容易出现共被引现象，通过作者共被引关系建立的共被引网络揭示出研究者之间的研究关联，在研究领域中形成“无形学院”，构成研究领域中的主流学术团体。同时，在作者共被引网络中，高共被引频次、高中心度等网络节点代表研究领域的核心研究者。

6.4.1　无机化学领域的主流学术团体分析

为展现无机化学研究领域的学术团体的分布情况，对无机化学相关领域的文献数据进行作者共被引分析，并对得到的网络结构进行主题词聚类。在 Project 界面设置 LFR=2、LBY=10、e=2.0、Nodes Labeled=5%，得到无机化学研究领域的作者共被引网络知识图谱（图 6.13）和聚类信息表（表 6.12）。在无机化学研究作者共被引网络中，包含 230 个节点，794 条线。

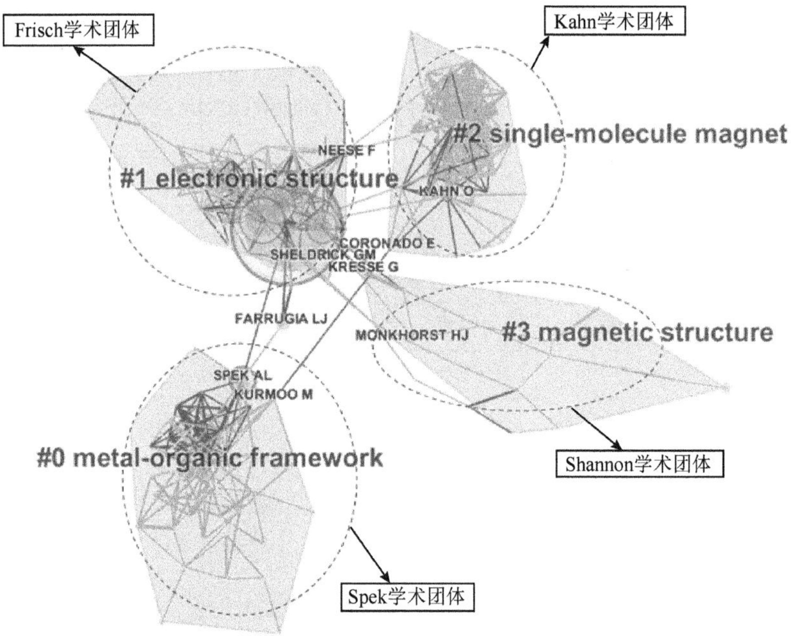

图 6.13　无机化学研究领域作者共被引聚类图谱

表 6.12　无机化学研究领域作者共被引聚类信息表

聚类号	大小	轮廓值	平均年份	Label（LLR）
0	46	0.961	2013	metal-organic framework（200 056.72，1.0×10^{-4}）；organic framework（78 792.12，1.0×10^{-4}）；electronic structure（64 703.38，1.0×10^{-4}）；
1	45	0.92	2013	electronic structure（158 533，1.0×10^{-4}）；metal-organic framework（122 027，1.0×10^{-4}）；computational studies（93 931.83，1.0×10^{-4}）
2	42	0.981	2013	single-molecule magnet（101 951.45，1.0×10^{-4}）；slow magnetic relaxation（100 247.53，1.0×10^{-4}）；magnetic properties（85 366.62，1.0×10^{-4}）
3	18	0.9	2013	magnetic structure（23 123.14，1.0×10^{-4}）；electronic properties（19 348.08，1.0×10^{-4}）；covalent tt-h bond（10 993.17，1.0×10^{-4}）

从无机化学研究领域作者共被引网络的聚类结果中，选取前 4 项聚类进行分析，这 4 项聚类所包含的节点数占整个作者共被引网络节点数的 65.7%。因此，这 4 个最大的作者共被引聚类代表了无机化学研究领域当前的主流学术团体和各主流学术团体的研究前沿主题。为了研究方便，以每个学术团体中共被引频次最高的学者命名该学术团体。这 4 个主流学术团体分别是以金属有机框架研究为主的 Spek 学术团体（#0 metal-organic framework）、以电子结构研究为主的 Frisch 学术团体（#1 electronic structure）、以单分子磁体研究为主的 Kahn 学术团体（#2 single-molecule magnet）和以磁结构研究为主的 Shannon 学术团体（#3 magnetic structure)。在 CiteSpace 软件给出的聚类标识词的基础上，结合各个共被引聚类中抽取标签词的施引文献信息，分别对相应学术团体的主要研究方向进行分析。

使用 CiteSpace 可视化软件，对 Spek 学术团体的施引文献进行文献主题词共现聚类分析，统计其中施引文献影响力最高的前 20 篇文献信息（表 6.13）。在 CiteSpace 软件的 Project 界面设置 LFR=2、LBY=−1、*e*=3、Nodes Labeled=5%，得到 Spek 学术团体研究方向的聚类图谱（图 6.14）。在 Spek 学术团体主题词共现网络中，包含 712 个节点，1819 条连线。其中大于 20 的聚类有 13 个，包含 498 个节点，占据节点总数的 70%。研究发现 Spek 学术团体主要研究主题分别是光学性能（optical properties）、间苯二甲酸（m-phthalic acid）、异金属-有机骨架（heterometallic-organic framework）、铜微孔金属有机骨架（cupric microporous metal-organic framework）。

表 6.13　#0 聚类施引文献信息表

作者	文献名称	发表年份	文献影响力
Nagarkar S S	Selective CO_2 adsorption in a robust and water-stable porous coordination polymer with new network topology	2012	0.24
Zhang Z J	Triple framework interpenetration and immobilization of open metal sites within a microporous mixed metal-organic framework for highly selective gas adsorption	2012	0.24
Cepeda J	Synthetic control to achieve lanthanide(iii)/pyrimidine-4，6-dicarboxylate compounds by preventing oxalate formation：structural，magnetic，and luminescent properties	2012	0.22
Coronado E	Combination of magnetic susceptibility and electron paramagnetic resonance to monitor the 1D to 2D solid state transformation in flexible metal-organic frameworks of Co(II)and Zn(II)with 1, 4-bis(triazol-1-ylmethyl)benzene	2012	0.22
Gao W Y	Porous double-walled metal triazolate framework based upon a bifunctional ligand and a pentanuclear zinc cluster exhibiting selective CO_2 uptake	2012	0.22
He Y P	Microporous zinc tris[(4-carboxyl)phenylduryl]amine framework with an unusual topological net for gas storage and separation	2012	0.22
Lan Y Q	Solvent-induced controllable synthesis，single-crystal to single-crystal transformation and encapsulation of Alq3 for modulated luminescence in(4, 8)-connected metal-organic frameworks	2012	0.22
Mihalcik D J	Highly porous 4, 8-connected metal-organic frameworks：Synthesis，characterization，and hydrogen uptake	2012	0.22
Chen Y	Biomimetic catalysis of a porous iron-based metal-metalloporphyrin framework	2012	0.17
Cui P	Temperature-controlled chiral and achiral copper tetrazolate metal-organic frameworks：Syntheses，structures，and I_2 adsorption	2012	0.17
Han Z B	Mn(II)-based porous metal-organic framework showing metamagnetic properties and high hydrogen adsorption at low pressure	2012	0.17
Joarder B	A homochiral luminescent 2D porous coordination polymer with collagen-type triple helices showing selective guest inclusion	2012	0.17
Li H H	Enhanced hydrostability in Ni-doped MOF-5	2012	0.17

续表

作者	文献名称	发表年份	文献影响力
Liu B	A new series of chiral metal formate frameworks of $[HONH_3][MII(HCOO)_3]$(M=Mn, Co, Ni, Zn, and Mg)：Synthesis，structures，and properties	2012	0.17
Pau P V	Single-atom ligand changes affect breathing in an extended metal-organic framework	2012	0.17
Pettinari C	Novel coordination frameworks incorporating the 4, 4′-bipyrazolyl ditopic ligand	2012	0.17
Lin C K	Tunability of band gaps in metal-organic frameworks	2012	0.15
Reger D L	Copper(II) carboxylate dimers prepared from ligands designed to form a robust π···π stacking synthon：Supramolecular structures and molecular properties	2012	0.15
Rodrigues I	Water-free neodymium 2, 6-naphthalenedicarboxylates coordination complexes and their application as catalysts for isoprene polymerization	2012	0.15
Amghouz Z	Series of metal organic frameworks assembled from Ln(III)，Na(I)，and chiral flexible-achiral rigid dicarboxylates exhibiting tunable UV-vis- IR light emission	2012	0.13

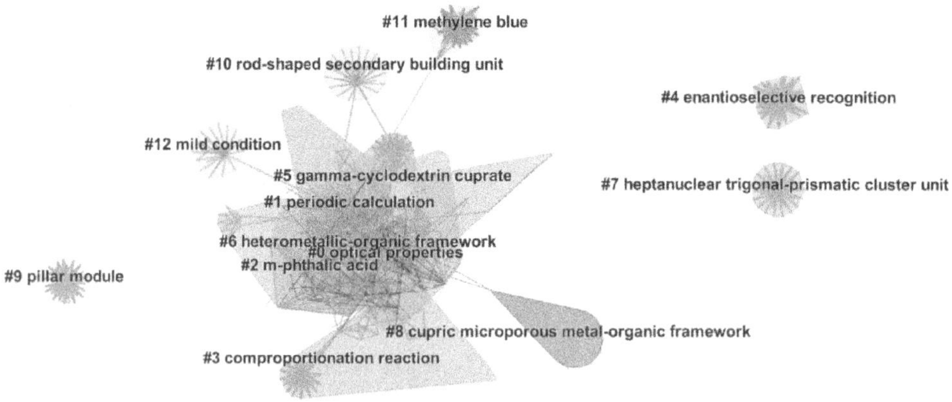

图 6.14　Spek 学术团体研究方向的聚类图谱

同样为研究 Frisch 学术团体的主要研究方向。再对 Frisch 学术团体的施引文献进行文献主题词共现聚类分析，统计其中施引文献影响力最高的前 20 篇文献信息（表 6.14）。在 CiteSpace 软件的 Project 界面设置 LFR=2、LBY=10、e=5、Nodes Labeled=5%，得到 Frisch 学术团体研究方向的聚类图谱（图 6.15）。在 Frisch 学术团体主题词共现聚类图谱中，包含 868 个节点，1912 条线。其中大于 30 的聚类有 10 个，包含 389 个节点。研究发现 Frisch 学术团体主要研究主题分别是晶体结构（crystal structure）、高价锰-氧代价互变异构体（high-valent manganese-oxo valence tautomer）、嗜热菌（thermus thermophilu）、增强的气相处理（enhanced vapor-phase processing）、桥接磷配体（bridging phosphenium ligand）等。

表 6.14　#1 聚类施引文献信息表

作者	文献名称	发表年份	文献影响力
Shearer J	Influence of sequential thiolate oxidation on a nitrile hydratase mimic probed by multiedge X-ray absorption spectroscopy	2012	0.29
Schilter D	Connecting [NiFe]-and [FeFe]-hydrogenases：Mixed-valence nickel-iron dithiolates with rotated structures	2012	0.27
Sebestik J	Ferric complexes of 3-hydroxy-4-pyridinones characterized by density functional theory and raman and UV-vis spectroscopies	2012	0.27
Biswas M K	Electronic structures of ruthenium and osmium complexes of 9, 10-phenanthrenequinone	2012	0.24
Comba P	Structure，bonding，and catecholase mechanism of copper bispidine complexes	2012	0.24
Ehret F	Filling gaps in the series of noninnocent hetero-1, 3-diene chelate ligands：Ruthenium complexes of redox-active α-azocarbonyl and α-azothiocarbonyl ligands RNNC(R′)E, E=O or S	2012	0.24
Rokhsana D	Role of the tyr-cys cross-link to the active site properties of galactose oxidase	2012	0.24
Roy S	Charged，but found "Not Guilty"：Innocence of the suspect bridging ligands $[RO(O)CNNC(O)OR]^{2-}=L^{2-}$ in $[(acac)_2Ru(\mu\text{-}L)Ru(acac)_2]^n$, n=+, 0, −, 2−	2012	0.24
deBellefeuille D	Reversible double oxidation and protonation of the non-innocent bridge in a nickel(II)salophen complex	2012	0.24
Au V K M	Luminescent cyclometalated alkynylgold(III) complexes with 6-phenyl-2, 2′-bipyridine derivatives：Synthesis，characterization，electrochemistry，photophysics，and computational studies	2012	0.22
Kamper S	Solar cell sensitizer models $[Ru(bpy\text{-}R)_2(NCS)_2]$ probed by spectroelectrochemistry	2012	0.22
Liddle B J	Electronic communication across diamagnetic metal bridges：A homoleptic gallium(III) complex of a redox-active diarylamido-based ligand and its oxidized derivatives	2012	0.22
Palmer J H	Molecular redox：Revisiting the electronic structures of the group 9 metallocorroles	2012	0.22
Shao J Y	Biscyclometalated ruthenium complexes bridged by 3, 3′, 5, 5′-tetrakis (N-methylbenzimidazol-2-yl)biphenyl：Synthesis and spectroscopic and electronic coupling studies	2012	0.22
Srnec M	Structural and spectroscopic properties of the peroxodiferric intermediate of ricinus communis soluble Δ9 desaturase	2012	0.22
Ariafard A	Density functional theory studies on the oxidation of 5′-dGMP and 5′-dAMP by a platinum(IV)complex	2012	0.2
Asami K	New insights into the electronic structure and reactivity of one-electron oxidized copper(II)-(disalicylidene)diamine complexes	2012	0.2
Cummings S P	Diruthenium(III, III) ethynyl-phenyleneimine molecular wires：Preparation via on-complex schiff base condensation	2012	0.2
Gutman C T	Spectroscopic and computational studies of a small-molecule functional mimic of iron superoxide dismutase，iron 2, 6-diacetylpyridinebis（semioxamazide）	2012	0.2
Li B	Gold(I)-coordination triggered multistep and multiple photochromic reactions in multi-dithienylethene(DTE)systems	2012	0.2

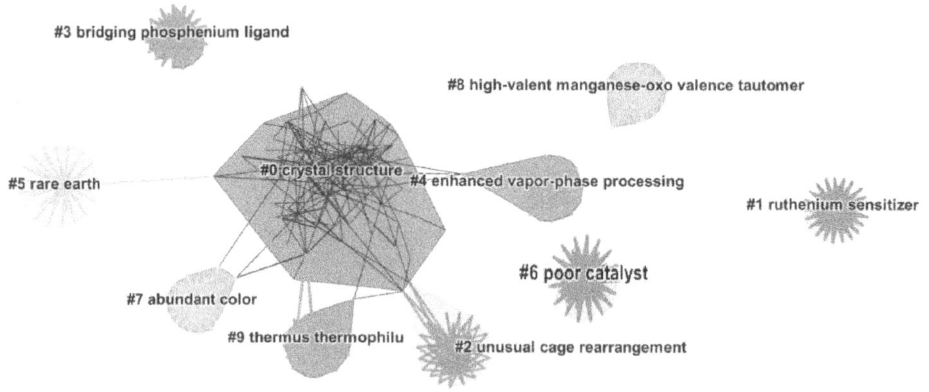

图 6.15 Frisch 学术团体研究方向的聚类图谱

对 Kahn 学术团体的施引文献进行文献主题词共现聚类分析，统计其中施引文献影响力最高的前 20 篇文献信息（表 6.15）。在 CiteSpace 软件的 Project 界面设置 LFR=3、LBY=−1、*e*=5、Nodes Labeled=5%，得到 Kahn 学术团体研究方向的聚类图谱（图 6.16）。在 Kahn 学术团体主题词共现聚类图谱中，包含 765 个节点，2985 条线。其中大于 20 的聚类有 12 个，包含 489 个节点，占据节点总数的 64%。研究发现 Kahn 学术团体主要研究主题分别是磁性能（magnetic properties）、自旋交叉配合物（spin crossover complexe）、设计多功能 5-氰基间苯二甲酸酯基配位聚合物（designing multifunctional 5-cyanoisophthalate-based coordination polymer）、异金属配合物（heterometallic complexe）、磁性配位聚合物（magnetic coordination polymer）等（图 6.16）。

表 6.15 #2 聚类施引文献信息表

作者	文献名称	发表年份	文献影响力
Albores P	Tailoring the exchange interaction in covalently linked basic carboxylate clusters through bridging ligand selection	2012	0.21
Pointillart F	Crystal packing effects on the magnetic slow relaxation of tb(iii)- nitronyl nitroxide radical cyclic dinuclear clusters	2012	0.21
Abtab S M T	Syntheses，structures，and magnetic properties of a family of tetranuclear hydroxido-bridged NiII$_2$LnIII$_2$(Ln=La, Gd, Tb, and Dy) complexes：Display of slow magnetic relaxation by the zinc(II).dysprosium(III)analogue	2012	0.17
Chen S Y	Half-integer spin heptanuclear single-molecule magnet with an unusual MnIII$_6$MnII exchange-coupled core	2012	0.17
Colacio E	Family of carboxylate-and nitrate-diphenoxo triply bridged dinuclear NiIILnIII complexes(Ln=Eu, Gd, Tb, Ho, Er, Y)：Synthesis，experimental and theoretical magneto-structural studies，and single-molecule magnet behavior	2012	0.17

续表

作者	文献名称	发表年份	文献影响力
Gonzalez R	New family of thiocyanate-bridged Re(IV)-SCN-M(II)(M=Ni, Co, Fe, and Mn) heterobimetallic compounds：Synthesis，crystal structure，and magnetic properties	2012	0.17
Ke H S	Syntheses，structures，and magnetic analyses of a family of heterometallic hexanuclear $[Ni_4M_2]$(M=Gd, Dy, Y)compounds：Observation of slow magnetic relaxation in the DyIII derivative	2012	0.17
Sopasis G J	2-aminoisobutyric acid in Co(II) and Co(II)/Ln(III) chemistry：Homometallic and heterometallic clusters	2012	0.17
Tsai H L	Mn_4 single-molecule-magnet-based polymers of a one-dimensional helical chain and a three-dimensional network：Syntheses，crystal structures，and magnetic properties	2012	0.17
Xu G F	$MIIIDyIII_3$(M=FeIII, CoIII) complexes：Three-blade propellers exhibiting slow relaxation of magnetization	2012	0.17
Chakraborty A	A heterometallic (NiII-CuII) decanuclear cluster containing two distorted cubane-like pentanuclear cores：Synthesis，structure，and magnetic properties	2012	0.14
Hoeke V	Environmental influence on the single-molecule magnet behavior of $[MnIII_6CrIII]^{3+}$：Molecular symmetry versus solid-state effects	2012	0.14
Ida H	Effect of nonmagnetic substitution on the magnetic properties and charge-transfer phase transition of an iron mixed-valence complex，$(n\text{-}C_3H_7)_4N$ $[FeIIFeIII(dto)_3]$($dto=C_2O_2S_2$)	2012	0.14
Lukens W W	Application of the hubbard model to Cp*2Yb(bipy)，a model system for strong exchange coupling in lanthanide systems	2012	0.14
Sanudo E C	Molecular $[(Fe_3)\text{-}(Fe_3)]$ and $[(Fe_4)\text{-}(Fe_4)]$ coordination cluster pairs as single or composite arrays	2012	0.14
Senapati T	Cyanido-bridged Fe(III)-Mn(III)heterobimetallic materials built from Mn (III)schiff base complexes and di-or tri-Cyanido Fe(III)precursors	2012	0.14
Sibille R	$Co_4(OH)_2(C_{10}H_{16}O_4)_3$ metal-organic framework：Slow magnetic relaxation in the ordered phase of magnetic chains	2012	0.14
Yao M X	Chiral cyanide-bridged CrIII-MnIII heterobimetallic chains based on $[(Tp)Cr(CN)_3]^-$：Synthesis，structures，and magnetic properties	2012	0.14
Baldovi J J	Rational design of single-ion magnets and spin qubits based on mononuclear lanthanoid complexes	2012	0.12
Birk T	Fluoride bridges as structure-directing motifs in 3d-4f cluster chemistry	2012	0.12

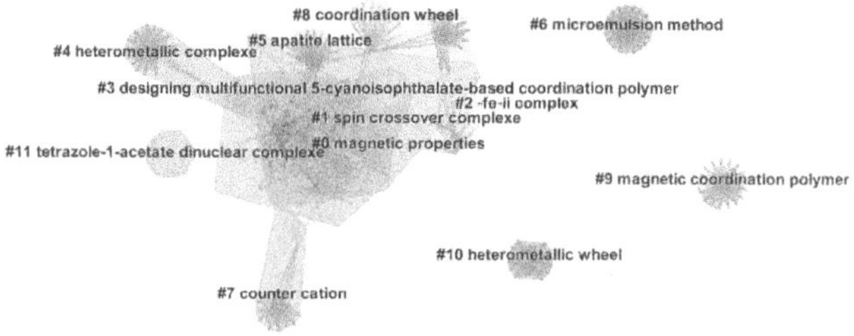

图 6.16　Kahn 学术团体研究方向的聚类图谱

对 Shannon 学术团体的施引文献进行文献主题词共现聚类分析，统计其中施引文献影响力最高的前 20 篇文献信息（表 6.16）。

表 6.16　#3 聚类施引文献信息表

作者	文献名称	发表年份	文献影响力
Oh S J	Influence of the cation size on the framework structures and space group centricities in $AMo_2O_5(SeO_3)_2$(A=Sr, Pb, and Ba)	2012	0.33
Lee D W	Effect of the framework flexibility on the centricities in centrosymmetric $In_2Zn(SeO_3)_4$ and noncentrosymmetric $Ga_2Zn(TeO_3)_4$	2012	0.28
Polinski M J	Effect of pH and reaction time on the structures of early lanthanide(III) borate perchlorates	2012	0.28
Ben Yahia H	Synthesis and characterization of the crystal structure and magnetic properties of the new fluorophosphate $LiNaCo[PO_4]F$	2012	0.22
Koscielski L A	Single-crystal structures，optical absorptions，and electronic distributions of thorium oxychalcogenides ThOQ(Q=S, Se, Te)	2012	0.22
Akamatsu H	Crystal and electronic structure and magnetic properties of divalent europium perovskite oxides $euMO_3$(M=Ti, Zr, and Hf)：Experimental and first-principles approaches	2012	0.17
Auer H	Hydrides of alkaline earth-tetrel (AeTt) zintl phases：Covalent Tt-H bonds from silicon to tin	2017	0.17
Heyward C	Hydrothermal synthesis and crystal structure of two new hydrated alkaline earth metal borates $Sr_3B_6O_{11}(OH)_2$ and $Ba_3B_6O_{11}(OH)_2$	2012	0.17
Knope K E	Thorium(IV)-selenate clusters containing an octanuclear Th(IV)hydroxide/oxide core	2012	0.17
Lin H	Diverse closed cavities in condensed rare earth metal-chalcogenide matrixes：$Cs[Lu_7Q_{11}]$ and$(ClCs_6)[RE_{21}Q_{34}]$(RE=Dy, Ho; Q=S, Se, Te)	2012	0.17
Mesbah A	$Ba_2An(S_2)_2S_2$(An=U, Th)：Syntheses，structures，optical，and electronic properties	2012	0.17
Miao M S	Trends in the electronic structure of extended gold compounds：Implications for use of gold in heterogeneous catalysis	2012	0.17
Nguyen Q B	$Cs_3UGe_7O_{18}$：A pentavalent uranium germanate containing four-and six-coordinate germanium	2012	0.17
Oh G N	Syntheses and characterization of six quaternary uranium chalcogenides $A_2M_4U_6Q_{17}$(A=Rb or Cs；M=Pd or Pt；Q=S or Se)	2012	0.17
Oh S J	Structure-property relationships in solid solutions of noncentrosymmetric aurivillius phases，$Bi_{4-x}La_xTi_3O_{12}$(x=0–0.75)	2012	0.17
Saines P J	Isomer-directed structural diversity and its effect on the nanosheet exfoliation and magnetic properties of 2, 3-dimethylsuccinate hybrid frameworks	2012	0.17
Sawinski P K	Solvothermal synthesis，crystal growth，and structure determination of sodium and potassium guanidinate	2012	0.17
Schlueter J A	Importance of halogen···halogen contacts for the structural and magnetic properties of CuX_2(pyrazine-N, N′-dioxide)$(H_2O)_2$(X=Cl and Br)	2012	0.17
Adelani P O	Correlations and differences between uranium(VI)arsonates and phosphonates	2012	0.11
Adelani P O	One-dimensional uranyl-2, 2′-bipyridine coordination polymer with cation-cation interactions：$(UO_2)_2$(2, 2′-bpy)(CH_3CO_2)(O)(OH)	2012	0.11

在 CiteSpace 软件的 Project 界面设置 LFR=2、LBY=–1、e=4、Nodes Labeled=5%，得到 Shannon 学术团体研究方向的聚类图谱（图 6.17）。在 Shannon 学术团体主题词共现聚类图谱中，包含 624 个节点，1398 条线。其中大于 20 的聚类有 10 个，包含 498 个节点，占据节点总数的 58%。研究发现 Shannon 学术团体主要研究主题有 10 个，分别是结构相变（structural phase transition）、框架结构（framework structure）、4-三唑配体（4-triazole ligand）、离子电导率（ion conductivity）、结构酸-碱化学（structural acid-base chemistry）等。

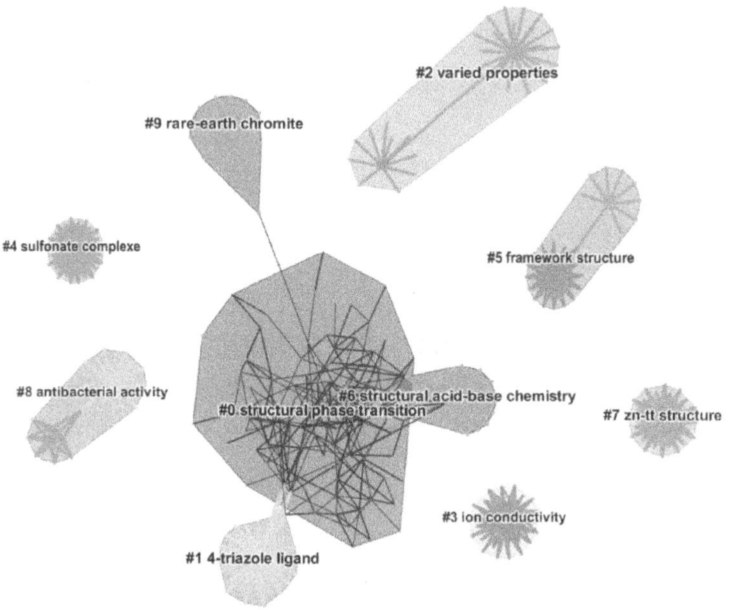

图 6.17　Shannon 学术团体研究方向的聚类图谱

6.4.2　无机化学领域的代表人物分析

对于代表人物的选取，在无机化学研究作者共被引聚类网络的基础上，利用 CiteSpace 软件系统，对无机化学研究作者共被引图谱中节点指标进行统计分析，找出共被引频次最高的前 20 位学者（表 6.17）。

研究发现，这 20 位共被引频次最高的学者有 50%属于#1 聚类的 Frisch 学术团体，其余聚类的学术团体所占比例较小，说明在无机化学领域的研究 Frisch 学术团体占据核心位置。这 20 位高共被引频次学者中共被引频次最高的学者是 Sheldrick G M，共被引频次为 3253 次，其次是 Frisch M J 共被引频次为 1380 次，Becke A D 共被引频次为 1157 次，Perdew J P 共被引频次为 971 次。Sheldrick G M 是

表 6.17　高共被引学者信息表（前 20 位）

频次	中心度	作者	年份	聚类	频次	中心度	作者	年份	聚类
3253	0.32	Sheldrick G M	2012	5	381	0.14	Kahn O	2012	2
1380	0.12	Frisch M J	2012	1	335	0.16	Neese F	2012	1
1157	0.11	Becke A D	2012	1	333	0.00	Cotton F A	2012	9
971	0.26	Perdew J P	2012	1	332	0.03	Schafer A	2012	1
792	0.35	Spek A L	2012	0	321	0	Zhao Y	2012	1
775	0.12	Lee C T	2012	1	318	0.01	Weigend F	2012	1
609	0	Farrugia L J	2012	5	303	0.03	Brown I D	2012	3
512	0	Shannon R D	2012	3	292	0.12	Li J R	2012	0
392	0	Altomare A	2012	5	292	0	Zhang J	2012	56
388	0	Hay P J	2012	1	270	0	Grimme S	2012	1

英国化学家，专门从事分子结构测定。他是该领域被引频次最高的工作者之一，先后曾获得德国威廉·莱布尼茨奖、德国结晶学会卡尔赫尔曼奖章、欧洲晶体学会最大的 Perutz 奖以及瑞典皇家科学院的 Gregori Aminoff 奖等奖项，他于 1978～2011 年担任哥廷根大学教授。在 Google 学术中检索发现截至 2017 年，Sheldrick G M 被引频次超过 25 万次，H 指数为 112，i10 指数为 650。其代表性文献主要有 2015 年发表的 *Crystal structure refinement with SHELXL*，被引频次高达 68 488 次；2008 年发表的 *A short history of SHELX*，被引 66 828 次（在 Google 学术中检索）。

Becke A D 是加拿大达尔豪斯大学的物理化学家。他是分子密度泛函理论（density functional theory，DFT）应用领域的领先研究者。2000 年，他被世界理论导向化学家协会授予施罗德格尔奖章；2006 年，他被选为伦敦皇家学会会员；2015 年，他被授予格哈德·赫茨伯格加拿大科学与工程金质奖章。Becke 为基于网格的数值方法的 non-LCAO 分子轨道计算的发展和 Kohn-Sham 密度函数理论作出了重要的贡献。他以高度引用的原子和分子结构密度泛函理论而被众所周知。密度泛函理论最初设计用于描述金属固态系统。Becke 与他的共同研究员约翰·佩尔杜一起证明了密度泛函理论可以成为量子化学的有效工具，它用于描述分子的结构和能量。他开发了一种有价值的计算技术（NUMOL），这种技术允许一个新的精度。他的工作导致了化学和物理学的许多领域的进步，用于以更高的精度计算大型和复杂分子系统的分子性质。其代表性文献主要有 1993 年发表的 *Density-*

functional thermochemistry. III. The role of exact exchange，被引频次为 73 212 次；1988 年发表的 *Density-functional exchange-energy approximation with correct asymptotic behavior*，被引频次为 38 599 次。

Perdew J P 在密度泛函理论方面的工作使他成为世界上被引用频次最高的物理学家之一，他是以固体物理学和量子化学领域的贡献而闻名的理论凝聚态物理学家。Perdew J P 最著名的科学贡献在于密度泛函理论领域，他是密度泛函理论的先驱之一，使这一理论在量子化学、材料科学和地球科学中的计算变得准确。他对交互相关能量、导数不连续性及其对基本差距的贡献、缩放和其他对功能的确切约束、自相互作用校正、非典型广义梯度近似（generalized gradient approximation，GGA）和非典型元 GGA 的绝对连接公式等作出了重要贡献。Perdew J P 制定了雅各布梯形图策略来构建交换相关能量的改进密度函数，在 2000 年 6 月的量子化学密度泛函理论国际研讨会上首次提出了这一理论，并描述了雅各布梯子的五代功能。Perdew J P 的雅各布梯子计划已经被密度泛函理论的其他研究人员所接受，并且梯级的进步继续出现在该领域的科学文献中。天普大学对他继续密度泛函理论研究起到了重要作用。他目前的研究方向主要包括构建改进强相关性和范德瓦耳斯力相互作用的描述。在 Google 学术中检索发现其总被引频次为 187 266 次，H 指数为 90，i10 指数为 260 次，其代表性文献主要有 1996 年发表的 *Generalized gradient approximation made simple*，被引频次为 84 911 次；1992 年发表的 *Accurate and simple analytic representation of the electron-gas correlation energy*，被引频次为 19 686 次。

此外发现，在无机化学研究领域作者共被引聚类图谱中（图 6.13）存在一些有趣的节点，这些节点对不同的学术团体之间的连接起到桥梁的作用，将这类节点称为关键节点。在图 6.13 中，一共找出了 7 个关键节点，分别是 Neese F、Kahn O、Sheldrick G M、Farrugia L J、Monkhorst H J、Kresse G、Coronado E。其中 Neese F 和 Kahn O 是连接#1 聚类中的 Frisch 学术团体与#2 聚类中的 Kahn 学术团体的关键节点；Monkhorst H J 和 Kresse G 是连接#1 聚类中的 Frisch 学术团体与#3 聚类中的 Shannon 学术团体的关键节点；Farrugia L J 是连接#0 聚类中的 Spek 学术团体和#1 聚类中的 Frisch 学术团体的关键节点；Coronado E 是连接#0 聚类中的 Spek 学术团体和#2 聚类中的 Kahn 学术团体的关键节点；Sheldrick G M 不仅是关键节点作者，还是无机化学研究领域的代表人物，他是将#0 聚类中的 Spek 学术团体、#1 聚类中的 Frisch 学术团体和#2 聚类中的 Kahn 学术团体三者联系起来的关键节点。其中 Neese F 属于马克斯·普朗克学会成员，主要从事量子化学、计算化学、光谱学、过渡金属研究。在 Google 学术中检索发现，其总被引频次为 37 402 次，H 指数为 93，i10 指数为 344，代表性文献主要有 2017 年发表的 *Introduction to computational chemistry*，被引频次为 4673 次；2012 年发表的 *The ORCA program system*，被引频次为 2310 次。Coronado E 主要从事纳米光学、等离子体、光学性质等研究，在 Google 学术中检索发现其被引频次为 8701 次，H 指数为 18，i10 指数为 27，代表性文献主要有 2003 年发表的 *The optical properties of metal nanoparticles*：*The influence of size*，*shape*，*and dielectric environment*，被引频次为 7245 次。

6.5 本章小结

基础化学作为基础科学研究中的重要学科门类，对基础科学研究的发展起到重要的推动作用。在基础化学研究中，无机化学领域是发展速度最快、研究最具潜在影响力的分支学科之一，无机化学的研究状况在一定程度上反映了基础化学研究的基本发展态势。本章首先分析了基础化学各分支领域的研究文献情况，并对各学科产出文献的国家、机构和作者等的分布情况进行了相关介绍。其次通过文献信息可视化软件工具，绘制无机化学研究前沿的科学知识图谱，对该领域研究前沿进行可视化探究，并分析这一领域的未来发展的潜在影响力文献。然后对无机化学领域的科学合作情况进行分析，从作者合作、机构合作、国家合作三个方面进行介绍。最后通过绘制作者共被引网络知识图谱，展现了无机化学领域研究形成的主流学术团体和代表人物。

第 7 章　天文科学–天体物理学研究的知识图谱

天文科学是自然科学的基础学科之一，是研究天体（太阳系层次、银河系层次、星系层次）的科学。当代天文学通过应用和发展各类尖端技术，研究与发展光学、射电等多波段和空间的天文观测手段，并运用当代物理学、数学、化学等学科的理论和计算方法，研究各类天体和天体集合的空间分布、运动、化学组成、物理性质及其演化过程。

7.1　天文科学研究的发展态势

天文科学的发展历史源远流长。古代天文科学与人类的生产实践息息相关，编历、授时、航海、航空以及日地关系、星际航行都是该学科在实际生活中的应用。1543 年，哥白尼创立日心学说，使自然科学从神学中解放出来。17 世纪望远镜的发明与应用，以及牛顿万有引力定律的建立，奠定了近代天文科学的基础。康德和拉普拉斯关于太阳系起源的星云说，在 18 世纪形而上学的自然观上打开了第一个缺口。20 世纪以来，人类使用大型光学望远镜探明了银河系及河外星系的运动与结构。第二次世界大战后，又通过巨型射电天文望远镜陆续发现了脉冲星、类星体、星际有机分子和微波背景辐射等新的天体与现象。当前，天文科学已经成为自然科学中最活跃的前沿基础研究领域之一。按照研究方法的不同，可以将天文科学划分为天体测量学、天体力学和天体物理学三个分支。按照观测手段的不同，还可以分为地面光学天文学、射电天文学和空间天文学等。

天文科学的研究对于人类的自然观形成和发展有直接的影响。古代的天文学家通过观测太阳、月球和其他一些天体及天象，确定了时间、方向和历法，这是天体测量学的开端。如果从人类观测天体、记录天象算起，天文科学已经有 5000 余年的历史。天文科学在人类早期的文明史中占有非常重要的地位。埃及的金字塔、欧洲的巨石阵都是著名的史前天文遗址。中国是研究和发展天文学最早的国家之一，早在 16 世纪以前，对天象的观测就已经达到非常精确的程度。中国也是世界上最早对日食、月食、太阳黑子、彗星、流星雨和新星等天文现象进行记录的国家。

天文科学研究的对象有极大的尺度范畴、极长的时间、极端的物理特性，因而地面实验室很难模拟，天文学的研究主要依靠观测手段。然而，由于地球大气对紫外辐射、X 射线和 γ 射线不透明，许多太空探测方法和手段相继出现，如气球、火箭、人造卫星和航天器等。由于观测信息的不足，天文学家经常会提出许多假说来解释一些天文现象。然后根据新的观测结果，对原来的理论进行修正或者用新的理论来代替。这也是天文科学与其他自然科学的主要区别。

7.1.1 天文科学研究文献的产出情况

当前，天文学已经成为包含天体物理学、天体力学以及天体测量学三大分支的系统性科学，具有相对完善的科学知识体系。Web of Science 检索平台的期刊引证报告中的天文科学是天文学与天体物理学分支，在 Web of Science 平台中对天文学与天体物理学期刊数据进行检索，这一领域共包含 62 本期刊，对这些期刊 1997～2017 年的全部文献数据进行统计分析，揭示这一领域研究和发展的基本态势（表 7.1）。

表 7.1 天文科学研究领域基本信息表

期刊引证报告分类	期刊数量/本	1997～2017 年文献数量/篇	高产学者前 5 名	高产机构前 5 名	高产国家前 5 名
天文学与天体物理学	62	435 824	Zhang J、Banerjee S、Zhang L、Liu Y、Wang J	加利福尼亚理工学院、美国国家航空航天局、哈佛-史密森天体物理学中心、中国科学院、加利福尼亚大学伯克利分校	美国、德国、英国、法国、意大利

从天文学与天体物理学的高产机构来看，排名前 5 位的研究机构中，美国的研究机构占其中 4 个，中国的研究机构产出最高排到第 4 位。同时，在分析高产机构的过程中发现，美国的研究机构占据高产机构的 60%以上，而中国的机构仅有中国科学院 1 家进入高产机构行列。

从文献的高产国家来看，目前美国、德国、英国、法国和意大利等国在天文学与天体物理学领域占主导地位。而美国占总发文量的 40%，远超过第二名的德国（发文量占 15%）。在天文学与天体物理学领域，美国占绝对的主导地位，中国以不到 6%的占比居第 9 名。在天文学与天体物理学领域的研究中，美国无论是高产机构还是高产国家的排名都是首位。

为了更好地展现天文科学的研究现状，从天文学与天体物理学研究领域入手，从研究主题、研究前沿的变革、科学合作、学术团体等视角进行分析与讨论，更精确地揭示天文科学基础研究情况。

7.1.2 天文学与天体物理学研究文献的产出情况

在期刊引证报告中选取了天文学与天体物理学（astronomy & astrophysics）领

域中 5 年平均影响因子前 20 名的期刊，在 Web of Science 上检索这些期刊 2007～2017 年发表的所有文献，共得到 122 166 篇（表 7.2）。影响因子排名前 20 位的期刊基本涵盖了天文学与天体物理学研究的主要领域，并能够代表这一研究领域的最高水平。

表 7.2 天文学与天体物理学领域期刊信息（影响因子排名前 20 位）

序号	期刊名	5 年影响因子	影响因子	总被引频次	即年指数	载文量/篇	引文半衰期/年	特征因子
1	*Annu Rev Astron Astr*	35.725	30.733	9 417	2.333	18	＞10.0	0.020 66
2	*Living Reviews in Solar Physics*	17.857	12.455	974	0.75	4	5.9	0.004 1
3	*Astronomy and Astrophysics Review*	12.826	8.222	1 411	4.667	6	6.5	0.004 57
4	*Astrophysical Journal Supplement Series*	10.287	8.955	24 547	1.837	178	8.3	0.064 93
5	*Annual Review of Earth and Planetary Sciences*	11.929	9.78	6 688	1.462	26	＞10.0	0.012 03
6	*Physics of the Dark Universe*	6.707	5.425	647	3.043	47	2.8	0.002 87
7	*Astrophysical Journal*	5.342	5.533	206 609	1.393	2805	7.6	0.375 49
8	*Space Science Reviews*	7.176	7.494	9 379	3.589	73	8.5	0.023 67
9	*Journal of Cosmology and Astroparticle Physics*	4.282	4.737	18 599	2.002	535	3.8	0.057 12
10	*Astrophysical Journal Letters*	4.914	5.522	47 025	2.164	555	8.2	0.119 55
11	*Monthly Notices of the Royal Astronomical Society*	4.620	4.961	128 369	1.704	3209	5.5	0.286 73
12	*Astronomical Journal*	3.107	2.609	28 260	0.529	363	＞10.0	0.037 74
13	*Astronomy & Astrophysics*	4.389	5.014	111 243	2.046	1810	7.8	0.208 11
14	*Physical Review D*	3.910	4.557	159 743	1.938	3356	7.2	0.262 1
15	*Publications of the Astronomical Society of the Pacific*	4.327	4.446	9 814	0.875	112	＞10.0	0.016 15
16	*Icarus*	3.059	3.131	19 559	1.09	432	8.9	0.042 48
17	*Solar Physics*	3.095	2.682	10 421	0.891	202	＞10.0	0.021 55
18	*Astroparticle Physics*	3.183	3.257	3 667	1.272	114	6.3	0.007 86
19	*Classical and Quantum Gravity*	2.831	3.119	16 126	1.178	366	7.4	0.036 47
20	*Astrobiology*	2.761	2.603	2 414	0.578	64	6.4	0.005 54

对从 Web of Science 检索的文献结果进行计量分析。天文学与天体物理学领域从 2007 年至今发文量整体上呈稳定增长趋势，并于 2012 年超过 11 000 篇，在 2016 年达到最高值为 11 888 篇，整体上，天文学与天体物理学领域的文献产出量随时间稳定增长（图 7.1）。

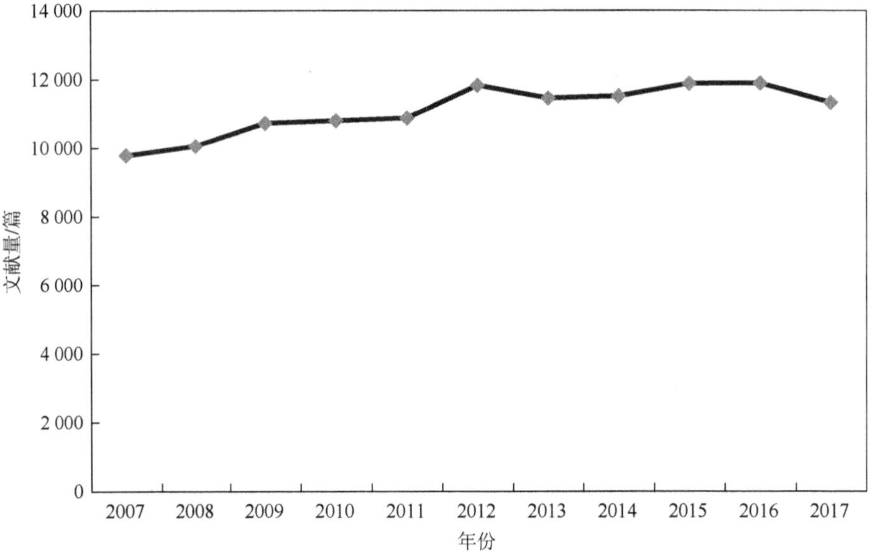

图 7.1　天文学与天体物理学领域产出文献的年度分布（2007～2017 年）

从产出文献的资助机构来看，对产出文献资助数量最多的机构是美国国家自然科学基金，资助文献量为 14 349 篇（占总文献量的 13.10%），美国国家航空航天局资助文献量为 14 526 篇（占总文献量的 12.63%），美国能源部资助文献量为 4317 篇（占总文献量的 3.76%），中国国家自然科学基金资助文献产量 2948 篇（占总文献量的 2.56%）、英国科学与技术设施委员会资助文献量为 1699 篇（占总文献量的 1.478%）、斯隆基金会资助文献产量 1659 篇（占总文献产量的 1.44%）。利用 Web of Science 的结果分析功能，提取资助文献产出前 25 名的机构，对重复机构进行合并，得到 18 家不同的研究机构。其中，美国的资助机构共有 5 家，合计资助文献产量占文献总量的 31.70%。此外，美国国家航空航天局除了资助美国研究文献 12 428 篇（占美国文献总量的 21.5%），还资助德国、英国、法国、意大利等国家的文献超过 7 万篇。资助排名第 2 位的中国，资助文献数量占总文献产出数量的 2.67%。相较于德国、法国、英国等发文量较多的国家，中国有相当高的资助力度，但是文献产出量并没有相对应地提高，可见中国在这一领域的资助效率还有待提高。

进一步统计文献产出量排名前 50 位的研究机构，发文量最多的研究机构仍然是美国，共有 27 所。这些机构的文献产出量占总文献量的 69.98%。在这些美国机构中除了美国国家航空航天局、美国太空望远镜科学研究中心，其余全部是美国的高等院校。在这些高等院校中，排名第 1 位的是美国加利福尼亚理工学院，发文量为 7968 篇，占文献总量的 6.92%。除此之外美国加利福尼亚大学伯克利分校、亚利桑那大学、约翰·霍普金斯大学、麻省理工学院等高校均拥有较高的文献产出量。由此可见，美国拥有雄厚的天文科学研究力量和相对完整的天文学研究体系。除美国以外，法国的相关机构也拥有较高的文献产出量。法国的文献来源相对均衡，来自高校与其他科研机构的文献数量大致相当（占总文献产量的 5%～7%）。其中，文献产量最多的为法国国家科学研究中心，共发文 3112 篇，占文献总量的 2.70%，巴黎第六大学、巴黎第十一大学、巴黎第七大学三所高校也拥有超过 1500 篇的文献产量。德国的文献产出全部来自于马克斯·普朗克学会，该机构产出文献占到总文献量的 5.66%，仅次于美国加利福尼亚理工学院。此外，日本、中国、英国等国家也拥有较高的文献产量，在国际天文科学研究中占有重要的地位。

从文献产出的作者来看，在 Web of Science 里按照发文量降序排列提取前 100 名作者，将这些作者确定为高产作者进行分析。其中有来自美国的高产作者 42 人，来自意大利的高产作者 12 人，来自法国的高产作者 9 人，来自中国的高产作者 9 人，来自英国的高产作者 7 人，来自德国的高产作者 6 人，来自加拿大的高产作者 4 人以及来自印度、以色列、日本、韩国等国家的高产作者 11 人。美国的高产作者主要来自于其国内相关的高产机构。来自于意大利的 12 位高产作者中有 10 位来自于意大利国立物理研究所。中国的 9 位高产作者中，有 5 位高产作者位列高产作者的前 10 位。其中，中国科学院高能物理研究所的 Zhang L 以 520 篇的文献产量排名第 2 位，仅次于路易斯维尔大学的 Banerjee S（590 篇），中国上海交通大学的 Zhang J、中国科学技术大学的 Liu Y 和中国科学技术大学的 Chen X 也同样拥有较高的文献产出量，但相较于美国相对完整的天文学研究体系而言，中国的研究力量在整体上还较弱。路易斯维尔大学的 Banerjee S 共发文 590 篇，该作者主要集中在粒子物理学领域有开创性的研究，在 Google 学术中检索发现 Banerjee S 的 H 指数为 126。他的代表性文献有 2003 年发表的 *GEANT4—a simulation toolkit*，在 Google 学术中检索，该文被引频次高达 20 102 次；2012 年发表的 *Observation of a new boson at a mass of 125 GeV with the CMS experiment at the LHC*，在 Google 学术中检索，被引频次为 14 276 次。

7.2　天文学与天体物理学的研究前沿

近年来，随着天文学与天体物理学中国际合作研究的不断加强，以及相关探测手段的不断进步，这一领域整体呈现出较快的发展趋势。在天文科学研究内部出现了大量交叉研究以及诸多前沿热点问题，并在相关领域取得了较为丰硕的成果。本节通过信息可视化技术展现现阶段天文学与天体物理学研究的前沿问题。

通过对图谱整体的分析以及对于图谱网络中存在的高被引节点文献、高突现节点文献等重要节点的分析来揭示当前天文学与天体物理学研究的前沿。

7.2.1　天文学与天体物理学研究的前沿主题

使用前面检索的文献数据，利用 CiteSpace 信息可视化软件，分别绘制天文学研究的文献共被引网络知识图谱（图 7.2）。以高被引频次文献集合表征国际天文学与天体物理学研究的知识基础，通过高突现率文献集合揭示这一领域的研究前沿。

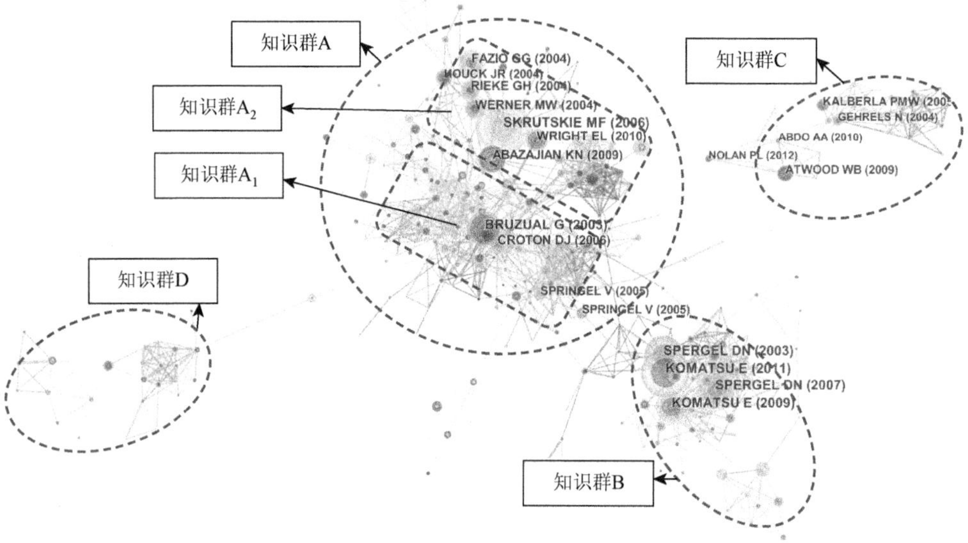

图 7.2　天文学与天体物理学研究的文献共被引网络知识图谱

从文献共被引网络知识图谱来看，天文学与天体物理学研究领域主要集中在 4 个研究方向，分别以知识群 A、B、C、D 表示。其中知识群 A 是整个知识图谱中包含文献数目最多、构成网络最复杂的知识群，占据天文学与天体物理学研究图谱的中心位置，并通过关键节点与其他 3 个知识群产生联系。知识群 A 内部又可分为两个相对独立的知识群 A_1、A_2。其中，知识群 A_1 除了具有少数较大的节点，其余节点均较小，但该部分节点均具有较高的突现。以此推测该部分正处在天文学与天体物理学研究领域的前沿地带，并将在未来一段时间内有较快的发展。知识群 A_2 则存在大量具有较高被引频次的节点，并且节点间联系较为紧密，可见知识群 A_2 已经形成了较为完整的研究主题。此外，主要分布在知识群 A_2 中的高被引频次节点均存在较高的突现强度，可见这一知识群揭示了当前天文学与天体物理学领域的研究前沿。

知识群 B 与知识群 A 距离较近，联系较为复杂，知识群 B 的研究方向与知识群 A 有一定的相关性。相较于知识群 A 而言，知识群 B 的整体群落较小，但存在着一定数量且同时具备高被引频次与高突现率的重要节点。知识群 C 距离知识群 A 位置较远，并与知识群 A 之间的联系较为松散。知识群 C 整体上节点的被引频次较低，包含少数高突现率节点，通过关键节点与知识群 A 相互联系。知识群 D 则分布于整个网络图谱的边缘位置，与知识群 A 联系较为单一，内部包含节点数目较少，但大部分节点具有较高的突现强度。为进一步展现天文学与天体物理学领域研究的知识结构及其研究前沿，以下对上述各知识群及其中的关键节点文献进行深入挖掘分析。

知识群 A 分为知识群 A_1 和 A_2 两个相对独立的知识群。知识群 A_1 存在少数被引频次较高的节点以及数目众多的被引频次较小的节点。其中，被引频次最高的节点为 Bruzual G 于 2003 年发表的《星系合成分辨率 2003》，该文在 Google 学术中被引频次达到 5750 次。文章主要阐述了利用斯隆数字巡天（Sloan digital sky survey，SDSS）项目的高质量光谱为基础建立的恒星群演化模型。该模型首次利用吸收谱线强度（absorption-line strengths）来研究整个宇宙年龄范围内的恒星星系。该知识群中另一个有代表性的高被引节点为 Croton D J 于 2006 年发表的文献《星系核的活动形式：暗物质、黑洞、星系光度和颜色》，该文在 Google 学术中的被引频次达到 2444 次。文章阐述了通过红移巡天项目的观测来模拟星系及其中心的超大质量黑洞的生长。相较于知识群 A_1 而言，知识群 A_2 中的高被引频次节点数量较多。其中，共被引频次最高的为 Skrutskie M F 于 2006 年发表的《两微米全天巡视》，该文献主要介绍了 2μm 全天巡视的研究概况以及所取得的观测成果，作为红外科学研究的一部分，对相关研究提供数据支持。此外共被引频次较高的节点文献还有 Wright E L 发表于 2010 年的论文《宽视场红外巡天探测器：任务描述和初始在轨性能》，该文献在 Google 学术中的被引频次为 2003 次，并且被引频次呈现快速增长趋势，该节点也呈现出较高的突现率。宽视场红外巡天探测器（wide-field infrared survey explorer，WISE）于 2009 年发射升空，2010 年 1 月进行天空测量，同年 7 月 17 日完成第一次全天空覆盖观测，并于 2011 年 2 月结束第一阶段观测任务进入休眠状态。其观测成果主要包括全天空数据、源目录、源数据等，同样作为红外科学归档研究的一部分。Fazio G G 于 2004 年发表《斯皮策望远镜搭载的红外线阵相机》，该文主要介绍了搭载于斯皮策太空望远镜的三个焦平面仪器其中之一的红外阵列相机（infrared array camera，IRAC），红外阵列相机是四通道相机，在 3.6μm、4.5μm、5.8μm、8μm 波段进行观测。该相机的主要任务是研究早期宇宙，搜索和研究褐矮星与超级行星，研究超亮星系和活动星系核以及发现与研究的原行星和行星碎片盘。此外，红外阵列相机是一个通用的数码相机，将在各类天文研究项目中使用。知识群 A_2 中，还有部分其他高被引频次节点文献，研究主题与上述文献相近，主要是围绕天文学与天体物理学中天文观测手段的相关研究。

知识群 B 中被引频次最高的节点为 Komatsu E 于 2011 年发表的《第七年威尔金森微波各向异性探测器观察：宇宙学解释》。该知识群的其他三个重要节点文献也都是基于威尔金森微波各向异性探测器（Wilkinson microwave anisotropy probe，WMAP）数据发布的相关研究。分别为 Spergel D N 于 2003 年发表的《第一年威尔金森微波各向异性探测器观察：测定宇宙学参数》。作为基于威尔金森微波各向异性探测器第一次数据发布完成的成果，该文在 Google 学术中的被引频次高达 12 003 次。此外还有 Spergel D N 于 2007 年发表的《第三年威尔金森微波各向异性探测器观察：宇宙学意义》，同样具有较高的被引频次，达到 7514 次。Komatsu E 于 2009 年发表的论文《第五年威尔金森微波各向异性探测器观察：宇宙学解释》被引频次为 5188 次。威尔金森微波各向异性探测器是探测宇宙中大爆炸后残留的辐射热，验证了普朗克黑体辐射定理，测得宇宙由暗能量、暗物质及额外的普通物质构成。暗物质、暗能量相关研究是当前天文学与天体物理学领域最为热点和前沿的研究主题。

知识群 C 中，Kalberla P M W 于 2005 年发表的《LAB 调查合并 LDS 和 IAR 调查的最终数据发布与改善杂散辐射校正》，是针对中性氢 21cm 谱线（celestial 21 cm-hydrogen line）的研究。该谱线是研究银河系及河外星系的结构的重要手段。LAB 调查则是针对该项研究覆盖范围最广的空间调查。Gehrels N 于 2004 年发表的《雨燕伽马射线探测卫星》，介绍了雨燕卫星探测伽马射线暴的任务，确定伽马暴的起源，对现有射线暴进行分类并寻找新的类型，研究射线暴周围介质的相互作用，通过射线暴研究早期宇宙。雨燕卫星是目前为止在伽马射线暴探测领域最先进的观测卫星，其观测数据作为重要的研究资料供天文学研究使用。Atwood W B 于 2009 年发表的《费米大视场望远镜》介绍了费米望远镜的技术参数以及任务目标。该篇文献在 Google 学术中的被引频次为 2089 次，这篇文献同时具有较高的突现率。费米望远镜于 2008 年发射升空，主要进行近地轨道的伽马射线天文学观测。搭载了大视场望远镜（large area telescope，LAT）以及伽马射线爆发监控器（gamma ray bursts monitor，GBM），是伽马射天文学研究的一项重要手段。Abdo A A 于 2010 年发表的《费米大视场望远镜第一个源目录》介绍了根据费米大视场望远镜第一阶段的观测数据建立的数据库的相关情况。Nolan P L 发表于 2012 年的论文《费米大视场望远镜第二个源目录》的源目录观测时长（24 个月）有所增加，数据和仪器响应函数（脉冲响应函数）使用新的 7 通道（Pass 7）事件的选择方式，提高分辨率并拓展和改进源关联过程。

7.2.2　天文学与天体物理学研究前沿的主题演化

为有效揭示天文学与天体物理学领域研究前沿的演化脉络，运用 CiteSpace 信息可视化分析工具中的逐年聚类分析功能，对这一领域 2012～2017 年的研究前沿进行逐年聚类分析，如图 7.3 所示，重点对最大的 4 个知识群进行研究，按时间顺序每一列代表一个知识群的逐年演化情况。

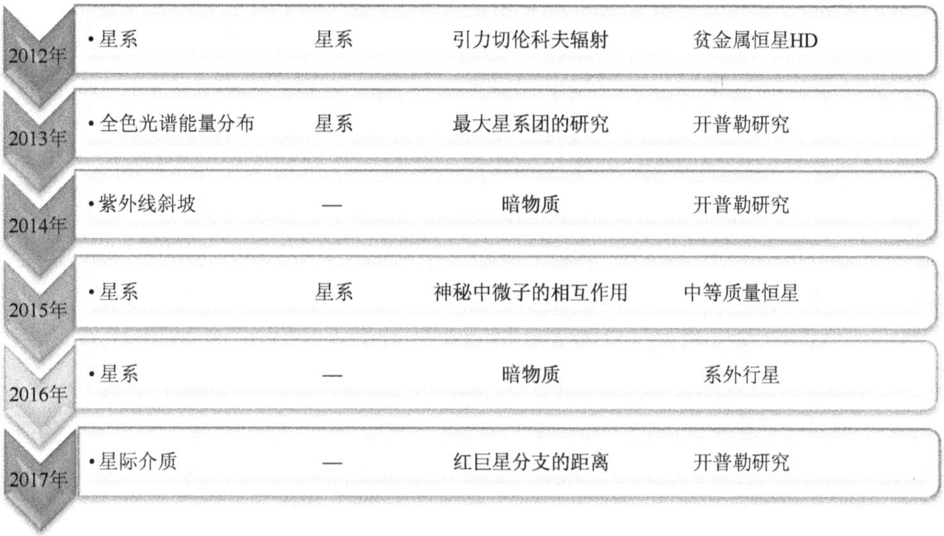

图 7.3　天文学与天体物理学领域研究前沿主题的逐年演化（2012～2017 年）

在天文学与天体物理学领域研究前沿主题的逐年演化过程中，知识群 A 和 B 的前沿主题逐年聚类标识词出现交叉，该交叉主题主要是针对星系的研究，天体物理学领域中对于星系的研究一直是近年来的研究重点。知识群 C 的前沿主题 2012～2013 年是进行切伦科夫辐射研究，2014～2017 年则主要围绕暗物质展开研究。寻找暗物质粒子、研究暗能量的物理本质，探索宇宙起源及演化的奥秘，结合粒子物理和宇宙学的研究已成为 21 世纪天文学与天体物理学发展的一个重要趋势，诺贝尔物理学奖获得者李政道曾多次指出："暗物质是笼罩 20 世纪末和 21 世纪初现代物理学的最大乌云，它将预示着物理学的又一次革命。"2017 年 11 月 30 日，*Nature* 首次在线发表中国科学院暗物质粒子探测卫星"悟空"（Dampe）的探测成果："悟空"卫星的科研人员成功获得了目前世界上最精确的高能电子宇宙线能谱。而其中的数据表明，宇宙空间中存在"质量为 1.4×10^{12}eV 左右的新物理粒子"，这是我国天体物理学领域研究的重大突破。知识群 D 的研究前沿主题 2012～2017 年一直是与开普勒相关的研究，先后分别为贫金属恒星 HD、开普勒研究以及中等质量恒星等。

7.3　天文学与天体物理学领域的科学合作

天文科学研究中的科学合作既包括天文科学不同研究领域间的相互合作，也包括与其他相关科学领域的合作。缘于科学研究的不断深入，研究方向的不断细化，天文学与天体物理学不同研究领域间的科学合作不断增加。机构之间、国家之间的科学合作也不断增多。科学合作的不断加强一方面有利于整合现有资源，通过机构、国家之间的合作可以促进相关领域研究资源的合理利用以及相关技术的交流；另一方面有利于促进知识的流动，通过相关领域研究人员之间的相互合作，可以实现既有成果的共享，不断深化研究问题。

7.3.1　天文学与天体物理学领域作者合作的可视化分析

运用 CiteSpace 信息可视化软件的作者合作功能，对前面检索的天文学与天体物理学领域的研究文献进行作者合作的可视化分析，绘制这一领域的作者合作网络知识图谱（图 7.4）。通过分析合作网络结构以及网络节点等指标，挖掘相关领域研究者的合作情况。

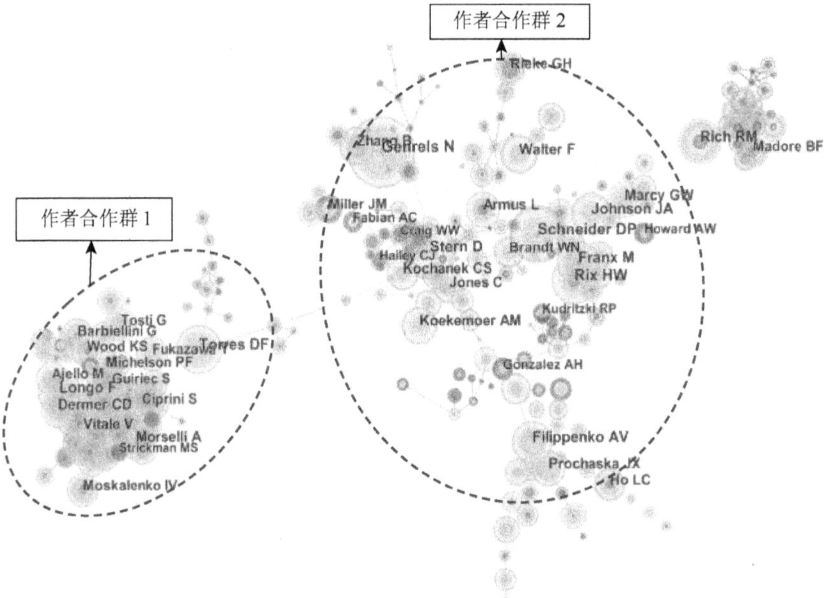

图 7.4　天文学与天体物理学研究领域的作者合作网络知识图谱

从天文学与天体物理学领域的作者合作网络图谱可以看出，这一领域的作者合作呈现出两个相对分散的作者合作群，相较于作者合作群 1 而言，作者合作群 2 具有三个较为明显的分支。每个作者合作群都包含一个研究主题相近的知识点集合，由图 7.4 可见天文学与天体物理学领域研究作者合作已经形成两个较为独立的作者合作体系，而这两个合作体系之间又存在一定的联系。在网络图谱的基础上对网络指标的计算结果进行统计分析，得到合作频次排名前 40 位的高频次合作者，并按照合作频次降序排列得到表 7.3。

表 7.3　天文学与天体物理学领域作者合作频次分布（前 40 位）

频次	突现率	中心度	Sigma	作者	年份
269		0	1	Gehrels N	2005
222		0	1	Schneider D P	2005
216		0	1	Stern D	2005
190		0	1	Torres D F	2007
187	4.41	0	1	Rix H W	2005
183		0	1	Henning T	2006
180	8.99	0	1	Longo F	2009
179	39.21	0	1	Rich R M	2005
172	6.99	0	1	Franx M	2005
170		0	1	Filippenko A V	2005
166		0	1	Johnson J A	2008
164	4	0	1	Bastieri D	2009
156		0	1	Walter F	2006
155		0	1	Koekemoer A M	2011
153	11.15	0	1	Zhang B	2005
152	8.28	0	1	Tanaka T	2009
145	2.71	0	1	Cheung C C	2009
145		0	1	Marcy G W	2008
145		0	1	Dermer C D	2009
143		0	1	Prochaska J X	2006
142		0	1	Kochanek C S	2008
140	9.52	0	1	Armus L	2005
139	11.46	0	1	Morselli A	2009
138		0	1	Vitale V	2009
137	7.27	0	1	Ho L C	2005
137	5.79	0	1	Takahashi H	2009
137		0	1	Guiriec S	2009
136	27.25	0	1	Rieke G H	2005
136	13.05	0	1	Barbiellini G	2009
136		0	1	Tosti G	2009
136		0	1	Ciprini S	2009
135	5.69	0	1	Moskalenko I V	2009

续表

频次	突现率	中心度	Sigma	作者	年份
135		0	1	Fukazawa Y	2009
135		0	1	Jones C	2005
135		0	1	Ajello M	2010
135		0	1	Reimer O	2009
134	7.38	0	1	Kataoka J	2009
134		0	1	Madore B F	2005
132		0	1	Brandt W N	2005
132		0	1	Reimer A	2010

结合图 7.4 和表 7.3 可以看出，作者合作群 1 中的高频次合作者包括 Torres D F、Longo F、Dermer C D、Madore B F、Morselli A 等。其中 Torres D F 的合作频次最高，达到 190 次；除此之外，Longo F 也拥有 180 次的合作频次并具有相当高的突现频率。在 Web of Science 分别检索 Torres D F、Longo F 2005～2015 年的发文量如图 7.5 和图 7.6 所示。

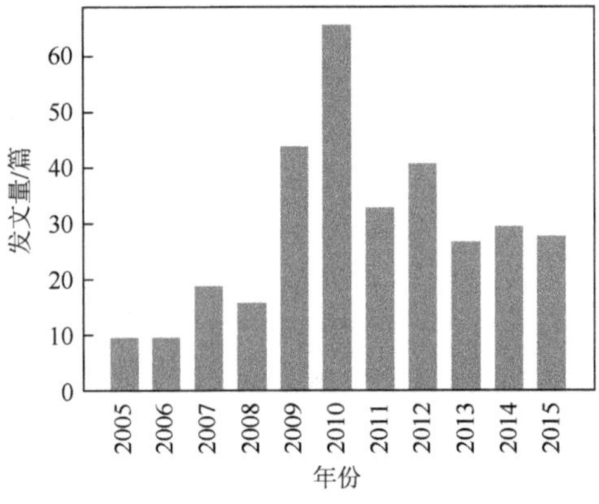

图 7.5　Torres D F 发文量条形图

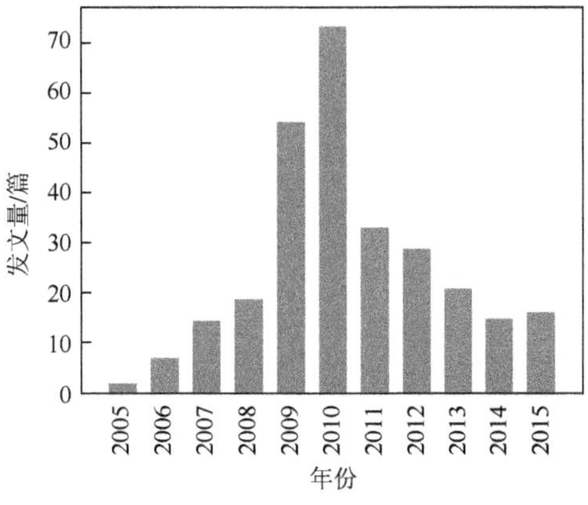

图 7.6　Longo F 发文量条形图

从图中可以看出，Torres D F 的发文量 2009～2010 年突然增加，并在 2010 年达到最高，超过 60 篇。Longo F 也在 2009～2010 年出现发文量的突增，并在 2009 年出现合作频次的突增。一方面，作者合作频次可以直观反映出一个作者合作强度，具有较高合作频次的作者往往处在一定研究领域的核心位置，其研究成果具有广泛的合作；另一方面，节点的突变程度反映出了一段时间内作者合作发文量的增加，可以间接地反映出该作者在相关领域的影响力。

Torres D F 供职于西班牙空间科学研究所。在 Google 学术中检所其被引频次最高的一篇文章为 *The large area telescope on the Fermi gamma-ray space telescope mission*（《大面积望远镜对准费米伽马射线太空望远镜的使命》），被引频次高达 2019 次。该篇文章主要介绍了基于大视场望远镜的合作研究。该研究主要通过对高能伽马射线的观测来探究相关宇宙射线的影响。除此之外，该作者的另一篇高被引的文章为 *Measurement of the cosmic ray e++e− spectrum from 20 GeV to 1 TeV with the Fermi large area telescope*（《宇宙射线的测量 Ë++E-频谱从 20GeV 到 1TeV 能与费米大视场望远镜》），被引频次达到 1068 次。该文通过对伽马射线的相关分析以及一种高效的电子检测手段来对能谱高达 1TeV 电子进行测量。而 Longo F 供职于意大利国家核物理研究所。其被引频次最高的一篇文章是与 Torres D F 共同完成的 *The large area telescope on the Fermi gamma-ray space telescope mission*。此外，Longo F 与 Torres D F 在宇宙射线的测量 Ë++E-频谱从 20GeV 到 1TeV 能与费米大视场望远镜研究中也有相关的合作。可见作者合作群 1 主要是围绕电子光谱的测量以及相关宇宙射线的研究而形成的较为紧密的科学合作群。

作者合作群 2 相较于作者合作群 1 而言，有更多的高频次合作者。该作者合作群中的高频次合作者主要包括 Gehrels N、Schneider D P、Stern D、Rix H W、Rich R M、Filippenko A V 等高频次合作作者。其中，Gehrels N 供职于美国国家航空航天局，在 Google 学术里面检索其被引频次最高的一篇文章为 *The Swift gamma-ray burst mission*，被引频次达到 2431 次。该篇文章主要论述了通过一个多波段观测站观测伽马射线暴，以此来确定伽马射线暴的起源，以及对伽马射线暴的分类并寻找新的类型。此外，Gehrels N 的高被引文章也包括 *The large area telescope on the Fermi gamma-ray space telescope mission*。由此可见 Gehrels N 在与作者合作群 2 有着相对密切的合作的同时与作者合作群 1 的相关作者也有研究合作。Schneider D P 是美国宾夕法尼亚大学天文学与天体物理学教授。在 Google 学术中检索其被引频次最高的三篇文章均是关于斯隆数字巡天的相关研究，斯隆数字巡天是使用位于新墨西哥州阿帕契点天文台的 2.5m 口径望远镜进行的红移巡天项目。计划观测 25%的天空，获取超过 10^6 个天体的多色测光资料和光谱数据，通过相关数据为研究宇宙结构尺度开辟道路。这三篇文章分别是 *The Sloan digital sky survey*：*Technical summary*、*Cosmological parameters from SDSS and WMAP* 以及 *Detection of the baryon acoustic peak in the large-scale correlation function of SDSS luminous red galaxies*。其中，被引频次最高的 *The Sloan digital sky survey*：*Technical summary* 主要论述了通过斯隆数字巡天的相关研究数据支持发光与不发光的物质在宇宙中的分布，同时该文章总结的观测参数和斯隆数字巡天参数将作为在线文档提供支持。Stern D 是美国麻省理工学院教授，在 Google 学术中检索其被引频次最高的一篇文章是 *The infrared array camera for the Spitzer space telescope*（《红外阵列相机的斯皮策太空望远镜》）被引频次 2425 次。斯皮策太空望远镜是美国国家航空航天局 2003 年发射的一颗红外天文卫星，也是大型轨道天文台计划的最后一台太空望远镜。该望远镜通过红外观测手段来探究银河系的核心、恒星形成以及太阳系外行星。Rix H W 是德国马克斯·普朗克学会研究员，其被引频次最高的一篇文章为 *The seventh data release of the Sloan digital sky survey*（《斯隆数字巡天的第七个数据发布》）被引频次 3030 次，该文章也是基于斯隆数字巡天项目的相关高频次被引文章之一。除此之外该作者的几篇高频次被引文章也是基于该项目数据发布的相关研究。Rich R M 在 Google 学术中检索到的高被引频次论文则是关于星系演化探测器（galaxy evolution explorer，GALEX）观测数据的研究成果。星系演化探测器是美国国家航空航天局于 2003 年发射的一颗紫外天文卫星，主要用来观测星系，以及研究它们的形成和演化机制。Rich R M 的最高被引频次文章 *The galaxy evolution explorer*：*A space ultraviolet survey mission* 就是通过星系演化探测器的深层成像和光谱测量绘制宇宙中的恒星形。Filippenko A V 是供职于美国加利福尼亚大学伯克利分校，在 Google 学术中检索其被引频次最高的一篇文章为 *Measurements of* Ω *and* Λ *from 42 high-redshift supernovae*，该文章发表于 1999 年，被引频次高达 13 410 次。此外，该作者发表于 1998 年的 *Observational evidence from supernovae for an accelerating universe and a cosmological constant* 被引频次也超过 12 000 次。这两篇文章在天体测量学领域都具有十分重要的影响。

从整体上来看，作者合作群 2 之间的作者联系相较于作者合作群 1 松散。作者合作群 2 的作者合作频次变化不大，没有出现合作频次极为突出的合作者，合作频次较高的作者在合作群中的位置也比较分散，高合作频次研究者都是基于一个具体的研究项目。进一步对作者合作群中合作频次较高的研究者进行调查，发现连接紧密的作者合作群都是基于一个大型的天文学研究项目，不同的研究者在具体的研究项目下都有具体的研究方向。例如，作者合作群 1 主要就是基于威尔金森微波各向异性探测器观察结果，开展的关于宇宙微波辐射等相关领域的研究。作者合作群 2 主要是基于斯隆数字巡天项目进行的一系列研究。通过该类项目的连接形成了多个较为紧密的作者合作群，每个高频合作者都在大型研究项目中占据主要位置。与此同时，通过作者合作可以使大型研究项目的各个研究分支进行有效的整合，从而形成较为系统化的研究成果。

7.3.2 天文学与天体物理学领域机构合作的可视化分析

运用 CiteSpace 软件的机构合作分析功能，对天文学与天体物理学的研究机构合作情况进行可视化分析，绘制天文学与天体物理学研究机构合作的网络知识图谱（图 7.7）。

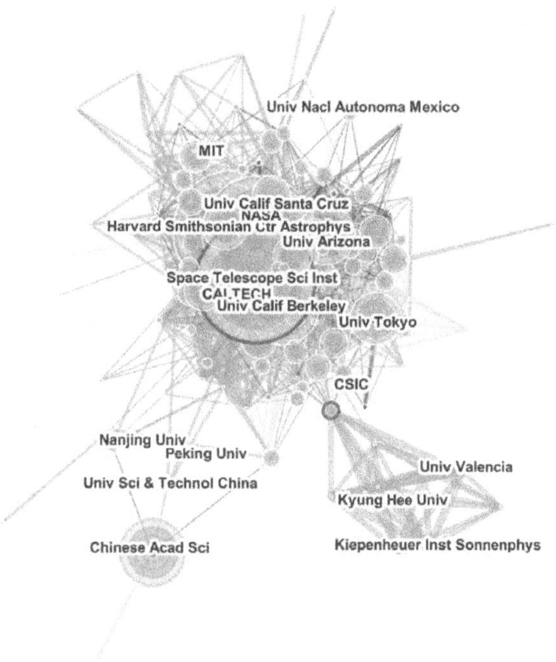

图 7.7　天文学与天体物理学研究机构合作的网络知识图谱

在天文学与天体物理学领域研究机构合作的网络图谱的基础上，通过 CiteSpace 软件系统的运行结果，对网络中的节点指标进行统计分析，按照机构合作频次排序，列出合作频次排在前 20 位的研究机构，如表 7.4 所示。

表 7.4　天文学与天体物理学领域高合作频次研究机构（前 20 位）

频次	中心度	机构	国家
1958	0.11	加利福尼亚理工学院	美国
1955	0.05	哈佛-史密森天体物理学中心	美国
1811	0.06	美国国家航空航天局	美国
1250	0.05	加利福尼亚大学伯克利分校	美国
1224	0.02	中国科学院	中国
1015	0.01	亚利桑那大学	美国
984	0.08	太空望远镜科学研究所	美国
963	0.02	东京大学	日本
834	0.02	加利福尼亚大学圣克鲁兹分校	美国
757	0.07	约翰·霍普金斯大学	美国
749	0.01	密歇根大学	美国

续表

频次	中心度	机构	国家
734	0.04	马克斯·普朗克天文学研究所	美国
730	0.03	马里兰大学	美国
724	0.03	宾夕法尼亚大学	美国
667	0.01	普林斯顿大学	美国
643	0.02	剑桥大学	英国
575	0.03	斯坦福大学	美国
562	0.02	芝加哥大学	美国
555	0.01	国家射电天文台	美国
545	0.02	国家核物理研究所	意大利

从天文学与天理物理学领域的研究机构合作网络图谱中可以看出，合作网络的结构可以分为三个部分。第一部分包括美国的加利福尼亚理工学院、美国国家航空航天局、加利福尼亚大学伯克利分校等机构，这一部分结构较为复杂，各个节点机构之间的联系紧密；第二部分有瓦伦西亚大学、庆熙大学、基彭霍伊尔太阳物理研究所等机构，这一部分结构相对简单，节点之间联系较为紧密；第三部分有中国科学院、南京大学、北京大学、中国科技大学等机构，这一部分结构简单，节点之间的联系较弱。

从研究机构合作的统计结果来看，合作频次排名前 20 位的机构大多是美国的研究机构，合作频次排名前 20 位的机构仅有 4 个来自其他国家，包括中国、日本、英国和意大利。合作频次最高的机构是美国的加利福尼亚理工学院，加利福尼亚理工学院在天文学与天体物理学方面有突出的研究成果，在天文学与天体物理学领域研究的设施先进，有 Hale 天文台、Big Bear 太阳系观测站、Palomar 天文台、Owens 峡谷射电天文台、美国国家航空航天局的喷气推进实验室（Jet Propulsion Laboratory，JPL）等。喷气推进实验室的科学家成功实验设计了人类最早的现代火箭，设计组装了美国阿波罗登月计划的太空飞船。

网络节点的中心度指标可以揭示节点研究机构在合作网络中的重要位置。从机构合作网络知识图谱中可以看出，中国科学院的合作频次高，但是其节点的中心度并不高，仅与几所中国的研究机构有合作关系。网络中节点中心度最高的机构是西班牙国家研究委员会，这一机构在网络中的中心度为 0.18，说明该研究机构在网络中占据重要的位置。西班牙国家研究委员会是西班牙最大的研究机构，也是欧洲第三大研究机构，其主要目标是开发和推广有助于科技进步的研究，其任务是促进、协调、发展和推动科学技术研究，具有多学科研究性质，以促进知识和经济、社会和文化发展以及培养科研人才。

在天文学与天体物理学领域中，研究机构的合作较为频繁，各机构联系紧密。从机构类型来看，虽然高等院校与科研院所共同构成研究主体，但高等院校占绝大多数，科研院所比例较小。从机构所属国家来看，美国的科研机构占据主要位置，在天文学与天体物理学研究领域已形成较大的合作规模，内部合作紧密。从合作模式来看，多国科研机构共同参与，国内合作、国际合作、院校合作为主要合作模式，但是我国机构与国际研究机构合作较少，网络节点的中心度较低，中国天文学与天体物理学领域的研究机构应该增强国际合作研究，与各国机构共同推进天文学与天体物理学研究领域的健康和可持续发展。

7.3.3　天文学与天体物理学领域国家合作的可视化分析

为全面展现天文学与天体物理学的科学合作情况，在作者合作和机构合作可视化的基础上，运用 CiteSpace 信息可视化软件系统绘制天文学与天体物理学研究领域国家合作的网络知识图谱，如图 7.8 所示。

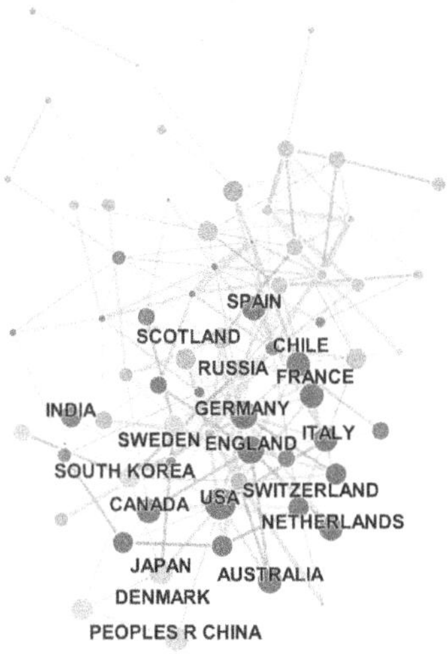

图 7.8　天文学与天体物理学研究领域的国家合作网络知识图谱

从天文学与天体物理学领域国家合作网络知识图谱可以看出，在天文学与天体物理学领域，国家之间的研究合作紧密，其中美国、英国、德国、法国、中国等国家的合作频次较大，美国的节点最大，说明美国的合作频次（包括国际合作和国内合作）最大。进一步通过 CiteSpace 软件系统的运行结果，对网络中的节点指标进行统计分析，按照合作频次排序，列出合作频次排在前 20 位的国家及地区（表 7.5）。

表 7.5　天文学与天体物理学领域高频合作国家/地区（前 20 位）

合作频次	中心度	国家及地区
3220	0.06	美国
3793	0.14	德国
3231	0.05	英国
2346	0.03	法国
2278	0	中国
2217	0.06	意大利
2206	0.01	日本
1794	0.02	加拿大
1659	0.1	西班牙
1426	0.06	澳大利亚
1236	0.01	荷兰
1183	0.02	智利
1014	0.02	瑞士
941	0.02	韩国
680	0.02	丹麦
647	0	印度
617	0.13	俄罗斯
607	0.05	中国台湾
564	0.05	瑞典
561	0.01	苏格兰

从表中可以看出，合作频次排名最高的五个国家是美国、德国、英国、法国和中国，这些国家的合作研究较频繁。其中，德国在网络中的节点中心度最高，说明德国在这一领域的合作网络中是一个非常关键的节点，与众多国家都存在合作关系。美国的合作频次是最高的，达到 13 220 次，远高出第二位的英国（3792 次），美国在天文学与天体物理学领域的研究有着主导地位。然而一些国家和地区，如俄罗斯、中国台湾、瑞典等，虽然合作频次较少，但是中心度很高，也是合作网络中的关键节点。整体上，在天文学与天体物理学领域各个国家形成了紧密的合作网络，随着科学技术的发展，国家之间的合作受到地域的影响将会越来越小，可以预见未来国家之间的科学合作将会更加频繁。

7.4　天文学与天体物理学领域主流学术团体与代表人物

通过作者合作网络分析，高合作频次的研究者是天文学与天体物理学领域的主要研究者。通过对作者及其文献的引用情况分析，可以深入展现研究领域的核心代表人物和由这些研究者组成的“无形”学术团体。本节通过对于天文学与天体物理学研究领域的作者共被引网络分析，揭示天文学与天体物理学领域研究的代表人物与主流学术团体。

7.4.1　天文学与天体物理学领域的学术团体分析

在作者共被引网络知识图谱的基础上，进行聚类分析。应用 CiteSpace 信息可视化软件中的基于词频和逆向文件频率算法，抽取文献数据中的标识词，对网络中的各个聚类进行自动标识的标注。不同的作者共被引聚类代表了不同研究主题的学术团体。在天文学与天体物理学领域共形成了 11 个作者共被引聚类，按照节点数定义的聚类大小，选取其中前 6 项聚类信息（表 7.6）进行分析。

表 7.6　天文学与天体物理学领域作者共被引聚类信息（前 6 项）

聚类号	大小	轮廓值	平均年份	标识词	代表人物
0	31	0.686	2007	（13.75）WFC3 infrared spectroscopic parallel；（13.75）wisp；（12.71）multi-wavelength view；（12.66）mu m observation；（12.47）ir observation	Bruzual G、Kauffmann G、Bell E F、Calzetti D、Madau P
1	30	0.878	2009	（20.08）non-gaussianities；（19.8）single field inflation；（19.18）curvaton scenario；（19.02）curvature perturbation；（18.47）trispectrum	Spergel D N、Komatsu E、Riess A G、Eisenstein D J、Ade P A R、Tegmark M
2	25	0.949	2006	（16.21）X-ray afterglow；（14.75）magnetar；（14.75）chandra-the latests detection；（13.75）gravitational microlensing；（13.04）psr	Woosley S E、Gehrels N、Perlmutter S、Rees M J
3	20	0.937	2008	（22.44）coronal mass；（22.36）active region；（22.28）coronal mass ejection；（19.02）solar active region；（19.02）coronal hole	Parker E N、Goldreich P
4	18	0.841	2006	（13.87）aromatic hydrocarbon；（13.66）dense core；（13.61）polycyclic aromatic hydrocarbon；（13.16）polycyclic aromatic hydrocarbon emission；（11.91）aromatic feature	Kennicutt R C、Draine B T、Rieke G H、Genzel R、Elmegreen B G
5	17	0.82	2007	（11.27）lac；（11.13）act；（10.91）local seyfert galaxies；（10.91）reverberation mapping measurement；（10.88）agn monitoring project	Ferrarese L、Gebhardt K、Kormendy J

在作者共被引聚类结果中，前 6 项聚类的作者数占全部聚类作者数的 65%。通过对作者共被引网络的聚类结果以及网络结构的分析，发掘天文学与天体物理学研究领域的主流学术团体以及其对应的研究主题。在 CiteSpace 软件给出的聚类标识词的基础上，结合各个共被引聚类中被引频次最多的作者及其代表性文献的相关信息，总结各网络聚类所对应的学术团体情况。

以#0 聚类文献为代表的学术团体主要包括以 Bruzual G、Kauffmann G、Bell E F、Calzetti D、Madau P 为代表的，针对恒星形成以及星系演化问题的研究，即通过哈勃太空望远镜（Hubble space telescope，HST）搭载的宽视场照相机 3（Wide Field Camera 3，WFC3）观测设备对于星系演化现象的观测（表 7.7）。其中，墨西哥国立自治大学研究员 Bruzual G 于 2003 年提出了星系合成的模型，该模型再现了斯隆数字巡天的早期数据发布详情典型的星系光谱，并首次使用吸收谱线强度来研究整个星系形成的过程。Kauffmann G 毕业于剑桥大学，并于 2003 年成为马克斯 • 普朗克天体物理学研究所负责人。Kauffmann G 的研究方向主要集中在星系的形成，并同 Bruzual G 一样参与斯隆数字巡天项目。为了表彰 Kauffmann G 在天体物理学方面的成就，德意志研究联合会于 2007 年授予其莱布尼茨奖。Bell E F 是美国密歇根大学天体物理学研究所主任，也作为项目研究员参与斯隆数字巡天项目。除此之外，Bell E F 在恒星质量和恒星形成率（恒星质量的变化率随着时间的推移）方面有一定的研究。Calzetti D 供职于美国马萨诸塞大学天文系，其研究方向主要集中在恒星形成和气体/粉尘成分在星系之间的关系、尘埃吸收和发射等方面。Madau P 是加利福尼亚大学圣克鲁兹分校天文学与天体物理学系特聘教授。他的研究主要集中在理论天体物理学和宇宙学方向，如星系介质、高能背景辐射、大质量黑洞的形成与演化等。由于在星系的演化和形成领域的突出贡献，Madau P 被授予 2014 年的丹妮 • 海涅曼奖天体物理学奖（Dannie Heineman Prize in Astrophysics）。以这些研究者为代表，围绕相近的研究主题已经形成了规模较大的无形学术共同体。

表 7.7 以#0 聚类文献为代表的学术团体中的主要学者及其代表文献

频次	中心度	作者	代表性文献	主要研究方向
1459	0.18	Bruzual G	Stellar population synthesis at the resolution of 2003	星系的形成、星系频谱的演化
1449	0.09	Kauffmann G	The many lives of active galactic nuclei：Cooling flows，black holes and the luminosities and colours of galaxies	星系群的研究
1310	0.08	Bell E F	The seventh data release of the Sloan digital sky survey	恒星的形成、星系合并的速度与效果、恒星的质量与恒星的形成率
1169	0.03	Calzetti D	The dust content and opacity of actively star-forming galaxies based on observations with ISO，an ESA project with instruments funded by ESA member states（especially the PI countries：France，Germany，the Netherlands，and the United Kingdom）with the participation of ISAS and NASA	恒心的形成以及恒星形成的历史
1106	0.08	Madau P	The star formation history of field galaxies	理论天体物理、宇宙学、星系形成、星际介质

以#1 聚类文献为代表的学术团体主要是对于宇宙学以及天体物理学方向的研究（表 7.8）。其中，以 Spergel D N、Komatsu E 为代表的基于威尔金森微波各向异性探测器的宇宙微波背景辐射观测项目已成为当前天文学的重要研究方向。除此之外，该学术团体中的 Riess A G，主要研究方向也集中在宇宙学及宇宙演化方面。Riess A G 目前供职于约翰·霍普金斯大学和太空望远镜科学研究所。其最主要成就是与 Schmidt B P 一起，通过观测遥远超新星而发现宇宙加速膨胀，并以此平分了 2011 年诺贝尔物理学奖，该奖项的另一半由 Perlmutter S 获得。于此之前，三者就因为此项发现获得 2006 年的邵逸夫天文学奖。Riess A G 曾于 1998 年领导高红移超新星搜索队（High-z Supernova Search Team）在一项研究中发现了宇宙加速膨胀的证据。该项成就被 *Science* 称为当年的"年度突破"。而后在 2015 年 Riess A G、Schmidt B P、Perlmutter S 和超新星宇宙学计划（Supernova Cosmology Project）实验团队共同获得了 2015 年基础物理学突破奖，以表彰他们"基础性地发现与探索中微子震荡，显示出超越粒子物理学标准模型的新领域"。其中超新星宇宙学计划实验团队是由 Perlmutter S 主导通过研究 Ia 超新星的红移资料来研究宇宙学问题的实验团队，该团队曾和高红移超新星搜索队共同获得 2007 年的格鲁伯宇宙学奖（Gruber Gosmology Prize）。此外，该学术团体中的另外三位代表作者研究方向也主要集中在宇宙微波背景辐射的相关探测方面。其中，Eisenstein D J 作为斯隆数字巡天 III 的主任，其工作的核心一直是发展重子声学振荡方式（baryon acoustic oscillation method）来研究宇宙距离尺度和暗能量的演变。可见，对于宇宙演化及宇宙微波背景辐射相关问题的研究已经成为天文学与天体物理学研究中重要且活跃的研究方向。

表 7.8　以#1 聚类文献为代表的学术团体中的主要学者及其代表文献

频次	突现率	中心度	作者	代表性文献	主要研究方向
2117	223.17	0.2	Spergel D N	First-year Wilkinson microwave anisotropy probe（WMAP）observations: Determination of cosmological parameters	宇宙学、宇宙微波背景辐射
2038	126.75	0.16	Komatsu E	First-year Wilkinson microwave anisotropy probe（WMAP）observations: Determination of cosmological parameters	宇宙学、宇宙微波背景辐射
1268		0.1	Riess A G	Observational evidence from supernovae for an accelerating universe and a cosmological constant	宇宙学、宇宙演化
1115		0.11	Eisenstein D J	The seventh data release of the Sloan digital sky survey	星系演化、宇宙学
1064	360.06	0.02	Ade P A R	Planck 2013 results. XVI. Cosmological parameters	宇宙微波背景辐射
1020		0.04	Tegmark M	Cosmological parameters from SDSS and WMAP	暗物质粒、宇宙学、宇宙微波背景辐射

以#2 聚类文献为代表的学术团体主要是对于伽马射线探测与宇宙演化方面的研究（表 7.9）。其中 Perlmutter S 是美国劳伦斯伯克利国家实验室天体物理学家、美国科学院院士、加利福尼亚大学伯克利分校教授。曾与 Riess A G、Schmidt B P 共同获得 2011 年诺贝尔物理学奖。该学术团体中另一位作者 Rees M J 是英国宇宙学以及天体物理学家，2004 年当选为剑桥大学三一学院院长，并于 2005～2015 年担任英国皇家学会会长。其在宇宙微波背景辐射、星系演化以及类星体研究方面有着诸多重要贡献。其中他对于类星体的研究有力地反驳了恒稳态理论，除此之外他还提出类星体能量来源于巨型黑洞的观点。基于 Rees M J 在天体物理学方面特别是类星体以及宇宙微波背景辐射方面的研究，他被授予丹妮·海涅曼天体物理学奖（1984 年）、格鲁伯宇宙学奖、艾萨克·牛顿奖章（2012 年）等诸多天文学与天体物理学奖项。以#2 聚类文献为代表的学术团体在宇宙微波背景辐射以及类星体方向的研究在天文学与天体物理学研究领域占有重要的地位。

表 7.9　以#2 聚类文献为代表的学术团体中的主要学者及其代表文献

频次	中心度	作者	代表性文献	主要研究方向
1447	0.1	Woosley S E	The evolution and explosion of massive stars. II. Explosive hydrodynamics and nucleosynthesis	大质量星系演化、伽马射线、恒星演化
1110	0.01	Gehrels N	The Swift gamma-ray burst mission	伽马射线
848	0.08	Perlmutter S	Measurements of Ω and Λ from 42 high-redshift supernovae	宇宙学、宇宙演化
817	0	Rees M J	The Swift gamma-ray burst mission	宇宙微波背景辐射，以及对星系集群和形成

以#3 聚类文献为代表的学术团体主要是以 Parker E N 为代表的针对太阳风、日冕抛射物质、太阳活动等相关问题的研究。其中，Parker E N 于 1958 发表了 *Dynamics of the interplanetary gas and magnetic fields*，该文章提出了超声速太阳风理论以及预测了太阳磁场的帕克螺旋（Parker spiral）存在形式。此外，Parker E N 还于 1987 年提出了日冕与太阳耀斑的相关性理论。Parker E N 基于太阳风的相关研究明显增加了学术界对于日冕、太阳风以及复杂电磁相互作用现象的认识。该学术团体中的另一位作者 Goldreich P 也在该研究领域有着重要的贡献。综上所述，以#3 聚类文献为代表的学术团体已经形成了较为完善的太阳风等相关问题的研究体系，并取得诸多重要的成果。

以#4 聚类文献为代表的学术团体主要是对于红外探测、星际尘埃以及星系形成方面的研究（表 7.10）。Draine B T 是普林斯顿大学天体物理学系教授，其主要研究涉及星际介质，特别是星际尘埃、光解的区域和冲击波。他于 2004 年获得了丹妮·海涅曼天体物理学奖。Rieke G H 是美国著名红外观测天文学家，是亚利桑那大学天文学及行星科学教授、原斯图尔德天文台副主任。他领导的团队曾设计开发了斯皮策太空望远镜的多频带成像光度计（multiband imaging photometers,

MIPS）。目前，Rieke G H 仍然领导詹姆斯·韦伯太空望远镜（James Webb space telescope，JWST）科学小组。该探测器是哈勃太空望远镜和斯皮策太空望远镜的换代项目的太空望远镜，并通过近红外到中红外波段进行观测。Genzel R 是德国天体物理学家，德国马克斯·普朗克射电天文学研究所研究员。Genzel R 专注于银河系恒星形成区域的无线电甚长基线干涉测量和中红外的研究，1980～1982 年作为加利福尼亚大学伯克利分校米勒研究室研究员进行红外光谱研究，1981～1985 于慕尼黑大学物理系做红外和亚毫米波天体物理学与星际介质研究。他和他的团队一直在进行银河系中心、星系核活动、恒星形成等方面的研究。基于以上研究，Genzel R 获得许多荣誉和奖项，包括奥托·哈恩奖章（德国马克斯·普朗克学会，1980 年）、米勒奖学金（美国加利福尼亚大学伯克利分校，1980 年）、莱布尼茨奖（德意志研究联合会，1990 年）等。美国天体物理学家 Elmegreen B G，其主要研究方向也涉及恒星形成，最主要成就是利用计算机模型模拟，证明了螺旋星系驻波的存在。可见，以#4 聚类文献为代表的学术团体在星系形成以及红外探测方面的研究正在迅速地发展。

表 7.10　以#4 聚类文献为代表的学术团体中的主要学者及其代表文献

频次	中心度	作者	代表性文献	主要研究方向
2110	0.23	Kennicutt R C	Star formation in galaxies along the Hubble sequence	天体物理学、恒星的形成及演化
1690	0	Draine B T	Optical properties of interstellar graphite and silicate grains	星际介质
1114	0.01	Rieke G H	The spitzer space telescope mission	红外观测
1099	0.04	Genzel R	What powers ultraluminous IRAS galaxies?	星系的形成、星系核天体物理、红外/亚毫米波/毫米波天文学

以#5 聚类文献为代表的学术团体主要是针对超大质量黑洞及其相关问题的研究。Ferrarese L 是加拿大国家研究委员会首席研究员，其主要研究方向为银河的结构和动力学、超大质量黑洞等方面。其通过哈勃太空望远镜、钱德拉 X 射线天文台、加拿大-法国-夏威夷联合望远镜（Canada-France-Hawaii telescope，CFHT）的观测数据计算河外星系距离尺度以及宇宙的膨胀速度。Kormendy J 为得克萨斯大学奥斯汀分校天文系教授，其主要研究方向为星系中的黑洞搜索、暗物质研究以及椭圆星系的演化。Kormendy J 及其团队通过使用加拿大-法国-夏威夷联合望远镜进行搜索，分别于在 M31（仙女座星系）、NGC 4594（草帽星系）、NGC 3115（纺锤星系）等星系发现疑似大质量黑洞。此外，Kormendy J 还在暗物质研究方面有着一定的贡献。因此，以#5 聚类文献为代表的学术团体针对超大质量黑洞的研究已经形成了以 Kormendy J、Ferrarese L 为代表的研究群体，在天文学研究中占有重要的地位。

7.4.2　天文学与天体物理学领域的代表人物分析

根据作者在共被引网络中的被引频次以及在网络中的中心度和突现率等指标，展现天文学与天体物理学研究的代表人物。这些代表人物的研究方向涵盖了现阶段天文学与天体物理学研究的重要方向以及研究的热点问题，对于进一步分析天文学与天体物理学研究主题的知识结构及其发展有着重要的作用。

同样使用 CiteSpace 信息可视化软件中的“作者共被引分析”（co-cited author）功能对前面确定的文献数据进行作者共被引分析，得到天文学与天体物理学研究领域的作者共被引网络知识图谱（图 7.9）。

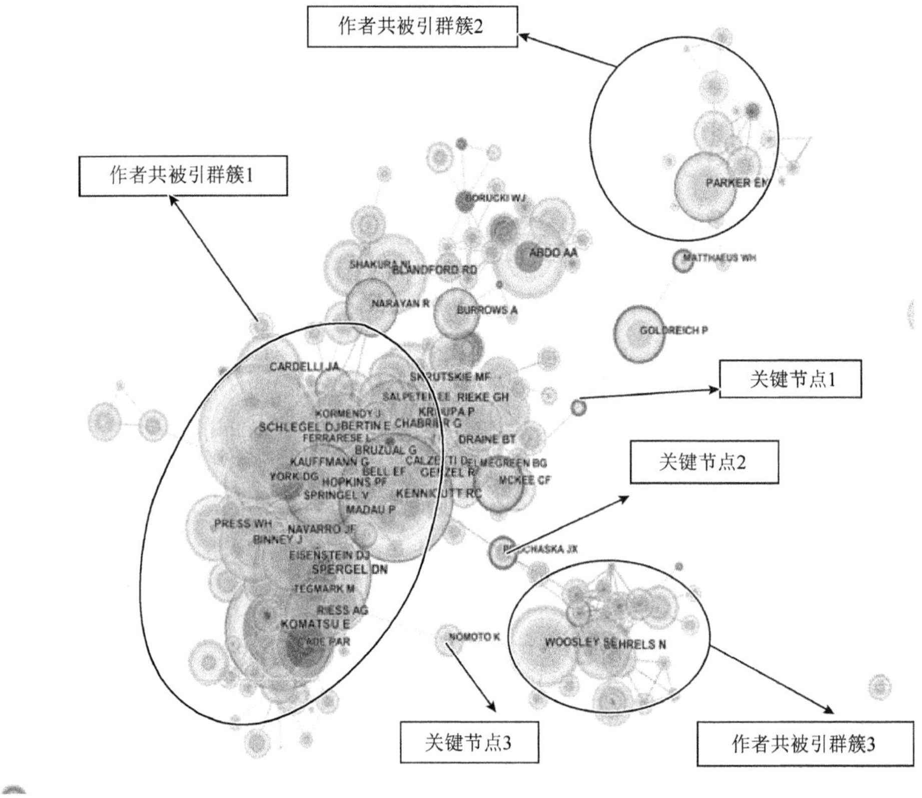

图 7.9　天文学与天体物理学研究领域作者共被引网络知识图谱

从天文学与天体物理学研究领域作者共被引网络知识图谱中可以看出，较大的节点作者主要有 Schlegel D J、Spergel D N、Kennicutt R C、Komatsu E、Springel V 等，并以 Schlegel D J、Kennicutt R C、Abdo A A 为中心形成了一个较大的共被引群簇（作者共被引群簇 1）。除此之外，共被引网络中还存在两个较小的作者共被引群簇（作者共被引群簇 2 与作者共被引群簇 3）。其中，作者共被引群簇 2 是以 Parker E N 为中心的作者共被引群簇，并通过关键节点 Goldreich P、Matthaeus W H 与作者共被引群簇 1 产生联系。作者共被引群簇 3 则是以 Woosley S E、Gehrels N 两位作者为中心的共被引群簇，并通过关键节点 Prochaska J X、Nomoto K 与作者共被引群簇 1 产生联系。

在天文学与天体物理学研究领域作者共被引网络的基础上，将高共被引作者的相关网络节点信息进行统计分析（表 7.11）。高被引频次代表了节点作者在其相关研究领域的权威性以及其获得认可的程度，即作者是这一研究领域的代表人物。他们的相关研究文献产出代表天文学与天体物理学研究领域的主流方向或者热点问题。

表 7.11　天文学与天体物理学研究领域高共被引作者信息

被引频次	突现率	中心度	Sigma	作者	年份
2271		0.02	1	Schlegel D J	2005
2117	223.17	0.16	1.99×10^{14}	Spergel D N	2005
2110		0.18	1	Kennicutt R C	2005
2038	126.75	0.15	40 633 801	Komatsu E	2008
1734		0.11	1	Springel V	2005
1690		0	1	Draine B T	2005
1658		0.04	1	Navarro J F	2005
1459		0.06	1	Bruzual G	2005
1454		0.21	1	Chabrier G	2006
1449		0.16	1	Kauffmann G	2005
1447		0.07	1	Woosley S E	2005
1402		0.14	1	Hopkins P F	2006
1389		0.04	1	Skrutskie M F	2007
1385	79.57	0.04	16.53	Abdo A A	2009
1355		0	1	Blandford R D	2005
1350		0.07	1	York D G	2006
1348		0.01	1	Cardelli J A	2005
1341		0.02	1	Bertin E	2005
1310		0.09	1	Bell E F	2005
1298		0	1	Binney J	2005
1268		0.01	1	Riess A G	2005
1246		0	1	Asplund M	2005
1217		0	1	Press W H	2005

续表

被引频次	突现率	中心度	Sigma	作者	年份
1206		0.02	1	Kroupa P	2006
1169		0.01	1	Calzetti D	2006
1131		0.15	1	Parker E N	2005
1115		0.06	1	Eisenstein D J	2006
1114		0.03	1	Rieke G H	2006
1110		0.01	1	Gehrels N	2006
1106		0.07	1	Madau P	2005
1099		0.03	1	Genzel R	2005
1079		0.08	1	Ferrarese L	2005
1064	360.06	0.03	12 826.76	Ade P A R	2013
1050		0.05	1	Kormendy J	2005
1043		0	1	Shakura N I	2008

从表中可以看出，共被引频次最高的作者 Schlegel D J、Spergel D N、Kennicutt R C、Komatsu E 的共被引频次均超过 2000 次。这几位作者均属于作者共被引群簇 1，这些研究者是天文学与天体物理学研究的代表人物。

Schlegel D J 作为天文学研究领域的资深科学家，目前供职于美国劳伦斯伯克利国家实验室，在 Google 学术中检索其被引频次排名前 10 篇的文献被引频次均超过 1000 次。其中一篇文献最高被引频次达到 12 190 次（表 7.12）。该篇文献主要阐述了全景尘埃地图（full-sky dust maps），该图的绘制可作为银河系灭绝评估的一个参考指标，也可以用于估计宇宙微波背景辐射相关实验。该作者的其他高频次被引文献也主要分布在宇宙学、暗能量、光谱分析等方面。

表 7.12　Schlegel D J 发表的高被引学术论文信息（前 10 篇）

序号	作者	文献名	年份	被引频次
1	Schlegel D J	Maps of dust infrared emission for use in estimation of reddening and cosmic microwave background radiation foregrounds	1998	12 190
2	Schlegel D J	The sloan digital sky survey：Technical summary	2000	6 584
3	Schlegel D J	Cosmological parameters from SDSS and WMAP	2004	4 457
4	Schlegel D J	Detection of the baryon acoustic peak in the large-scale correlation function of SDSS luminous red galaxies	2005	3 104
5	Schlegel D J	The seventh data release of the Sloan digital sky survey	2009	3 060
6	Schlegel D J	Sloan digital sky survey：Early data release	2002	2 338
7	Schlegel D J	The origin of the mass-metallicity relation：Insights from 53 000 star-forming galaxies in the sloan digital sky survey	2004	1 945

续表

序号	作者	文献名	年份	被引频次
8	Schlegel D J	Spectroscopic target selection in the Sloan digital sky survey：The main galaxy sample	2002	1 474
9	Schlegel D J	Cosmological constraints from the SDSS luminous red galaxies	2006	1 357
10	Schlegel D J	Baryon acoustic oscillations in the sloan digital sky survey data release 7 galaxy sample	2010	1 338

Spergel D N 是普林斯顿大学天体物理学教授，在 Google 学术中检索其被引频次最高的前 10 篇文献均是关于威尔金森微波各向异性探测器的文献产出。其中被引频次最高的为 *First-year Wilkinson microwave anisotropy probe observations: Determination of cosmological parameters*（《第一年威尔金森微波各向异性探测器观察：宇宙学参数的测定》），被引频次高达 11 396 次。除此之外，该作者关于威尔金森微波各向异性探测器的文章均拥有相当高的被引频次（表 7.13）。威尔金森微波各向异性探测器是美国国家航空航天局直属的旨在探测宇宙大爆炸后残留的辐射热（即宇宙微波背景辐射）的一颗人造卫星，通过探测宇宙微波背景辐射（cosmic microwave background，CMB）中温度的微小起伏，来测量宇宙的几何特性、物质组成及演化，并验证大爆炸模型和宇宙膨胀理论。根据 *Science*，该项任务的成果论文荣登 2003 年后超热门科学文章排行榜的第一及第二名。

表 7.13　Spergel D N 发表的高被引学术论文信息（前 10 篇）

序号	作者	文献名	年份	被引频次
1	Komatsu E、Spergel D N	First-year Wilkinson microwave anisotropy probe（WMAP）observations：Determination of cosmological parameters	2003	11 504
2	Komatsu E、Spergel D N	Three-year Wilkinson microwave anisotropy probe（WMAP）observations：Implications for cosmology	2007	7 530
3	Komatsu E、Spergel D N	Seven-year Wilkinson microwave anisotropy probe（WMAP）observations：Cosmological interpretation	2011	6 944
4	Komatsu E、Spergel D N	The microwave anisotropy probe mission	2003	5 838
5	Komatsu E、Spergel D N	Five-year Wilkinson microwave anisotropy probe（WMAP）observations：Cosmological interpretation	2008	5 254
6	Komatsu E、Spergel D N	Five-year wilkinson microwave anisotropy probe observations：Likelihoods and parameters from the WMAP data	2009	1 940
7	Komatsu E、Spergel D N	Nine-year Wilkinson microwave anisotropy probe（WMAP）observations：Cosmological parameter results	2013	2 246
8	Komatsu E、Spergel D N	Five-year Wilkinson microwave anisotropy probe observations：Data processing，sky maps，and basic results	2009	1 792
9	Komatsu E、Spergel D N	Seven-year Wilkinson microwave anisotropy probe（WMAP）observations：Power spectra and WMAP-derived parameters	2011	1 577
10	Komatsu E、Spergel D N	First-year wilkinson microwave anisotropy probe（WMAP）observations：Implications for inflation	2003	1 308

Komatsu E（小松一郎）供职于得克萨斯大学奥斯汀分校天文系，并作为研究成员加入威尔金森微波各向异性探测器项目研究。他是威尔金森微波各向异性探测器项目主要负责人 Spergel D N 的学生。其研究方向与 Spergel D N 基本相同，主要集中在宇宙学、宇宙微波背景辐射、宇宙的膨胀以及演化等方面。在 Google 学术中检索其被引频次最高的一篇文章就是与 Spergel D N 等共同完成的 *First-year Wilkinson microwave anisotropy probe（WMAP）observations：Determination of cosmological parameters*。他的主要成就是，绘制了宇宙微波背景辐射的温度和极化的各向异性高质量的地图，并以前所未有的精度和准确度约束宇宙的物理性质。Komatsu E 发表的前 10 篇高被引文献信息如表 7.14 所示。

表 7.14　Komatsu E 发表的高被引学术论文信息（前 10 篇）

序号	作者	文献名	年份	被引频次
1	Komatsu E、Spergel D N	First-year Wilkinson microwave anisotropy probe（WMAP）observations：Determination of cosmological parameters	2003	11 504
2	Komatsu E、Spergel D N	Seven-year Wilkinson microwave anisotropy probe（WMAP）observations：Cosmological interpretation	2011	6 944
3	Komatsu E、Spergel D N	Five-year Wilkinson microwave anisotropy probe（WMAP）observations：Cosmological interpretation	2008	5 254
4	Komatsu E、Spergel D N	Nine-year Wilkinson microwave anisotropy probe（WMAP）observations：Cosmological parameter results	2013	2 246
5	Komatsu E、Spergel D N	Five-year wilkinson microwave anisotropy probe observations：Likelihoods and parameters from the WMAP data	2009	1 940
6	Komatsu E、Spergel D N	Five-year Wilkinson microwave anisotropy probe observations：Data processing，sky maps，and basic results	2009	1 762
7	Komatsu E、Spergel D N	Seven-year Wilkinson microwave anisotropy probe（WMAP）observations：Power spectra and WMAP-derived parameters	2011	1 577
8	Komatsu E、Spergel D N	First-year wilkinson microwave anisotropy probe（WMAP）observations：Implications for inflation	2003	1 308
9	Komatsu E、Spergel D N	Seven-year Wilkinson microwave anisotropy probe（WMAP）observations：Sky maps，systematic errors，and basic results	2011	1 253
10	Komatsu E、Spergel D N	Three-year Wilkinson microwave anisotropy probe（WMAP）observations：Temperature analysis	2007	1 206

Kennicutt R C 是剑桥大学天文学研究所负责人，现任英国皇家天文学会会员、*The Astrophysics Journal* 主编，曾任美国天文学会副总裁（1998～2001 年）、国际天文联合会会员，并作为首席研究员参与斯皮策太空望远镜项目。他获得过格鲁伯宇宙学奖以及丹妮·海涅曼天体物理学奖。在 Google 学术中检索其被引频次最高的前 10 篇文献被引频次均在 600 次以上（表 7.15），其中被引频次最高的一篇达到 4665 次。他的研究方向涉及星系的形成及演化。最主要成就是提出了 Kennicutt-

Schmidt 定律，即在一个特定区域的气体密度和恒星形成率（star formation rate，SFR）之间的经验关系。

表 7.15　Kennicutt R C 发表的高被引学术论文信息（前 10 篇）

序号	作者	文献名	年份	被引频次
1	Kennicutt R C	Star formation in galaxies along the Hubble sequence	1998	4665
2	Kennicutt R C	Final results from the Hubble space telescope key project to measure the Hubble constant	2001	3610
3	Kennicutt R C	The global Schmidt law in star-forming galaxies	1998	3374
4	Kennicutt R C	The star formation law in galactic disks	1989	1615
5	Kennicutt R C	The rate of star formation in normal disk galaxies	1983	1443
6	Kennicutt R C	H II regions and the abundance properties of spiral galaxies	1994	1155
7	Kennicutt R C	Secular evolution and the formation of pseudobulges in disk galaxies	2004	1133
8	Kennicutt R C	SINGS：The SIRTF nearby galaxies survey	2003	969
9	Kennicutt R C	The integrated spectra of nearby galaxies-General properties and emission-line spectra	1992	739
10	Kennicutt R C	Past and future star formation in disk galaxies	1994	696

作者共被引群簇 1 中，除了以上被引频次较高的作者，还有一些被引频次较低、但网络节点的突现率较高的作者。此类作者在作者共被引群簇中也占有重要的位置，对于分析天文学与天体物理学领域研究的代表人物有十分重要的作用。通过 CiteSpace 信息可视化软件，统计出网络节点的作者突现率强度前 10 位的作者信息（表 7.16）。

表 7.16　天文学与天体物理学作者共被引网络中高突现率节点作者信息表（前 10 位）

被引作者	年份	强度	起始年份	截止年份	年份图例 2005～2015 年
Ade P A R	2005	360.062	2013	2015	
Spergel D N	2005	223.168	2005	2008	
Komatsu E	2005	126.746	2011	2013	
Ackermann M	2005	123.734	2012	2015	
Lemen J R	2005	111.607	2013	2015	
Schlafly E F	2005	109.112	2013	2015	
Abdo A A	2005	79.5724	2010	2012	
Wright E L	2005	73.1416	2012	2015	
Behroozi P S	2005	66.283	2013	2015	
Abazajian K N	2005	63.2291	2011	2015	

从网络节点的高突现率节点作者的统计结果来看，作者共被引群簇 1 中，供职于英国卡迪夫大学的 Ade P A R 虽然在共被引频次上明显低于 Spergel D N、Komatsu E 等高频作者，但其突现强度却远超过其他作者，达到 360.062。除此之外，该作者的共被引频次在 2013～2015 年有明显的增强趋势，由此可见该作者的相关研究方向正在逐步或已经成为天文学与天体物理学的一个热点研究方向。通过 Google 学术检索其 2013～2015 年高被引频次文献信息如表 7.17 所示。

表 7.17　Ade P A R 发表的高被引学术论文信息

序号	作者	文献名	年份	被引频次
1	Ade P A R	Planck 2013 results. XVI. Cosmological parameters	2014	4348
2	Ade P A R	Planck 2013 results. I. Overview of products and scientific results	2014	1231
3	Ade P A R	Detection of B-mode polarization at degree angular scales by BICEP2	2014	1187
4	Ade P A R	Planck 2013 results. XXII. Constraints on inflation	2014	1158
5	Ade P A R	Planck 2013 results. XXIV. Constraints on primordial non-Gaussianity	2014	497
6	Ade P A R	Planck 2015 results. XX. Constraints on inflation	2015	296

从表 7.17 可以看出，Ade P A R 在 2013～2015 年的相关研究成果主要是基于普朗克巡天者的相关探测数据得出的。该项目作为欧洲太空总署与美国国家航空航天局共同开展的宇宙微波背景辐射探测项目的一部分，主体观测卫星于 2009 年发射升空，作为大尺度威尔金森微波各向异性探测器的细节补充。该项目于 2011 年 1 月公布第一批天文学数据，依据最初两年数据得到的宇宙学研究结果于 2012 年 12 月正式发布。Ade P A R 的相关研究主要集中在宇宙微波背景辐射的观测与分析等方面。而与其研究方向相关的两位作者 Komatsu E 和 Spergel D N 也拥有相当高的突现率。以 Spergel D N、Komatsu E、Ade P A R 三位作者为代表的宇宙微波探测领域的相关研究已经成为天文学与天体物理学研究领域的一个重要方向。

除此之外，Abdo A A 在拥有较高的共被引频次的同时拥有相当高的突现率，可见其研究的问题在近年来处于天文学与天体物理学领域的前沿（表 7.18）。Abdo A A 供职于乔治・梅森大学，其主要研究方向是以费米伽马射线太空望远镜观测数据为基础进行的伽马射线方面的问题。费米伽马射线太空望远镜由美国国家航空航天局、美国能源部和德国、意大利、法国、瑞典、日本等国家共同完成，旨在通过进行大面积巡天以研究天文物理或宇宙论现象。除此之外，该卫星还搭载 γ 射线暴监视系统，以此来监控宇宙中的 γ 射线。①在 Google 学术检索 Abdo A A 的相关文章中被引频次最高的一篇是 *The large area telescope on the Fermi gamma-ray*

① NASA's GLAST Burst Monitor Team Hard at Work Fine-Tuning Instrument and Operations. NASA. 2008-07-28.

space telescope mission。该文章主要介绍大视场望远镜的相关任务。除此之外，该作者被引频次较高的几篇文章也都与费米伽马射线太空望远镜任务相关。

表 7.18 Abdo A A 发表的高被引学术论文信息

序号	作者	文献名	年份	被引频次
1	Abdo A A	The large area telescope on the Fermi gamma-ray space telescope mission	2009	2040
2	Abdo A A	Measurement of the cosmic ray e++e− spectrum from 20 GeV to 1 TeV with the Fermi large area telescope	1072	2009
3	Abdo A A	Fermi large area telescope second source catalog	1027	2012
4	Abdo A A	Spectrum of the isotropic diffuse gamma-ray emission derived from first-year Fermi large area telescope data	531	2010
5	Abdo A A	Fermi observations of high-energy gamma-ray emission from GRB 080916C	521	2009
6	Abdo A A	The first Fermi large area telescope catalog of gamma-ray pulsars	475	2010
7	Abdo A A	Fermi/large area telescope bright gamma-ray source list	467	2009
8	Abdo A A	The first catalog of active galactic nuclei detected by the Fermi large area telescope	2010	446

作者共被引群簇 2 相较于作者共被引群簇 1 而言，被引作者较少，联系较为松散。该作者共被引群簇形成了以 Parker E N 为代表的关于太阳风理论的研究。太阳风是指氢、氦等原子在日冕高温的作用下被电离成带正电的质子、氦原子核和带负电的自由电子，这些粒子拥有极高的动能可以脱离太阳引力的束缚射向太阳周围。Parker E N 于 1967 年被选为美国国家科学院院士，1992 年获得英国皇家天文学会金质奖章，1997 年获得布鲁斯奖，布鲁斯奖被视为天文学界最重要的奖项之一。在 Google 学术中检索其高被引频次文章如表 7.19 所示。

表 7.19 Parker E N 发表的高被引学术论文信息

序号	作者	文献名	年份	被引频次
1	Parker E N	Dynamics of the interplanetary gas and magnetic fields	1958	2571
2	Parker E N	Hydromagnetic dynamo models	1955	1740
3	Parker E N	Sweet's mechanism for merging magnetic fields in conducting fluids	1957	1028
4	Parker E N	The formation of sunspots from the solar toroidal fields	1955	564
5	Parker E N	The solar-flare phenomenon and the theory of reconnection and annihiliation of magnetic fields	1963	630

Parker E N 在 20 世纪 50 年代进行了一系列关于太阳风的研究与推测，并在 20 世纪 60 年代通过卫星观测获得证实。作为关键节点连接两个作者共被引群簇的美国加利福尼亚理工学院教授 Goldreich P 的研究方向也涉及天体力学、日震、中子星研究等方面。其最早在 1969 年的论文中描述了极移（polar wander）现象，即相对于一个固定基准帧一个极的运动。除此之外，其与 George Abell 合作提出

了巨红星与行状星云的演化关系并得到广泛接受。为了表彰其在天文学研究领域贡献，Goldreich P 于 2007 年荣获邵逸夫奖。

作者共被引群簇 3 则是以 Woosley S E、Gehrels N 两位作者为中心的共被引群簇。其中，Woosley S E 现为加利福尼亚大学圣克鲁兹分校超新星研究室主任，其主要研究方向为高能物理天体，尤其是剧烈爆炸现象，如超新星以及 γ 射线暴。在 Google 学术中检索其被引频次较高的文献如表 7.20 所示。

表 7.20 Woosley S E 发表的高被引学术论文信息

序号	作者	文献名	年份	被引频次
1	Woosley S E	The evolution and explosion of massive stars. II. Explosive hydrodynamics and nucleosynthesis	1995	3266
2	Woosley S E	Gamma-ray bursts from stellar mass accretion disks around black holes	1993	2042
3	Woosley S E	Collapsars：Gamma-ray bursts and explosions in "failed supernovae"	1999	1834
4	Woosley S E	A very energetic supernova associated with the γ-ray burst of 29 March 2003	2003	1268
5	Woosley S E	How massive single stars end their life	2003	1246

由表中可见，Woosley S E 高被引文章主要集中在塌缩模型以及大质量星系演化等方面。Woosley S E 还参与高能瞬态探测器 2 号（high energy transient explorer-2）项目的研究工作。该项目主要通过对于伽马射线暴以及紫外线的观测研究相关演化问题。为了表彰 Woosley S E 在恒星演化、元素合成、恒星塌缩理论并解释伽马射线爆发等方面的突出成就，其在 2005 年被授予汉斯·贝特奖（Hans A. Bethe Prize）以及布鲁诺·罗西奖（Bruno Rossi Prize），布鲁诺·罗西奖也于 2010 年被授予费米伽马射线太空望远镜团队。

作者共被引群簇 3 中高频次共被引作者 Gehrels N 的研究领域也主要集中在伽马射线天文学，Gehrels N 于 2013 年当选为美国国家科学院天文学科主席，也是现任美国国家航空航天局戈达德飞行中心天体物理学实验室主任，雨燕卫星首席研究员，并获得 2007 年的布鲁诺·罗西奖。Gehrels N 还作为项目科学家参与费米伽马射线太空望远镜项目以及宽视场红外巡天望远镜（wide field infrared survey telescope，WFIRST）项目。在 Google 学术中检索其高被引文献如表 7.21 所示。

表 7.21 Gehrels N 发表的高被引学术论文信息

序号	作者	文献名	年份	被引频次
1	Gehrels N	The Swift gamma-ray burst mission	2004	2385
2	Gehrels N	The large area telescope on the Fermi gamma-ray space telescope mission	2009	2062
3	Gehrels N	Confidence limits for small numbers of events in astrophysical data	1986	1584
4	Gehrels N	Measurement of the cosmic ray e++e− spectrum from 20 GeV to 1 TeV with the Fermi large area telescope	2009	1071
5	Gehrels N	The INTEGRAL mission	2003	1039

Gehrels N 共发表学术文献 600 余篇，被引频次超过 36 000 次，主要涉及伽马射线暴、雨燕卫星、宇宙边缘的伽马射线爆发的观察等方面。为了表彰他对于伽马射线天文学的开创性贡献以及在伽马射线暴与星系核活动等极端天体物理现象的研究成果，Gehrels N 在 2009 年被美国国家科学院授予亨利·德雷珀奖（Henry Draper Medal）。

综上所述，结合共被引分析挖掘现阶段天文学与天体物理学研究方向及其代表人物如下：①以 Spergel D N、Komatsu E、Kennicutt R C、Ade P A R 等作者为代表的关于宇宙微波背景辐射的相关研究，该研究方向在近十年随着技术的进步发展迅速，并逐渐成为天文学研究的热门方向；②以 Woosley S E、Gehrels N、Abdo A A 等作者为代表的关于伽马射线等相关高能天体物理学研究；③以 Parker E N 为代表的对于天体测量及恒星演化等方向的研究，该方向具有较长的研究时间并得出了较为完善的研究成果。

7.5 本章小结

天文科学是自然科学中的一门基础学科。天文科学与自然科学其他基础学科的研究不同，它主要通过观测的实验手段来研究天体的分布、运动、位置、状态、结构、组成、性质及起源和演化等。本章通过对 Web of Science 中收录的天文学与天体物理学领域的文献数据进行计量和信息可视化分析，展现了这一领域研究和发展的基本态势，包括天文学与天体物理学领域研究文献的国家、机构和高产作者的分布情况，研究的前沿问题，作者合作、机构合作和国家合作等。结合这一研究领域的作者共被引网络分析，展现这一领域的主流学术团体和代表人物。学术团体主要包括以 Spergel D N、Komatsu E、Riess A G、Eisenstein D J、Ade P A R 为代表的关于宇宙演化及宇宙微波背景辐射研究的学术团体；以 Bruzual G、Kauffmann G、Bell E F、Calzetti D、Madau P 为代表的关于恒星形成以及星系演化研究的学术团体；以 Woosley S E、Gehrels N、Perlmutter S、Rees M J 为代表的关于伽马射线天文学研究的学术团体；以 Parker E N 为代表的关于太阳风、日冕抛射物质、太阳活动研究的学术团体；以 Kennicutt R C、Draine B T、Rieke G H 为代表的关于红外探测、星际尘埃研究的学术团体；以 Ferrarese L、Kormendy J 为代表的关于黑洞及暗物质研究的学术团体等。从学术团体的角度可以看出，现阶段天文学研究方面较为热门的方向为宇宙微波背景辐射问题的研究。其代表作者均具有较高的被引频次及合作频次，其中 Spergel D N、Komatsu E 两位作者的共被引频次均在 2000 次以上。总而言之，天文学与天体物理学研究领域学术团体的研究方向存在较大的交叉性与重复性，通过研究方向的交叉与重复形成了较为完整的天文学与天体物理学研究体系，为推动天文学与天体物理学研究的发展起到重要的作用。

第 8 章　地球科学–地质学研究的知识图谱

地球科学是以地球系统（包括大气圈、水圈、岩石圈、生物圈和日地空间）为研究对象的基础学科，主要包括地质学、地理学、地球物理学、地球化学、自然地理学、综合地理学、气象学等学科。本章首先介绍地球科学研究和发展的概况，特别是地球科学各分支领域的研究文献的产出情况。其次，以地球科学中的地质学领域为例，通过绘制地质学研究的科学知识图谱，揭示其研究前沿，预测其未来发展趋势。最后通过科学知识图谱来展现地质学领域的科学合作情况以及这一研究领域的代表人物和主流学术团体。

8.1　地球科学研究的发展态势

在中国古代，地球科学主要研究地球形状、大小有关的测量方法，或描述已知的地区和国家。20 世纪 80 年代以前，地球科学的研究以认识地表形态、格局的特点和静态结构的组成为主，以区域为主要研究尺度，探讨的要素相对单一，描述的方法多为定性研究。随着科学技术的发展，计算机技术、应用数学方法、空间信息科学与技术等为地球科学工作者开展海量数据获取与处理提供了技术基础，也为深入探究地球表层环境要素的关系提供了有力的操作平台。因此，现在的地球科学已经是以实验为主要手段、以机理探讨为主要目的、以数学模型表达为主要特色的现代科学。

由于地球科学自身的特殊性，其研究范围广、研究内容深、分支学科多。目前来说，我国尚没有形成统一的分类体系，现行的分类体系主要包括以下三种：国家学科代码《学科分类与代码》（GB/T 13745－2009）、硕士学位研究生专业目录和《中国图书馆分类法》①。科睿唯安公司的 Web of Science 平台中的期刊引证报告也对地球科学科进行了分类，其收录的科学文献代表了地球科学的高水平成果和研究的最新前沿。依据这一分类标准，地球科学划分为地球化学与地球物理学、地理学、自然地理学、地质学、综合地理学、气象学 6 个方面。虽然各分类体系侧重点和使用的范围不同，彼此差异也较大，但期刊引证报告分类标准与我国上述 3 种分类标准相比更为全面，更能从多角度、全方位等层面系统地展现地

① 沙日娜. 地理学科研究进展与展望[J]. 内蒙古师范大学学报（哲学社会科学版），2011，40（4）：124-127.

球科学的研究概貌。因此，本章以 Web of Science 平台中的期刊引证报告分类标准为依据对地球科学进行相关分析。

在地球科学研究中，作为重要分支领域之一的地球物理学，其基础作用不容忽视，地理物理学主要指运用物理学的有关理论方法如光学、声学、电学、磁学等以及物理学的相关技术来研究地球，研究范围既包括地表及其以上的大气层、电离层，也包括宇宙外层空间，还包括地下的地壳、地幔、地核或岩石层、软流层所发生的各种物理现象及其变化发展过程。地球物理学的研究范围较为广泛，地球是其基本的研究对象，正确认识、保护地球是地球物理学的基本问题，也是应用研究的基础。

地理学是地球科学中的重要分支领域，主要指运用现代科学技术手段来研究地球表层自然要素与人文要素相互作用及其时空变化规律的一门科学，跨越了自然科学与社会科学，自身具有特殊性。地理学研究具有重要意义，无论是从科学层面还是从社会层面，地理学的研究都对地球科学的整体发展产生重要影响。从科学层面来看，地理学作为地球科学的重要组成部分，主要关注空间区域为陆地表层，是岩石圈、大气圈、水圈、生物圈和人类圈共同作用的区域，认识和解释地球各环境要素在陆地表层的作用过程是发展地球科学的关键；从社会层面来看，地理学研究主要面向当前世界性的人口、资源、环境与可持续发展问题，通过对自然资源利用、灾害防御与风险综合管理、环境变化影响及人类的适应性、人口与城市化、经济与产业布局、区域发展与规划、技术服务与信息传递等问题的研究，为地方、区域、国家、全球等不同尺度问题的预测、规划、决策和优化作出贡献①。

地质学是一门研究地球的物质组成、内部构造、外部特征、各层圈之间的相互作用及演变历史的自然科学，也是地球科学重要分支领域。在漫长的历史中，地质学的发展经历了一系列的变革，19 世纪下半叶～20 世纪中叶，科学技术的进步促使地质学快速发展，充分完善了地质学的学科体系，围绕地质学提出了一系列相关的学说和理论。20 世纪 40～60 年代，在海底扩张学说的前提下，提出了板块构造学说，使地质学领域的研究发生了变革。现代科学技术的发展逐步提高了观测、勘探、分析地球的水平，极大地推动了地质学的进步，使地质学进入一个以建立地球科学知识体系为标志的新的历史时期。随着社会的发展，人类对矿产资源的需求不断增加，地质环境对人类的影响越来越大，如何在保护地球环境的前提下合理有效地利用自然资源、维护人类赖以生存的环境已成为当今世界人们共同关注的问题，对地质学领域的深入研究已迫在眉睫。

伴随着灾害性天气条件对经济发展造成的严重损失，气象学研究进入大众视

① 宋长青，冷疏影. 当代地理学特征、发展趋势及中国地理学研究进展[J]. 地球科学进展，2005，20（6）：595-599.

野，成为地球科学研究中的重要分支领域。进入 20 世纪，气象学的发展异常迅速，并取得了大量的研究成果。20 世纪初期，建立了锋面气旋波学说；20 世纪 30 年代创立了大气长波理论；40 年代建立了中高纬度的准地转理论，标志着气象理论的成熟。[①]尤其是 1949 年以后，党和政府对气象科技工作给予了高度的重视，随着中国气象台网站建设的快速发展，气象科学研究进入了黄金时期。在计算机技术飞速发展的时代大环境中，数值天气预报与模拟也得到了迅速发展。目前，数值模式和模拟已成为气象学研究的重要手段。

8.1.1 地球科学研究文献产出的基本情况

为了对地球科学的认识有一个整体上的把握，分别从地球科学所包含的六大研究领域的文献数量、期刊数量、高产机构、高产国家 4 个方面进行基本的计量分析（表 8.1）。

表 8.1 地球科学研究各领域基本信息表（1997～2017 年）

期刊引证报告分类	期刊数量/本	文献数量/篇	高产机构前 5 位	高产国家前 5 位
地球化学与地球物理学	84	208 187	俄罗斯科学院、中国科学院、美国地质勘探局、加利福尼亚理工学院、美国国家航空航天局	美国、中国、德国、法国、英国
地理学	79	173 553	中国科学院、牛津大学、伦敦大学学院、杜伦大学、剑桥大学	美国、英国、中国、加拿大、德国
自然地理学	49	93 400	中国科学院、美国地质勘探局、武汉大学、俄罗斯科学院、科罗拉多大学	美国、中国、英国、德国、加拿大
地质学	47	58 363	中国科学院、俄罗斯科学院、中国地质大学、中国地质科学院、美国地质勘探局	美国、中国、英国、德国、俄罗斯
综合地理学	188	400 123	中国科学院、俄罗斯科学院、美国地质勘探局、美国国家航空航天局、中国地质大学	美国、中国、英国、德国、法国
气象学	32	179 761	匹兹堡大学、密歇根大学、加利福尼亚大学、杜克大学、美国中央情报局	美国、英国、加拿大、德国、澳大利亚

在期刊数量方面，综合地理学所包含的期刊数量最多，为 188 本；其次为地球化学与地球物理学和地理学，分别为 84 本和 79 本；自然地理学、地质学、气象学所包含的期刊数量与其他研究领域相比较少，分别为 49 本、47 本和 32 本。

在文献数量方面，综合地理学文献数量最多，远多于其他研究领域，为 400 123 篇；地球化学与地球物理学、地理学、气象学文献数量分别为 208 187 篇、173 553 篇、

① 谭本馗，刘式适，钱维宏，等. 气象学研究的最新进展[J]. 北京大学学报（自然科学版），2003，(s1)：97-107.

179 761 篇；自然地理学、地质学两大研究领域文献数量较少，分别为 93 400 篇、58 363 篇。

在高产机构方面，中国科学院、俄罗斯科学院、美国地质勘探局、美国国家航空航天局一直排在地理领域研究的高产机构前列。在地球化学与地球物理学研究领域，高产机构有俄罗斯科学院、中国科学院、美国地质勘探局、加利福尼亚理工学院、美国国家航空航天局；在地理学研究领域，中国科学院、牛津大学、伦敦大学学院、杜伦大学、剑桥大学表现突出，贡献较大；在自然地理学研究领域，高产机构主要有中国科学院、美国地质勘探局、俄罗斯科学院、武汉大学、科罗拉多大学；在地质学研究领域，高产机构为中国科学院、俄罗斯科学院、中国地质大学、中国地质科学院、美国地质勘探局；在综合地理学研究领域，高产机构主要有中国科学院、俄罗斯科学院、美国地质勘探局、美国国家航空航天局与中国地质大学；在气象学研究领域，匹兹堡大学、密歇根大学、加利福尼亚大学、杜伦大学、美国中央情报局为主要高产机构。

在高产国家方面，地球科学研究高产国家主要有美国、中国、德国、法国、加拿大等国家，其中，美国和中国一直排在高产国家前列。通过高产国家和高产机构可以看出，在高产机构中，俄罗斯科学院一直处在高产机构前列，但是在高产国家中，俄罗斯表现并不突出。此外，高产机构并非只有各国的科研院所，高校也在地球科学各大研究领域中发挥重要作用。

通过对地球科学所包含的六大研究领域的文献数量、期刊数量、高产机构、高产国家 4 个方面的计量分析，对地理领域的基础研究现状有了基本的了解。为更加深入、更加精确地探究地球科学领域基础研究情况，选取该领域具体的研究方向，进行研究前沿、科学合作、学术团体、代表人物等视角的研究与分析。由于地质学与人类生活、生产密切联系，地质勘探、资源开发、环境保护等已成为当今人类共同关注和研究的重要课题之一，地质学研究经过多年发展已经成为地球科学研究领域中最重要的、发展最迅速的分支学科之一，也是当前的研究热点领域。因此，以地质学为例，从科学合作、学术团体、研究前沿等方面进行分析与研究，能进一步展现该领域的研究现状及未来发展态势。

8.1.2　地质学研究文献产出的基本情况

在 Web of Science 检索平台的期刊引证报告分类中选取地质学领域内影响因子排名前 20 位的期刊，检索它们 2012～2017 年发表的所有文献，共得到 10 380 篇。这 20 本期刊基本涵盖了地质学领域相关研究方向，是该领域高水平研究的代表性期刊（表 8.2）。

表 8.2　地质学研究领域资料来源期刊信息列表

序号	期刊名	总被引频次	影响因子	5 年影响因子	即年指数	载文量/篇	引文半衰期/年	特征因子
1	*Geology*	32 174	4.635	5.047	0.901	253	＞10.0	0.045 59
2	*Journal of Metamorphic Geology*	4 667	3.594	4.016	0.553	47	＞10.0	0.004 98
3	*Ore Geology Reviews*	4 636	3.095	3.449	1.042	263	5.3	0.008 95
4	*Newsletters on Stratigraphy*	523	2.933	3.983	0.857	14	6.6	0.001 18
5	*Sedimentology*	7 387	3.638	3.636	0.902	82	＞10.0	0.007 21
6	*Permafrost and Periglacial Processes*	1 899	2.815	3.007	1.143	28	9.5	0.002 14
7	*The Journal of Geology*	6 513	1.952	2.753	0.436	39	＞10.0	0.002 60
8	*Journal of Sedimentary Research*	5 554	2.427	2.77	0.233	73	＞10.0	0.004 69
9	*Lithosphere-us*	775	2.662	3.221	0.404	47	4	0.003 68
10	*Sedimentary Geology*	9 382	2.373	2.997	0.905	201	＞10.0	0.008 85
11	*Geofluids*	1 146	2.687	2.438	0.270	63	6.9	0.002 13
12	*International Geology Review*	3 252	2.262	2.316	0.537	108	9.7	0.004 98
13	*Palaios*	3 216	1.983	2.046	0.234	47	＞10.0	0.003 03
14	*Cretaceous Research*	3 539	2.015	2.338	0.814	236	7.3	0.004 62
15	*Geologica Acta*	650	0.860	1.671	0.077	26	7.5	0.001 06
16	*Acta Petrologica Sinica*	5 775	1.097	1.444	0.376	263	7.3	0.007 23
17	*Journal of Iberian Geology*	389	1.891	1.922	0	14	5.2	0.000 92
18	*Andean Geology*	308	1.400	1.832	0.231	13	4.1	0.001 15
19	*Facies*	1 422	1.576	1.679	0.286	28	＞10.0	0.001 51
20	*Geografiska Annaler Series a-Physical Geography*	1 245	1.302	1.530	0.208	24	＞10.0	0.001 26

利用 Web of Science 的分析功能对检索结果的文献年度分布、国家发文量、机构发文量 3 个方面进行基本计量分析。在文献年度分布上，从图 8.1 中可以看出，2012～2017 年地质学研究文献数量整体上呈现逐年上升趋势，近年来，地质学研究领域受到了国际相关领域学者越来越多的关注，成为当前研究热点之一。

在国家发文量方面，由图 8.2 可以看出发文量最多的是中国（占总文献量的 32.68%）；紧随其后的是美国，发表的论文数量占总文献量的 26%；再者是英国、加拿大和德国，大约是中国发文量的 1/4。曾经提到过的孤岛现象同样出现在中国、美国，两个发文大国孤岛现象较为严重，它们的文献主要在于国内合作，彼此之间的合作不多，和其他国家合作较少且较为均衡。

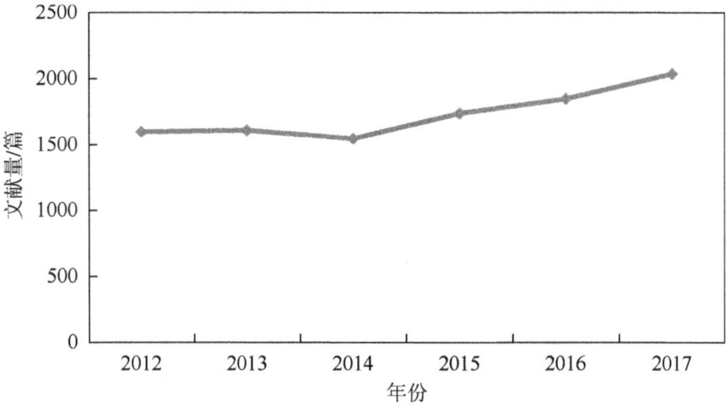

图 8.1　地质学研究领域论文年度分布趋势图（2012～2017 年）

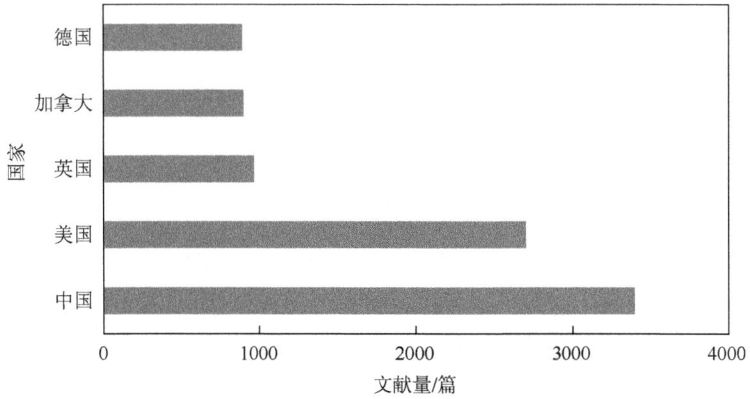

图 8.2　地质学研究领域国家发文量分布图（前 5 名）

在机构发文量方面，由地质学研究领域高产机构分布图（图 8.3）可以看出，中国科学院在地质学研究领域发文量最多，为 1133 篇，其次是中国地质大学，为第一阶梯发文机构；中国地质科学院为第二阶梯发文机构，发文量 645 篇；法国国家科学研究中心和中国科学院大学为第三阶梯发文机构。在前 5 名高产机构中，中国的机构有 4 个，体现中国在地质学研究领域中占据重要位置。

经过 CiteSpace 软件的清洗、去重处理后共得到 10 380 条数据。运用信息可视化分析工具 CiteSpace 软件，通过作者合作、机构合作、国家合作、文献共被引、作者共被引、期刊共被引等分析方法，对文献数据进行计量和可视化分析，以探测地质学基础研究领域的科学合作情况以及代表人物与学术团体、研究前沿、知识基础的变迁及前沿预测等。

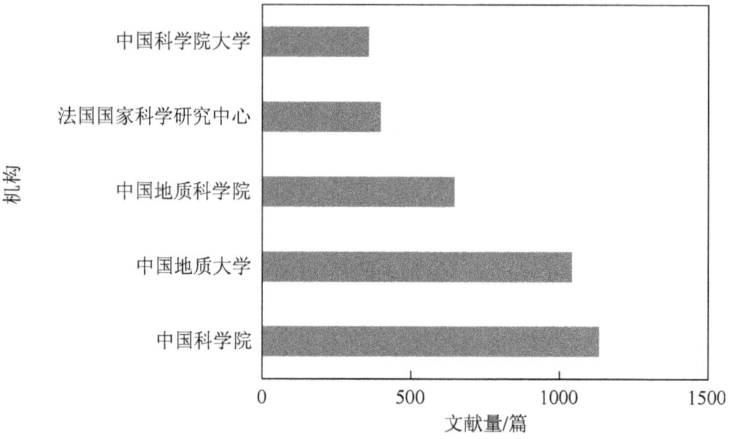

图 8.3　地质学研究领域高产机构分布图（前 5 名）

8.2　地质学的研究前沿

运用 CiteSpace 软件工具对地质学研究领域的研究文献进行文献共被引分析，探测出地质学领域 2012～2017 年的研究前沿热点及其逐年演化规律。从文献结构变换的视角来预测地质学研究领域中未来的代表性文献和关注焦点。

8.2.1　地质学研究的前沿主题

运用 CiteSpace 软件工具，在 Selection Criteria 面板选择"Top N"，将阈值设置为 100，利用软件的谱聚类功能，按照各聚类研究主题的相关性将其分类（表 8.3）。

表 8.3　地质学研究领域研究主题分类信息表

知识群	研究主题	包含的聚类
A	地质意义	#0 geological significance
B	碳酸盐台地研究	#1 carbonate platform #4 neuquen basin
C	个案研究	#2 case study #3 korean peninsula #5 west junggar
D	同位素地球化学	#6 iron formation

在文献共被引网络的谱聚类中，大于 20 的聚类有 7 个，分别是#0、#1、#2、#3、#4、#5、#6，根据研究主题的相关性，将 7 个聚类分为四大研究知识群，分别是：A 知识群，研究主题为地质意义（包含#0 geological significance）；B 知识群，研究主题为碳酸盐台地研究（包含#1 carbonate platform 和#4 neuquen basin）；C 知识群，研究主题为个案研究（包含#2 case study、#3 korean peninsula、#5 west junggar）；D 知识群，研究主题为同位素地球化学（包含#6 iron formation）。

知识群 A 由#0 聚类组成，主要研究地质意义。地质研究不仅与国家社会、经济等方面的发展联系密切，而且与个人的日常生活密切相关。地质工作是经济社会发展重要的先行性、基础性工作，对我国社会经济的发展起到积极的推动作用。地质工作的开展是缓解资源短缺、开展国土整治和保障社会经济发展的重要举措，也是改善人们生活环境、防御地质灾害的主要手段。随着社会经济的快速发展，人们认知水平的提高，社会公众对生存环境、地质灾害的关注度日益增长，不断推进地质工作的开展，发挥其基础性作用，不仅能为我国全面建设小康社会提供强大的基础支撑，而且对农业的发展、重大工程建设项目的开展提供充足的基础地质数据，为和谐社会的构建作出应有的贡献。因此，地质意义方面的研究成为目前地质领域研究的前沿热点之一。

知识群 B 由#1 聚类和#4 聚类组成，主要是碳酸盐岩台地研究。一般而言，碳酸盐岩台地经常发育在底部浅滩火山、不成熟的碎屑岩、蒸发岩或者更成熟的大陆碎屑岩之上，Frideman 等认为碳酸盐岩台地是很大很平坦的滩，常常被很浅的潮汐海水所淹没，四周被陡坡以及深海所包围，有低矮的岛屿与台地相连的陆地。其特点主要表现在四个方面：第一，具有平的顶和陡峻边的陆棚边缘海域；第二，为浅水碳酸盐沉积区；第三，陡峻边缘为高能沉积区；第四，具有较大的碳酸盐岩连续沉积厚度。目前，碳酸盐岩台地的分类主要有以下五个方面：碳酸盐缓坡（碳酸盐陆棚）、镶边陆棚、陆表海台地、孤立台地（包括深水的海洋环礁）、淹没台地。碳酸盐岩台地研究是地质领域研究的重要方面之一，也是其研究领域的前沿热点之一。

知识群 C 是网络中最大的知识群，由#2 聚类、#3 聚类、#5 聚类组成，主要是地质学研究方法方面的研究。目前，地质学领域研究方法主要为个案研究。个案研究又称为案例研究，作为一种重要的定性研究方法，已存在 100 多年，主要指对单一的研究对象进行深入而具体的研究方法，源头可以追溯到 19 世纪中期法国社会学研究领域。经过百年的发展，个案研究法已经广泛应用于历史学、心理学、教育学、管理学、地质学等领域。在地质学研究中，由于地质学研究领域具有特殊性，各个地区的地质环境、地质特点等方面存在差异，个案研究不仅成为地质学领域研究方法中较为常用的一种研究方法，而且成为地质学研究领域的又一个研究前沿。

知识群 D 由#6 聚类组成，主要涉及同位素地球化学方面相关研究。同位素地球化学是研究地球和宇宙体中同位素的形成、丰度以及在自然作用过程中分馏和衰变规律的科学，是地球化学的一个分支学科，也称为核素地球化学、核地球化学或同位素地质学。其研究领域主要有两个方面：稳定同位素地球化学和同位素年代学。20 世纪 20 年代初 Urey H 建立了同位素定年和示踪理论体系，极大地促进了同位素地球化学的新发展，近一个世纪的发展后，在地球科学各领域的定量化研究中同位素地球化学起到了重要的推动作用。由于同位素地球化学研究具有特殊性，对技术的要求较高，近年来对同位素地球化学领域的研究多从技术发展角度寻找突破口，成为地质学领域的研究前沿之一。

综上所述，可以看出地质学研究领域 2012～2017 年研究前沿热点主要为地质意义、碳酸盐台地研究、个案研究、同位素地球化学四个方面。它们不仅是地质学领域的研究基础，更是研究前沿热点，对地质学领域研究前沿的可视化分析，可以为地质学领域相关研究人员提供更多的参考与借鉴，以进一步推动地质学领域的可持续发展。

为有效揭示地质学领域研究前沿的演化脉络，运用 CiteSpace 信息可视化分析工具中的逐年聚类分析功能，对地质学领域的研究前沿进行逐年聚类分析（表 8.4），重点对最大的 7 个集群进行研究。

表 8.4　地质学领域研究前沿的逐年分布信息列表

年份	#0	#1	#2	#3	#4	#5	#6
2012	岩石成因	影响	—	锆石	内乌肯	西北	克拉通
2013	地球化学	地球化学	中国	—	阿根廷	东北	地球化学
2014	中国	中国	中国	中国	个案	年代学	影响
2015	岩石成因	海平面变化	中国	岩石成因	进化	地球化学	磁铁矿
2016	中国	—	中国	岩石成因	加拿大	地球化学	—
2017	元分析	边界	—	—	—	—	—

通过地质学领域研究前沿的逐年分布信息列表可以看出，在研究前沿主题的逐年演化过程中，各个聚类的研究前沿主题存在差异，表明不同研究前沿主题之间的扩散程度较小。其中，#0 聚类 2012～2017 年研究前沿主题存在交替出现现象，说明此研究主题一直都是关注的前沿热点；#1 聚类、#4 聚类、#6 聚类研究前沿均随时间的变化而发生变化，说明它们的研究前沿主题变化程度较大，受时间影响较大；#2 聚类研究前沿主题并没有发生变化，说明 2012～2017 年一直都是研究前沿；#3 聚类和#5 聚类研究前沿主题 2015～2016 年没有发生变化，说明此时间段受到密切关注，是研究热点。

8.2.2　地质学研究的未来预测

运用 CiteSpace 软件系统中用来表征网络结构变化程度的三个计量指标，即模式性变化率（ΔM）、聚类间连接变化率（ΔC_{Lw}）和中心性分散度（ΔC_{kl}）来测度知识基础网络的结构变换情况。在对地质学领域当今研究前沿及研究前沿逐年演化分析的基础上，分别从模式性变化率（ΔM）、聚类间连接变化率（ΔC_{Lw}）和中心性分散度（ΔC_{kl}）三个角度测度知识基础网络的结构变换情况，以进一步预测地质学研究领域具有潜在变革的文献和研究主题。

1. 模式性变化率分析

模式性主要指网络的分割程度，这一指标与网络结构的分割程度有关。通过 CiteSpace 软件分析，找出 ΔM 最大即对网络结构变换的影响最大的前 10 篇施引文献（表 8.5）。

表 8.5　ΔM 最大的前 10 篇文献的信息列表

ΔM	作者	年份	施引文献名称	引文主题聚类
2.41	Wang Y H	2016	The genesis of the ores and intrusions at the Yuhai Cu-Mo deposit in eastern Tianshan，NW China：Constraints from geology，geochronology，geochemistry，and Hf isotope systematics	#0, #2, #3, #5
1.69	Liu X	2013	Origin of the Yinshan epithermal-porphyry Cu-Au-Pb-Zn-Ag deposit，southeastern China：Insights from geochemistry，Sr-Nd and zircon U-Pb-Hf-O isotopes	#0
1.50	Liu X	2016	Geological and geochronological constraints on the genesis of the giant Tongkuangyu Cu deposit（Palaeoproterozoic），North China Craton	#0, #2, #3
1.45	Zhang F F	2016	Petrogenesis of Late Carboniferous granitoids in the Chihu area of Eastern Tianshan，Northwest China，and tectonic implications：Geochronological，geochemical，and zircon Hf-O isotopic constraints	#0, #2, #3, #5
1.39	Jia L Q	2013	Genesis of lamprophyres from Machangqing，western Yunnan：Constraints from geochemistry，geochronology and Sr-Nd-Pb-Hf isotopes	#0, #3
1.22	Zhou Z H	2014	Geochronology and geochemistry study of the biotite granite from the Daolundaba Cu-W polymetallic deposit in the Inner Mogolia and its geological significance	#0, #3, #5
1.22	Wang Y H	2016	Petrogenesis of early Silurian intrusions in the Sanchakou area of Eastern Tianshan，Northwest China，and tectonic implications：Geochronological，geochemical，and Hf isotopic evidence	#0, #2, #3, #5
1.18	Jiang S H	2013	Geodynamic setting of the Zijinshan porphyry-epithermal Cu-Au-Mo-Ag ore system，SW Fujian Province，China：Constrains from the geochronology and geochemistry of the igneous rocks	#0, #3
1.15	Deng J	2016	Superimposed orogeny and composite metallogenic system：Case study from the Sanjiang Tethyan belt，SW China	#0, #2, #3
1.07	Wu S	2016	Subduction metasomatism and collision-related metamorphic dehydration controls on the fertility of porphyry copper ore-forming high Sr/Y magma in Tibet	#0, #2, #3

由 ΔM 最大的前 10 篇文献的期刊信息表可以看出，10 篇施引文献中 Wang Y H 和 Liu X 有 2 篇文献，其余学者均为 1 篇。此外，Wang Y H 的 *The genesis of the ores and intrusions at the Yuhai Cu-Mo deposit in eastern Tianshan，NW China：Constraints from geology，geochronology，geochemistry，and Hf isotope systematics* 与 *Petrogenesis of early Silurian intrusions in the Sanchakou area of Eastern Tianshan，Northwest China，and tectonic implications：Geochronological，geochemical，and Hf isotopic evidence* 2 篇文献的 ΔM 值较大，分别为 2.41、1.22；Liu X 的 *Origin of the Yinshan epithermal-porphyry Cu-Au-Pb-Zn-Ag deposit，southeastern China：insights from geochemistry，Sr-Nd and zircon U-Pb-Hf-O isotopes* 与 *Geological and geochronological constraints on the genesis of the giant Tongkuangyu Cu deposit（Palaeoproterozoic），North China Craton* 2 篇文献的 ΔM 值也较大，分别为 1.69、1.50，这说明在地质学研究领域中，Wang Y H 和 Liu X 将起到重要作用。从施引文献的引文主题聚类来看，ΔM 值较大的 Wang Y H 的 *The genesis of the ores and intrusions at the Yuhai Cu-Mo deposit in eastern Tianshan，NW China：Constraints from geology，geochronology，geochemistry，and Hf isotope systematics* 与 Liu X 的 *Origin of the Yinshan epithermal-porphyry Cu-Au-Pb-Zn-Ag deposit，southeastern China：Insights from geochemistry，Sr-Nd and zircon U-Pb-Hf-O isotopes* 均集中涉及同位素地球化学这一研究主题，表明了同位素地球化学是地质学领域的研究前沿热点。

2. 聚类间连接变化率分析

聚类间连接变化率（ΔC_{Lw}）主要表征施引文献导致基础网络节点连线在不同聚类之间的跨度情况，这一指标与网络结构分割程度有关。通过 CiteSpace 软件工具，找出 ΔC_{Lw} 最大的前 10 篇施引文献（表 8.6）。

表 8.6　ΔC_{Lw} 最大的前 10 篇文献的信息列表

ΔC_{Lw}	作者	年份	施引文献名称	引文主题聚类
0.03	Wang Y H	2016	The genesis of the ores and intrusions at the Yuhai Cu-Mo deposit in eastern Tianshan，NW China：Constraints from geology，geochronology，geochemistry，and Hf isotope systematics	#0, #2, #3, #5
0.03	Liu X	2016	Geological and geochronological constraints on the genesis of the giant Tongkuangyu Cu deposit（Palaeoproterozoic），North China Craton	#0, #2, #3
0.02	Zhang F F	2016	Petrogenesis of Late Carboniferous granitoids in the Chihu area of Eastern Tianshan，Northwest China，and tectonic implications：Geochronological，geochemical，and zircon Hf-O isotopic constraints	#0, #2, #3, #5
0.02	Jia L Q	2013	Genesis of lamprophyres from Machangqing，western Yunnan：Constraints from geochemistry，geochronology and Sr-Nd-Pb-Hf isotopes	#0, #3
0.02	Zhou Z H	2014	Geochronology and geochemistry study of the biotite granite from the Daolundaba Cu-W polymetallic deposit in the Inner Mogolia and its geological significance	#0, #3, #5

续表

ΔC_{Lw}	作者	年份	施引文献名称	引文主题聚类
0.02	Wang Y H	2016	Petrogenesis of early Silurian intrusions in the Sanchakou area of Eastern Tianshan，Northwest China，and tectonic implications：Geochronological，geochemical，and Hf isotopic evidence	#0, #2, #3, #5
0.02	Jiang S H	2013	Geodynamic setting of the Zijinshan porphyry-epithermal Cu-Au-Mo-Ag ore system，SW Fujian Province，China：Constrains from the geochronology and geochemistry of the igneous rocks	#0, #3
0.01	Liu X	2013	Origin of the Yinshan epithermal-porphyry Cu-Au-Pb-Zn-Ag deposit，southeastern China：Insights from geochemistry，Sr-Nd and zircon U-Pb-Hf-O isotopes	#0, #2, #3
0.01	Deng J	2016	Superimposed orogeny and composite metallogenic system：Case study from the Sanjiang Tethyan belt，SW China	#0
0.01	Wu S	2016	Subduction metasomatism and collision-related metamorphic dehydration controls on the fertility of porphyry copper ore-forming high Sr/Y magma in Tibet	#0, #2, #3

由 ΔC_{Lw} 最大的前 10 篇文献的期刊信息表可以看出 Wang Y H 和 Liu X 有 2 篇文献，其余学者均为 1 篇，与 ΔM 最大的前 10 篇文献分布情况较为相似。其中，Wang Y H 的 *The genesis of the ores and intrusions at the Yuhai Cu-Mo deposit in eastern Tianshan, NW China: Constraints from geology, geochronology, geochemistry, and Hf isotope systematics* 与 Liu X 的 *Geological and geochronological constraints on the genesis of the giant Tongkuangyu Cu deposit（Palaeoproterozoic），North China Craton* 的 ΔC_{Lw} 值较大，且均发表于 2016 年，从引文主题聚类来看，跨越了#0、#2、#3、#5 聚类，在不同聚类之间的跨度较大，说明这两篇文献的交叉属性较强，吸收了多学科主题的知识基础，有可能成为地质学研究领域中创新度较大的文献，代表这一研究主题的前沿。

3. 中心性分散度分析

中心性分散度（ΔC_{kl}）与网络的分割没有任何关系。通过 CiteSpace 软件分析，找出 ΔC_{kl} 最大即对基础网络中原有节点的中心度分布情况影响最大的前 10 篇施引文献（表 8.7）。

表 8.7 ΔC_{kl} 最大的前 10 篇文献的信息列表

ΔC_{kl}	作者	年份	施引文献名称	引文主题聚类
0.16	Vozarova A	2013	Pb ages of detrital zircons in relation to geodynamic evolution：Paleozoic of the Northern Gemericum（Western Carpathians，Slovakia）	#0, #1,
0.10	Tian J	2016	Mantle underplated pluton and stitching granite pluton from south side of the Karamaili fault in eastern Junggar：Geochronological，geochemical and Sr-Nd isotopic constraints on their petrogenesis and tectonic implications	#0, #1

续表

ΔC_{kl}	作者	年份	施引文献名称	引文主题聚类
0.06	Tochilin C J	2014	U-Pb and Hf isotope analysis of detrital zircons from the Banks Island assemblage（coastal British Columbia）and southern Alexander terrane（southeast Alaska）	#1, #4
0.05	Carrapa B	2014	Multisystem dating of modern river detritus from Tajikistan and China：Implications for crustal evolution and exhumation of the Pamir	#4
0.04	Wang W	2014	Neoproterozoic Mafic-Ultramafic Intrusions from the Fanjingshan Region，South China：Implications for Subduction-Related Magmatism in the Jiangnan Fold Belt	#4
0.04	Wang L C	2015	First SHRIMP U-Pb zircon ages of the potash-bearing Mengyejing Formation，Simao Basin，southwestern Yunnan，China	#4
0.04	Mohammadi A	2016	Detrital zircon and provenance analysis of Eocene-Oligocene strata in the South Sistan suture zone，southeast Iran：Implications for the tectonic setting	#0
0.03	Ji X Z	2013	Detrital zircon geochronology of Devonian quartzite from tectonic melange in the Mianlue Suture Zone，Central China：Provenance and tectonic implications	#0
0.03	Lawton T F	2014	Late Cretaceous Fluvial-Megafan and Axial-River systems in the Southern Cordilleran Foreland Basin：Drip Tank Member of Straight Cliffs Formation and Adjacent Strata，Southern Utah，USA	#0, #1
0.03	Wang Y H	2014	Labradonian and Greenvillian orogenic events in the Namche Barwa Massif of the Himalayan orogenic belt	#1, #3

由 ΔC_{kl} 最大的前 10 篇文献的信息列表可以看出 Vozarova A 的 *Pb ages of detrital zircons in relation to geodynamic evolution：Paleozoic of the Northern Gemericum（Western Carpathians，Slovakia）*的 ΔC_{kl} 最大，为 0.16，对基础网络结构变化的影响力最大；ΔC_{kl} 排在第二位的是 Tian J 的 *Mantle underplated pluton and stitching granite pluton from south side of the Karamaili fault in eastern Junggar：Geochronological，geochemical and Sr-Nd isotopic constraints on their petrogenesis and tectonic implications*，ΔC_{kl} 为 0.10。从引文主题聚类来看，这 10 篇施引文献主要集中在#0、#1、#4 三个聚类，说明这三个聚类的变化对地质学研究领域知识网络结构的改变具有决定性意义。

8.3　地质学领域的科学合作

近年来，随着科学技术的不断发展，知识的日益增长，科学合作模式逐渐出现并成为科学研究中的重要组成部分。科学合作不仅在硬件设备共享方面起到积极的推动作用，对知识、技艺等的传播与扩散也起到重要的促进作用。地质学领域在研究过程中具有一定的复杂性和特殊性，其研究机构内部及各研究机构之间、国家内部及各国之间合作不断增多，共同推动地质学领域的健康、可持续发展。

8.3.1　地质学领域作者合作的可视化分析

运用 CiteSpace 信息可视化软件对前面检索并下载的地质学研究领域相关数据进行作者合作的可视化分析，得到地质学研究作者合作的网络知识图谱（图 8.4 和表 8.8）。通过对合作网络结构、关键节点以及网络节点的各项指标进行挖掘和深入分析，可以探测地质学领域作者合作研究的整体情况。

图 8.4　地质学领域作者合作网络知识图谱

从地质学领域作者合作网络知识图谱中可以看出，该领域形成了一个大的作者合作群，这一作者合作群代表了以作者研究主题为基础的知识点集合，由此可以说明该领域各作者之间合作较为紧密。在作者网络知识图谱中，有两个最大的节点，分别是 Santosh M 和 Li Y，合作频次高达 35 次。频次表征了作者合作强度，合作频次越高说明作者合作文献产出越多，由此说明在地质学研究领域，此二人合作研究产出最多，影响最大，在该领域研究中占据重要位置。其次是 Wang B、Ren D、Zhang J、Nel A 等合作频次较大，研究产出较多，对地质学领域的发展均产生重要影响。

表 8.8　地质学领域作者合作频次信息列表

频次	突现率	作者	年份	频次	突现率	作者	年份
35		Santosh M	2012	24		Liu F	2012
35		Li Y	2012	24		Sun W D	2012
34		Wang B	2012	24	2.67	Li C	2012
31	6.28	Ren D	2012	24	4.73	Cai C Y	2013
30		Zhang J	2012	23	2.35	Lockley M G	2012
27	5.59	Nel A	2012	23		Jones B	2012
27		Chen J	2012	23		Li J	2013
27		Zhang L	2014	22		Yuan F	2012
25	7.12	Huang D Y	2015	22		Wang L	2012
25		Wang F	2012	22		Wang Y	2012

Santosh M 任职于中国地质大学地球科学与资源学院和日本高知大学理学院。2013 年发表了 107 篇论文，内容横跨地质学的众多领域，如地球物理、岩石学、地球化学、矿物学、大地构造、环境等。他还创建了《冈瓦纳研究》并且组建了冈瓦纳研究国际协会，研究领域包括岩石学、流体包裹体、地球化学、地质年代学、超大陆构造和早期生命演化，获得国家矿产奖、杰出地质学家奖、汤森路透研究奖和全球人才奖。在 Google 学术检索到其发表的文献中，被引频次最高的是与 Rogers J J W 合作发表的 *Configuration of Columbia*，*a Mesoproterozoic Supercontinen*（《哥伦比亚：一个中元古代超大陆的构造》），被引频次达到 844 次，该文主要介绍了超大陆的基本信息。被引频次排在第 2 位的是与 Zhai M G 合作发表的 *The early Precambrian odyssey of the North China Craton*：*A synoptic overview*（《中国北方克拉通早前寒武纪奥德赛：天气概述》），被引频次达到 666 次。Santosh M 的主要研究方向是中国北方克拉通和超大陆，在中国地质大学任职可以更好地结识中国的学者并且与他们共同研究，因此与他合作的学者大多是中国学者，这也是促进 Santosh M 文献产出的重要原因。

在地质学研究领域中，合作频次较多的还有 Wang B、Ren D、Zhang J、Nel A、Chen J 等。其中，Wang B 是（王博）南京大学地球科学与工程学院教授，新疆维吾尔自治区自然资源与生态环境研究中心客座研究员，主要研究方向为板块构造与大陆地球动力学、古地磁与大陆重建、造山带构造演化，2006 年曾获得中法科技协会地球科学奖，2012 年获得教育部霍英东基金会青年教师基础研究基金。2009 年至今曾主持“构造地质与大地构造学”“伊犁-中天山陆块基底的混合岩化作用时代、成因及构造意义”“西天山北部温泉群变质岩年代学与基底构造属性研究”等多项国家自然科学基金项目，不仅与舒良树、刘洪升、王飞、李孔森、马东升等国内学者交流合作，还积极参与国际合作，与 Faure M、Cluzel D、Alexeiev D V、Djenchuraeva A V、Jahn B、Charvet J 等国外众学者合作频繁，合著较多，在我国地质学领域研究中占据重要位置。

Ren D（任东）是首都师范大学生命科学学院教授，在国际古昆虫学会（International Society of Palaeoentomology）、中国昆虫学会、中国古生物学会、北京市昆虫学会、教育部科技委员会、国家古生物化石专家委员等机构担任重要职务。此外，还在《昆虫学报》、*Insect Science*（SCI 英文刊）、《昆虫分类学报》、《世界地质》、《应用昆虫学报》、*Alavesia*（国际古昆虫学会会刊）等任职编委。研究内容以地史时期生命的进化为主，研究方向主要集中在昆虫分类与系统演化、昆虫与相关动植物的协同演化、昆虫演化与环境变迁、昆虫生态等方面，以古昆虫学，尤其是重要经济昆虫的起源演化研究作为主攻目标。2011 年，与美国史宗冈及保罗·塞登共同合作完成的《中国中侏罗世圆网金丝蜘蛛（蜘蛛目：络新妇科：络新妇属）》在著名期刊 *Biology Letters* 上一经发表便立刻引起国内外的广泛关注，极大地推动了地质学领域的新发展。

Zhang J（张静）来自中国地质大学地球科学与资源学院，研究方向主要为矿床地球化学、区域成矿学两大方面。一直以来，围绕这两大方面进行了系统的研究工作，并对秦岭地区、西南三江、长江中下游等地区的金、银等多金属矿床开展深入调查和相关理论研究。近年来，与杨立强、袁万明、李士辉、Cooke D、Danyushevskiy L、Pirajno F 等国内外学者合作较多，论文产出量较大，对地质学领域的发展作出了重要贡献。

Nel A 为法国国家自然历史博物馆研究员、中国科学院南京古生物所外籍专家，研究方向主要为古生物，曾与其研究团队共同研究出远古跳蚤的特征，主要表现为它们的吸血“虹管”口器很长且非常结实，能够寄宿在恐龙身体上刺穿小孔，伴随着胎盘哺乳动物的进化和多样性发展，跳蚤仍以它们的血液为食，最终这种携带瘟疫的生物显著改变人类进化历史进程。这一研究成果在远古吸血跳蚤的化石挖掘研究中起到了重要作用。

在作者合作可视化分析中，除了频次，突现率也是表征作者合作的重要指标，主要表现作者某一段时间内合作的突变情况，突现率越高说明作者合作某一段时间里合作文献产出突增越明显。从作者合作频次信息列表中可以看出突现率较高的有 Huang D Y、Ren D、Nel A、Cai C Y 等。

Huang D Y（黄迪颖）是中国科学院南京地质古生物研究所研究员，研究方向为特异埋藏动物群及演化古生物学，主要从事澄江动物群、中生代昆虫化石及其他特异埋藏无脊椎动物化石的研究。在国际地层委员会寒武系分会和侏罗系分会、中国科学院青年联合委员会、*Cretaceous Research* 顾问委员会等机构担任重要职务。通过作者合作信息列表可以看出，黄迪颖突现率最大，为 7.21。在 Google 学术中检索到 2016 年其与 Jiang J Q、Cai C Y、Engel M S、Alqarni A S、Breitkreuz L C V、Azar D、Alvarado M、Myskowiak J、Garrouste R、Rolo T S 等学者均进行了合作，论文产出量较大，是地质学研究领域中的重要代表人物。

Cai C Y（蔡晨阳）现任中国科学院南京地质古生物研究所助理研究员，主要从事中生代昆虫的起源及其早期演化（鞘翅目昆虫系统学、古生物地理学与行为学）和琥珀生物群（中生代琥珀昆虫）相关领域的研究。2013 年 11 月～2014 年 1 月，其访问了澳大利亚联邦科工组织澳大利亚国立昆虫馆，并开展相关的合作研究。2017 年 3 月 7 日，与黄迪颖、上海师范大学殷子为和李利珍合作的论文 *Specialized adaptations for springtail predation in Mesozoic beetles* 在 *Scientific Reports* 上在线发表，该研究发现了一亿年前专性捕食跳虫的苔甲化石，深化了对早期陆地生态系统中捕食者与被捕食者之间演化关系的认识。2017 年 4 月 13 日，黄迪颖与美国菲尔德自然史博物馆和堪萨斯大学科学家合作完成的 *Early evolution of specialized termitophily in Cretaceous Rove beetles* 在 *Current Biology* 上发表，该研究证明了白蚁的社会性在白垩纪中期已经形成，也将蟹客化石记录往前推了约 8000 万年。

从地质学研究领域作者合作研究现象可以看出，该领域作者合作以国家内部、机构内部的研究者合作为主。这种内部就近合作方式可以为研究者提供良好的交流环境，反过来，研究者之间的密切合作也将有利于科研机构整体研究水平的提升。此外，由于地质学领域的相关研究具有特殊性，实践性较强，国外研究者更倾向于与本土研究者合作，一方面可以为国外研究者提供更翔实的研究数据与材料，另一方面可以为实地考察提供便利，国外研究者与本土研究者合作逐渐兴起，并成为一种趋势。总的来看，地质学领域作者合作比较普遍而且紧密，对地质学的可持续发展产生了重要的积极影响。

8.3.2　地质学领域机构合作的可视化分析

运用 CiteSpace 软件的机构合作功能，对前面检索到的地质学相关领域的文献数据进行机构合作的可视化分析，运行 CiteSpace 软件后得到地质学研究高产机构合作的网络知识图谱（图 8.5）。

在地质学领域研究机构合作的网络图谱的基础上，通过 CiteSpace 软件系统的运行结果，对图谱中的节点指标进行统计分析，按照机构合作频率及突现率排序，列出频次排在前 20 位的机构（表 8.9）。

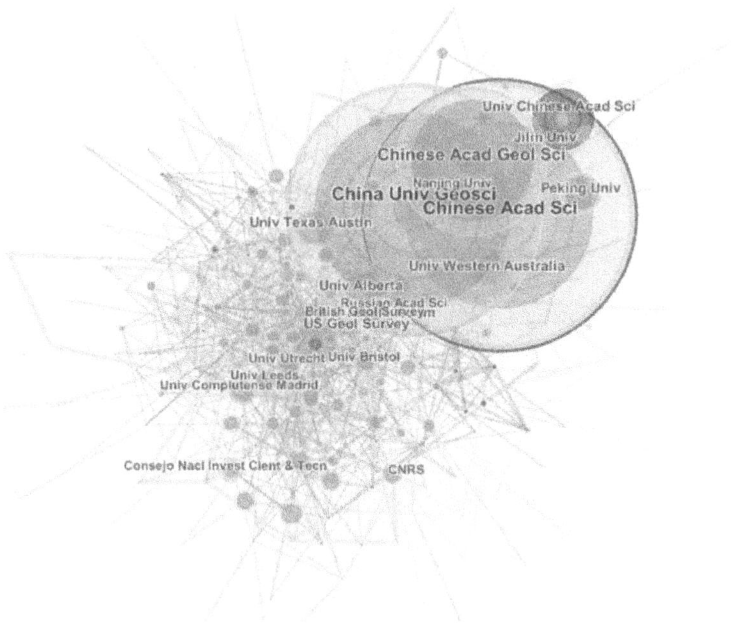

图 8.5　地质学领域研究机构合作的网络知识图谱

表 8.9　地质学研究领域机构合作信息列表

频次	突现率	中心度	机构	年份
607		0.16	中国科学院	2012
579		0.07	中国地质大学	2012
337		0.02	中国地质科学院	2012
146	11.04	0.00	中国科学院大学	2012
121	4.49	0.05	美国地质勘探局	2012
117		0.04	加拿大阿尔伯塔大学	2012
114		0.02	美国得克萨斯大学奥斯汀分校	2012
112		0.04	西澳大利亚大学	2014
104		0.00	北京大学	2015
101		0.00	吉林大学	2012
97		0.08	法国自然历史博物馆	2012
88		0.01	南京大学	2012
85		0.04	西班牙马德里康普顿斯大学	2012
82		0.02	英国利兹大学	2013
82		0.04	俄罗斯科学院	2012
76		0.02	英国布里斯托大学	2012

续表

频次	突现率	中心度	机构	年份
72		0.00	阿根廷氯化钠投资委员会理事会	2013
72		0.04	荷兰乌得勒支大学	2012
71		0.04	英国地质调查局	2012
68		0.03	西班牙格拉纳达大学	2012

从地质学领域研究机构合作的网络知识图谱中可以看出，各节点间连线密集，网络结构较为复杂，说明各研究机构之间合作紧密，共同推进地质学研究领域的发展。

从地质学领域研究机构合作信息列表中可以看出，中国的科研机构占据了较大比例，如中国科学院、中国地质大学、中国地质科学院、中国科学院大学、北京大学、吉林大学、南京大学。中国科学院是图谱中最大的节点，合作频次最多，高达 607 次，中国科学院地质与地球物理研究所是目前中国最重要和最知名的地学研究机构之一，多次开展全球性的科学研究，牵头组织了一系列国际合作项目与国际学术会议，并与多国科研机构进行人才互访交流。曾通过部署中-法-意阿尔卑斯联合地震台阵观测和伊朗高原地质与地球物理综合研究来进行特提斯碰撞造山带演化研究；曾与韩国合作进行黄海及邻区壳幔结构及深浅构造关系的综合地球物理研究；曾经过中韩、中朝四年（2013～2016 年）的互访合作与联合野外考察进行中朝韩变质岩对比研究。此外，通过机构合作信息列表，还可以看出中国科学院在机构合作网络中的节点中心度最大，中心度是 CiteSpace 软件中的重要指标参数，是网络中起到“桥梁”作用的节点指标，中心度大于 0.1 的节点称为关键节点。在机构合作网络图谱中，中国科学院为关键节点，在地质学研究领域与各个国家、各大研究机构合作频繁，是地质学研究领域的中坚力量，通过中国科学院这个研究平台，各大研究机构密切合作，共同促进地质学研究领域的新发展。

合作频次排在第二位的是中国地质大学，在地质学研究领域合作频繁，论文产出较多，其地球科学学院是国家“985 工程”优势学科创新平台及“211 工程”建设重点学科所在地。与俄罗斯莫斯科罗蒙诺索夫州立大学、英国谢菲尔德大学、伦敦大学学院、美国孟菲斯大学、美国新墨西哥矿业技术学院、美国威斯康星大学帕克塞德分校、尼日利亚航空管理局、越南河内矿业地质大学等多个国家的地球科学学院研究机构开展密切合作和学术交流，对地质学领域的研究起到积极的促进作用。

合作频次排在第三位的是中国地质科学院，其是国土资源部属地质科研事业单位，下设地质研究所、矿产资源研究所、地质力学研究所、水文地质环境地质研究所、地球物理地球化学勘查研究所等，这些研究所均与各大地质领域研究机构有所合作，且合作次数频繁。例如，地球物理地球化学勘查研究所与上海市地质调查研究院就联合国教科文组织全球尺度地球化学国际研究中心组建及运行情况进行交流座谈，并与中国航天空气动力技术研究院对接 2017 年无人机航空物探工作；矿产资源研究所与美国、加拿大、俄罗斯、英国、法国、德国、罗马尼亚、乌克兰、阿根廷等几十个国家和地区的地学机构及地质学家开展广泛的交流与合作，不仅积极参加国际、国内会议和学术交流，而且多次成功举办国际、国内会议，极大地提高了矿产资源研究所在国际地学领域的影响力。

突现率代表了某一机构的合作突现情况，排在机构合作频次第一位的中国科学院大学突现率高达 11.04。2012 年，中国科学院大学与美国德雷塞尔大学及加拿大西蒙弗雷泽大学均签署多年科研合作与交流协议，确定双方合作框架；积极参与科西河流域国际合作项目（Koshi Basin Programme）启动会；与美国俄克拉荷马大学、美国圣迭戈州立大学等高等院校开展地质学领域学术交流；中国科学院地理资源所与吉林省地理信息工程院、朝鲜中央国土规划研究所、平壤建设综合大学等机构共同完成《中朝罗先经济贸易区总体规划》和《中朝罗先经济贸易区核心区总体规划》签约仪式，并成立中朝罗先经济贸易区管理委员会。这一系列学术活动的开展都促进了中国科学院大学与其他科研机构的合作和交流，极大地提升了科研能力，促进科研发展，使中国科学院大学在 2012 年出现合作高峰。

美国地质勘探局，又译美国地质调查局，是美国内政部所属的科学研究机构，主要负责地质、地理环境、自然资源、自然灾害等方面的科研活动，为相关决策部门和公众提供科学的信息。作为美国地质学研究领域的重要组成部分，美国地质勘探局与多国科研机构之间均有学术合作和交流，尤其是在 2012 年 3 月，美国奥巴马政府宣布推出“大数据的研究和发展计划”，该计划涉及美国地质勘探局等 6 个联邦政府部门，在该计划的背景下，美国地质勘探局出台了《美国地质勘探局核心科学体系科学战略》计划，这一计划的出台加强了与其他各大科研机构之间的合作与交流，极大地促进了美国地质学领域的发展。

总的来说，地质学研究领域的各大机构之间紧密合作，合作次数频繁。从机构类型来看，虽然高等院校与科研院所共同构成研究主体，但高等院校占绝大多数，科研院所比例较小。从机构所属国家来看，中国科研机构占据中心位置，在地质学研究领域方面已形成一定的研究规模，内部合作紧密。从合作模式来看，多国科研机构共同参与，国内合作、国际合作、院校合作为主要合作模式，校企合作模式较少，未来应积极拓宽合作渠道，重视企业这一全新研究机构，不断加强与企业的合作频次，共同推进地质学研究领域的健康、可持续发展。

8.3.3　地质学领域国家合作的可视化分析

为进一步展现地质学的科学合作情况，在作者合作和机构合作可视化的基础上，运用 CiteSpace 软件系统绘制地质学研究领域国家合作的网络知识图谱（图 8.6）。

图 8.6　地质学研究领域国家合作的网络知识图谱

从地质学研究领域国家合作网络知识图谱可以看出，地质学研究领域各大高产国家之间基本上形成了一个整体的合作网络，各国之间紧密联系，合作密切。其中，美国、中国、加拿大、英国、德国、澳大利亚这些国家节点很大，说明这些国家合作频繁，科研水平较高，已形成规模，科研成果丰硕。挪威、瑞典、奥地利、瑞士等国节点较小，论文产出量较少，应逐步加强与其他国家之间的合作，积极拓宽合作渠道将是未来发展的主要方向。

通过 CiteSpace 软件系统的运行结果，对图谱中的节点进行统计分析，按照国家合作频率排序，列出频率排在前 20 位的国家或地区（表 8.10）。

表 8.10　地质学研究领域国家或地区合作信息列表（前 20 位）

频率	中心度	国家/地区	年份
1880	0.12	美国	2012
1832	0.13	中国	2012
841	0.06	英格兰	2012
670	0.09	德国	2012
612	0.00	加拿大	2012
512	0.19	澳大利亚	2012
470	0.05	西班牙	2012
444	0.20	法国	2012
355	0.05	意大利	2012
251	0.00	阿根廷	2012
240	0.11	瑞士	2012

续表

频率	中心度	国家/地区	年份
197	0.16	日本	2012
172	0.00	苏格兰	2012
166	0.03	荷兰	2012
158	0.09	巴西	2012
149	0.12	挪威	2012
149	0.04	波兰	2012
148	0.07	俄罗斯	2012
106	0.11	奥地利	2012
103	0.16	瑞典	2012

由地质学研究领域国家合作信息列表可以看出，在地质学研究领域合作中，美国是合作大国，在发达的经济及高速发展的科技的基础上，美国合作频次最多，高达 1880 次，在地质学领域研究中占据主导地位。排在第二位的是中国，合作频次为 1832 次，远大于位于第三位的英国，约是英国合作频次的 2 倍，是德国合作频次的 3 倍，这主要依赖于我国逐渐发展的经济和科技。近年来，随着我国科技的迅速发展，我国逐步加大了对地质学领域的研究力度。目前，在国内基本上形成了以中国科学院、中国地质大学、中国地质科学院、中国科学院大学、北京大学、南京大学为核心的地质学领域研究网络，研究规模逐渐扩大，研究水平不断提高。中国、美国不仅是高合作频次国家，而且中心度大，既是地质学研究领域论文高产国家，又是地质学研究领域的合作大国。英国、德国、加拿大、澳大利亚等国的合作较为频繁，合作频次也较多，对地质学领域有一定的研究基础，形成了一定的研究规模，相关科研成果丰硕，对地质学领域的发展发挥了积极的促进作用，与中美两国共同组成了地质学领域的研究主体。同时，挪威、瑞典、奥地利、瑞士等国虽然合作频次与其他国家相比较少，但中心度大于零，说明这些国家在低产国家合作网络中扮演着重要的角色，由于地理位置的特殊性和现代信息技术的不断发展，未来相互之间的合作会更加紧密，文献产出量也会逐步增加。

综上所述，在地质学研究领域国家合作中，一方面，中国、美国成为重要的主导力量，英国、德国、加拿大、澳大利亚等国也是重要的组成部分；另一方面，新兴国家正在通过合作逐步提升科研能力与文献产出，可以预见在未来这些新兴国家将成为合作群体并且迅速发展。

8.4 地质学领域主流学术团体与代表人物

科学技术的不断发展、科学合作的日益频繁都在一定程度上推动了主流学术团体的出现，运用 CiteSpace 软件工具中的“作者共被引分析”（co-cited author）功能对前面确定的地质学研究领域相关文献数据进行作者共被引分析，通过绘制地质学研究领域的作者共被引网络知识图谱来分析该领域的主要代表人物。在作者共被引科学知识图谱的基础上，通过 CiteSpace 信息可视化软件系统的谱聚类分析功能进行聚类分析，利用谱聚类的标识词，并结合学术团体中的代表人物及其学术观点，可以探测地质学领域研究的核心学术团体的主要学术观点和学术贡献。

8.4.1 地质学领域的主流学术团体分析

通过 CiteSpace 软件工具对前面下载的地质学相关文献进行作者共被引分析，并绘制作者共被引网络知识图谱，在知识网络图谱的基础上，应用 CiteSpace 软件中的基于词频和逆向文件频率算法，使用文献数据中的主题词对网络中的各个聚类进行了标注（图 8.7），可以辨识网络图谱中的学术团体及其研究的前沿问题。其中，聚类尺度最大的前 5 项聚类信息如表 8.11 所示。

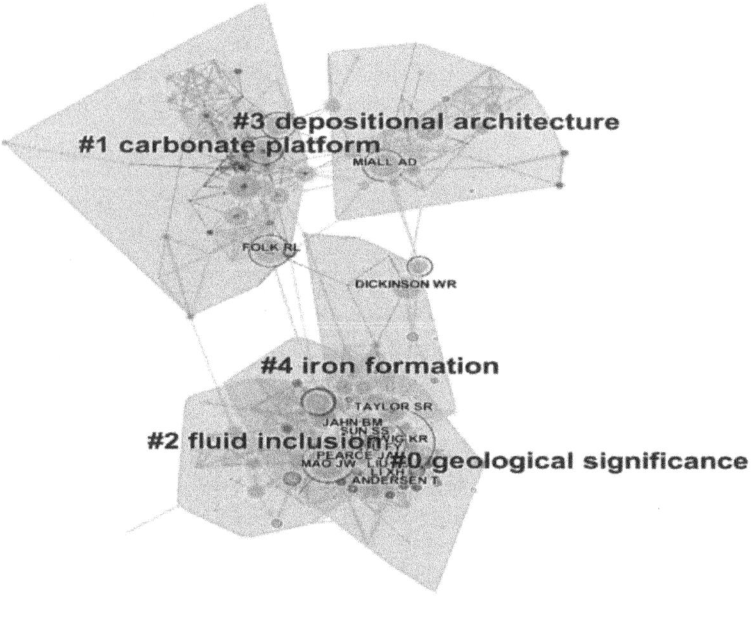

图 8.7 地质学研究领域作者共被引网络聚类图

表 8.11 地质学研究领域作者共被引网络中前 5 项聚类信息统计

聚类号	大小	轮廓值	平均年份	标识词	代表人物
0	62	0.668	2013	petrogenesis; implications; tectonic evolution; case study; middle segment; gangdese belt; dongga pluton; early jurassic gabbro-granite complex; neo-tethys; China | geochemistry; implication; tectonic setting; magmatism; nature; biotites; central india; host; tectonic zone; granitoid plutons	Ludwig K R; Sun S S; Wu F Y; Pearce J A; Taylor S R
1	60	0.946	2013	implications; timing; duration; northern spain; stable carbon-isotope stratigraphy; ammonite biochronology; oxygen depletion; oae-1a; dolomite recrystallization; direct physical evidence | argentina; palaeoecology; geology; hydrothermal nesting site; los llanos; cretaceous neosauropod; minerals; synsedimentary tectonics; concretion; berino	Folk R L; Flugel E; Gradstein F M; Haq B U; James N P
2	39	0.816	2014	China; fluid inclusion studies; Qinghai; sims; xiadeboli; cu-mo ore district; wangxianling granitic intrusion; zircon hf isotopes; southern tibet; zhaxikang Sb-Pb-Zn-Ag deposit | implications; petrogenesis; case study; tectonic evolution; middle segment; dongga pluton; early jurassic gabbro-granite complex; neo-tethys; gangdese belt; element characteristics	Mao J W; Sengor A M C; Xiao W J; Sillitoe R H; Pirajno F
3	35	0.945	2013	implications; Canada; stratigraphy; paleoecology; pennsylvanian tynemouth creek; marine incursion; fluvial system; penetrating radar; application; 3d sedimentary architecture | evolution; insights; controls; sunda; Southeast Asia; 3d seismic geomorphological analysis; geometry; malay; humid-tropical fluvial systems; latest paleocene	Miall A D; Allen J R L; Catuneanu O; Miller K G; Posamentier H W
4	24	0.706	2013	implications; Korea; metamorphic rocks; tectono-thermal events; zircon-titanite-rutile U-Pb system; iodine record; paleoproterozoic surface ocean oxygenation; anshan-benxi area; archean ocean environment; Fe isotope compositions | geochemistry; mineralogy; river; history; northeast hainan; avulsion; delta sands; rivers; quaternary evolution; basement	Dickinson W R; Zhai M G; Zhao G C; Condie K C; Decelles P G

从地质学领域作者共被引网络聚类结果的尺度和结构来看，前 5 项聚类所包含的节点数占整个共被引网络节点数的 1/2 以上，因此，这 5 个最大的作者共被引聚类代表了地质学领域研究的主流学术团体。结合主流学术团体的聚类标识词和代表人物的学术思想，可以探测地质学领域研究的主流学术观点。为更进一步探究地质学研究领域的学术团体的主流学术思想，在聚类标识词、各聚类中高频作者及其代表文献的基础上，对前 5 个（#0、#1、#2、#3 和#4）聚类信息进行详细分析。

#0 是最大的学术研究团体，共包含 62 个节点，囊括许多地质学研究领域的代表人物，如 Ludwig K R、Sun S S、Wu F Y、Pearce J A、Taylor S R 等。根据聚类标识词及这一团体的代表性研究文献（表 8.12），可以看出其研究方向主要为地球化学和地质学以及岩石学研究，共同组成了地球化学和地质学以及岩石学研究

的主流学术团体。其中，地球化学主要指研究地球各组成部分的化学成分及其变化规律、化学过程及其制约因素、化学演化及其成因与机理的学科。基于研究对象和手段的不同，地球化学形成了一些分支，主要有元素地球化学、同位素地球化学、有机地球化学、矿床地球化学等。在这一学术团体中，Ludwig K R 突出的贡献在于提高了同位素系统研究的准确度和精密度，并提供了一种数学方法对获取的数据进行解释，他研发的软件工具 ISOPLOT 在世界范围内被超过 100 家的同位素地球化学实验室所使用。此外，他最近研发的离子微探针数据分析软件 SQUID 也同样得到广泛应用。Sun S S（孙贤鉥）是国际著名地球化学家，研究方向为地球的化学组成、演化以及元素地球化学性质等方面，曾准确地排定了元素相容性顺序，为地球化学领域的发展作出了杰出的贡献。Pearce J A 是地球化学领域代表性的研究者，主要研究领域是地球化学，最著名的是其对蛇绿岩、岛弧以及岩石矿物方面的研究，曾获得伦敦地质学会颁发的比格斯比奖章和莫奇森（Murchison）奖章。Wu F Y（吴福元）现任中国科学院地质与地球物理研究所研究员、副所长，主要研究领域为火成岩岩石学，曾通过大量同位素年代学测试指出中国东北地区的花岗岩主体形成于中生代，而非先前认为的古生代。此外，还利用岩石学和地球化学的方法研究了岩石形成的过程与受控制的地球动力学背景。

表 8.12　以#0 聚类为代表的学术团体中的主要学者及其代表文献

被引频次	中心度	作者	代表性文献	主要研究方向
554	0.18	Ludwig K R	ISOPLOT for MS-DOS，a plotting and regression program for radiogenic-isotope data，for IBM-PC compatible computers，version 1.00	同位素地球化学
469	0.06	Sun S S	Chemical and isotopic systematics of oceanic basalts：Implications for mantle composition and processes	地球化学、岩石学、热力学
365	0.13	Wu F Y	Hf isotopic compositions of the standard zircons and baddeleyites used in U-Pb geochronology	地球化学、岩石学、地球动力学
353	0.08	Pearce J A	Trace element discrimination diagrams for the tectonic interpretation of granitic rocks	地球化学、地质年代学、构造学
244	0.01	Taylor S R	The continental crust：Its composition and evolution	地球化学、地质学、岩石学

#1 是第二大学术研究团体，共包含 60 个节点，代表人物主要有 Folk R L、Flugel E、Gradstein F M、Haq B U、James N P 等。根据聚类标识词及这一团体的代表性研究文献（表 8.13），可以看出其研究方向主要为沉积学和岩石学。其中，沉积学是研究形成沉积地层的沉积作用、沉积过程及沉积物的学科，是地质学的一个分支。沉积学探讨沉积岩物理与化学性质及其移动、沉积、岩化等形成过程，解释沉积地层的垂向和横向的关系，从多方面探讨沉积地层中构成

地质记录的特征，作出成因分析，并使之上升为理论。在这一学术团体中，Folk R L 是美国地质学家和科学家，美国得克萨斯大学地球科学系名誉教授，在岩石学领域的贡献主要是对碳酸盐岩进行了分类，著有 *Petrology of Sedimentary Rocks*（《沉积岩岩石学》）一书，代表作 *Brazos River bar：A study in the significance of grain size parameters*（《布拉索斯河：粒度参数的意义研究》）在 Google 学术里检索，被引频次较高，为 6506 次，是关于沉积物粒度参数（峰度和偏度）的典型文章，代表了岩石学领域的研究前沿。Gradstein F M 是加拿大地质调查局贝德福德海洋学研究所著名地质学者，著有 *The Geologic Time Scale：2012*（《地质时间尺度：2012》）、*The Geologic Time Scale：2016*（《地质时间尺度：2016》）等，代表作 *A Mesozoic time scale*（《中生代时间尺度》）和 *A new geologic time scale，with special reference to Precambrian and Neogene*（《一个新的地质时间尺度，尤其是前寒武纪和新近纪》），在 Google 学术里检索被引频次分别为 1063 次、1086 次，为古生物学领域方面的研究奠定了坚实的理论基础。Haq B U 是国际海洋地质学家，担任美国国家科学基金会海洋地学部主任一职，在全球地层范围内记录了海平面的变化幅度，其研究结果对地球动力学、古气候学和海洋地质学等领域具有重要影响。

表 8.13　以#1 聚类为代表的学术团体中的主要学者及其代表文献

被引频次	中心度	作者	代表性文献	主要研究方向
244	0.13	Folk R L	Brazos River bar：A study in the significance of grain size parameters	岩石学、土壤学、沉积学、碳酸盐岩分类
230	0.04	Flugel E	Microfacies of Carbonate Rocks	岩石学、碳酸盐岩研究
223	0.14	Gradstein F M	The geologic time scale：2012 2-volume set	古生物学、沉积学、地质学
206	0.11	Haq B U	Chronology of fluctuating sea levels since the Triassic	海平面变化、层序地层学、古海洋学、海洋地质学、全球地层
183	0.03	James N P	The cool-water carbonate depositional realm	沉积学、岩石学

#2 是第三大学术研究团体，这一学术团体的主要研究方向为构造地质学和岩石学，代表性研究学者有 Mao J W、Sengor A M C、Xiao W J、Sillitoe R H、Pirajno F 等（表 8.14）。构造地质学属于地质学的二级学科，是研究岩石圈内地质体的形成、形态和变形构造作用的成因机制及其相互影响、时空分布和演化规律的地质学分支学科，其研究意义主要在于认识和运用地质体的成因与运动的规律性，在地质灾害的预防、工程建设及减灾等环境科学问题的解决等方面起到重要作用。在这一研究团体中，Mao J W（毛景文）现任中国地质科学院矿产资源所副所长，国土资源部成矿作用和资源评价重点实验室主任，其研究方向为矿床地质学、岩石学、矿物学等方面。Xiao W J（肖文交）以地质构造学为研究基础，

主要从事特提斯和中亚造山带造山与成矿作用等研究，曾根据增生楔-增生楔碰撞造山作用等特征提出复式增生-碰撞增生造山作用理论，并得到广泛运用。Sillitoe R H 是岩石学领域代表学者，曾对角砾岩的形成机制、分类、矿床的特征进行详细的论述，代表作 *Porphyry Copper Systems*（《斑岩铜矿系统》）、*A Plate Tectonic Model for the Origin of Porphyry Copper Deposits*（《斑岩铜矿成因的板块构造模型》），在 Google 学术里检索，被引频次分别为 1000 次和 535 次，代表了岩石学领域的研究前沿。

表 8.14 以#2 聚类为代表的学术团体中的主要学者及其代表文献

被引频次	中心度	作者	代表性文献	主要研究方向
295	0.13	Mao J W	Tectonic implications from Re-Os dating of Mesozoic molybdenum deposits in the East Qinling-Dabie orogenic belt	矿物学、岩石学、矿床学、地球动力学
208	0.27	Sengor A M C	Evolution of the Altaid Tectonic collage and Palaeozoic Crustal Growth in Eurasia	构造学、构造地质学和历史地质学
203	0.04	Xiao W J	Paleozoic accretionary and collisional tectonics of the eastern Tianshan（China）：Implications for the continental growth of central Asia	构造地质学、造山带大地构造学、岩石学
197	0.05	Sillitoe R H	Porphyry Copper Systems	构造地质学、岩石学
151	0.04	Pirajno F	Hydrothermal Processes Associated with Meteorite Impacts	构造地质学、岩石学、矿物学

以#3 为代表的学术团体主要是对于地层学方面的研究，学术观点较为集中，代表人物有 Miall A D、Allen J R L、Catuneanu O、Miller K G、Posamentier H W 等，共同组成了地质学研究领域的第四大学术研究团体（表 8.15）。地层学是地质学的一个基础学科，也是一切地质工作的基础，主要研究地壳表层成层岩石，研究的主要范围有地层系统的建立、地层的划分等。由于研究范围的扩大和研究手段的不断发展，地层学出现了很多分支学科，如层序地层学、生物地层学、岩石地层学、地震地层学等。其中，层序地层学主要指研究利用由间断面分开的、由沉积体系构成的地层层序划分和对比地层的学科。Miall A D 是多伦多大学地质系教授，地层学研究领域的重要代表人物，主要从事沉积学和沉积盆地的地层学研究。代表作 *Architectural-element analysis：A new method of facies analysis applied to fluvial deposits*（《建筑元素分析：一种适用于河流相分析的新方法》），在 Google 学术里检索，被引频次高达 1800 次，在地层学研究领域中占据重要位置。他曾提出河流相储层构型划分方法，且在研究河流相构型中，提出了 8 种构型要素，并根据构型要素建立了特罗海姆型、斯科特型、唐杰克型、萨斯喀彻温型、普拉特型及比约溪型 6 种辫状河类型。他对沉积相、建筑元素和河流沉积相模式的研究得到了广泛的应用，同时也是公认的在层序地层学理论、实践等研究方面的权威。

2015 年，他获得了国际地层委员会颁发的迪格・迈凯伦（Digby Mclaren）奖章，为众学者对地层学的研究奠定了一定的理论基础。Allen J R L 是英国地质学家，现任雷丁大学的名誉教授，主要研究方向为地质考古学、沿海地带沉积以及建筑石材的考古。Catuneanu O 为加拿大阿尔伯塔大学地质学教授，著有 *The Principle of Sequence Stratigraphy*（《层序地层学原理》）一书，是地层学研究领域的代表人物之一，曾对埃及西部沙漠地区进行地层相关研究。Miller K G 为美国罗格斯大学地质科学系教授，研究方向主要为层序地层学和生物地层学，曾通过海平面的变化来进行地层学方面的相关研究。Posamentier H W 是美国地质学家，他首创并推广了地震地貌学科，结合地震地层学，利用二维和三维的地震数据，可以更好地了解岩性的古地理分布规律。他曾获得沉积地质学会颁发的佩蒂・约翰奖章、伦敦地质学会颁发的威廉・史密斯奖章和石油研究领域的罗伯特・伯格奖。

表 8.15　以#3 聚类为代表的学术团体中的主要学者及其代表文献

被引频次	中心度	作者	代表性文献	主要研究方向
260	0.11	Miall A D	Architectural-element analysis：A new method of facies analysis applied to fluvial deposits	地层学
219	0.02	Allen J R L	A review of the origin and characteristics of recent alluvial sediments	地层学、层序地层学
164	0.03	Catuneanu O	Sequence stratigraphy of the Lower Cenomanian Bahariya Formation，BahariyaOasis，Western Desert，Egypt	层序地层学
160	0.03	Miller K G	The Phanerozoic record of global sea-level change	层序地层学、生物地层学
155	0.10	Posamentier H W	Eustatic controls on clastic deposition II—sequence and systems tract models	地层学

#4 是第五大学术研究团体，这一学术团体的主要研究方向有板块构造、地球化学、变质地质学、超大陆，代表性研究学者有 Dickinson W R、Zheng Y F、Zhai M G、Zhao G C、Condie K C 等（表 8.16）。其中，Dickinson W R 是美国亚利桑那大学地质科学系地质构造实验室教授，主要从事板块构造方面的研究，在 Google 学术里检索，其代表作 *Plate tectonics and sandstone compositions*（《板块构造与砂岩成分》）与 *Provenance of North American Phanerozoic sandstones in relation to tectonic setting*（《北美显生宙构造砂岩物源》）被引频次较高，分别高达 1799 次及 1356 次，在板块构造研究领域中占据重要位置。Zheng Y F（郑永飞）是我国著名的地球化学家、中国科学院及发展中国家科学院院士、中国科学技术大学地球和空间科学学院教授，主要从事同位素地球化学与化学地球动力学方面的研究。Zhai M G（翟明国）是中国科学院院士、中国科学院地质与地球物理研究所研究员、西北大学双聘院士、大陆动力学国家重点实验室主任，研究方向主要为

前寒武纪地质和变质地质学方面，并取得了一系列突出成果。他曾荣获2015年度何梁何利奖和国家自然科学奖一等奖一项、二等奖两项，对国内外地质学研究领域产生重要影响。Zhao G C（赵国春）是香港大学地球科学系教授，主要从事前寒武纪地质学、变质岩石学、大地构造学、超大陆重建等方面的研究，曾荣获伊朗科学技术部颁授的第29届Khwarizmi国际科学奖一等奖，是首个获得此荣誉的地质学者。目前其科学成就主要包括两大方面：首次提出21亿～18亿年前的全球性板块碰撞导致全球早—中元古代超大陆形成这一说法；在中国华北发现两条18.5亿～19.5亿年前形成的碰撞造山带，在地质学研究领域占据重要地位。

表 8.16　以#4 聚类为代表的学术团体中的主要学者及其代表文献

被引频次	中心度	作者	代表性文献	主要研究方向
236	0.10	Dickinson W R	Plate tectonics and sandstone compositions	板块构造
188	0.01	Zheng Y F	Stable isotope geochemistry of ultrahigh pressure metamorphic rocks from the Dabie-Sulu orogen in China：Implications for geodynamics and fluid regime	地球化学、地球动力学
186	0.03	Zhai M G	The early Precambrian odyssey of the North China Craton：A synoptic overview	前寒武纪地质学、变质地质学
181	0.03	Zhao G C	The onset of Pacific margin accretion in NE China：Evidence from the Heilongjiang high-pressure metamorphic belt	前寒武纪地质学、变质岩石学
168	0.02	Condie K C	Chemical composition and evolution of the upper continental crust：Contrasting results from surface samples and shales	地球化学、板块构造、超大陆

综上所述，在地质学研究领域作者共被引分析的基础上，通过聚类进一步对该研究领域的学术团体进行分析，可以看出目前地质学研究领域主流学术团体包括以下五大研究团体，分别是以Ludwig K R、Sun S S、Wu F Y、Pearce J A、Taylor S R为代表的地球化学和地质学以及岩石学学术研究团体；以Folk R L、Flugel E、Gradstein F M、Haq B U、James N P为代表的沉积学和岩石学学术研究团体；以Mao J W、Sengor A M C、Xiao W J、Sillitoe R H、Pirajno F为代表的构造地质学和岩石学学术研究团体；以Miall A D、Allen J R L、Catuneanu O、Miller K G、Posamentier H W为代表的地层学研究团体；以Dickinson W R、Zheng Y F、Zhai M G、Zhao G C、Condie K C等为代表的板块构造、地球化学、变质地质学、超大陆研究团体。由此可以看出，地质学研究领域学术团体的研究方向存在较大的交叉性与重复性，其中，岩石学作为地质学的主要学科，无论是地球化学、沉积学，还是地质构造学的研究均需要岩石学作为研究基础，研究方向的交叉与重叠有利于完善地质学的研究体系，将为地质学研究的发展起到重要的推动作用。

8.4.2　地质学领域的代表人物分析

利用 CiteSpace 软件工具中的“作者共被引分析”（co-cited author）功能对前面确定的文献数据进行作者共被引分析，得到地质学研究领域的作者共被引网络知识图谱。通过分析作者共被引频次探究出在地质学领域具有代表性的研究学者（图 8.8）。

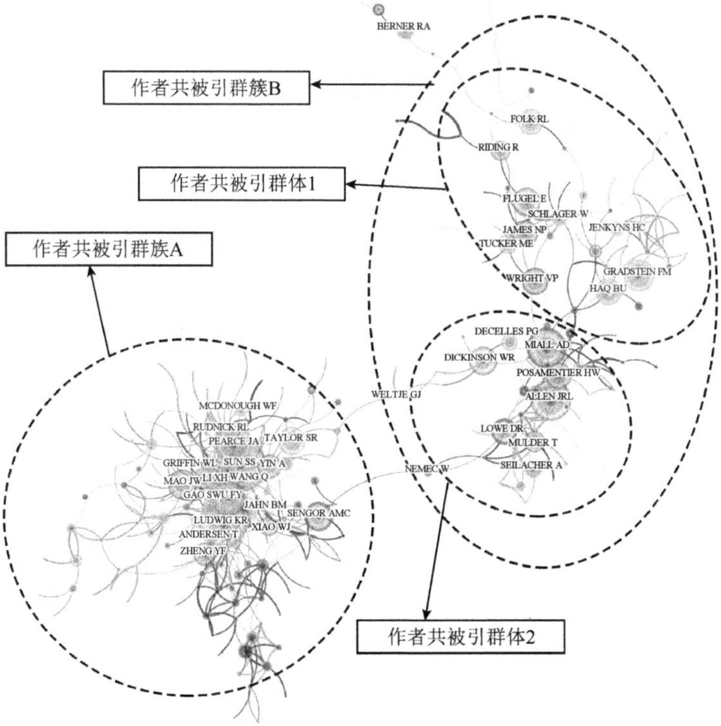

图 8.8　地质学领域作者共被引网络知识图谱

在地质学领域作者共被引网络图谱中，Sun S S 是整个网络图谱中共被引频次最大的节点，共被引频次高达 997 次。地质学领域作者共被引网络中共形成了两大作者共被引群簇，分别是图 8.8 中的作者共被引群簇 A，大部分地质学研究领域的作者集中在这一区域；图 8.8 中的作者共被引群簇 B，包含以 Allen J R L 和 Flugel E 为关键节点的两个研究群体。

根据作者共被引网络图谱，统计地质学研究领域中，共被引频次最高的前 20 位学者信息（表 8.17），这些学者共被引频次较高说明后续研究者对其研究成果的认可和继承性较高，也反映出学者在该研究领域中的重要地位及其研究成果的代表性。这些学者和他们的相关研究文献引领了科学合作研究领域的主流方向，属于科学合作研究领域的代表人物。

表 8.17 地质学研究领域共被引频次最高的前 20 位学者信息表

被引频次	突现率	中心度	Sigma	作者	年份
997		0.08	1	Sun S S	2005
833		0.03	1	Ludwig K R	2005
762		0.04	1	Pearce J A	2005
759		0.09	1	Wu F Y	2005
602		0.04	1	Jahn B M	2005
551		0.05	1	Mao J W	2006
529		0.18	1	Li X H	2005
516		0.20	1	Sengor A M C	2005
506		0.10	1	Zheng Y F	2005
488		0.00	1	Griffin W L	2007
486		0.24	1	Yin A	2005
463		0.01	1	Andersen T	2007
450		0.03	1	Gao S	2005
440	6.13	0.05	1.35	Allen J R L	2005
436		0.02	1	Holland T J B	2005
433		0.04	1	Wang Q	2005
430		0.10	1	Xiao W J	2006
422		0.03	1	Dickinson W R	2005
409		0.02	1	Rudnick R L	2006
409		0.03	1	Zhang Q	2005

从地质学研究领域共被引频次最高的前 20 位学者信息表中可以看出 Sun S S 是所有学者中共被引频次最高的学者，在网络图谱中具有非常重要的地位。Sun S S（孙贤鉥）是国际著名地球化学家，研究方向主要为地球的化学组成、演化以及元素地球化学性质等方面，代表作 *Chemical and isotopic systematics of oceanic basalts: Implications for mantle composition and processes*（《海洋玄武岩化学和同位素系统：地幔组成和演化的意义》）和 *The composition of the earth*（《地球的构成》）分别被 SCI 论文引证 16 678 次和 7156 次，曾准确地排定了元素相容性顺序，是地球化学界的重要代表人物。Ludwig K R 共被引频次为 833 次，在所有作者中位于第二。Ludwig K R 出生于美国加利福尼亚州的伯克利，在加利福尼

亚理工学院获得地球化学博士学位，曾供职于美国地质勘探局，现在在伯克利地质年代学中心工作。在 Google 学术上检索 Ludwig K R 发表的被引频次最高的前 10 篇文献（表 8.18），被引频次都在 230 次以上，Ludwig K R 关于 ISOPLOT 使用的用户手册被引频次达到 10 122 次，说明由他开发的 ISOPLOT 在地球化学研究领域应用广泛。

表 8.18　Ludwig K R 发表的被引频次最高的前 10 篇文献

编号	作者	文献名	被引频次
1	Ludwig K R	User's manual for Isoplot 3.00：A geochronological toolkit for Microsoft Excel	10 122
2	Ludwig K R	ISOPLOT for MS-DOS，a plotting and regression program for radiogenic-isotope data，for IBM-PC compatible computers，version 1.00	1 570
3	Ludwig K R	Calculation of uncertainties of U-Pb isotope data	672
4	Mundil R，Ludwig K R，Metcalfe I，Renne P R	Age and timing of the Permian mass extinctions：U/Pb dating of closed-system zircons	487
5	Ludwig K R	On the treatment of concordant uranium-lead ages	448
6	Min K，Mundil R，Renne P R，Ludwig K R	A test for systematic errors in 40 Ar/39 Ar geochronology through comparison with U/Pb analysis of a 1.1-Ga rhyolite	390
7	Renne P R，Mundil R，Balco G，Min K，Ludwig K R	Joint determination of 40 K decay constants and 40 Ar*/40 K for the Fish Canyon sanidine standard，and improved accuracy for 40 Ar/39 Ar geochronology	385
8	Gilbert H，Defleur A，Suwa G，Katoh S，Ludwig K R	Stratigraphic，chronological and behavioural contexts of Pleistocene Homo sapiens from Middle Awash，Ethiopia	302
9	Ludwig K R，Simmons K R，Szabo B J，Winograd I J	Mass-spectrometric 230Th-234U-238U dating of the Devils Hole calcite vein	231
10	Winograd I J，Landwehr J M，Ludwig K R，Coplen T B	Duration and structure of the past four interglaciations	287

Pearce J A 和 Wu F Y 的被引频次均超过 700 次，其中 Pearce J A 是英国卡迪夫大学的荣誉教授，本科毕业于剑桥大学赛尔文学院的自然科学系，后在东安格利亚大学获得了博士学位。他的主要研究领域是地球化学，最著名的是其对蛇绿岩、岛弧以及岩石矿物方面的研究。他曾获得伦敦地质学会为其颁发的比格斯比奖章和莫奇森奖章，以表彰其在地质学研究领域的贡献。在 Google 学术上检索，Pearce J A 发表的被引频次最高的前 10 篇文献如表 8.19 所示。据统计，Pearce J A 研究成果的被引频次在地球化学领域位居前列，从表 8.19 中可以发现，其多数文献被引频次超过千次，说明其研究结果的受认可度较高，在地球化学领域是非常具有代表性的研究学者。

表 8.19　Pearce J A 发表的被引频次最高的前 10 篇文献

编号	作者	文献名	被引频次
1	Pearce J A，Harris N B W，Tindle A G	Trace element discrimination diagrams for the tectonic interpretation of granitic rocks	5893
2	Pearce J A，Cann J R	Tectonic setting of basic volcanic rocks determined using trace element analyses	3344
3	Pearce J A	Role of the sub-continental lithosphere in magma genesis at active continental margins	2591
4	Pearce J A	Trace element characteristics of lavas from destructive plate boundaries	2492
5	Pearce J A，Norry M J	Petrogenetic implications of Ti，Zr，Y，and Nb variations in volcanic rocks	2308
6	Pearce J A，Peate D W	Tectonic implications of the composition of volcanic arc magmas	1399
7	Harris N B W，Pearce J A，Tindle A G	Geochemical characteristics of collision-zone magmatism	1062
8	Pearce J A，Lippard S J，Roberts S	Characteristics and tectonic significance of supra-subduction zone ophiolites	1005
9	Pearce J A	Sources and settings of granitic rocks	900
10	Pearce J A	A user's guide to basalt discrimination diagrams	769

Wu F Y（吴福元）出生于 1962 年，在长春地质学院（现为吉林大学）获得岩石学硕士与博士学位，后曾到法国雷恩第一大学进修，现任中国科学院地质与地球物理研究所研究员、副所长，曾获得中国国家自然科学奖二等奖和发展中国家科学院地球科学奖。在 Google 学术上检索 Wu F Y 发表的被引频次最高的前 10 篇文献（表 8.20），被引频次均在 270 次以上，被引频次最高的文献达 1089 次。根据其发表的文献主题可以看出 Wu F Y 研究的主要领域是火成岩岩石学，他通过大量同位素年代学测试指出中国东北地区的花岗岩主体形成于中生代，而不是先前认为的古生代。除此之外，他还利用岩石学和地球化学的方法研究了岩石形成的过程和受控制的地球动力学背景。

表 8.20　Wu F Y 发表的被引频次最高的前 10 篇文献

编号	作者	文献名	被引频次
1	Wu F Y，Yang Y H，Xie L W，Yang J H，Xu P	Hf isotopic compositions of the standard zircons and baddeleyites used in U-Pb geochronology	1089
2	Wu F Y，Lin J Q，Wilde S A，Zhang X O，Yang J H	Nature and significance of the Early Cretaceous giant igneous event in eastern China	758
3	Wu F Y，Sun D Y，Ge W C，Zhang Y B，Grant M L	Geochronology of the Phanerozoic granitoids in northeastern China	423
4	Zheng Y F，Zhao Z F，Wu Y B，Zhang S B，Liu X，Wu F Y	Zircon U-Pb age，Hf and O isotope constraints on protolith origin of ultrahigh-pressure eclogite and gneiss in the Dabie orogen	363

续表

编号	作者	文献名	被引频次
5	Mo X X，Chung S L，Hou Z Q，Wang L Q，Wu F Y	The Lhasa Terrane：Record of a microcontinent and its histories of drift and growth	325
6	Zhang S B，Zhao Z F，Wu Y B，Li X，Li Z，Wu F Y	Contrasting zircon Hf and O isotopes in the two episodes of Neoproterozoic granitoids in South China：Implications for growth and reworking of continental crust	314
7	Wu R X，Wu Y B，Zhang S B，Yuan H，Wu F Y	Rift melting of juvenile arc-derived crust：Geochemical evidence from Neoproterozoic volcanic and granitic rocks in the Jiangnan Orogen，South China	306
8	Ji W Q，Wu F Y，Chung S L，Li J X，Liu C Z	Zircon U-Pb geochronology and Hf isotopic constraints on petrogenesis of the Gangdese batholith，southern Tibet	295
9	Xie L W，Zhang Y B，Zhang H H，Sun J F，Wu F Y	In situ simultaneous determination of trace elements，U-Pb and Lu-Hf isotopes in zircon and baddeleyite	281
10	Yang J H，Wu F Y，Wilde S A	A review of the geodynamic setting of large-scale Late Mesozoic gold mineralization in the North China Craton：An association with lithospheric thinning	273

通过地质学研究领域被引频次最高的前 20 位学者信息表可以看出，Allen J R L 的突现率最高，为 6.13，也是作者共被引群簇 B 的作者共被引群体 2 中的中心人物，在网络知识图谱中发挥着重要作用。Allen J R L 是英国地质学家，现任雷丁大学的名誉教授，研究方向主要为地质考古学、沿海地带沉积以及建筑石材考古等方面。由于其在地质学领域作出的贡献，伦敦地质学会在 1980 年为其颁发了莱尔奖章，以表彰他在实地调研基础上进行的地质学研究。1996 年，他获得美国地质学会授予的彭罗斯奖章。这一奖项是在推进地球科学研究方面的最高奖章。在 Google 学术中进行检索，Allen J R L 发表的被引频次最高的前 10 篇文献被引频次均在 220 次以上（表 8.21），最高的一篇是关于冲积与沉积的论文，被引频次达到 1215 次。

表 8.21　Allen J R L 发表的被引频次最高的前 10 篇文献

编号	作者	文献名	被引频次
1	Allen J R L	A review of the origin and characteristics of recent alluvial sediments	1215
2	Allen J R L	Physical processes of sedimentation	751
3	Allen J R L	The classification of cross-stratified units with notes on their origin	663
4	Allen J R L	Morphodynamics of Holocene salt marshes：A review sketch from the Atlantic and Southern North Sea coasts of Europe	577
5	Allen J R L	Sand waves：A model of origin and internal structure	425
6	Allen J R L	Late Quaternary Niger delta，and adjacent areas：Sedimentary environments and lithofacies	409

续表

编号	作者	文献名	被引频次
7	Allen J R L	Studies in fluviatile sedimentation：Bars，bar-complexes and sandstone sheets（low-sinuosity braided streams）in the Brownstones（L. Devonian），Welsh Borders	138
8	Allen J R L	Fining - upwards cycles in alluvial successions	242
9	Allen J R L	Earthquake magnitude-frequency，epicentral distance，and soft-sediment deformation in sedimentary basins	198
10	Allen J R L	Salt-marsh growth and stratification：A numerical model with special reference to the Severn Estuary，southwest Britain	228

除了上述被引频次较高的作者，其他作者虽然被引频次较低，但其研究领域各不相同，研究方向极为广泛，代表了当前地质学领域的研究前沿。Mao J W（毛景文）现任中国地质科学院矿产资源所副所长，国土资源部成矿作用和资源评价重点实验室主任，其研究方向为矿床地质和地球化学及地球动力学演化与成矿。曾对我国华南、华北、秦岭、天山等地成矿区带进行科学研究，提出了一些区带成矿动力学模型，为进一步找矿勘查起到推动作用，在地质学研究领域中占据重要地位。Li X H（李祥辉）现为南京大学地球科学与工程学院教授，主要研究方向为青藏高原中生代沉积与古海洋，中生代大陆古气候与古环境。Sengor A M C 是伊斯坦布尔技术大学的地质学教授，其研究方向主要为构造学、地质构造学和历史地质学，并取得了一系列突出成果。Zheng Y F（郑永飞）是中国科学院院士，现任中国科技大学地球和空间科学学院副院长，主要从事同位素地球化学与化学地球动力学研究，在矿物同位素分馏系数理论计算和实验测定、岩石成因同位素示踪和化学地球动力学、同位素体系理论模式及其地球化学应用等方面取得了优异成就，著有 *The Stable Isotope Geochemistry*（《稳定同位素地球化学》）、*The Chemical Geodynamics*（《化学地球动力学》），在 SCI 刊物上发表 190 余篇学术论文，并被 *Nature*、*Science* 等国际 SCI 刊物引用，被引频次高达 8000 余次，在大陆俯冲带流体体制与化学地球动力学、地球化学应用等方面的研究有一定的突破。Griffin W L 是麦考瑞大学地球与行星科学系教授，教授地质学课程，其研究领域包括岩石和地壳深部的地球化学与岩石圈地幔、地球化学与壳幔体系动态演化、同位素系统及其复位、岩石学和地球物理数据的集成等。

通过对以上代表人物的分析可以看出，当前地质学领域研究的前沿和热点包括地球化学、地质学、构造学、沉积学等方面，研究者采用同位素测算的方法对研究对象进行分析和研究，产出了大量的研究成果。

8.5　本章小结

地球科学作为基础科学研究中的重要学科门类，在基础科学研究中发挥了重要作用。作为地球科学重要分支学科的地质学在近年来发展迅速，地质学的研究状况一定程度上反映了地球科学研究的基本态势。本章首先对地球科学各分支领域的研究文献情况进行了基本的计量分析，介绍了各学科产出文献的国家、机构和学者等的分布情况。其次运用文献信息可视化软件工具，对地质学这一领域的研究前沿进行可视化探究，并对这一领域的未来发展的潜在影响力文献进行分析。通过绘制地质学的学者、机构和国家三个层面的科学合作网络图谱，揭示了这一领域不同层面的科学合作研究现状。最后通过绘制作者共被引网络知识图谱，探究了地质学研究领域中主流学术团体、代表人物及其学术思想。

第 9 章　生物科学-生物信息学研究的知识图谱

生物科学是自然科学六大基础学科之一。“生物学”一词最早由法国博物学家拉马克于 1802 年提出，它是研究生物的结构、功能、发生和发展的规律，以及生物与周围环境的关系等问题的科学。20 世纪 40 年代以来，生物科学经历了实验生物学、分子生物学和系统生物学等发展阶段，不断吸收数学、物理学和化学等科学的成就，逐渐发展成一门精确的、定量的、深入分子层次的科学。随着对生物界研究探索的不断深入，生物学科与其他学科研究不断交叉渗透，现代生物科学已经形成了一个有众多分支学科的庞大知识体系。

本章首先介绍生物科学研究和发展的概况，包括生物科学各分支领域的发展情况以及各领域研究文献的产出情况。其次，以当前国际上生物科学研究的前沿和热点领域——生物信息学研究为例，通过绘制生物信息学研究前沿的科学知识图谱，揭示其研究前沿主题，并对这一领域的未来发展进行预测。最后通过科学知识图谱来展现生物信息学研究的科学合作情况以及这一领域研究的代表人物和主流学术团体。

9.1　生物科学研究的发展态势

生物科学是六大基础科学之一，主要研究生物的结构、功能、发生和发展的规律，是探索生物各个层次的种类、结构、功能、行为、发育和起源进化以及生物与周围环境的关系等的科学。作为一门基础科学，生物科学最早源自博物学，传统上一直是农学和医学的基础，涉及种植业、畜牧业、渔业、医疗、制药、卫生等方面，其学科名称最早由法国博物学家拉马克于 1802 年提出。19 世纪下半叶，达尔文提出的进化论一时成为生物科学争论的中心。20 世纪后半叶，生命科学各领域取得了巨大进展，经历了实验生物学、分子生物学而进入系统生物学时期。近年来，在分子生物学、发育生物学、细胞生物学等的发展引领下，以核酸为物种间的共同语言，探讨范围除生物体本身，更包括生物体和环境、心理学等领域，使生物科学在自然科学中的位置起了革命性的变化，成为一门综合性的科学。

生物科学从产生至今，在研究课题不断增多的同时，研究方法也在不断增多，如今生物科学的研究方法主要有观察描述法、比较法、实验法。随着生物科学理论与方法的不断发展，它的应用领域也在不断扩大。目前而言，生物科学的影响已突破传统领域，并迅速扩展到食品、化工、环境保护、能源和冶金工业等方面。

在未来的自然科学中，生物科学将要成为带头学科，甚至预言 21 世纪是生物科学世纪。虽然目前学者对这些论断尚有争论，但有目共睹的是，21 世纪生命科学正在飞速发展，已经取得了一大批成果。生命科学对自然科学所起的巨大推动作用，绝不亚于 19～20 世纪上半叶的物理学。早期生命科学曾得益于引入物理学、化学和数学等学科的概念、方法与技术而得到长足的发展，未来生命科学将以特有的方式，向自然科学的其他学科进行积极的反馈与回报。

生物科学的基础性和学科交叉性决定了其二级学科或研究方向的分类较多。根据研究对象，生物科学可分为动物学、植物学、微生物学等；根据研究内容，可分为分类学、解剖学、生理学、遗传学、生态学等。当前，发育生物学、细胞生物学、分子生物学和生物化学领域已经成为生物科学重要的基础研究领域。

发育生物学是生物科学重要的基础分支学科之一，最早起源于 20 世纪 50 年代的胚胎学。发育生物学的研究内容与生物科学其他学科，尤其是与细胞生物学、生物化学与分子生物学内容相互交融，紧密相连。发育生物学以动物和植物为研究对象，应用一切有关学科的技术方法及其研究成果，从分子水平、亚显微水平和细胞水平，分析生物体从精子和卵子的发生、受精、发育、生长直至衰老死亡的过程及其机理。

发育生物学是在广泛的基础学科相互交叉中派生出来的，它与胚胎学、细胞生物学、分子生物学、遗传学、生物化学和生物物理学等学科有着密切的关系。它借助于这些学科的原理和方法发展起来，又充实并带动了这些学科的发展。如今，得益于大量的理论研究课题和广阔的应用前景，发育生物学已经成为生命科学的带头学科。从人类基因碱基对序列破译的完成开始，发育生物学已经进入后基因组、后蛋白质组时代，学者的研究工作重心也开始转向关键蛋白的稳态、活性及其位置的变化，以此角度探讨发育机制，组织器官的形成、维持和再生。

在生物科学研究中，细胞生物学作为重要分支学科之一，其基础作用不容忽视。它源于研究细胞结构与功能（特别是染色体）的细胞学，是一门以细胞为研究对象，在显微、亚显微和分子水平三个层次上，从动态的视角研究细胞的结构、功能和各种生命规律的科学，其研究的核心问题是遗传与发育的问题。细胞生物学的发展离不开近代物理学和化学的技术成就以及分子生物学的方法、概念。如今，细胞生物学已经成长为现代生命科学的重要前沿分支学科之一，从生命结构层次看，细胞生物学位于分子生物学与发育生物学之间，同它们相互衔接、互相渗透。

1839 年，施旺和施莱登提出了细胞学说，开启了细胞学研究的新道路；1893 年，赫特维希所著的 *Die Zelle und die Gewebe*（《细胞与组织》）出版，成为细胞学诞生的里程碑；20 世纪 30～70 年代，电子显微镜的出现使得细胞学逐渐细化，发展出细胞生物学；20 世纪 70 年代至今，细胞生物学与分子生物学等学科的交叉点越来越多，关系越来越密切，研究重点也从细胞结构转向细胞在生命活动中的作用。

分子生物学是生物科学的分支学科，是在分子水平上研究生命物质的化学组成、功能、生物合成、结构及生命活动过程中各种化学变化的基础生命科学，其目标是阐明生命现象的本质。1941 年乔治・韦尔斯・比德尔和爱德华・劳里・塔特姆提出了“一个基因，一个酶”学说[①]，1953 年美国科学家詹姆斯・杜威・沃森和英国科学家弗朗西斯・哈利・康普顿・克里克提出了 DNA 的反向平行双螺旋结构，1961 年法国科学家弗朗索瓦・雅各布和雅克・莫诺提出了操纵子的概念[②]，这三个学说称为分子生物学的三大基石。自 20 世纪 50 年代以来，分子生物学成为生物科学的前沿与生长点，其主要研究领域包括蛋白质体系、蛋白质-核酸体系（中心是分子遗传学）和蛋白质-脂质体系（即生物膜）。科学研究是推动生物化学和分子生物学发展的动力，1901 年以来，自然科学领域的诺贝尔奖获得者有 550 余位，其中有 200 余位诺贝尔奖获得者涉及生物化学和分子生物学。如今，基因工程、人类的基因治疗、人类基因组计划、生物芯片、干细胞研究已经成为分子生物学的五大研究主题。

生物化学是研究生物体中的化学进程的一门学科，简称生化，主要指用化学的方法研究在分子水平、细胞水平、整体水平乃至群体水平等不同层次上的生物科学问题，其研究范畴包括某一特定生物体或某一种生物体内的某一特定器官的化学现象或变化，是生物科学领域的重要分支学科之一。生物化学与分子生物学有着重要区别，分子生物学研究的主要目的是在分子水平上阐明整个生物界所共同具有的基本特征，即生命现象的本质；而生物化学研究集中于重要生物分子的化学性质。作为生物科学领域的重要分支学科，生物化学和分子生物学均对生物科学的发展产生积极的推动作用。

9.1.1　生物科学研究文献产出的基本情况

随着对生物科学研究的不断深入，国际上生物科学研究的科学产出成果急剧增长。在国际期刊引证报告的期刊分类中与生物科学相关的分支领域共有 7 个，包括生物学、生物技术及应用微生物、生物物理学、细胞生物学、细胞与组织工程、生物化学与分子生物学、生物化学研究方法。在这些领域中，除了生物技术及应用微生物分支领域，绝大部分属于基础研究范畴。为全面地展现国际上生物科学基础研究的产出情况，按照 5 年平均影响因子排序，选取了生物科学每个分支领域中排名前 20 位的期刊进行计量分析。从文献数量、期刊数量、高产作者、高产机构、高产国家等方面展现生物科学研究文献产出的基本情况（表 9.1）。

表 9.1　生物科学研究各分支领域信息表（2007～2017 年）

期刊引证报告分类	期刊数量/本	文献数量/篇	高产作者	高产国家前 5 位	高产机构前 5 位
生物学	85	125 073	Zhang Y、Wang Y、Li Y、Liu Y	美国、中国、德国、日本、英国	中国科学院、哈佛大学、俄罗斯科学院、东京大学、法国国家科学研究中心
生物技术及应用微生物	160	63 972	Zhang Y、Wang Y、Li Y、Wang J	美国、中国、日本、德国、印度	中国科学院、浙江大学、哈佛大学、东京大学、首尔大学
生物物理学	73	84 339	Zhang Y、Wang Y、Li Y、Liu Y、Wang L	美国、中国、德国、日本、英国	中国科学院、俄罗斯科学院、哈佛大学、东京大学、牛津大学
细胞生物学	190	53 707	Zhang Y、Wang Y、Li Y、Liu Y	美国、中国、德国、日本、英国	哈佛大学、加利福尼亚大学圣迭戈分校、中国科学院、宾夕法尼亚大学、加利福尼亚大学洛杉矶分校
细胞与组织工程	21	26 615	Reis R L、Zhang Y、Atala A、Wang Y	美国、中国、英国、德国、韩国	哈佛大学、匹兹堡大学、斯坦福大学、新加坡国立大学、首尔大学
生物化学与分子生物学	290	59 414	Zhang Y、Wang Y、Li Y、Liu Y、Wang J	美国、中国、日本、德国、英国	中国科学院、哈佛大学、俄罗斯科学院、东京大学、法国国家科学研究中心
生物化学研究方法	78	65 547	Zhang Y、Wang Y、Wang J、Li Y	美国、中国、德国、英国、法国	中国科学院、哈佛大学、华盛顿大学、法国国家科学研究中心、斯坦福大学

在生物科学 7 个分支领域中，期刊数量最多的是生物化学与分子生物学，为 290 本，细胞生物学以 190 本排在第二位，生物技术及应用微生物有 160 本，生物学、生物物理学和生物化学研究方法的期刊数量较少，分别为 85 本、73 本、78 本，期刊数量最少的分支领域为细胞与组织工程的 21 本。文献数量方面，产出数量最多的为生物学 125 073 篇，生物技术及应用微生物 63 972 篇，生物物理学 84 339 篇，细胞生物学 53 707 篇，文献产出数量最少的是细胞与组织工程 26 615 篇，生物化学与分子生物学 59 414 篇，生物化学研究方法 65 547 篇，可以看出，不同分支领域的文献产出差距很大，生物学的文献产出是细胞与组织工程文献产出的 4.7 倍。出版物情况方面，文献数量最多的生物学的出版物不是最多的，期刊数量排名第二的细胞生物学文献数量的产出也不排第二位，分支领域的出版物的数量与文献产出数量并不成正比。

高产国家中，就基础生物科学分支领域的文献产出数量，7 个分支领域中，美国、中国和德国都属于高产国家且排名都在前 5 位，美国各分支领域的文献产出量占文献产出总量的比例均为最大，其中在生物学领域为 65.491%，在生物技术及应用微生物领域为 34.285%，在生物物理学领域为 42.701%，在细胞生物学领域为 35.687%，在细胞与组织工程领域为 36.092%，在生物化学与分子生物学领域为 13.184%，在生物化学研究方法领域为 34.060%；中国在生物技术及应用微生物、生物物理学、细胞与组织工程、生物化学研究方法 4 个分支领域的文献数量都排在第二位，比例分别为 18.419%、9.361%、10.648%、10.310%，生物学的比例为 3.772%，细胞生物学的比例为 3.454%，生物化学与分子生物学的比例为 12.106%；英国的文献数量占统计总量的比例分别为生物学 6.643%，生物技术及应用微生物 6.840%，生物物理学 5.778%，细胞生物学 7.352%，细胞与组织工程 8.845%，生物化学与分子生物学 28.183%，生物化学研究方法 7.320%；德国的文献数量占统计总量的比例分别为生物学 4.440%，生物技术及应用微生物 6.359%，生物物理学 8.772%，细胞生物学 6.751%，细胞与组织工程 8.135%，生物化学与分子生物学 26.396%，生物化学研究方法 10.296%。可以看出，在统计的高产国家中，美国在所有分支领域都是第一位，并且文献学产出比例远高于其他国家，中国的基础生物科学研究也取得很大成果，4 个分支都能紧随美国之后，7 个分支领域的高产国家大多为美国、中国、英国、德国。

高产作者中，Zhang Y 和 Wang Y 在 7 个分支领域均处在高产作者前 5 位，Zhang Y 的比例分别为生物学 0.216%，生物技术及应用微生物 0.644%，生物物理学 0.415%，细胞生物学 0.328%，细胞与组织工程 0.207%，生物化学与分子生物学 1.033%，生物化学研究方法 0.510%；Wang Y 的产出要低于 Zhang Y。Zhang Y 在生物学、生物技术及应用微生物、生物物理学、细胞生物学、生物化学与分子生物学、生物化学研究方法 6 个分支领域的文献产出均为第一。Reis R L 在细胞与组织工程分支领域中的文献产出为第一。

高产机构中，哈佛大学在基础生物科学的 7 个领域分支均在前 5 位，并且在细胞生物学、细胞与组织工程 2 个分支领域中的文献产出数量均排名第一；中国科学院在生物学、生物技术及应用微生物、生物物理学、生物化学与分子生物学和生物化学研究方法 5 个分支领域的文献产出数量排名第一，在细胞生物学分支领域的文献产出数量排名第三；斯坦福大学在细胞与组织工程分支领域的文献产出排名第三，在生物化学研究方法分支领域中排名第五，在 7 个分支领域所有排名前 5 位的高产机构中，除了中国科学院、俄罗斯科学院和法国国家科学研究中心，其余机构均为大学，且法国国家科学研究中心仅在生物化学研究方法分支领域中排名第四，在生物学、生物化学与分子生物学 2 个分支领域中排名第五，这与高产国家的排名整体上是一致的。

9.1.2　生物信息学研究文献产出的基本情况

生物信息学是在生命科学的研究中，以计算机为工具对生物信息进行储存、检索和分析的科学。它是当今生命科学和自然科学的重大前沿领域之一，也是 21 世纪自然科学的核心领域之一。其研究重点主要体现在基因组学和蛋白质组学两个方面，具体说就是从核酸和蛋白质序列出发，分析序列中表达的结构功能的生物信息。

在 Web of Science 核心合集中以“bioinformatics”（生物信息学）为主题词进行检索，选取时间段为 2007～2016 年，选取“article”“meeting abstract”“review”类型文献，检索结果为 26 578 条文献数据。分别从产出文献的逐年分布情况、国家和机构分布情况、高被引文献情况等方面对生物信息学整体的研究产出进行分析。

从生物信息学产出文献的逐年分布情况来看（图 9.1），文献产出整体上呈现出明显增长趋势。2007～2016 年文献产出数量分别是 1282 篇、1353 篇、1571 篇、1891 篇、2062 篇、2294 篇、2626 篇、3089 篇、3508 篇、3993 篇，十年间文献产出数量增长了两倍多。从 2013 年以后，其增长速度明显加快，以每年大于 400 篇的数量持续增长，截止到 2016 年生物信息学文献产出数量已经达到 3993 篇。总体来看，生物信息学文献输出保持稳步高速增长的发展趋势，特别是近年来的产出速度在逐年提升。

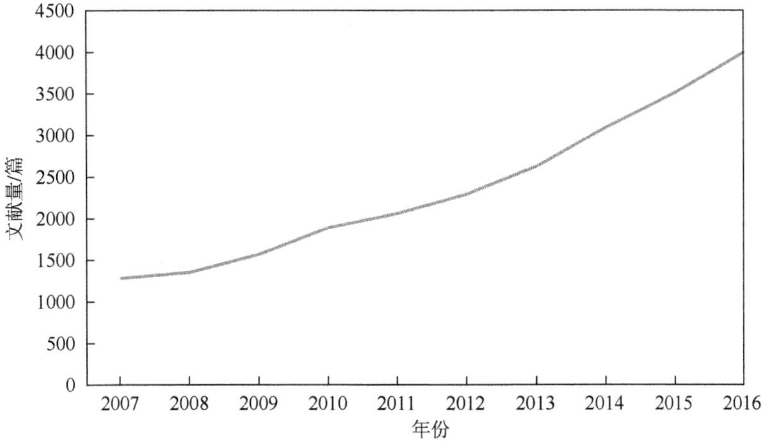

图 9.1　生物信息学产出文献的逐年分布情况（2007～2016 年）

从生物信息学 2007～2016 年文献输出的国家分布情况来看，总体上分布极不均衡（表 9.2）。首先，美国和中国在文献输出数量上占据绝对优势，在选取的生物信息学文献产出数量前 10 位的国家中，分别位于第一和第二，且中美两国的文献输出总量占到输出总量的 57.11%，其次是英国和德国以很小的差距分别排在第三位和第四位，但是与排在第二位的中国相差甚远。从第五位的加拿大开始，各个国家的数量差距不大，占比也相对均衡，每个国家的占比在 3%～5%。总之，美国和中国在数量上保持领先，其他国家文献产出数量上比不上前两者，但分布相对均衡。可见，在文献产出数量上，中美两国之间的竞争力远大于其他国家，值得注意的是，前 10 位的国家中有两个发展中国家入榜，一个是排名领先的中国，另一个是占比较少的印度，说明发展中国家在生物信息学文献产出方面同样占据着重要地位，并且印度所占份额与其他发达国家所占份额相差不大。

表 9.2　生物信息学文献产出前 10 位的国家分布情况（2007～2016 年）

国家	记录数/篇	占比
美国	8648	32.19%
中国	6695	24.92%
英国	2044	7.61%
德国	1930	7.18%
加拿大	1212	4.51%
意大利	1179	4.39%
法国	1101	4.10%
印度	1100	4.09%
澳大利亚	963	3.58%
西班牙	935	3.48%

从生物信息学文献产出排名前 10 位的机构分布情况来看（图 9.2），整体上显示出 3 个明显特征。首先，研究机构几乎全部分布在美国和中国，只有 1 所是加拿大的多伦多大学，以 208 篇的文献输出量排在第 9 位。美国机构有 5 所，分别是哈佛大学（364 篇）、斯坦福大学（245 篇）、加利福尼亚大学圣迭戈分校（244 篇）、密歇根大学（218 篇）、约翰·霍普金斯大学（205 篇），共 1276 篇。中国机构有四所，分别是中国科学院（529 篇）、上海交通大学（381 篇）、复旦大学（249 篇）、浙江大学（210 篇），共 1369 篇。中美两国在高产机构的分布上相差不大，竞争实力相当。其次，前 10 位高产机构中，除了排名第一位的中国科学

院为研究所，其余 9 所机构全部是高校，而且中美两国的情况也相对一致，都是主要以高校作为生物信息学领域的发展依托。最后，美国机构的文献产出与中国机构的文献产出在数量上相比更加均衡，各个机构文献产出数量相对平均。中国机构的文献产出数量除中国科学院外也相对均衡，但是排在首位的中国科学院相比于其他机构在数量上的优势十分显著，也是唯一产出文献数量超过 500 篇的机构。总体来看，2007～2016 年生物信息学研究文献产出排名前 10 位的机构分布情况主要是中美两国较为突出，两者都有各自的优势，中国在文献输出数量上占据优势，但是美国的机构文献输出数量分布更为均衡。

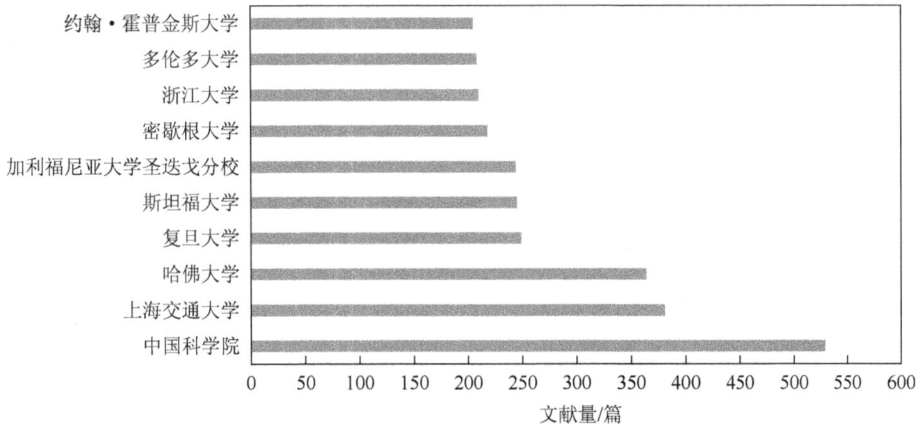

图 9.2　生物信息学文献产出机构前 10 名的分布情况（2007～2016 年）

为进一步展现生物信息学研究文献的分布情况，对这一领域 2007～2016 年的高被引的文献进行统计（表 9.3），并对文献被引频次和第一作者所属机构及国家进行分析。首先，可以看出这些被引频次排名相对靠前的文献作者的所属机构分布较为分散，共有 12 个国家和 30 所机构上榜，可以看出 2007～2016 年对于生物信息学的研究呈一个相对扩散的趋势，但是总体上以欧洲和北美国家为主。其次，在相对分散的分布趋势上，美国占据优势的地位，共有 11 篇文献来自美国机构或者美国的高校，在文献数量上也遥遥领先。在数量上排名第二的日本，是唯一入榜的亚洲国家，无论是在高被引文献数量还是被引频次上优势都相对明显，总共上榜 4 篇文献，被引频次 29 577 次，第三名德国与之相差 20 000 余篇。总的来说，美国的被引频次总数以及高被引文献总数在 12 个国家中遥遥领先，日本在亚洲国家中占据绝对优势，共有 8 个国家上榜的欧洲，单个国家的优势不敌美国和日本，在集体被引频次总数上也只能够排在第三位。美国在排名前 30 位的高被引文献中有着不可比拟的优势，第一的地位暂时难以撼动，但是这些高被引文献分布相对分散的现象给了更多国家研究生物信息学的机会。

表 9.3　生物信息学高被引文献信息列表（2007～2016 年）

国家	第一作者	第一作者所属机构	文献名	被引频次
美国	Tamura K	亚利桑那大学；东京大学	MEGA5：Molecular evolutionary genetics analysis using maximum likelihood，evolutionary distance，and maximum parsimony methods	24 705
	Huang D W	国家癌症研究所	Systematic and integrative analysis of large gene lists using DAVID bioinformatics resources	10 098
	Camacho C	美国国家生物技术信息中心	BLAST plus：Architecture and applications	1 999
	Smoot M E	加利福尼亚大学圣迭戈分校	Cytoscape 2.8：New features for data integration and network visualization	1 835
	Zhang Y	堪萨斯大学	I-TASSER server for protein 3D structure prediction	1 758
	Goecks J	宾夕法尼亚大学	Galaxy：A comprehensive approach for supporting accessible，reproducible，and transparent computational research in the life sciences	1 577
	Langfelder P	加利福尼亚大学洛杉矶分校	WGCNA：An R package for weighted correlation network analysis	1 498
	Gao J J	纪念斯隆·凯特琳癌症中心	Integrative analysis of complex cancer genomics and clinical profiles using the cBioPortal	1 483
	Gwinn D M	索尔克生物研究所	AMPK phosphorylation of raptor mediates a metabolic checkpoint	1 461
	Hanwell M D	匹兹堡大学	Avogadro：An advanced semantic chemical editor，visualization，and analysis platform	920
	Dettmer K	加利福尼亚大学戴维斯分校	Mass spectrometry-based metabolomics	829
日本	Tamura K	亚利桑那大学；东京大学	MEGA5：Molecular evolutionary genetics analysis using maximum likelihood，evolutionary distance，and maximum parsimony methods	24 705
	Kanehisa M	京都大学	KEGG for integration and interpretation of large-scale molecular data sets	1 847
	Katoh K	九州大学	Recent developments in the MAFFT multiple sequence alignment program	1 824
	Kanehisa M	京都大学	Data，information，knowledge and principle：Back to metabolism in KEGG	1 201

续表

国家	第一作者	第一作者所属机构	文献名	被引频次
德国	Stamatakis A	慕尼黑大学	A rapid bootstrap algorithm for the RAxML web servers	3 910
	Anders S	欧洲分子生物学实验室	HTSeq-a Python framework to work with high-throughput sequencing data	1 653
	Asangani I A	海德堡大学	MicroRNA-21（miR-21）post-transcriptionally downregulates tumor suppressor Pdcd4 and stimulates invasion，intravasation and metastasis in colorectal cancer	1 058
英国	Whitmore L	伦敦大学	Protein secondary structure analyses from circular dichroism spectroscopy：Methods and reference databases	989
	Vizcaino J A	欧洲生物信息研究所	The Proteomics Identifications（PRIDE）database and associated tools：Status in 2013	954
	Kelley L A	伦敦大学科尔科学技术与医药帝国学院	The Phyre2 web portal for protein modeling，prediction and analysis	923
爱尔兰	Sievers F	都柏林学院大学	Fast，scalable generation of high-quality protein multiple sequence alignments using Clustal Omega	2 726
加拿大	Ratnasingham S	圭尔夫大学	Ratnasingham，Sujeevan BOLD：The barcode of life data system	1 769
	Winter D	多伦多大学	An “electronic fluorescent pictograph” browser for exploring and analyzing large-scale biological data sets	816
新西兰	Kearse M	Biomatters 有限公司	Geneious Basic：An integrated and extendable desktop software platform for the organization and analysis of sequence data	2 413
西班牙	Gotz S	巴伦西亚的菲利普王子研究中心	High-throughput functional annotation and data mining with the Blast2GO suite	1 130
	Capella-Gutierrez S	基因组调控中心	TrimAl：A tool for automated alignment trimming in large-scale phylogenetic analyses	856
比利时	Saeys Y	弗拉芒生物技术研究所	A review of feature selection techniques in bioinformatics	1 411
瑞士	Robin X	日内瓦医科大学结构生物学和生物信息学系	pROC：An open-source package for R and S plus to analyze and compare ROC curves	1 332
荷兰	Untergasser A	瓦赫宁根大学及研究中心	Primer3Plus，an enhanced web interface to Primer3	902
法国	Desmet F O	国家健康与医学研究院	Human Splicing Finder：An online bioinformatics tool to predict splicing signals	812

整体上看，2007～2016 年生物信息学的文献输出一直保持增长趋势，近几年的增长速度有所加快，单就文献数量和文献增长速度来看，生物信息学的研究趋势大体向好。从空间分布上来看，国家和机构的文献输出分布并不均衡，在这两方面较为突出的是中国和美国，文献输出数量方面两者实力不相上下，而在高被

引文献的分布情况上，美国依旧占据榜首。总体来看，生物信息学发展前景广阔，不同国家在不同方面有着各自的发展特色，整体的发展形势稳中向好。

9.2 生物信息学的研究前沿

进入 21 世纪，随着人类基因组计划和人类蛋白质组计划的先后完成，生物科学领域的研究已经步入了高速发展的快车道。通过与其他学科不断地交叉融合，生物科学领域内部已经分化出诸多新兴学科，为生物科学的研究注入新的活力。其中，生物信息学的兴起则是生物科学研究不断发展的有力证据。作为一门新的学科领域，生物信息学把基因组 DNA 序列信息分析作为源头，在获得蛋白质编码区的信息后进行蛋白质空间结构模拟和预测，然后依据特定蛋白质的功能进行必要的药物设计。基因组信息学、蛋白质空间结构模拟以及药物设计构成了生物信息学的 3 个重要组成部分。

9.2.1 生物信息学研究的前沿主题

利用 CiteSpace 信息可视化软件，分别绘制国际和中国生物信息学研究的文献共被引网络知识图谱，通过对可视化图谱信息的解读，以及对知识图谱中高被引节点文献、高突现节点文献等的分析，展现当前国际与中国生物信息学的知识基础以及研究前沿。首先绘制国际生物信息学研究文献的共被引网络知识图谱（图 9.3），通过 CiteSpace 的文献共被引分析功能，针对网络中节点的整体分布状况、节点大小、各个节点的颜色变化、突现节点的大小等来展现不同节点在图谱中的重要程度、被引频次、突现强度等一系列指标，从整体上探测生物信息学研究的前沿方向。

从知识图谱的整体而言，生物信息学研究文献的共被引网络结构较为紧密。作为基础学科的一个前沿分支学科，当前生物信息学的研究方向较为集中，出现了较为紧密的网络结构。但在相对紧密的网络结构中，存在几个更为紧密的知识群落：知识群 A、知识群 B、知识群 C 以及数个较为分散的节点，并且知识群整体联系较为紧密。其中，知识群 A 中存在数目较多的高被引节点文献，且大部分节点文献均存在较高的突现强度。可见知识群 A 近年来受关注度一直较高。知识群 B 的节点数目较少，整体结构相对松散。而知识群 C 中所展现出来的节点整体被引频次较低，且突现强度不高。但仍有少数节点同时具备高被引频次以及高突现强度，可见生物信息学研究领域的知识基础与研究前沿存在较大的重合现象。知识群 A 和知识群 B 的研究方向正是生物信息学现阶段的前沿方向，并且在今后

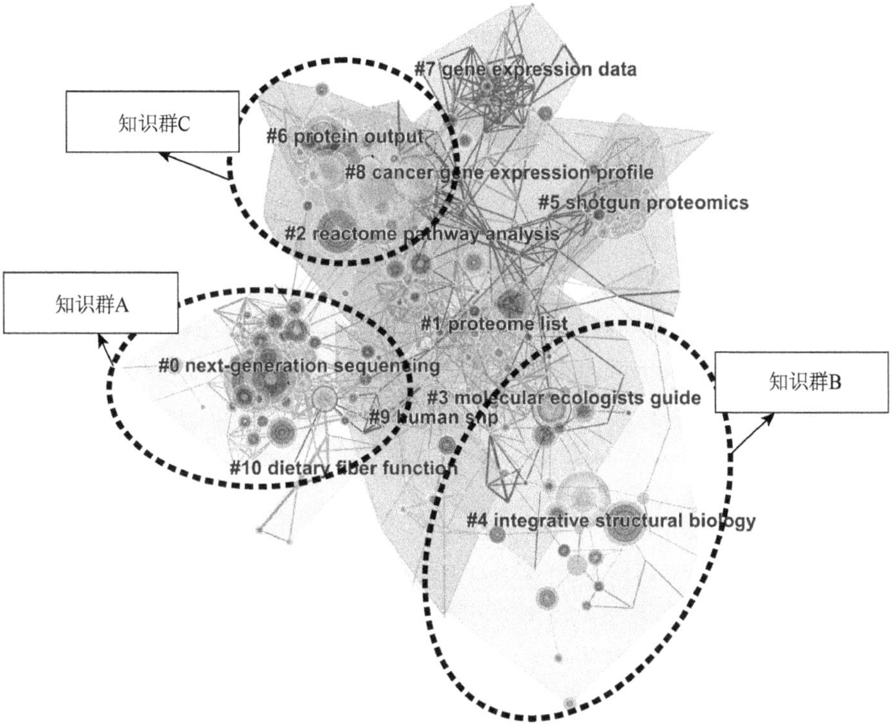

图 9.3　国际生物信息学研究文献共被引网络知识图谱

几年内仍然会受到较高的关注。而知识群 C 所包含的整体时间段较早，基本处于 2005～2010 年，且无突现节点，研究方向受关注度较小。

知识群 A 作为生物信息学研究方向最大的一个知识群，其包含的高突现节点与高共被引频次节点数最多，其中最大的一个节点为 Huang D W 发表于 2009 年的 *Systematic and integrative analysis of large gene lists using DAVID bioinformatics resources*，该文献在 Google 学术中的被引频次达到 10 716 次，主要介绍了 DAVID 生物信息学资源库作为研究基因与蛋白质之间相关性的知识库和分析工具的重要作用与意义。此外该作者同年的另一篇文章 *Bioinformatics enrichment tools*：*Paths toward the comprehensive functional analysis of large gene lists* 也具有相当高的被引频次。该篇文献介绍了大基因列表的分析功能，该列表采集了 68 种生物信息学研究工具，为生物信息学研究提供了重要的手段。Bartel D P 发表于 2004 年的 *MicroRNAs*：*Genomics*，*biogenesis*，*mechanism*，*and function* 在 Google 学术中的被引频次达到 20 709 次，该文是首次在植物中发现了微 RNA，并主要介绍了植物中的微 RNA 在 mRNA 沉默和转录后调节基因表达的相关作用。此外 Bartel D P 发表于 2009 年的 *MicroRNAs*：*Target recognition and regulatory functions* 在 Google 学术中的被引频次达到 9148 次，主要论述了微 RNA 在动物细胞中的相关机理和功能。Lewis B P 等发表于 2005 年的 *Conserved seed pairing，often flanked by adenosines，indicates that thousands of human genes are microRNA targets*，同样关注微 RNA，被引频次为 8348 次。该文主要阐述了超过 1/3 的人类基因组均为保守微 RNA 靶。Gentleman R C 发表于 2004 年的 *Bioconductor：Open software development for computational biology and bioinformatics* 在 Google 学术中的被引频次高达 8397 次。该文章介绍了 Bioconductor 这一生物计算及生物信息学领域的开放软件开发项目，项目所包含的解释性语言可以处理多样性和复杂性计算生物学与生物信息学中的共同问题，并提供了在线访问计算生物学和生物信息学数据源等重要特征。Subramanian A 发表于 2005 年的 *Gene set enrichment analysis：A knowledge-based approach for interpreting genome-wide expression profiles* 是关于基因组富集分析（gene set enrichment analysis，GSEA）方法原理及相关作用的，包括基因与癌症的关系等研究。

知识群 B 相较于知识群 A 而言整体群落较小，结构相对简单，节点共被引频次较低。但知识群的节点文献年份相对靠后，分布在 2010～2014 年，且节点的突现率较高。可见该知识群的研究方向在最近一段时间受关注度也较高。

知识群中最大的一个节点为 Li H 发表于 2009 年的 *The sequence alignment/map format and SAMtools* 在 Google 学术中的被引频次达到 9000 余次。该文章介绍了 SAMtools 作为一种基于 Unix 命令的集交互与处理的短链 DNA 对比阅读工具。其次 Li H 发表于 2009 年的另外一篇文章 *Fast and accurate short read alignment with Burrows-Wheeler transform* 同样拥有相当高的共被引频次以及突现强度，该篇文章在 Google 学术中的被引频次达到 9000 余次。该文章阐述了 Burrows-Wheeler 转换作为一种将字符串重新排列成相似字符后进行运算的方法，这种方法容易压缩重复的字符。更重要的是，转变是可逆的。该方法在生物计算方面具有重要的作用。Langmead B 发表于 2009 年的文章 *Ultrafast and memory-efficient alignment of short DNA sequences to the human genome* 阐述了在 Bowtie 在大型基因组序列读取过程中的优越性。该项目可以不借助 Burrows-Wheeler 转换并允许多个处理器同时运算来获取更大的对准速度。Adzhubei I A 发表于 2010 年的 *A method and server for predicting damaging missense mutations* 介绍的是一种预测破坏性的错义突变的方法和服务器，该方法可以解释个体序列变异并应用于遗传疾病的研究。Goecks J 发表于 2010 年的 *Galaxy：A comprehensive approach for supporting accessible，reproducible，and transparent computational research in the life sciences* 主要阐述了 Galaxy 软件在生物计算方面的作用。

知识群 C 与其他知识群距离较远，群落内部节点较少，但其内部 4 个较大的节点同样具有较高的突现强度。其中最大的节点为 Larkin M A 发表于 2007 年的 *Clustal W and Clustal X version 2.0*，该篇文献在 Google 学术中的被引频次达到 16 000 余次。该文介绍了 Clustal 作为一种生物信息学领域广泛使用的多序列比对软件 Clustal。Tamura K 发表于 2011 年的 *MEGA5：Molecular evolutionary genetics analysis using maximum likelihood，evolutionary distance，and maximum parsimony methods*，在 Google 学术中的被引频次高达 27 459 次，该文章宣布了 Molecular Evolutionary Genetics Analysis version 5（MEGA5）将开放使用。MEGA5 是分子进化遗传学分析的最新版本，MEGA 包括许多先进的方法和工具如 phylogenomics 和 phylomedicine，在生物计算方面起到重要的作用。而 Tamura K 发表于 2007 年的 *MEGA4：Molecular evolutionary genetics analysis（MEGA）software version 4.0*，则是 MEGA 的早期版本，该文献在 Google 学术中的被引频次也达到 27 952 次。Edgar R C 发表于 2004 年的 *MUSCLE：multiple sequence alignment with high accuracy and high throughput* 则是关于一种应用于蛋白质和核苷酸多序列比对分析的软件 MUSCLE。该文献推出了序列对比算法，此外该作者同年的另一篇论文则是关于该软件更为详细的介绍。

此外，网络中还存在 4 个节点，其分布位置较为分散，但仍然具有较高的突现强度与共被引频次，在生物信息学研究网络中起到重要的作用。Berman H M 发表于 2000 年的文献 *The protein data bank*，在 Google 学术中的被引频次达到 20 990 次，该文章是最早介绍蛋白质数据库的文献，其主要介绍了蛋白质数据库的系统目标、数据统计以及访问情况等，并为该资源未来发展做计划。Bendtsen J D 发表于 2004 年的文献 *Improved prediction of signal peptides：SignalP 3.0*，主要阐述了对于 SignalP 预测目前最流行方法的改进。Bateman A 发表于 2004 年的文献 *The PFAM protein families database*，则介绍了 PFAM 蛋白质家族数据库的相关情况。PFAM 蛋白质家族是最大的蛋白质家族。Ashburner M 发表于 2000 年的论文 *Gene ontology：Tool for the unification of biology*，阐述了基因测序与蛋白质功能的关系，并列举了伯克利果蝇基因组计划、酵母基因组数据库、小鼠基因组数据库和基因表达数据库等表明基因与蛋白质的关系。

9.2.2　中国生物信息学研究前沿

在国际生物信息学研究文献共被引网络分析的基础上，在 Web of Science 数据库中，检索得到中国研究机构学者发表的生物信息学文献数据 4874 条。再次运用 CiteSpace 软件的文献共被引分析方法得到中国生物信息学研究领域的文献共被引网络知识图谱（图 9.4）。

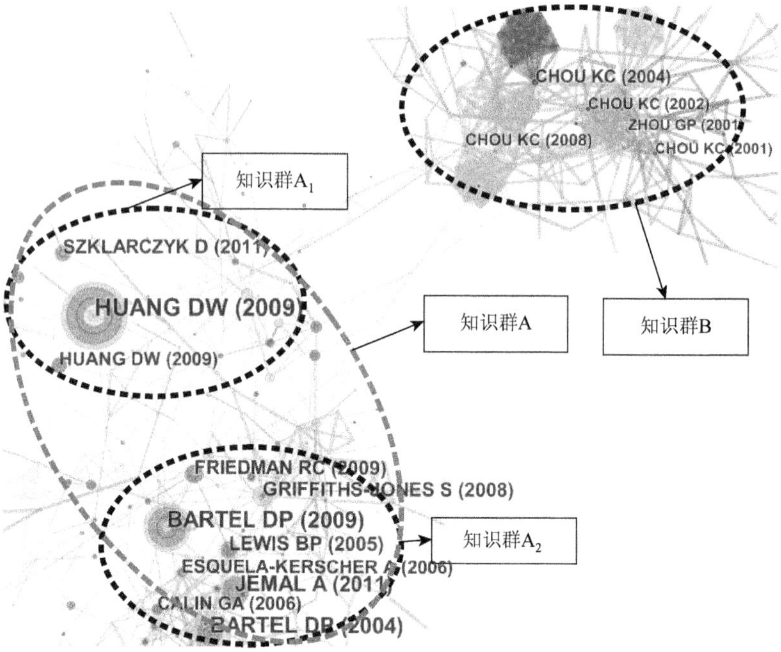

图 9.4　中国生物信息学研究文献的共被引知识图谱

中国生物信息学研究领域知识图谱主要可以分为两大区域，即知识群 A 与知识群 B。其中知识群 A 又可以分为两个小的知识群 A_1 与 A_2。知识群 A_1 的节点文献与国际生物信息学研究领域的知识群 A 的节点完全相同，Huang D W 发表于 2009 年的 *Systematic and integrative analysis of large gene lists using DAVID bioinformatics resources* 的节点文献也是中国生物信息学研究引文图谱中最大的一个节点，但共被引频次较低。知识群 A_2 节点数目较多且节点间连线较为密集，整体网络较为复杂。其主要节点也与国际生物信息学研究领域的知识群 A 内的节点存在较大的重合。此外，该知识群内部还存在部分独有节点，如 Jemal A 发表于 2011 年的 *Global cancer statistics*，其在 Google 学术中的被引频次高达 26 000 余次。该文献统计了不同国家或地区不同的癌症的发病情况、死亡情况等一系列相关问题。文中指出，癌症除了与环境因素有关，还与生物体本身的基因序列有关。Calin G A 发表于 2006 年的 *MicroRNA signatures in human cancers* 则论述了人类癌症的发生及变化中所涉及的微 RNA 的变化。其指出微 RNA 基因在恶性与正常细胞中存在的广泛差异表达可能是癌症发病的原因，该问题可以通过对所述微 RNA 进行加工改变进行证明。Esquela-Kerscher A 发表于 2006 年的 *Oncomirs—microRNAs with a role in cancer* 同样关注微 RNA 在癌症致病机理中的相关功能。

知识群 B 距离知识群 A 较远，与知识群 A_2 存在一定的联系但联系较为松散。知识群 B 内的节点较小、共被引频次较低、突现强度较低。该知识群是中国所特有的知识群落。群落内部的主要节点文献均为 Chou K C、Zhou G P 等发表。Chou K C 曾于 2014 年被科睿唯安评为“高被引研究员”。该知识群内部共被引频次最高的一篇文献为 2004 年发表的 *Structural bioinformatics and its impact to biomedical science*，该文章主要阐述过去二十年来随着序列已知的蛋白质的数量迅速增加，强烈需要开发用于快速从其序列自动推导的蛋白质的三维结构的方法，通过这种方法加强对蛋白质序列与结构间关系的探究。此外其于 2008 年发表的 *Cell-Ploc：A package of web servers for predicting subcellular localization of proteins in various organisms*，阐述了蛋白质的亚细胞定位信息在分子细胞生物学、蛋白质组学、系统生物学和药物发现中的重要作用，并通过 Cell-Ploc 等方法来推测蛋白质亚细胞定位。而其在 2011 年发表的论文 *Some remarks on protein attribute prediction and pseudo amino acid composition* 是对于 PseAAC 蛋白质亚细胞定位预测和膜蛋白类型的预测的改进，该项目也是 Chou K C 在 2001 年首次提出的。

9.3　生物信息学领域的科学合作

在对生物信息学研究前沿进行分析的基础上，使用 CiteSpace 软件工具的共现分析功能，分别从作者、机构和国家三个层面展现生物信息学研究领域的科学合作情况。由于生物信息学建立和发展的时间较短，研究产出的机构和国家分布相对集中，作者、机构和国家各个层面的科学合作网络结构呈现相对分散、合作程度不高的特点。

9.3.1　生物信息学领域作者合作的可视化分析

通过 CiteSpace 信息可视化软件对前面检索到的生物信息学领域相关数据进行作者合作的可视化分析，得到生物信息学的作者合作网络知识图谱（图 9.5）以及合作频次较高的作者列表（表 9.4）。

对作者合作网络知识图谱的整体结构分析发现，高频次合作的作者大多集中在中心区域。结合对网络中高频合作者、高中心度作者等节点指标和网络结构的分析，可以展现生物信息学研究领域的作者分布状况。对作者合作网络的信息可视化分析有助于进一步揭示生物信息学研究领域的主要研究力量。知识图谱按时间由远及近，可以发现具有高合作成果的作者是在近期出现的。合作频次高的作者主

图 9.5　生物信息学领域作者合作网站知识图谱

要集中于 2012 年，他们主要是 Zhang Y、Kim J、Zhang L、Chen Y 等。在图谱中存在某个作者的合作频次在短时间内突增的情况，可以认为作者在该领域的贡献增大。在生物信息学研究领域中突现强度较高的合作者主要有 Wang F、Wang H Y、Wang W、Lander E S、Wang L、Helin K、Hung M C 等，将 CiteSpace 中的作者突现节点信息导出，如表 9.4 所示，可以看出大部分突现作者的发文量是在 2013 年开始突增的，以突现强度排序，前 5 名突现最强的作者中有 4 名从 2013 年发文量突增，只有 1 名在 2012 年突增，这显示出 2013 年是本领域研究热度较高的年份。

表 9.4　生物信息学研究领域作者合作突现表

作者	年份	突现强度	开始年份	截止年份	2012～2016 年
Hochedlinger K	2012	1.9056	2012	2013	
Haigis M C	2012	1.9056	2012	2013	
Yates J R	2012	2.7254	2012	2013	
Daley G Q	2012	2.1786	2012	2013	
Wang W	2012	3.8213	2012	2013	
Wagers A J	2012	2.4519	2012	2013	

续表

作者	年份	突现强度	开始年份	截止年份	2012～2016 年
Hung M C	2012	3.2729	2012	2013	
Lin L	2012	1.9056	2012	2013	
Wu J	2012	2.4814	2013	2014	
Helin K	2012	3.3487	2013	2014	
Liu L	2012	2.0575	2013	2014	
Getz G	2012	2.431	2013	2014	
Zhang H	2012	2.4089	2013	2014	
Flavell R A	2012	2.9755	2013	2014	
Wang F	2012	4.0961	2013	2014	
Weissman J S	2012	2.0575	2013	2014	
Beroukhim R	2012	2.3807	2013	2014	
Wang L	2012	3.6395	2013	2014	
Meissner A	2012	2.9755	2013	2014	
Young R A	2012	2.8049	2013	2014	
Xu J	2012	2.1577	2013	2014	
Lander E S	2012	3.7223	2013	2014	
Wang H Y	2012	4.0961	2013	2014	
Zhang W	2012	2.9755	2013	2014	
Aebersold R	2012	2.9755	2013	2014	

在生物信息学的作者合作网络中，结合高合作频次、高中心度、高突现强度等节点指标，抽取生物信息学研究领域中的主要作者及其合作者的情况（图 9.6～图 9.9），具体地展现本研究领域的合作情况。

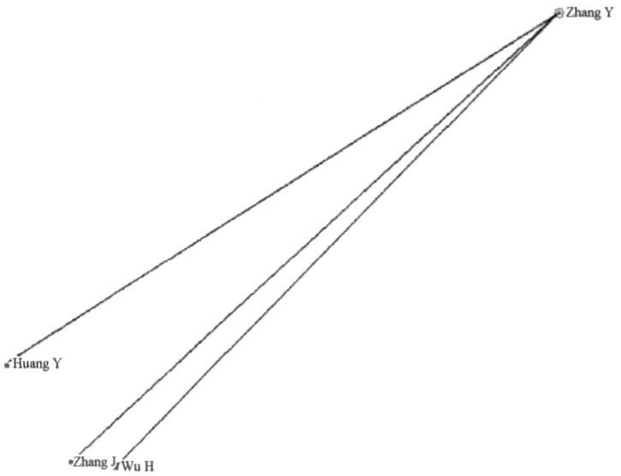

图 9.6　Zhang Y 合作图

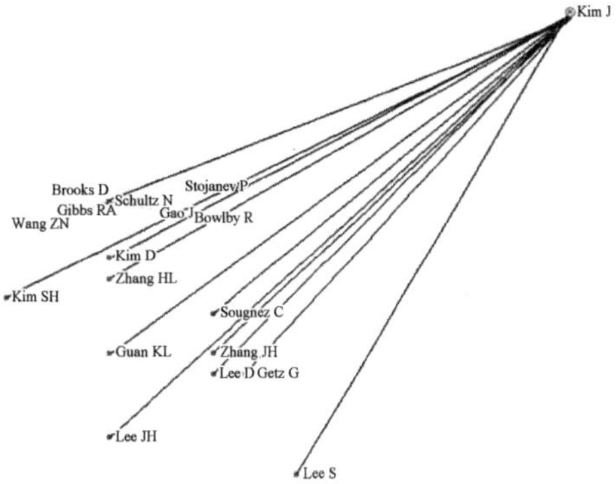

图 9.7　Kim J 合作图

Zhang Y 和 Kim J 是作者合作网络中出现频次最高的 2 位作者，可以看出，合作频次最高的作者 Zhang Y 的合作关系非常简单，只与 3 名作者有合作关系，其中的 Wu H 和 Zhang J 发文量也排在前 20 名，可见 Zhang Y 与他们合作多次。发文量第二的作者 Kim J 的合作网络比较复杂，与数十名作者都有合作关系，且合作作者中的 Schultz N 在网络中也具有重要的连接作用。

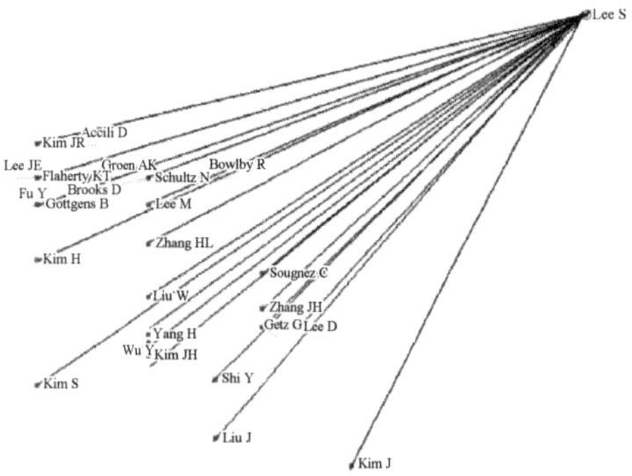

图 9.8 Lee S 合作图

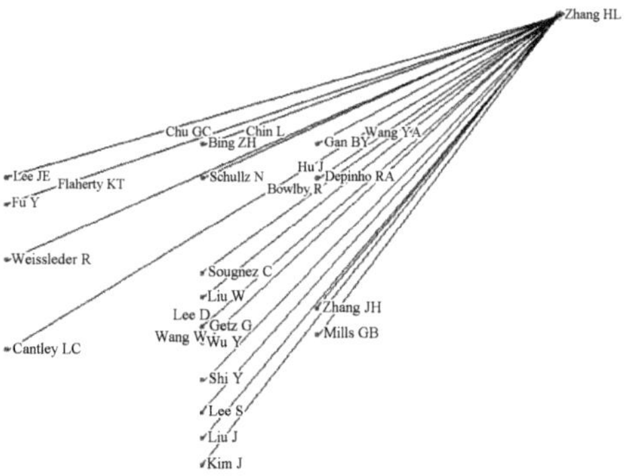

图 9.9 Zhang H L 合作图

Lee S 和 Zhang H L 是作者合作网络里中心度最高的 2 位作者，可以看出他们的合作作者非常多，与 Kim J 类似的是，在 Lee S 和 Zhang H L 的合作网络中也出现了以 Schultz N、Depinho R A、Getz G 等为连接点的小网络。

9.3.2 生物信息学领域机构合作的可视化分析

利用 CiteSpace 软件系统的机构共现分析功能，对文献数据进行处理和可视化分析，可以展现生物信息学研究领域的重要研究机构及其合作关系。选择阈值为 100，LRF=2，LBY=8，e=2.0。共得到 175 个节点和 421 条连线（图 9.10）。

从生物信息学研究机构的合作网络中可以明显看出，合作频次高的节点往往同时是中心度比较大的节点，表现在图谱中为节点的大小。然而这些节点机构之间的合作关系比较分散，除了以哈佛大学为中心的聚类，大多是简单的线性联系，没有形成较为密集的网络。

整体上来看，生物信息学研究机构的合作网络是由哈佛大学这一核心机构和其他如多伦多大学、纪念斯隆·凯特琳癌症中心、丹娜法伯癌症研究院等机构形成的，显示了这一研究领域的研究力量相对集中，发文量多的研究机构或大学往往也经常与其他机构合作。

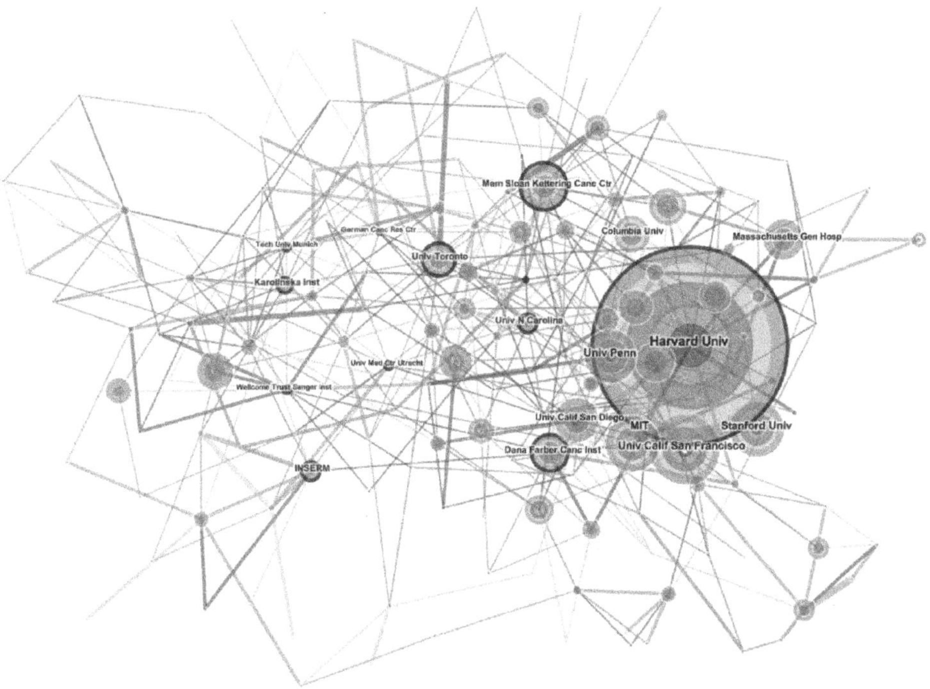

图 9.10　生物信息学领域研究机构的合作网络知识图谱

为了进一步展现生物信息学机构合作网络中机构之间的内在合作关系，特提取出其中的高频次、高中心度、高突现强度节点进行研究。CiteSpace 软件中，中心度是网络中起到“桥梁”作用的节点指标，中心度大于 0.1 的节点称为关键节点。可以看出，在前 10 名的高发文量机构里，纪念斯隆·凯特琳癌症中心和哈佛大学这两个机构的中心度在 0.10 以上，其他机构的中心度则较低（表 9.5）。另一个重要参数突现强度则反映的是短时间内频次突增的节点，这些节点应该受到更多的关注（表 9.6）。

表 9.5　生物信息学研究机构合作频次分布信息表

频次	中心度	机构	年份	频次	中心度	机构	年份
929	0.11	哈佛大学	2012	241	0.05	加利福尼亚大学圣迭戈分校	2012
346	0.08	加利福尼亚大学旧金山分校	2012	240	0.12	纪念斯隆·凯特琳癌症中心	2012
293	0.02	斯坦福大学	2012	224	0.02	哥伦比亚大学	2012
283	0.03	麻省理工学院	2012	221	0.02	马萨诸塞州综合医院	2012
262	0.03	宾夕法尼亚大学	2012	213	0.04	耶鲁大学	2012

表 9.6　生物信息学研究领域机构合作突现表

机构	年份	突现强度	开始年份	截止年份	2012～2016 年
西奈山医学院	2012	10.1303	2012	2013	
桑福德-伯纳姆医学研究所	2012	4.2717	2012	2014	
巴塞尔大学	2012	3.7956	2012	2014	
普林斯顿大学	2012	3.6767	2012	2014	
俄亥俄州立大学	2012	4.5726	2012	2013	
莫纳什大学	2012	2.2222	2012	2013	
蒂宾根大学	2012	6.3229	2012	2013	
儿童医院	2012	11.4018	2012	2013	
怀特黑德生物医学研究所	2012	7.3788	2013	2014	
哈佛大学干细胞研究所	2012	3.7729	2013	2014	
美国国立卫生院	2012	2.6435	2013	2016	
日本科学技术振兴机构	2012	6.7108	2013	2014	
科隆大学	2012	6.405	2013	2014	
法国居里研究所	2012	3.7845	2013	2014	
苏黎世联邦理工大学	2012	2.3716	2013	2016	
瑞士洛桑联邦理工学院	2012	2.772	2014	2016	
加利福尼亚理工学院	2012	7.0212	2014	2016	
昆士兰大学	2012	5.7178	2014	2016	
欧洲分子生物学实验室	2012	6.7604	2014	2016	
国家心脏、肺和血液研究所	2012	7.543	2014	2016	
辛辛那提大学	2012	6.239	2014	2016	

合作高频次的前 5 名机构是哈佛大学（频次为 929）、加利福尼亚大学旧金山分校（频次为 346）、斯坦福大学（频次为 293）、麻省理工学院（频次为 283）、宾夕法尼亚大学（频次为 262），中心度前 5 名的机构依次为多伦多大学（中心度为 0.16）、慕尼黑工业大学（中心度为 0.15）、桑格基因测序中心（中心度为 0.14）、德国癌症研究中心（中心度为 0.13）、纪念斯隆 • 凯特琳癌症中心（中心度为 0.12）。限于篇幅，在 CiteSpace 中将哈佛大学、加利福尼亚大学旧金山分校和多伦多大学、慕尼黑工业大学的合作网络图导出（图 9.11～图 9.14）。

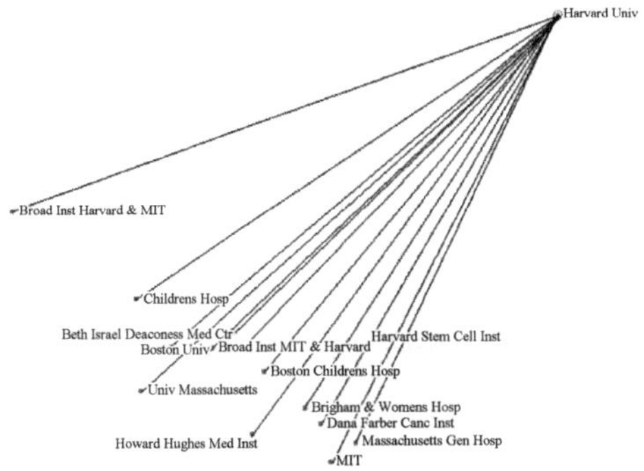

图 9.11　哈佛大学合作图

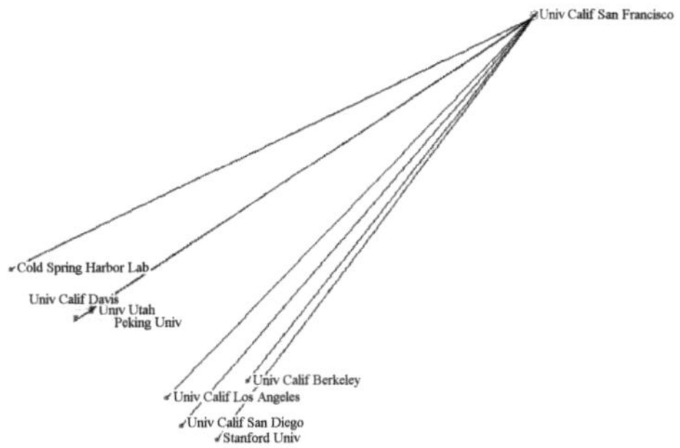

图 9.12　加利福尼亚大学旧金山分校合作图

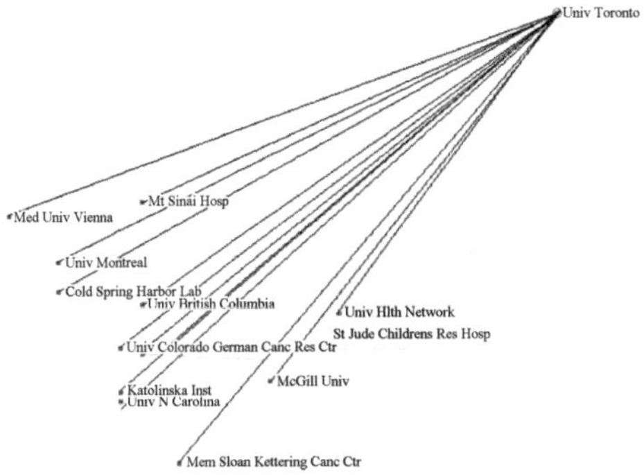

图 9.13　多伦多大学合作图

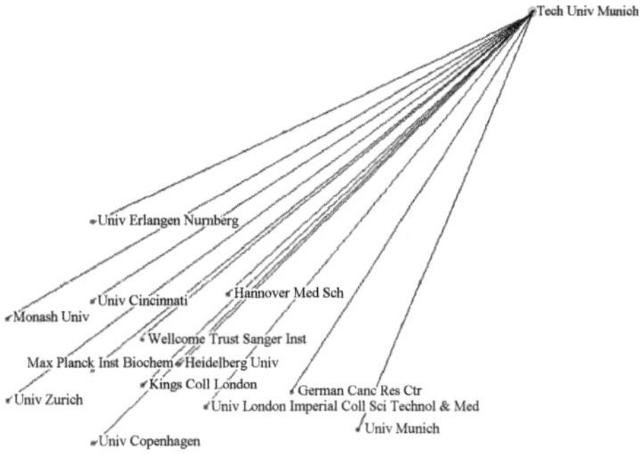

图 9.14　慕尼黑工业大学合作图

在 CiteSpace 的单个节点合作图中，右上角的点表示选取的节点，最上部的其他节点与选取节点的联系密切程度从上到下逐渐增加。可以看出，在哈佛大学合作图中，与哈佛大学合作频次最高的机构主要是麻省理工学院、马萨诸塞州综合医院、霍华德·休斯医学研究所，这些都是国际顶尖医学类研究机构，这与 2009 年的诺贝尔生理学或医学奖得主杰克·绍斯塔克（发现细胞中端粒及端粒酶）都曾在这些院校工作过的经历有密切联系。在加利福尼亚大学旧金山分校合作图中显示，与其合作最密切的机构是斯坦福大学、加利福尼亚大学圣迭戈分校和加利福尼亚大学洛杉矶分校，另外还可以发现中国的北京大学与其也有合作。与多伦多大学合作密切的机构主要是纪念斯隆·凯特琳癌症中心、北卡罗来纳大学、卡罗林斯卡学院（瑞典著名的医学院，世界上最大最好的单一医学院之一，承担了全国 43%的医药类学术研究，有专门委员会负责颁发诺贝尔生理学或医学奖）。与慕尼黑工业大学合作密切的机构主要是慕尼黑大学、哥本哈根大学、帝国理工学院。

9.3.3　生物信息学领域国家合作的可视化分析

CiteSpace 软件的国家合作分析功能可以用来分析科学研究领域的国家合作

情况，利用此功能对生物信息学领域的文献数据进行国家合作的可视化分析，展现生物信息学领域国家之间的合作情况，包括合作研究的中心国家、文献高产国家等。在 Project 界面设置 Link Retaining Factor(LFR)=2、Look Back Year(LBY)=10、*e*=3.0、Nodes Labeled=5%，绘制生物信息学研究机构合作的网络知识图谱（图 9.15），网络中包含 65 个节点，151 条连线。

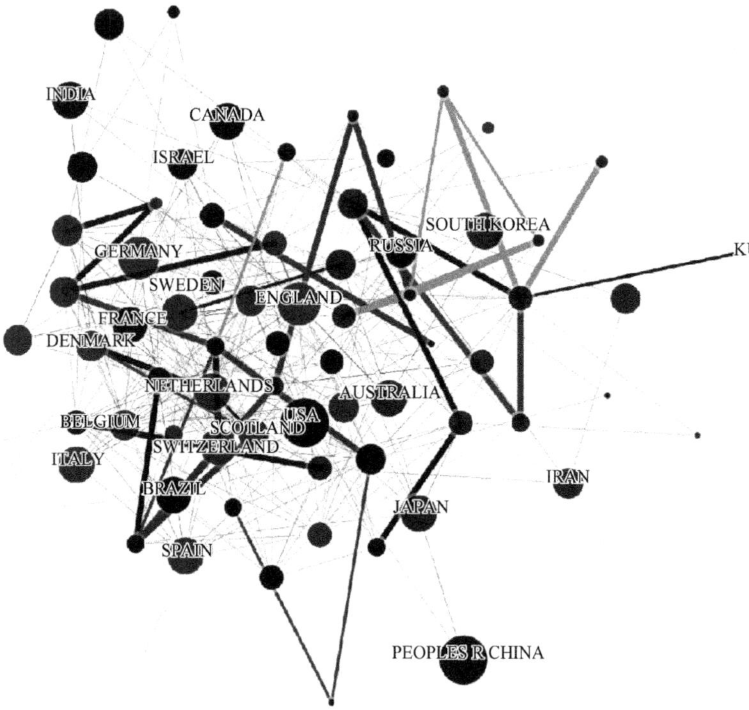

图 9.15 生物信息学研究领域的国家合作网络知识图谱

总体来看，生物信息学领域的国家合作关系比较简单，形成了以美国为核心的合作网络，美国的发文量遥遥领先，共被引频次为 5212 次。其他欧美发达国家和中国也占有比较重要的地位。国家数目较少，国家间的连线比较简单，没有形成明显的小聚类。

从生物信息学研究领域国家合作图中可以看出，作为整个网络的核心，美国不仅与其他国家合作发文的频次较高，而且合作国家的范围很广，主要有德国、英国、中国、日本、加拿大等国家，这些国家基本都在生物信息学研究上有较高的发文量（图 9.16）。发文量第二位的是细胞学说的诞生地德国，1838～1839 年由德国植物学家施莱登和动物学家施旺最早提出，由此开启了生物科学一个新的研究方向，与德国合作密切的国家主要是美国、英国、法国（图 9.17）。

另外值得关注的是合作发文量第三的英国，英国的伦敦大学、牛津大学病理学院、MRC 分子生物学研究所、格拉斯哥大学 Beatson 肿瘤研究所等机构在染色质结构及血珠蛋白基因的调控、基因定位、细胞分化、胚胎分化等方向上成果卓著。与之合作频繁的国家主要是美国、德国、荷兰等国家（图 9.18）。中国科学院上海生命科学研究院生物化学与细胞生物学研究所、华大基因等机构为中国生物信息学作出了主要贡献（图 9.19），最新的较大成果有中国科学院上海生命科学研究院生物化学与细胞生物学研究所研究员朱学良和美国华盛顿卡耐基研究所郑诣先合作，发现了 Nudel 和胞质动力蛋白在纺锤体基质组装中发挥重要作用，进而调控有丝分裂纺锤体的正确形成。

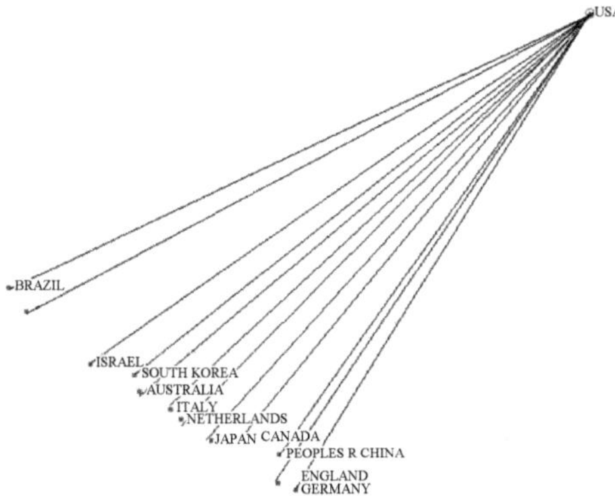

图 9.16　美国合作图

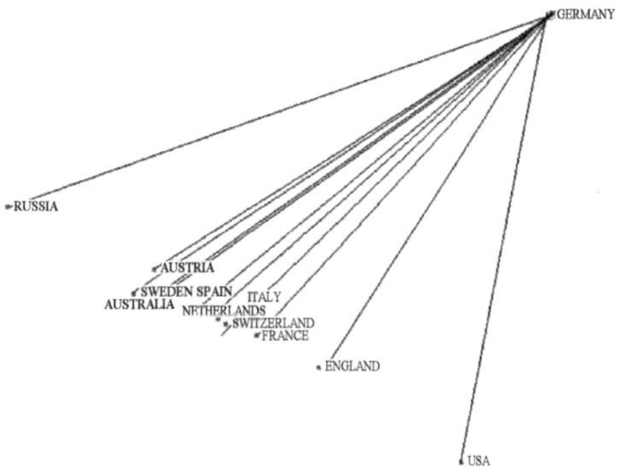

图 9.17　德国合作图

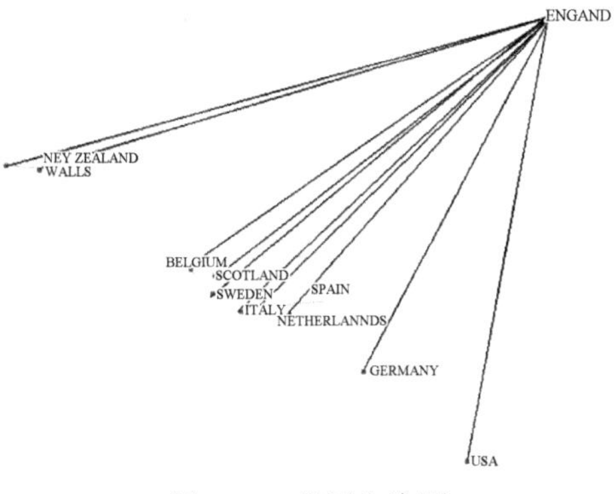

图 9.18　英国合作图

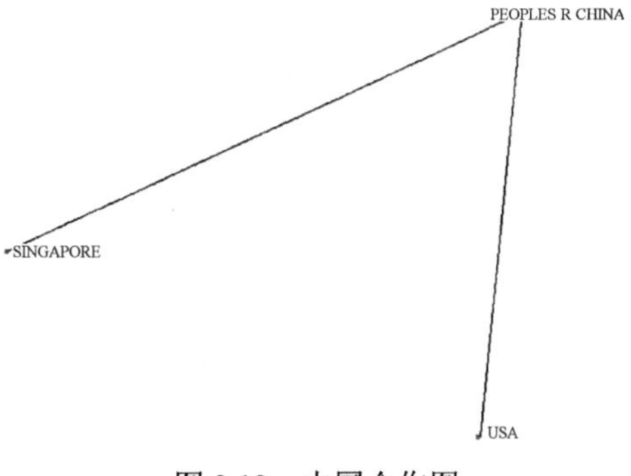

图 9.19　中国合作图

在对生物信息学国家合作网络图谱的基础上，通过 CiteSpace 软件系统的运行结果，对图谱中的节点进行了统计分析，按照合作频次排序，列出频次排在前 20 位的国家或地区（表 9.7）。研究发现，美国、德国、英国、中国是合作网络中合作频次较高的国家，并且占据重要的地位。法国、加拿大、日本、瑞士等国家的合作频次略低，但是捷克的合作发文频次低，却具有较高的中心度，说明捷克在生物信息学研究领域也处于关键地位，体现了它在生物信息学领域研究中的发展潜力。

表 9.7 生物信息学国家/地区合作信息表（前 20 位）

频次	突现强度	中心度	国家/地区	频次	突现强度	中心度	国家/地区
5212	0.34	0.34	美国	273	0.06	0.06	西班牙
968	0.17	0.17	德国	236	0.14	0.14	澳大利亚
891	0.19	0.19	英格兰	217	0.12	0.12	瑞典
588	0.01	0.01	中国	187	0.01	0.01	韩国
482	0.1	0.1	法国	167	0.05	0.05	丹麦
481	0.03	0.03	加拿大	159	0.09	0.09	以色列
478	0.02	0.02	日本	153	0.12	0.12	苏格兰
387	0	0	瑞士	134	0.02	0.3	比利时
349	0.14	0.14	荷兰	134	0.3	0.02	奥地利
306	0.06	0.06	意大利	127	0.04	0.04	新加坡

美国凭借其强大的经济和科技实力在生物信息学领域研究中占据主导地位，近年来，随着中国科技的迅速发展，在国内形成了以上海交通大学为核心的生物信息学领域研究网络，不断加大对生物信息学领域的研究深度。英国、法国、德国、意大利等西欧国家在生物信息学领域的研究中合作频次较多，相关科研成果丰硕，对生物信息学的发展发挥了积极的促进作用。

9.4 生物信息学领域主流学术团体与代表人物

使用 CiteSpace 软件工具中的“作者共被引分析”功能对前面下载的生物信息学领域的相关文献进行作者共被引分析（图 9.20），根据作者在共被引网络中的被引频次以及在网络中的中心度和突现率等指标，可以探究生物信息学领域研究的代表人物，在作者共被引科学知识图谱的基础上，通过谱聚类分析功能进行聚类分析，利用谱聚类的标识词，可以挖掘生物信息学领域的主流学术团体及其学术观点，有利于更好地探测该领域的研究方向及发展现状。

9.4.1 生物信息学领域的主流学术团体分析

在作者共被引网络知识图谱的基础上，可以运用 CiteSpace 信息可视化软件系统的谱聚类分析功能进行聚类分析。应用软件系统中的潜在语义分析算法使用文献数据中的标识词对各个聚类进行标注，通过谱聚类的标识词，并结合学术团体中的代表人物及其学术观点，可以探测生物信息学领域研究的核心学术团体的主要学术观点和学术贡献，其中，聚类尺度最大的前 5 项聚类信息如表 9.8 所示。

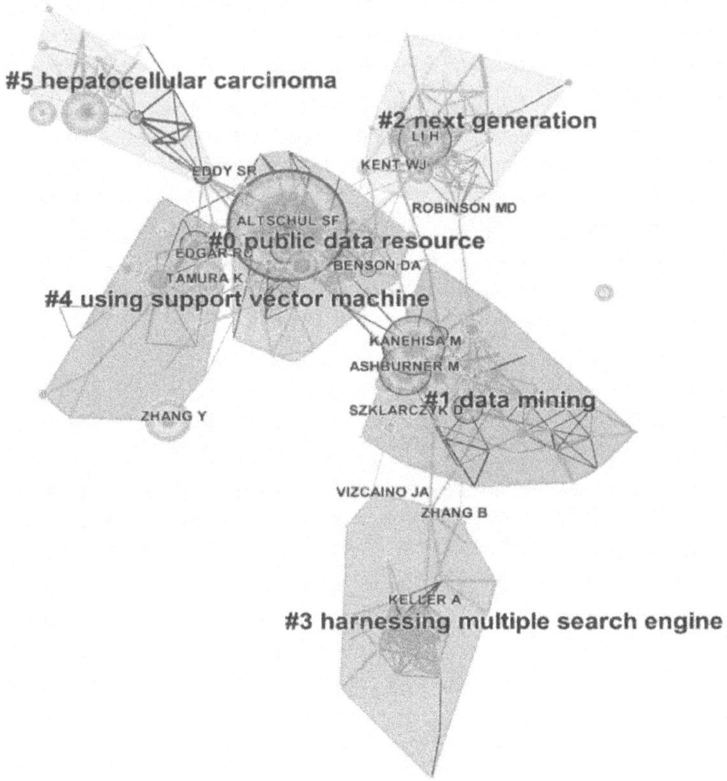

图 9.20　生物信息学研究领域作者共被引网络聚类图

表 9.8　生物信息学研究领域作者共被引网络中前 5 项聚类信息统计

聚类号	大小	轮廓值	平均年份	标识词	代表人物
0	43	0.811	2007	identification；biosynthetic gene cluster；holomycin；streptomyces clavuligerus；heterologous expression；microRNA genes；structural alignment；functions；helix contacts；gene annotation | bioinformatics；application；cancer research；microRNA genes；structural alignment；functions；helix contacts；gene annotation；biomarker discovery；probabilistic model	Altschul S F；Berman H M；Finn R D；Larkin M A；Bairoch A
1	42	0.84	2008	identification；bioinformatics analysis；potential therapeutic targets；papillary thyroid carcinoma；chromosome；transcriptome analysis；human breast cancers；quantification；2-de gel images；using machine-learning methods | bioinformatics；application；cancer research；plant transcriptome；independent data sets；palate morphogenesis；dbautomaker；functional knowledge；human cell line；diabetes susceptibility loci	Ashburner M；Kanehisa M；Huang D W；Benjamini Y；Gentleman R C

续表

聚类号	大小	轮廓值	平均年份	标识词	代表人物
2	36	0.961	2011	bioinformatics; application; cancer research; animal models; diabetes susceptibility loci; human exercise physiology; novo; functional genomics; gene annotation; high-throughput targeted exome sequencing | identification; computational pipeline; genomic vector integration sites; clinical genome sequencing; black box; animal models; diabetes susceptibility loci; human exercise physiology; novo; functional genomics	Langmead B; Li H; Wang Z; Kent W J; Wang K
3	29	0.937	2009	proteomics; genomics; future applications; recent studies; chemical warfare agent research; semi-empirical approach; predicting unobserved peptide; spectral libraries; comparative systems biology; bacteria | identification; proteomic analysis; allergenic molecules; bioinformatic approaches; novel neuropeptide precursors; heparanase; pivotal role; dialysis-related transcriptomic profiling; spectrometric settings; ltq-orbitrap mass analyzers	Perkins D N; Berman H M; Zhang B; Zhang Z; Nesvizhskii A I
4	27	0.863	2009	bioinformatics; application; cancer research; biochemical characterization; microRNA genes; structural alignment; functions; evolutionary significance; modern biotechnology; campylobacter jejuni | analysis; protein flexibility; computational methods; detecting putative recombination events; comparative genome analysis; hepatitis b virus; fusobacterium nucleatum autotransporter serine; protease; sporadic distribution; deglycosylation	Thompson J D; Zhang Y; Tamura K; Edgar R; Kumar S

生物信息学领域作者共被引网络聚类图中共产生了 9 个聚类，从网络聚类结果的尺度和结构来看，前 5 项聚类所包含的节点数占整个共被引网络节点数的 79.01%，因此，这 5 个最大的作者共被引聚类代表了生物信息学领域研究的主流学术团体。结合主流学术团体的聚类标识词和代表人物的学术思想，可以探测生物信息学领域研究的主流学术观点。为了方便研究及加强研究的深入性，以每个学术团体中共被引频次最高的学者的姓来代表这个团体。这 5 个主流学术团体分别是以生物合成基因为主的 Altschul 学术团体（#0 biosynthetic gene）、以生物信息学分析为主的 Ashburner 学术团体（#1 bioinformatics analysis）、以生物信息学应用为主的 Langmead 学术团体（#2 bioinformatics application）、以蛋白质组学/基因组学为主的 Perkins 学术团体（#3 proteomics genomics）、以现代生物技术研究为主的 Thompson 学术团体（#4 modern biotechnology）。在 CiteSpace 软件给出的聚类标识词的基础上，结合各个共被引聚类中抽取标签词的施引文献信息，分别对对应的学术团体的主要研究方向进行分析。

从生物信息学领域作者共被引网络聚类信息列表中可以看出最大的是#0 学术研究团体，共包含 43 个节点，包含许多生物信息学领域的代表人物，如 Altschul S F、Berman H M、Finn R D、Larkin M A、Bairoch A 等，这一学术团体研究方向为探寻细胞中蛋白质的测序，研究各种测序工具，以更好地认识蛋白质。Altschul S F是应用于蛋白质和核苷酸序列分析算法的合作者之一，代表作有 *Gapped BLAST and PSI-BLAST：A new generation of protein database search programs*（《Gapped BLAST和 PSI-BLAST：新一代蛋白质数据库搜索程序》）和 *Basic local alignment search tool*（《基本的局部比对搜索工具》），这两篇文章被引频次高，代表了该学术团体的主流思想。为了从整体上把握该研究团体的学术观点，对 Altschul 学术团体的施引文献进行文献主题词共现聚类分析，选取其中施引文献影响力最高的前20篇文献信息（表9.9）。

表9.9　#0 聚类施引文献信息

作者	文献名称	发表年份	文献影响力
Blażewicz J	Some operations research methods for analyzing protein sequences and structures	2010	0.19
Mittard-Runte V	Practical guide：Genomic techniques and how to apply them to marine questions	2010	0.19
Cochrane G	Public data resources as a foundation for a worldwide metagenomics data infrastructure	2010	0.16
Graebsch A	Of bits and bugs-on the use of bioinformatics and a bacterial crystal structure to solve a eukaryotic repeat-protein structure	2010	0.16
Joshi R R	A decade of computing to traverse the labyrinth of protein domains	2007	0.16
Cheng H T	Data mining for protein secondary structure prediction	2010	0.14
Gorbalenya A E	Practical application of bioinformatics by the multidisciplinary vizier consortium	2010	0.14
Shenoy S R	Proteins：Sequence to structure and function-current status	2010	0.14
Smolarek D	multiple interests in structural models of darc transmembrane protein	2010	0.14
Aniba M R	Alexsys：A knowledge-based expert system for multiple sequence alignment construction and analysis	2010	0.12
Brinkac L M	Pathema：A clade-specific bioinformatics resource center for pathogen research	2010	0.12
Chandra N	Structural bioinformatics：Deriving biological insights from protein structures	2010	0.12
Davey N E	Computational identification and analysis of protein short linear motifs	2010	0.12
Dibrova D V	Characterization of the n-atpase，a distinct，laterally transferred Na^+-translocating form of the bacterial f-type membrane atpase	2010	0.12
Espindola F S	Bioinformatic resources applied on the omic sciences as genomic，transcriptomic，proteomic，interatomic and metabolomic	2010	0.12
Fagerberg L	Prediction of the human membrane proteome	2010	0.12
Kallberg Y	Classification of the short-chain dehydrogenase/reductase superfamily using hidden markov models	2010	0.12
Ma P C H	Discovering interesting motif-sets for multi-class protein sequence classification	2010	0.12
Satagopam V P	Gpcrs，g-proteins，effectors and their interactions：Human-gpdb，a database employing visualization tools and data integration techniques	2010	0.12
Shih T H	Bimfg：Bioinformatics tools for marine and freshwater species	2010	0.12

通过对施引文献影响力最高的前 20 篇文献进行分析，可以看出 Altschul 学术团体的研究主题主要有生物合成基因簇（biosynthetic gene cluster）、基因注释（gene annotation）、全霉素（holomycin）、棒状链霉菌（streptomyces clavuligerus）、微 RNA 基因（microRNA genes）等。

#1 学术研究团体主要代表性学者有 Ashburner M、Kanehisa M、Huang D W、Benjamini Y、Gentleman R C，这一团体的学术观点较为集中，主要涉及生物信息学分析，在生命科学的研究中，以计算机为工具对生物信息进行储存、检索和分析，它是当今生命科学和自然科学的重大前沿领域之一，同时将是 21 世纪自然科学的核心领域之一。Ashburner M 是欧洲生物信息学研究所的欧洲分子生物学实验室的研究员，在生物信息学的发展过程中发挥了举足轻重的作用。为了从整体上了解该研究团体的学术观点，对 Ashburner 学术研究团体的施引文献进行文献主题词共现聚类分析，选取其中施引文献影响力最高的前 20 篇文献信息（表 9.10）。

表 9.10　#1 聚类施引文献信息

作者	文献名称	发表年份	文献影响力
Hackl H	Information technology solutions for integration of biomolecular and clinical data in the identification of new cancer biomarkers and targets for therapy	2010	0.24
Mittard-Runte V	Practical guide：Genomic techniques and how to apply them to marine questions	2010	0.24
Lancashire L	Computational and statistical methodologies for data mining in bioinformatics	2010	0.21
Gatti D M	Heading down the wrong pathway：On the influence of correlation within gene sets	2010	0.19
Maglietta R	On the reproducibility of results of pathway analysis in genome-wide expression studies of colorectal cancers	2010	0.19
Kowarsch A	Knowledge-based matrix factorization temporally resolves the cellular responses to il-6 stimulation	2010	0.17
Vaske C J	Inference of patient-specific pathway activities from multi-dimensional cancer genomics data using paradigm	2010	0.17
De Bodt S	Cornet：A user-friendly tool for data mining and integration	2010	0.14
He Y Q	Emerging vaccine informatics	2010	0.14
Ochs M F	Genomics data analysis pipelines	2010	0.14
Shi Z A	Co-expression module analysis reveals biological processes，genomic gain，and regulatory mechanisms associated with breast cancer progression	2010	0.14
Ho J W K	Customising an antibody leukocyte capture microarray for systemic lupus erythematosus：Beyond biomarker discovery	2010	0.12
Howe E	MEV：Multiexperiment viewer	2010	0.12
Jing L P	Construction of gene networks with hybrid approach from expression profile and gene ontology	2010	0.12

续表

作者	文献名称	发表年份	文献影响力
Kann M G	Advances in translational bioinformatics: Computational approaches for the hunting of disease genes	2010	0.12
Kiyosawa N	Practical application of toxicogenomics for profiling toxicant-induced biological perturbations	2010	0.12
Malik R	From proteome lists to biological impact-tools and strategies for the analysis of large ms data sets	2010	0.12
Merico D	Enrichment map: A network-based method for gene-set enrichment visualization and interpretation	2010	0.12
Parikh J R	Discovering causal signaling pathways through gene-expression patterns	2010	0.12
Ryge J	Transcriptional regulation of gene expression clusters in motor neurons following spinal cord injury	2010	0.12

通过对#1 聚类施引文献影响力最高的前 20 篇文献进行分析，可以看出 Ashburner 学术团体的研究主题主要有染色体（chromosome）、转录物组分析（transcriptome analysis）、植物转录组（plant transcriptome）、人类细胞（human cell line）、糖尿病易感基因位点（diabetes susceptibility loci）等。

#2 学术研究团体主要代表性学者有 Langmead B、Li H、Wang Z、Kent W J、Wang K，这一团体的学术观点以生物信息学的应用为主，生物信息学是一门计算机科学与生命科学的交叉学科，其应用范围较广，研究和应用的重点领域有基因组信息学、蛋白质的结构计算与模拟以及药物设计等。Langmead B 在 *Ultrafast and memory-efficient alignment of short DNA sequences to the human genome* 中，主要对人类基因组的短 DNA 序列进行研究，在 Google 学术里检索，该文被引频次高达 10 805 次，是 Langmead B 的代表性研究成果，奠定了其在生物信息学领域的重要地位。

通过对 Langmead 学术团体聚类中施引文献影响力最高的前 20 篇文献信息的分析（表 9.11），可以看出 Langmead 学术团体的研究主题主要包含癌症研究（cancer research）、人体运动生理学（human exercise physiology）、功能基因组学（functional genomics）、基因注释（gene annotation）、高通量基因组测序（high-throughput targeted exome sequencing）、临床基因组测序（clinical genome sequencing）等。

表 9.11　#2 聚类施引文献信息

作者	文献名称	发表年份	文献影响力
Wang X	A review on the processing and analysis of next-generation RNA-seq data	2010	0.22
Brautigam A	What can next generation sequencing do for you? Next generation sequencing as a valuable tool in plant research	2010	0.19
Costa V	Uncovering the complexity of transcriptomes with RNA-seq	2010	0.19

续表

作者	文献名称	发表年份	文献影响力
Horner D S	Bioinformatics approaches for genomics and post genomics applications of next-generation sequencing	2010	0.19
Koboldt D C	Challenges of sequencing human genomes	2010	0.17
Mittard-Runte V	Practical guide：Genomic techniques and how to apply them to marine questions	2010	0.17
Nowrousian M	Next-generation sequencing techniques for eukaryotic microorganisms：sequencing-based solutions to biological problems	2010	0.17
Paszkiewicz K	De novo assembly of short sequence reads	2010	0.17
Anderson M W	Next generation DNA sequencing and the future of genomic medicine	2010	0.14
Magi A	Bioinformatics for next generation sequencing data	2010	0.14
Jex A R	Toward next-generation sequencing of mitochondrial genomes-focus on parasitic worms of animals and biotechnological implications	2010	0.11
Krawitz P	Microindel detection in short-read sequence data	2010	0.11
Luyf A C M	Initial steps towards a production platform for DNA sequence analysis on the grid	2010	0.11
Voelkerding K V	Next generation sequencing for clinical diagnostics-principles and application to targeted resequencing for hypertrophic cardiomyopathy a paper from the 2009 william beaumont hospital symposium on molecular pathology	2010	0.11
Berisha S Z	Combining genome-wide data from humans and animal models of dyslipidemia and atherosclerosis	2010	0.08
Cantacessi C	A practical，bioinformatic workflow system for large data sets generated by next-generation sequencing	2010	0.08
Cock P J A	The sanger FASTQ file format for sequences with quality scores，and the solexa/illumina FASTQ variants	2010	0.08
DAntonio M	Rap：RNA-seq analysis pipeline，a new cloud-based NGS web application	2010	0.08
Daily K	Data structures and compression algorithms for high-throughput sequencing technologies	2010	0.08
Feng H J	Opportunities and methods for studying alternative splicing in cancer with RNA-seq	2010	0.08

#3 学术研究团体主要代表性学者有 Perkins D N、Berman H M、Zhang B、Zhang Z、Nesvizhskii A I 等，这一团体的学术观点以蛋白质组学、基因组学研究为主，主要研究方向为蛋白质数据库，它是世界范围内的单生物大分子结构数据档案，应用计算机的运算法则，比较 DNA 和蛋白质序列而检测结构、功能与序列之间的进化关系。各种基因组的序列产生大量的 DNA 序列数据和生物信息，已经应用于研究基因的功能，预测以前未知的基因功能。Berman H M 在 *The protein data bank*（《蛋白质数据库》）中介绍了蛋白质数据库的目标，以及如何进一步获取相关信息，为未来的资源拟订开发计划。在 Google 学术里检索，该文被

引频次高达 20 685 次，是 Berman H M 被引频次最多的一篇文章，代表了生物信息学领域的研究前沿。

通过对 Perkins 学术团体聚类中施引文献影响力最高的前 20 篇文献信息的分析（表 9.12），可以看出 Perkins 学术团体的研究主题主要有蛋白质组学（proteomics）、基因组学（genomics）、变应原分子（allergenic molecules）、新型神经肽前体（novel neuropeptide precursors）、乙酰肝素酶（heparanase）等。

表 9.12　#3 聚类施引文献信息

作者	文献名称	发表年份	文献影响力
Wang X	A review on the processing and analysis of next-generation RNA-seq data	2010	0.22
Brautigam A	What can next generation sequencing do for you? Next generation sequencing as a valuable tool in plant research	2010	0.19
Costa V	Uncovering the complexity of transcriptomes with RNA-seq	2010	0.19
Horner D S	Bioinformatics approaches for genomics and post genomics applications of next-generation sequencing	2010	0.19
Koboldt D C	Challenges of sequencing human genomes	2010	0.17
Mittard-Runte V	Practical guide：Genomic techniques and how to apply them to marine questions	2010	0.17
Nowrousian M	Next-generation sequencing techniques for eukaryotic microorganisms：Sequencing-based solutions to biological problems	2010	0.17
Paszkiewicz K	De novo assembly of short sequence reads	2010	0.17
Anderson M W	Next generation DNA sequencing and the future of genomic medicine	2010	0.14
Magi A	Bioinformatics for next generation sequencing data	2010	0.14
Jex A R	Toward next-generation sequencing of mitochondrial genomes-focus on parasitic worms of animals and biotechnological implications	2010	0.11
Krawitz P	Microindel detection in short-read sequence data	2010	0.11
Luyf A C M	Initial steps towards a production platform for DNA sequence analysis on the grid	2010	0.11
Voelkerding K V	Next generation sequencing for clinical diagnostics-principles and application to targeted resequencing for hypertrophic cardiomyopathy a paper from the 2009 william beaumont hospital symposium on molecular pathology	2010	0.11
Berisha S Z	Combining genome-wide data from humans and animal models of dyslipidemia and atherosclerosis	2011	0.08
Cantacessi C	A practical，bioinformatic workflow system for large data sets generated by next-generation sequencing	2010	0.08
Cock P J A	The sanger FASTQ file format for sequences with quality scores，and the solexa/illumina FASTQ variants	2010	0.08
DAntonio M	Rap：RNA-seq analysis pipeline，a new cloud-based NGS web application	2015	0.08
Daily K	Data structures and compression algorithms for high-throughput sequencing technologies	2010	0.08
Feng H J	Opportunities and methods for studying alternative splicing in cancer with RNA-seq	2013	0.08

#4 学术研究团体主要代表性学者有 Thompson J D、Zhang Y、Tamura K、Edgar R、Kumar S，这一团体的主流学术思想表现为对现代生物技术的研究。代表学者 Thompson J D 是一位生物学家，来自欧洲分子生物学实验室。在 Google 学术里检索，Thompson J D 被引频次较高，是生物信息学领域研究的主要代表人物之一。

通过对 Thompson 学术团体聚类中施引文献影响力最高的前 20 篇文献信息的分析（表 9.13），可以看出 Thompson 学术团体的研究主题主要有生化特性（biochemical characterization）、现代生物技术（modern biotechnology）、比较基因组分析（comparative genome analysis）、去糖基化（deglycosylation）等。

表 9.13　#4 聚类施引文献信息

作者	文献名称	发表年份	文献影响力
Procter J B	Visualization of multiple alignments，phylogenies and gene family evolution	2010	0.19
Itan Y	Detecting gene duplications in the human lineage	2010	0.15
Bi C P	Deterministic local alignment methods improved by a simple genetic algorithm	2010	0.11
Brinkman D L	Chironex fleckeri（box jellyfish）venom proteins expansion of a cnidarian toxin family that elicits variable cytolytic and cardiovascular effects	2014	0.11
Cao R	Diterpene cyclases and the nature of the isoprene fold	2010	0.11
Dave K	Review on chemogenomics approach：Interpreting antagonist activity of secreted frizzled-related protein 1 in glaucoma disease with in-silico docking	2012	0.11
Etchebest C	Critical review of general guidelines for membrane proteins model building and analysis	2010	0.11
Gogoi P	In silico analysis suggests that ph0702 and ph0208 encode for methylthioribose-1-phosphate isomerase and ribose-1，5-bisphosphate isomerase，respectively，rather than aif2b beta and aif2b delta	2016	0.11
Goldenberg D	Genetic and antigenic characterization of sigma c protein from avian reovirus	2010	0.11
Hatherley R	Primo：An interactive homology modeling pipeline	2016	0.11
Li C H	Exon-primed intron-crossing（epic）markers for non-model teleost fishes	2010	0.11
Liang L	Combining spatial-temporal and phylogenetic analysis approaches for improved understanding on global h5n1 transmission	2010	0.11
Lord E	Armadillo 1.1：An original workflow platform for designing and conducting phylogenetic analysis and simulations	2012	0.11
Mahdieh N	Beta thalassemia in 31 734 cases with HBB gene mutations：Pathogenic and structural analysis of the common mutations；iran as the crossroads of the middle east	2016	0.11
Pan Y	BSIS：An experiment in automating bioinformatics tasks through intelligent workflow construction	2010	0.11

续表

作者	文献名称	发表年份	文献影响力
Pawlowski K	A widespread peroxiredoxin-like domain present in tumor suppression-and progression-implicated proteins	2010	0.11
Shenoy S R	Proteins：Sequence to structure and function-current status	2010	0.11
Tanyalcin I	Convert your favorite protein modeling program into a mutation predictor："Modict"	2016	0.11
Teichert F	High quality protein sequence alignment by combining structural profile prediction and profile alignment using sabertooth	2010	0.11
Xia J	Prediction of alternatively spliced exons using support vector machines	2010	0.11

综上所述，在生物信息学研究领域作者共被引分析的基础上，通过聚类进一步对该研究领域的学术团体进行分析，可以看出目前生物信息学研究领域主流学术团体主要包括以下五大研究团体，分别是以 Altschul S F、Berman H M、Finn R D、Larkin M A、Bairoch A 为主的生物合成基因学术研究团体；以 Ashburner M、Kanehisa M、Huang D W、Benjamini Y、Gentleman R C 为主的生物信息学分析学术研究团体；以 Langmead B、Li H、Wang Z、Kent W J、Wang K 为主的生物信息学应用学术研究团体；以 Perkins D N、Berman H M、Zhang B、Zhang Z、Nesvizhskii A I 为主的蛋白质组学/基因组学学术研究团体；以 Thompson J D、Zhang Y、Tamura K、Edgar R、Kumar S 为主的现代生物技术学术研究团体。这五大学术研究团体是生物信息学领域的重要组成部分，在生物信息学的发展过程中起到积极的推动作用，是生物信息学研究领域中应密切关注的部分。

9.4.2　生物信息学领域的代表人物分析

在作者共被引网络中，通过对网络结构和作者节点的被引频次、中心度、突现率等指标的分析，探测出生物信息学领域研究的代表性研究者（图 9.21）。通过对代表人物的分析，可以进一步展现该领域主要的研究方向及研究前沿。

由生物信息学领域作者共被引网络知识图谱可以看出，图谱中最大的节点是位于中心位置的 Altschul S F，环绕其周围的 Kanehisa M、Thompson J D、Ashburner M、Tamura K 等节点也较大，在作者共被引网络图谱中占据重要位置。这些学者是生物信息学领域研究的重要人物，通过分析他们的主要学术思想和在作者共被引网络结构中的关系可以梳理生物信息学领域核心学术思想的逻辑关系与传承。从生物信息学领域作者共被引网络前 20 项信息统计中可以看出（表 9.14），这 20 位共被引频次最高的学者有 25%属于#1 聚类的 Ashburner 学术研究团体，其余聚类的学术团体所占比例较小，说明在生物信息学领域的研究中 Ashburner 学术研究团体占据着核心位置。

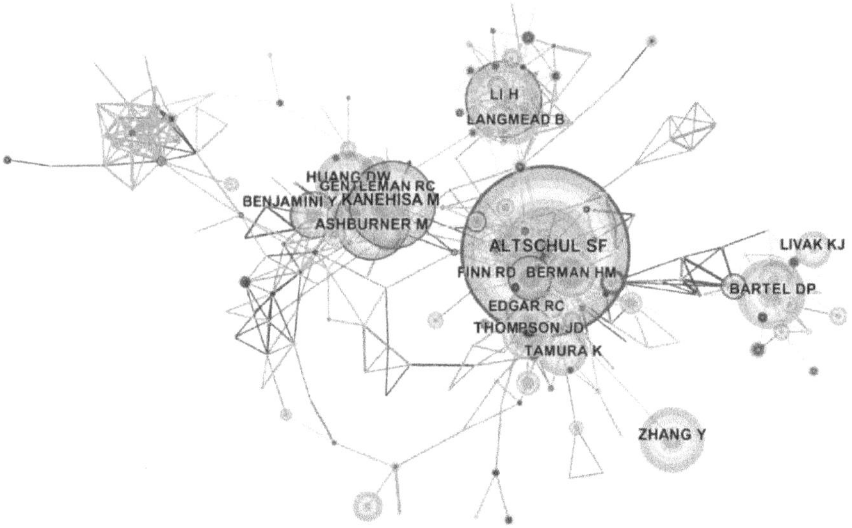

图 9.21 生物信息学领域作者共被引网络知识图谱

表 9.14 生物信息学领域作者共被引网络中前 20 项信息统计表

频次	突现率	中心度	作者	年份	聚类
1962		0.3	Altschul S F	2007	0
1065		0.13	Kanehisa M	2007	1
1046		0	—	2007	74
924		0.16	Ashburner M	2007	1
891		0.11	Li H	2010	2
882		0.04	Bartel D P	2008	5
841		0	Zhang Y	2007	4
823		0.01	Huang D W	2010	1
705	38.87	0.04	Thompson J D	2007	4
652		0.05	Tamura K	2009	4
641		0.04	Berman H M	2007	0
586		0.18	Benjamini Y	2007	1
566		0	Wang Y	2007	60
564		0.1	Edgar R C	2007	4
538		0.17	Finn R D	2008	0
501		0	Langmead B	2010	2
497		0.08	Livak K J	2010	5
462		0.01	Gentleman R C	2008	1
445		0	Lewis B P	2009	5
434		0	Wang J	2009	54

Altschul S F 不仅节点最大，中心度也最大。在网络分析理论中，点的中心度是指其所在网络中通过该点的任意最短路径的条数，是网络中节点在整体网络中所起连接作用的度量，因此，在文献共被引网络图谱中，中心度大的节点相对地容易成为网络中的关键节点。从生物信息学领域作者共被引网络前 20 项信息统计中可以看出，Altschul S F 的中心度为 0.3，在生物信息学领域的发展过程中起到良好的桥梁作用。Altschul S F 是美国数学家，他设计的算法在生物信息学领域得到了广泛使用，他还是应用蛋白质和核苷酸序列分析算法的合作者之一。在他读书期间，对生物科学产生了浓厚的兴趣，并阅读了有关 DNA 的书籍，选修了进化生物科学的课程，将一些数学领域的程序应用到生物科学领域，从 1990 年至今，他在美国国家生物技术信息中心（National Center for Biotechnology Information，NCBI）计算生物学分支一直持有高级调查员的位置。在 Google 学术里面检索，其名为 *Gapped BLAST and PSI-BLAST*：*A new generation of protein database search programs*（《Gapped BLAST 和 PSI-BLAST：新一代蛋白质数据库搜索程序》）的文章被引频次高达 60 000 余次，该文章主要阐述了作为搜索蛋白质和 DNA 数据库的序列相似性的工具 BLAST 程序，并介绍自动结合统计上显著的比对方法产生的爆炸成 position-specific 得分矩阵，使用这个矩阵和搜索数据库。其另一篇文章名为 *Basic local alignment search tool*（《基本的局部比对搜素工具》），被引频次达 60 000 余次。从生物信息学领域作者共被引网络信息列表中可以看出，Altschul S F 共被引频次最高，高达 2000 余次，作者共被引频次高。Altschul S F 为生物信息学领域的发展作出了重要贡献，是该领域代表人物之一。

作者共被引频次排在第二位的是 Kanehisa M，被引频次较高，为 1065 次，他是日本京都大学化学研究学院的著名学者，在 Google 学术里面检索，其代表作 *KEGG*：*Kyoto encyclopedia of genes and genomes* 被引频次为 9742 次，是生物信息学领域的代表性文章。Ashburner M 是美国斯坦福大学医学院遗传学系的著名学者，在 Google 学术里面检索，其论文 *Gene ontology*：*Tool for the unification of biology* 被引频次为 19 919 次，主要对基因本体论进行了相关研究；另一篇论文 *The genome sequence of Drosophila melanogaster* 被引频次为 6164 次，这两篇高被引文献奠定了 Ashburner M 在生物信息学领域的重要地位，他为生物信息学领域的发展作出了杰出的贡献。

Huang D W 是美国弗雷德里克免疫病理和生物信息学实验室著名学者，主要研究方向为生物信息学、基因检测等，在 Google 学术里面检索，代表文献 *Systematic and integrative analysis of large gene lists using DAVID bioinformatics resources* 被引频次高达 7962 次。Thompson J D 在作者共被引网络知识图谱中被引频次虽然不是最多的，但突现率最大，为 38.87。Thompson J D 是一位生物学家，来自欧洲分子生物学实验室。在 Google 学术里面检索，其 *CLUSTAL W*：*improving the sensitivity of progressive multiple sequence alignment through sequence weighting, position-specific gap penalties and weight matrix choice* 被引频次高达 58 150 次，*The CLUSTAL_X windows interface: Flexible strategies for multiple sequence alignment aided by quality analysis tools* 被引频次高达 37 810 次。在生物信息学领域作者共被引网络信息列表中，Thompson J D 被引频次为 705 次，是生物信息学领域研究的主要代表人物之一。

此外，Bateman A 和 Bairoch A 也是生物信息学研究领域的重要代表人物。其中，Bateman A 是 EMBL-EBI 蛋白质序列资源研究的领头人，研究方向主要有生物信息学、计算生物学、蛋白质结构等。在 Google 学术里面检索，其论文被引频次高达 65 191 次，H 指数为 64，2011～2017 年，其论文被引频次为 28 148 次，H 指数为 49。被引频次最多的一篇论文为 *Initial sequencing and analysis of the human genome*（《人类基因组的测序和分析》），被引频次为 19 023 次，该文章主要阐述了人类基因组是人类发展、生理学、医学和进化论的巨大宝库，并阐述了国际合作生产和拟订免费的人类基因组序列草案的结果，提供了一个初步的分析数据，为生物信息学的发展奠定了坚实的基础。Bairoch A 是日内瓦大学生物信息学教授，也是瑞士生物信息学研究所（Swiss Institute of Bioinformatic，SIB）的计算生物学、生物信息学、蛋白质组学、细胞线研究的团队组长。在 Google 学术里面检索，其论文被引频次高达 55 307 次，H 指数为 93，2011～2017 年，其论文被引频次为 18 236 次，H 指数为 57。被引频次最多的一篇论文为 *Protein identification and analysis tools on the ExPASy server*（《蛋白质 ExPASy 服务器上的识别和分析工具》），被引频次为 3917 次，随着年份的增加，该篇文章被引频次呈递增趋势。其主要论述了蛋白质识别和分析软件执行的核心作用在于调查二维的蛋白质凝胶和质谱分析。蛋白质数据库中的信息可以用来预测蛋白质的某些性质，并应用于实证调查。Bairoch A 在生物信息学领域作者共被引中被引频次较多，是该领域重要的代表人物之一。

9.5 本章小结

生物科学是自然科学中的一个重要学科门类。20 世纪中期，生物科学吸收了数学、物理学和化学等学科领域的研究成果，逐渐发展成一门精确的、定量的、深入分子层次的科学，无论是基础理论研究，还是应用研究都得到了快速发展，出现了大量的新兴学科和交叉学科。其中，生物信息学就是近年来生物科学门类中兴起的一门重要的前沿基础学科。本章通过对 Web of Science 中收录的生物科学领域文献的计量和可视化分析，首先展现了生物科学基础研究整体上的研究力量分布和发展态势，进而以生物信息学领域研究为例，重点揭示了生物信息学领域的研究现状。在具体分析上，使用 CiteSpace 软件绘制的文献共被引网络知识图谱，探测了国内外生物信息学领域的研究前沿，通过作者合作、机构合作和国家合作的网络知识图谱分别展现了这一领域在作者、机构和国家三个层面的合作情况。通过作者共被引网络知识图谱，探测了这一新兴学科已经形成的主流学术团体和代表人物。

第 10 章　提升我国基础科学研究水平的对策建议

随着国际综合国力的竞争从对自然资源和市场资源的争夺，延伸到对知识资源和人力资源的占有，当前基础科学研究的重要性比以往任何时候都更加突出。基础科学研究水平直接决定了技术原始创新能力和创新人才培育能力。因此，基础科学研究能力已经成为各国获取竞争优势的一个重要的战略制高点。当前，我国正在大力实施创新驱动发展战略，但缺乏原始创新导致技术的供给侧源动力不足，已经严重阻碍我国传统产业结构转型升级和战略性新兴产业的创新发展。要从根本上改变这种局面必须从新兴技术形成的基础研究根源寻求突破。

从文献的计量结果来看，我国基础科学研究在研究投入和论文产出方面均取得了丰硕的成果，具体表现在基础科学研究规模日益庞大、论文产出数量不断增加、研究体系渐趋健全、科研环境极大改善、科研投入逐步增加、科学合作稳步提升等方面。然而，在基础科学研究中，依然存在一些亟待解决的重要问题，如科研资源分配不均、实质性合作研究不多、交叉研究能力不足、创新意识有待提升等。我国整体上基础科学研究产出数量居世界前列，如物理学、化学等领域的研究稳步发展，相关论文产出数量较多，在学科内部形成了大量交叉合作，并获得了一些重大的突破，但是研究成果的影响力不足，从产出文献的被引情况来看，地球科学、天文学等领域相关论文被引频次偏低，原创性不足，整体研究水平有待进一步提高。

10.1　我国基础科学研究存在的问题

近年来，我国基础科学研究取得了十分显著的成果，首先，我国基础科学研究与发展的规模不断增加。一方面在基础科学研究方面，我国基础学科数量与论文产出数量不断提高，在研究体系上，不仅形成了庞大的基础科学知识体系，而且按照基础科学门类的划分，各门类中又形成了大量的分支学科和知识领域；另一方面在基础科学发展方面，我国基础科学研究队伍不断壮大，基金资助投入也逐年增加，与此同时，在科研机构上，以国家重点实验室为例，我国已建设 250 余个依托高校和科研院所的学科国家重点实验室，形成了较为完整的国家重点实验室建设与运行体系。我国在基础学科数量、论文产出数量、科研机构数量、研究队伍人员数量、人才培养数量、基金资助投入规模等方面取得了很大的成就，进一步完善了我国基础科学研究与发展规模。其次，在国家宏观政策上，党的十九大强调大力实施创新驱动发展战略，为我国早日迈进世界科技强国指明了努力方向，为我国基础科学的发展提供了坚实的政策保障。但是，我国基础科学研究的发展不仅体现在国家政策环境等宏观层面，还体现在科研基础条件的改善和学术评价体制改革等微观层面。在我国经济、科技水平不断提高的趋势下，科研基础条件也逐步得到改善，实验室仪器、设备等硬件设施日益完善，为基础科学研究评价机制由单一指标向多元指标转变提供了物质基础。最后，我国基础科学科研环境极大改善，我国基础研究人员的成果转化意识、创新意识不断增强。这与我国实施创新驱动的发展战略是离不开的。实施创新驱动发展战略是我国通向世界科技强国的重要前提和唯一途径，基础科学研究是创新驱动发展的供给侧，是创新驱动发展的力量源泉，是提升我国原始创新水平和技术自主创新能力的重要前提。

虽然我国基础科学研究在一定程度上取得了巨大的进步，但是仍存在着很多问题。主要表现在：①基础科学研究整体水平偏低，前沿原创性重大研究成果不多；②基础科学研究队伍相对薄弱，高水平创新人员数量不足；③基础研究力量分布不均，学科之间差距较大；④基础科学研究投入不断增加，科技资源分配不均；⑤对外合作研究与交流不足，虚假合作现象明显，国际话语权有待加强；⑥交叉研究能力不足，创新水平有待提升；⑦科研成果的转化能力较低，科研生产力水平不高等。这些问题都在不同程度上制约着我国基础科学的研究与发展。

第一，基础科学研究整体水平偏低，前沿原创性重大研究成果不多。从文献的计量结果来看，一方面，我国基础科学研究产出的数量日益增加，并且物理学、化学等领域产出文献数量居国际同领域前列，然而产出成果的质量整体水平不高，特别是标志性和具有核心竞争力的研究成果数量仍然不足，具有国际引领性的前沿学术成果、原创性成果不足。基础科学研究论文的被引频次不高，在顶级期刊中发表论文数量不多。

第二，基础科学研究队伍相对薄弱，高水平创新人员数量不足。基础科学的研究队伍在整体上数量庞大，但高水平的科学家不多，国际大奖的获奖人数不足，有影响力的研究者较少，水平高的研究机构不多，基础研究队伍整体上相对薄弱。这在一定程度上与中国现行的科技评价体制有关，有些单位的科研人员片面地追求论文数量，忽视学术论文质量的重要性，缺乏刻苦钻研与献身科研的精神。研究队伍的创新能力较弱，多数科研人员追求眼前利益而产生急功近利的问题，片面追求数量的优势不仅是重复低水平的工作，更造成了科研人员和科技资源的浪费。

第三，基础研究力量分布不均，学科之间差距较大。科研人力资源分布不均，从基础科学各领域的高被引文献结果来看，我国中西部地区、偏远地区的高水平科技创新人才严重缺失，在北京、上海等发达地区人才相对集中。一方面，基础研究的国家重点实验室和主要研究人员在整体布局上呈现出由东部向西部递减的趋势，且集中分布在中国科学院所属研究所和部分重点高校。

近年来，我国对数学、生物学、地质学等重点学科无论在设备、资金，还是人才培养上都有很大比例的投入，也取得了相当大的成功。然而在天文、国家安全、脑科学、人工智能等方面实验室数量较少，涉及我国社会经济发展、与民生紧密相连的领域研究也较为薄弱。这些因素都导致了我国基础研究的不均衡。

第四，基础科学研究投入不断增加，科技资源分配不均。我国通过加大资金投入、相关政策倾斜、提高创新管理、完善有关法律法规等途径，对基础科学研究的投入不断增加，为基础科学研究提供了资金、政策、人才、法律等方面的资源保障。从人才投入、项目投入、环境条件投入等主要方面开展了如国家重点实验室、国家重点基础研究计划等项目。然而在研究投入过程中，科技资源出现分配不均现象，投入结构不合理，马太效应明显，主要表现在两个方面：一是科技资源的区域分配不合理，我国东部沿海地区科研投入较多，科技资源丰富，而中西部欠发达地区科技投入较少；二是科技资源的学科分配不合理，重点学科的科技资源投入较多，非重点学科科技资源投入较少。这种科技资源投入分配的不平衡，对我国基础科学的全面、均衡发展产生了严重的阻碍，从整体上制约我国基础科学的长远发展。这就需要积极优化科技资源投入结构，合理分配科研经费和科研人员，努力做到区域、学科等方面的均衡发展，有效推进我国基础科学的进一步发展。

第五，对外合作研究与交流不足，虚假合作现象明显，国际话语权有待加强。我国基础科学研究在对外交流合作中也存在各种问题。首先，我国的基础科学研究开放还处在发展阶段，知识产权保护和科研环境保障等方面尚不健全，这在一定程度上阻碍了基础科学研究和国际的合作与交流。其次，由于我国基础科学研究水平在多数领域仍处于跟跑、并跑阶段，在国际基础科学研究中缺乏领导权与话语权。但是随着信息和互联网技术的发展，基础数学、物理学、化学、天文学、地球科学、生物学等领域的研究者在机构、国家、地区内部以及跨机构、跨国家和跨地区的合作日益增多，出现了众多合作研究团体，形成了一定的研究规模，这些合作交流进一步促进了我国基础科学的发展。

第六，交叉研究能力不足，创新水平有待提升。从文献的计量结果来看，我国基础科学研究产出的论文数量日益增加，并且在很多领域产出数量居国际同领域前列。然而从产出的相关论文的被引情况、H 指数、论文发表期刊的影响因子等可以看出，我国基础科学研究产出成果的整体水平不高，特别是标志性和具有核心竞争力的研究成果数量不足，国际引领性的前沿学术成果缺乏，这与我国基础科学的交叉研究能力不足、创新水平不高有重要的关联。在大科学时代的 21 世纪，科学自身的内在发展逻辑和社会经济的长远发展都要求学科交叉向更深层次上发展，这就需要基础数学、物理学、化学、天文学、地球科学、生物学等领域内部以及与其他学科之间加深合作与交流，积极促进基础科学与其他学科之间的交叉研究。与此同时，还要加大对基础科学的交叉研究力度，增强研究时效性，提高创新能力，树立创新意识，营造有利于创新的文化环境，积极培育科研人员的创新精神，增强自主创新能力，发散创新思维，使我国基础科学研究朝着更好的方向发展。

第七，科研成果的转化能力较低，科研生产力水平不高。科研技术成果只有在转化成现实生产力时才能发挥社会价值，产生巨大经济效益，这也是当今世界竞争的本质。在《2014—2015 学科发展研究报告》中提到，我国的科研成果能够转化为生产力的所占比例少，形成产业规模的更少，与发达国家相比都存在巨大的差距。这些由广大科研人员花费大量时间、精力和金钱的科研成果若不能转化为经济效益，则是巨大的浪费。其中一方面是由于我国对于科学成果转化的工作未能做到位，未能有效正确地进行引导，使得一些科研成果被搁置；另一方面是由于一些科研成果与现实社会脱节，不能够应用到现实社会中。同时，科研成果的转化与资金、管理、技术、市场以及政府的支持密不可分，这就需要学术界、经济界与政府的密切配合，提高我国科研成果的转化力。

10.2　优化基础科学研究投入的建议

近年来，我国基础研究经费的投入持续增加，同时出台了支持基础研究的科技政策。然而，在基础科学研究经费投入和使用的结构方面仍有待进一步优化，尤其是应加快科研基础条件平台建设和推进大型仪器设备的共享。在各类针对基础科学研究政策的执行过程中，应加强对政策执行的监管和后评估工作，真正使政策落地，发挥实效，通过不断改进政策环境、提高经费投入和提升人才水平等方面，进一步优化我国基础科学研究的投入。

1. 加强基础科学研究的政策支持

一直以来，由于技术能够直接作用于生产实践，转化成直接的生产力，“重技术、轻科学”的思想在我国已经根深蒂固。在制定相关科技政策时，也往往由于基础科学不能直接产生经济效益而忽视了其应有的作用。特别是，基础研究与技术研发的区别没有得到政策制定者的充分认识，基础研究的周期长、投入大、成效慢等特征也使得其得不到充分的资金投入保障。国家、省、市各层面的科学技术政策制定中对基础科学研究的关注不足。目前，我国的科学技术政策绝大部分都是结果导向型的政策，有严格的时间限制和明确的目标。这样的政策不能为基础科学的研究提供良好的发展空间。基础研究需要长期的积累，而且失败是难免的。制定基础科学政策时，需要首先创建一个宽松的环境。允许失败，不急于求成，学术平等，合理进行科学评价，加强各学术团体之间的交叉合作等才是科技政策应该为基础科学研究提供的条件保障。

2. 增加基础科学经费投入，加强科研经费的管理

虽然近年来我国基础研究经费一直在提高，但是基础科学经费占 GDP 的比例变化不大，而且明显低于国际水平，有待进一步提高。地方财政基础研究经费稳步增长，但总量偏低，需要引导地方认识基础研究工作对提高区域创新的重要作用，以加大地方财政对基础研究的投入。企业对基础研究投入严重不足，2011 年企业对基础研究的投入仅占 R&D 经费支出的 0.11%，而美国等发达国家的基础研究投入中企业投入的比例较大，达到 20%以上。一方面，可以利用企业联盟等形式吸引企业参与基础研究；另一方面，对企业给予税收上的优惠支持，以激励企业加大对基础研究的投入。

在科研经费分配方面，由于竞争日益激烈，研究者投入大量精力来争取经费，而无法专心于研究工作。应提升非竞争性科研经费的投入比例，加大对基础研究提供稳定性支持，让研究者形成稳定的研究团队，能专心于基础研究工作。此外，目前科技经费管理模式单一，目标导向、需求导向的立项机制没有真正建立，缺乏系统的统筹。2016 年，中共中央办公厅、国务院办公厅印发《关于进一步完善中央财政科研项目资金管理等政策的若干意见》等一系列改进科研经费管理的相关政策相继出台，极大地解决了科研经费使用管理中存在的问题。后续应加大对这些政策落实和执行情况的督查与监管力度，使这些政策真正落到实处，发挥其应有的作用。

3. 培养人才，留住人才，让人才流动起来

人才始终是提升基础研究能力的核心。目前我国设有基础科学学科的高校每年基础科学学科的招生数量非常大，但是真正培养为创新研究人才的数量十分有限。学习基础科学的人中，有很多人都不是自愿选择学习自己的专业，甚至很多人认为学习基础科学未来很难就业，而且基础科学的研究很难在短时间内就得到重大研究成果，很多高校招生时也只是强调基础学科的专门性而忽略了基础学科教育的巨大作用。首先要加强人们对基础科学的认识，将基础科学真正地渗透到人们的生活中去，形成与社会主义市场经济体制相适应、人人皆可成才、人人尽展其才的政策法律体系和社会环境。树立全球视野和战略眼光，构建科学合理的激励机制，改善基础科研人员的工作环境，提供未来就业保障，使人才留得住。

人才自由流动可以减缓人才不足的问题。目前人才流动性较差，取消人员编

制可以在一定程度上解决人才流动困难的问题。尽管编制是人员管理的重要工具，且有利于控制人力支出费用，但一方面造成了由编制而产生的巨大待遇差别，编制内外人员在福利和待遇方面悬殊，这构成了某种不公平；另一方面因为编制是稀缺资源，所以在对编制内人员的招录过程中，就不可避免地衍生出了各种腐败现象。

4. 加强实验设备和平台管理，建立完善的评价监管制度

大型仪器设备是科研工作的重要工具，随着国家对科研投入的增加，科研设备的数量和质量也在不断提升。当前，我国基础科学研究领域的科研资源配置不均衡，一些大型仪器设备利用率不高是亟待解决的重要问题。如何创建一个高效的大型仪器设备共享服务平台是当务之急。对仪器设备的信息，如设备数量及现状、仪器设备的单位、仪器设备的预约量以及维修情况等进行公开，建立一个网络平台，使不同学科的研究人员都可以直接共享科学仪器设备的使用信息，方便研究人员使用。目前的大型设备共享平台建设有重复购置、配置落后、管理制度不健全等问题，有些仪器设备因重复购置或配置落后等使用率极低甚至无人使用，因此要紧跟科学发展前沿，提高设备配置标准，同时注重对仪器设备的维护和管理。建立一套科学、完整的科学仪器设备绩效考核评价标准，建立有效的监督管理机制，以提高仪器设备的利用率，提升科研人员的工作效率和积极性。

10.3　加强基础研究过程管理的建议

研究过程的完整性、严谨性、高效性是一项高品质科学研究必不可少的条件。然而，科学研究过程的进展状况会受到科技管理政策、科研平台、科研基础条件等多方面的影响，这些影响对取得优秀的科研成果有决定性作用。因此，加强科学研究过程的管理是提升基础科学研究成果的重要任务，科学合理的过程管理和服务有利于提升科学研究的效率。

1. 改革绩效评价体系，合理使用科研经费

科研经费的绩效评价是对科研项目从申报、立项、实施到结项验收的全过程中科研和管理人员的行为表现，以及对科研成果产出的安全性、经济性、效率性等方面的评估。加强科研经费绩效评价，首先应完善科研项目学术成果的评价机制，加强同行评议制度的设计和实施，逐步提高同行评议在学术成果评价中的分量。其次要提高科研管理人员的素质和能力，加强专业培训。因为绩效评价对人员的专业性和综合性要求较高，还涉及绩效评价工作的科学性和公正性。再次要改进经费绩效的评价指标，基于对科研经费管理中出现的各种问

题，评价指标可主要设有：①安全性指标，防止科研经费被侵占或挪用和科研成果的学术诚信问题；②经济性指标，在科学研究中使资金做到最有效配置；③效率性指标，使经费使用符合预期的时间安排；④效果性指标，使科研成果达到项目的预期目标，以及创造的经济和社会价值。最后，绩效结果应建立报告制度，逐步探索建立面向结果的绩效评价机制，将绩效结果作为后续经费安排和项目实施的重要参考依据。

2. 科学利用资源，提升科技资源使用效率

科学实验的仪器设备和原材料等基础科研条件是开展基础科学研究的重要保障。近年来，我国相关政府部门、高等院校和科研院所在实验室平台与科研基础条件建设方面投入大量的资金，科研实验条件和仪器设备等得到了较大的改善，特别是在重点学科、重点实验室条件建设方面的投入逐年增长。然而，科研投入结构的不合理等因素也造成了科学资源的配置和使用极不均衡。部分研究机构、重点实验室仪器设备先进、科研条件较好，但实验设备、仪器得不到充分共享和利用，对科技资源造成了浪费。实验设备、仪器的单位化与部门化也造成了实验设备的重复购买、利用率低等问题。亟待建立一套实验设备和大型仪器仪表的共享服务的宏观调控机制，倡导合作研究，跨学科、跨区域科学合作，提升科研仪器设备的使用效率。

3. 培养交叉研究能力，提升原始创新水平

交叉学科是新知识的生长点和增长极，是新兴学科的创生带，也是基础科学研究的创新成果高产的重要研究领域。培养交叉研究能力，推进不同学科领域的研究人员组成科研创新团队，增进合作研究，是提升我国科学技术原始创新水平的关键。通过完善基础学科间布局，科学制定交叉学科团队的组织结构，加强知识共享、资源分配、运作流程、绩效评估等方面管理，加快创新人才的培养和交叉学科的发展。同时许可跨学科招生活动开展，扩招各领域学科学生，全面综合培养出各学科领域人才，便于知识共享使用和学科文化交流。引导多学科的研究人员加入团队建设中，搜集广泛学科思维和方法，兼容并蓄。为知识融合、知识创新、知识再创造提供机会，进一步提升高校科研创新团队实力，提高科研成果的原创性，推动我国基础研究在国际上更多的学科领域实现并跑和领跑，夺得科学研究的话语权。

10.4 提高基础科学研究产出质量的建议

基础科学研究产出是指科研人员在一定时期内从事基础科学研究活动而形

成的成果。基础科学研究的产出数量和质量，以及研究成果在国际上的影响力都是评价我国科技水平和基础科学领域竞争力的关键。因此不仅要提高我国基础科学研究的产量，更要提高我国基础科学研究的原始创新能力和高水准的研究成果，扩大我国在国际基础科学领域的影响力。此外，要不断提升我国科技成果转化能力，提高我国科技创新的综合实力，让科研成果真正落地生根，切实转化为生产力。

1. 加强对新兴技术的引导能力，提高供给能力

近几年，我国已成为论文产出大国并且在基础科学领域的高水平研究成果频繁出现，但实际科学成果转化率很低，许多理论成果还不能转化应用到现实，基础科学研究的成果对实际生活的影响还需进一步扩大。因此要注重基础科学研究成果的实际利用价值，致力于将已有的基础科学研究成果转化为应用科技。一方面提高研究成果的质量，在确立研究课题时要联系市场需求，转变古板的研究思维，注重创新。深入研究符合市场需求和具有良好效益的科技成果，提高基础科学研究成果的成熟度，提升科学成果成功转化的概率。另一方面建立健全转化的政策环境和对科技成果的法律保护，推动和鼓励企业技术创新，强化科技意识，加强企业对科技成果的需求量，促进企业进行科学转化的投资。同时利用现有的设备共享，减少科学成果转化的成本，通过强化科技成果的评价质量来提高成果转化的效果。

2. 增加成果的原始创新能力，提升基础研究水平

在当今的知识经济时代，基础科学的原始性创新已经成为国家之间科技领域的核心竞争力的关键。目前我国基础科学的原始创新能力还很薄弱，原始创新能力不足将会成为阻碍我国科技发展的重要问题之一。因此，在基础科学的发展过程中，迫切需要提高原始创新能力，一方面要提高国家科学能力基础，积累基础研究人才及研究经验，继承优秀的学术思想和学术传统，通过强化原始积累来提高基础科学的原创能力；另一方面要营造良好的创新环境，优化研究设施设备，强化项目管理，让原始创新脱颖而出，并且设置激励机制，提高原始创新的积极性，通过外在因素来促进原始创新。

3. 提高研究成果的国际影响力，引领科学前沿

根据国际检索系统 SCI 数据库，中国论文发表量位居世界第二，已成为论文产出大国。中国科学技术信息研究所利用 SCI 数据库统计，我国发表的国际论文大约有 2/3 产生了国际影响，但是这与科技发达的国家相比仍然存在差距。因此，在发表量上升的同时，论文的质量以及在国际上的影响力也需要进一步提高。具

体措施如下：在论文质量上，杜绝抄袭、虚假、空洞的论文，鼓励原始创新，提升论文的H指数，增加高被引论文的产出量和顶级期刊与高影响力期刊上的发表量；在国际交流上，提高我国基础科学的交叉研究能力，拓展国际合作范围，逐步提高弱项学科领域的研究能力，并致力于国际引领性的前沿学术研究；在政策制定上，培养基础科学研究高水平创新人才，提高热点论文的发表量和科研成果转化率，提升基础科学研究的核心竞争力，更大范围和更高层次地扩大我国基础科学领域的国际影响力，成为基础科学领域的并跑和领跑者，引领基础科学研究前沿。

附录　研究机构中英文对照表

国家/地区	中文名称	英文名称
爱尔兰	都柏林学院大学	University College Dublin，UCD
澳大利亚	澳大利亚国立昆虫馆	National Museum of Australia
澳大利亚	昆士兰大学	The University of Queensland
澳大利亚	莫纳什大学（蒙纳士大学）	Monash University
澳大利亚	西澳大利亚大学	The University of Western Australia
比利时	布鲁塞尔自由大学	Vrije Universiteit Brussel
比利时	国际科学计量学与信息计量学学会	International Society for Scientometrics and Informetrics，ISSI
比利时	国际天文联合会	International Astronomical Union，IAU
比利时	欧洲原子能共同体	EURATOM
比利时	弗拉芒生物技术研究所	Flanders Institute for Biotechnology，VIB
朝鲜	平壤建设综合大学	Pyongyang Architectural University
朝鲜	中央国土规划研究所	The Central Mine Planning and Design Institute
丹麦	哥本哈根大学	University of Copenhagen
德国	柏林工业大学	Technical University of Berlin
德国	波恩大学	University of Bonn
德国	德国癌症研究中心	German Cancer Research Center
德国	德意志研究联合会	Deutsche Forschungsgemeinschaft，DFG
德国	蒂宾根大学	Eberhard-Karls-Universitaet Tuebingen
德国	哥廷根大学	The University of Göttingen
德国	海德堡大学	Heidelberg University
德国	基彭霍伊尔太阳物理研究所	Kiepenheuer Institute for Solar Physics
德国	科隆大学	University of Cologne
德国	马克斯·普朗克学会（马克斯·普朗克科学促进学会）	Max Planck Institute for the Advancement of Science，MPIAS
德国	明斯特大学	University of Münster
德国	慕尼黑工业大学	Technical University of Munich
德国	欧洲分子生物学实验室	European Molecular Biology Laboratory，EMBL
德国	斯图加特大学	University of Stuttgart

续表

国家/地区	中文名称	英文名称
俄罗斯	俄罗斯科学院	Russian Academy of Sciences，RAS
俄罗斯	俄罗斯联邦核研究所	Russian Federation Nuclear Research Institute
俄罗斯	莫斯科大学（莫斯科罗蒙诺索夫州立大学）	Lomonosov Moscow State University
法国	巴黎第六大学（皮埃尔和玛丽·居里大学）	Pierre and Marie Curie University，Paris 6
法国	巴黎第七大学（丹尼斯·狄德罗大学）	Paris Diderot University，Paris 7
法国	巴黎第十一大学（巴黎南大学）	Paris-Sud University
法国	国家自然历史博物馆	National Museum of Natural History
法国	国家科学研究中心	National Centre for Scientific Research，CNRS
法国	国际古昆虫学会	International Society of Palaeoentomology
法国	国家健康与医学研究院	National Institute of Health and Medical Research
法国	居里研究所	Institut Curie
法国	科学院	Academy of Sciences
法国	雷恩第一大学	University of Rennes 1
法国	欧洲太空总署	European Space Agency
法国	斯特拉斯堡大学	University of Strasbourg
法国	图卢兹第二大学	University of Toulouse-Jean Jaurès
韩国	庆熙大学	KyungHee University
韩国	首尔大学	Seoul National University
荷兰	乌得勒支大学	Utrecht University
加拿大	阿尔伯塔大学	University of Alberta
加拿大	贝德福德海洋学研究所	Bedford Institute of Oceanography
加拿大	达尔豪斯大学	Dalhousie University
加拿大	多伦多大学	University of Toronto
加拿大	圭尔夫大学	University of Guelph
加拿大	加拿大地质调查局	Geological Survey of Canada
加拿大	加拿大西蒙弗雷泽大学	Simon Fraser University
罗马尼亚	罗马尼亚学院	Romanian Academy
罗马尼亚	亚历山德鲁·伊万·库扎大学	Alexandru Ioan Cuza University
罗马尼亚	雅西大学	University of Iasi
美国	阿贡国家实验室	Argonne National Laboratory，ANL
美国	北卡罗来纳大学	University of North Carolina
美国	宾夕法尼亚大学	University of Pennsylvania
美国	丹娜法伯癌症研究院	Dana-Farber Cancer Institute

续表

国家/地区	中文名称	英文名称
美国	得克萨斯大学	University of Texas
美国	得克萨斯大学奥斯汀分校	University of Texas at Austin
美国	德雷塞尔大学	Drexel University
美国	电气和电子工程师协会	Institute for Electrical and Electronics Engineers，IEEE
美国	杜克大学	Duke University
美国	俄亥俄州立大学	Ohio State University
美国	俄克拉荷马大学	University of Oklahoma
美国	菲尔德自然史博物馆	Field Museum of Natural History
美国	佛罗里达大学	University of Florida
美国	哥伦比亚大学	Columbia University
美国	国际事务专业学院协会	Association of Professional Schools of International Affairs，APSIA
美国	国家癌症研究所	National Cancer Institute，NCI
美国	国家航空航天局	National Aeronautics and Space Administration，NASA
美国	科学研究与发展局	Office for Scientific Research and Development
美国	国家科学院	National Academy of Sciences
美国	国家射电天文台	National Radio Astronomy Observatory，NRAO
美国	国家生物技术信息中心	National Center for Biotechnology Information，NCBI
美国	国家心脏、肺和血液研究所	National Heart Lung and Blood Institute，NHLBI
美国	国家科学基金会	National Science Foundation，NSF
美国	哈佛大学	Harvard University
美国	哈佛-史密森天体物理学中心	Harvard-Smithsonian Center for Astrophysics
美国	华盛顿大学	University of Washington
美国	华盛顿卡耐基研究所	Carnegie Institution of Washington
美国	怀特黑德生物医学研究所	Whitehead Institute for Biomedical Research
美国	霍华德·休斯医学研究所	Howard Hughes Medical Institute，HHMI
美国	纪念斯隆·凯特琳癌症中心	Memorial Sloan Kettering Cancer Center，MSKCC
美国	加利福尼亚大学伯克利分校	University of California，Berkeley
美国	加利福尼亚大学旧金山分校	University of California，San Francisco
美国	加利福尼亚大学圣塔芭芭拉分校	University of California，Santa Barbara
美国	加利福尼亚大学圣迭戈分校	University of California，San Diego
美国	加利福尼亚大学圣克鲁兹分校	University of California，Santa Cruz
美国	加利福尼亚理工学院	University of California

续表

国家/地区	中文名称	英文名称
美国	堪萨斯大学	University of Kansas
美国	科罗拉多大学	University of Colorado
美国	科学信息研究所	Institute for Scientific Information
美国	劳伦斯伯克利国家实验室	Lawrence Berkeley National Laboratory，LBNL
美国	路易斯维尔大学	University of Louisville
美国	罗格斯大学	Rutgers University
美国	麻省理工学院	Massachusetts Institute of Technology，MIT
美国	马里兰大学	University of Maryland
美国	马萨诸塞州综合医院	Massachusetts General Hospital，MGH
美国	美国地质勘探局(美国地质调查局）	United States Geological Survey，USGS
美国	美国国立卫生院	USA National Institutes of Health
美国	美国能源部	United States Department of Energy
美国	美国数学学会	American Mathematical Society
美国	美国天文学会	American Astronomical Society
美国	孟菲斯大学	University of Memphis
美国	密歇根大学	University of Michigan
美国	免疫病理和生物信息学实验室	Laboratory of Immunopathogenesis and Bioinformatics
美国	明尼苏达大学	University of Minnesota
美国	喷气推进实验室	Jet Propulsion Laboratory，JPL
美国	匹兹堡大学	University of Pittsburgh
美国	普林斯顿大学	Princeton University
美国	乔治・梅森大学	George Mason University
美国	桑福德-伯纳姆医学研究所	Sanford-Burnham Medical Research Institute
美国	圣迭戈州立大学	San Diego State University
美国	斯隆基金会	Sloan Foundation
美国	斯坦福大学	Stanford University
美国	索尔克生物研究所	Salk Institute for Biological Studies
美国	太空望远镜科学研究中心	Space Telescope Science Institute
美国	威斯康星大学帕克塞德分校	University of Wisconsin-Parkside
美国	西北大学	Northwestern University
美国	西奈山医学院	Mount Sinai School of Medicine
美国	橡树岭国家实验室	Oak Ridge National Laboratory
美国	辛辛那提大学	University of Cincinnati

续表

国家/地区	中文名称	英文名称
美国	新墨西哥矿业技术学院	New Mexico Institute of Mining and Technology
美国	休斯敦大学	University of Houston
美国	亚利桑那大学	University of Arizona
美国	耶鲁大学	Yale University
美国	伊利诺伊大学	University of Illinois
美国	印第安纳大学	Indiana University
美国	约翰·霍普金斯大学	Johns Hopkins University
美国	芝加哥大学	University of Chicago
美国	中央情报局	Central Intelligence Agency
美国	佐治亚理工学院	Georgia Institute of Technology
摩尔多瓦	摩尔多瓦科学院	Moldovian Academy of Sciences
尼日利亚	尼日利亚航空管理局	Nigerian Airspace Management Agency
日本	东京大学	University of Tokyo
日本	高知大学	Kochi University
日本	京都大学	Kyoto University
日本	九州大学	Kyushu University
日本	日本高等研究所	Japan Institute of Advanced Studies
日本	日本科学技术振兴机构	Japan Science and Technology Agency
日本	西北大学	Northwestern University
日本	原子物理学研究所	Institute of Atomic Physics
瑞士	巴塞尔大学	University of Basel
瑞典	卡罗林斯卡学院	Karolinska Institute
瑞士	欧洲核子研究组织	European Organization for Nuclear Research
瑞士	日内瓦大学	University of Geneva
瑞士	日内瓦医科大学	Geneva Medical College
瑞典	瑞典皇家科学院	Royal Swedish Academy of Sciences
瑞士	瑞士洛桑联邦理工学院	Swiss Federal Institute of Technology in Lausanne
瑞士	瑞士生物信息学研究所	Swiss Institute of Bioinformatic，SIB
瑞士	苏黎世联邦理工大学	Swiss Federal Institute of Technology Zurich
沙特阿拉伯	阿卜杜勒阿齐兹国王大学	King Abdulaziz University
泰国	国王科技大学	King Mongkut's University of Technology Thonburi
土耳其	Atilim 大学	Atilim University
土耳其	伊斯坦布尔技术大学	Istanbul Technical University

续表

国家/地区	中文名称	英文名称
西班牙	巴塞罗那大学	University of Barcelona
西班牙	格拉纳达大学	University of Granada
西班牙	基因组调控中心	Centre for Genomic Regulation，CGR
西班牙	马德里康普顿斯大学	Complutense University of Madrid
西班牙	瓦伦西亚大学	University of Valencia
西班牙	西班牙高等科学研究委员会	Spanish Council for Scientific Research
西班牙	西班牙国家研究委员会	Spanish National Research Council，CSIC
新加坡	南洋理工大学	Nanyang Technological University，NTU
新加坡	新加坡国立大学	National University of Singapore
匈牙利	匈牙利科学院	Hungarian Academy of Sciences
意大利	国家核物理研究所	National Institute for Nuclear Physics
印度	印度化学科技研究所	Indian Institute of Chemical Technology
印度	印度理工学院	Indian Institute of Technology
英国	布里斯托大学	University of Bristol
英国	帝国理工学院	Imperial College London
英国	杜伦大学	Durham University
英国	格拉斯哥大学	University of Glasgow
英国	皇家天文学会	Royal Astronomical Society
英国	皇家学会	Royal Society
英国	剑桥大学	University of Cambridge
英国	科学与技术设施委员会	Science and Technology Facilities Council，STFC
英国	雷丁大学	University of Reading
英国	利兹大学	University of Leeds
英国	伦敦大学	University of London
英国	牛津大学	University of Oxford
英国	欧洲科学院	European Academy of Sciences
英国	欧洲生物信息研究所	European Bioinformatics Institute
英国	桑格基因测序中心	Sanger Gene Sequencing Center
英国	沃尔逊基金会	Wolfson Foundation
英国	谢菲尔德大学	University of Sheffield
英国	英国地质调查局	British Geological Survey，BGS
越南	河内矿业地质大学	Hanoi University of Mining and Geology

后　记

2018年1月，“三九”是东北的冬天中最冷的时段，看着我刚满20个月的女儿，能够与她进行顺畅的语言交流，我不禁感慨时光飞逝，女儿长大了！上一部书稿送交出版社还是在女儿刚满月时。从整理文献资料、处理数据到这部书稿的完成差不多用了两年的时间，每次翻看校对，总是能发现不尽如人意的地方，但考虑到数据的时效性等，且将这部书稿告一段落，这部300多页的书稿还有许多“赘肉”，祈望方家斧正，以达“瘦身”之效，不胜感激！

我的求学经历不复杂，1999年离开辽西的故乡小城，来到美丽的滨城大连，进入大学校门学习自动化工程专业。2003年我开始进入科学学与科学技术管理这一学科领域攻读博士学位。2007年春天，我与知识计量和文献信息可视化研究初次结缘，那时我正在读博士二年级。当时，刚好我所在的大连理工大学科学学与科学技术管理专业毕业了中国首批四位科学计量学博士。这更增加了我对科学计量学这一领域学习和研究的热情，也慢慢地喜欢上这个研究领域。毕业后，我也一直在这一领域从事教学和科研工作。

最初关注这一领域是从学习科学计量学研究方法开始的，我在工作中开始认真思考如何更好地发挥计量学方法的应用价值，如何能通过所学更好地为经济社会发展尽些微薄之力。2010年，我国正式提出大力培育和发展战略性新兴产业发展战略，这为科技管理研究者提供了一个难得的机会，2011年春节，我在与博士生导师王续琨教授的讨论中，确定了通过科学计量学和科学技术管理理论分析战略性新兴技术及其产业发展的相关研究问题。同年申报并顺利获批了国家自然科学基金项目“战略性新兴能源技术辨识与产业发展对策研究”（71103022）。依托课题研究，近年来我和带领的课题组一直关注通过文献信息可视化技术进行科学和技术领域的前沿、热点等问题的研究。2017年，又获批国家社会科学基金项目“‘基于科学的创新’驱动新兴技术生成的机理及其促进政策研究”（17BGL031）。因此，这部书稿也是这两项国家科学基金的资助成果。

这本书稿的完成，除了自己的努力，还应该感谢许许多多的人。而表达谢意往往最让人惴惴，父母、师长、同学、朋友，一一不能遗漏。尤其要感谢我的博士生导师王续琨教授和美国德雷塞尔大学的陈超美教授，他们不仅带领我进入科学学和科学计量学研究领域，并且一直指导我开展科研工作。一日为师，终身为父。此刻，我还要郑重地感谢大连大学科学技术与社会研究中心的全体课题组成员，我的学生杨秀财（大连大学硕士研究生）、刘波（中国科学院大学人文学院硕士研究生）、周莉娟（大连大学硕士研究生）、陈皞钰（大连大学硕士研究生）。他们查阅了大量的文献资料，处理数据，在书稿写作中付出了辛勤的汗水，是大家共同的努力，才完成了呈现在读者面前的这部书稿。本书即将付梓，虽有积累不足的掣肘，有能力不及的遗憾，却终成一家之言，且作引玉之砖，由人评说吧！

我要特别感谢我的爱人，她对我的工作给予了极大的支持、理解和帮助，承担了大量繁杂的家务，让我能够安心地学习和工作。

最后，谨以此书献给我刚满 20 个月的女儿！

侯剑华

2018 年 1 月 25 日

于大连金州寓所